Scala编程

第5版

Programming in Scala, Fifth Edition

[德] Martin Odersky [美] Lex Spoon [美] Bill Venners [美]Frank Sommers 著
高宇翔 译

電子工業出版社
Publishing House of Electronics Industry
北京•BEIJING

内 容 简 介

本书由直接参与 Scala 开发的一线人员编写，深入介绍了 Scala 这门结合面向对象和函数式的编程语言的核心特性和设计取舍。继第 4 版后，时隔一年，本书迎来重大更新，内容覆盖 Scala 3.0，对新的缩进语法、并集类型、交集类型、枚举、代数数据类型、上下文参数、特质参数、扩展方法、类型族等都有详细介绍。本书适合有一定编程经验的开发者阅读，尤其是对 Scala 3.0 新特性感兴趣的开发者朋友。即便是不直接使用 Scala 的读者，也能从本书中学到大量关于函数式和面向对象的编程概念和技巧。

版权贸易合同登记号　图字：01-2021-6612

图书在版编目（CIP）数据

Scala 编程：第 5 版 /（德）马丁・奥德斯基（Martin Odersky）等著；高宇翔译. —北京：电子工业出版社，2022.2

书名原文：Programming in Scala，Fifth Edition

ISBN 978-7-121-42832-6

Ⅰ. ①S… Ⅱ. ①马… ②高… Ⅲ. ①JAVA 语言－程序设计 Ⅳ. ①TP312.8

中国版本图书馆 CIP 数据核字（2022）第 020419 号

责任编辑：张春雨　　　　特约编辑：田学清
印　　刷：三河市良远印务有限公司
装　　订：三河市良远印务有限公司
出版发行：电子工业出版社
　　　　　北京市海淀区万寿路 173 信箱　　邮编：100036
开　　本：787×980　1/16　印张：41　字数：701 千字
版　　次：2010 年 12 月第 1 版
　　　　　2022 年 2 月第 4 版（原书第 5 版）
印　　次：2024 年 2 月第 4 次印刷
定　　价：188.00 元

凡所购买电子工业出版社图书有缺损问题，请向购买书店调换。若书店售缺，请与本社发行部联系，联系及邮购电话：（010）88254888，88258888。

质量投诉请发邮件至 zlts@phei.com.cn，盗版侵权举报请发邮件至 dbqq@phei.com.cn。

本书咨询联系方式：（010）51260888-819，faq@phei.com.cn。

推荐语

《Scala 编程》可能是我读过最好的编程书之一。我喜欢它的写作风格、简明扼要的描述，以及细致入微的讲解。本书总能在我想到某个问题时，适时地给出答案，可以说它总是先我一步。作者们并不只是简单地秀代码，想当然地认为你会理解，他们会让你真正明白代码背后的东西。我非常欣赏这一点。

——Ken Egervari，首席软件架构师

《Scala 编程》行文清晰、深入细致、易于理解，示例、提示和建议贯穿全书。本书可以让我们快速、高效地掌握 Scala 这门编程语言。对于想要理解 Scala 的灵活性和优雅性的程序员来说，这本书非常棒。

——Larry Morroni，公司老板，Morroni Technologies, Inc.

《Scala 编程》是一本非常好的 Scala 入门教材。本书每一章都构建在之前章节的概念和示例之上，内容循序渐进，很容易上手。同时，本书对 Scala 的语法结构的解释很深入，经常会给出示例来解释 Scala 与 Java 的不同。除了介绍语言本身，还介绍了类库，如容器类和 actor 等。

我认为本书非常易读，属于我最近读过的比较好的技术书。真心推荐给所有想要进一步了解 Scala 编程的程序员们。

——Matthew Todd

我对《Scala 编程》的作者们付出的努力表示惊叹。本书对于 Scala 平台（我喜欢这样来称呼）来说是一个非常有价值的指南：如何写出更好的代码，如何设计和实现可伸缩的软件架构。如果在我 2003 年参与设计和实现 2004 年雅典奥运会门户网站架构时，Scala 像今天这样成熟，书桌上有这样一本参考书，该多好！

我想对所有的读者说：不论你有怎样的编程背景，我认为你都会发现 Scala 编程是非常舒心、可释放用户潜能的，这本书也会成为你探索 Scale 编程的良伴。

——Christos KK Loverdos，软件咨询师，研究员

《Scala 编程》非常棒，对 Scala 进行了深入的讲解，同时是很好的参考书。它会在我的书架占据显著位置（最近不管去哪儿我都会带上它）。

——Brian Clapper，主席，ArdenTex Inc.

很棒的书，代码示例和讲解都非常到位。不论编程老手和新手，我都会将本书推荐给他们。

——Howard Lovatt

《Scala 编程》不仅告诉你如何使用这门新的编程语言做开发，更重要的是，它还告诉你这样做的原因。本书从很务实的角度入手，向我们介绍将面向对象和函数式编程结合在一起所带来的强大功能，让读者彻底明白 Scala 的真谛。

——Dr. Ervin Varga，CEO/创始人，EXPRO I.T. Consulting

对面向对象（OO）程序员而言，本书很好地介绍了函数式编程。我的首

要目标是学习函数式编程（FP），不过在学习过程中我也发现了一些惊喜，如样例类（case class）和模式匹配（pattern matching）。Scala 是一门有趣的编程语言，而本书是关于 Scala 编程的很好的教程。

一本介绍编程语言的书，对于各种细节和背景，讲多讲少，这个度很难拿捏得准。我认为《Scala 编程》在这方面做得非常好。

——Jeff Heon，程序分析师

我预购了这本由 Martin Odersky、Lex Spoon 和 Bill Venners 等编写的《Scala 编程》电子版，当我收到预先发行版本的时候，立马就成了其粉丝。因为它不仅包含了关于这门语言最全面的介绍，还介绍了几项核心功能，让我印象深刻：我从未见过哪一本电子书对于超链接的应用如此到位，不仅有书签，还可以从目录和索引直接跳转到对应章节。这些功能对读者来说非常有用，但是我不清楚为什么没有更多的作者这样做。另一组很赞的功能：外链到论坛（Discuss）及向作者发送电子邮件（Suggest）；提出意见和建议，这个功能本身并没有什么了不起，但是《Scala 编程》电子版能够在读者提交建议时自动带上页码，这给作者和读者都提供了便利。正因如此，我贡献了比以往更多的意见和建议。

无论如何，《Scala 编程》的内容都值得一读，如果你读的是电子版，可别浪费了作者们费心加入的这些功能哦！

——Dianne Marsh，创始人/软件咨询师，SRT Solutions

清晰洞察和技术完整性是一本好书的标志性特征，我向本书的作者 Martin Odersky、Lex Spoon 和 Bill Venners 等表示祝贺！《Scala 编程》从坚实的基础概念开始，将 Scala 用户从入门带到中级并继续向上攀升。对任何想要学习 Scala 编程的人而言，本书都不容错过。

——Jagan Nambi，企业架构师，GMAC Financial Services

《Scala 编程》的阅读体验非常好。对主题的讲解深入、细致、全面，行文精简、优雅。

本书的章节组织非常自然，符合逻辑。无论是对于那些对新鲜事物好奇的技术工作者，还是对于那些想要深入理解 Scala 核心功能点和设计内在动因的专业人士，都同样适用。对于对函数式编程感兴趣的朋友，我强烈推荐本书。而对于 Scala 开发者，本书是必读的。

——Igor Khlystov，软件架构师/主程，Greystone Inc.

《Scala 编程》从头到尾都让人感受到作者在背后付出的巨大心血。在此之前，我从未读到过哪本教程类的书能够兼顾入门和进阶。大部分教程类的书，为了达到看上去易懂（同时不让读者“困惑”）的效果，悄悄地剔除了相关主题中的那些对当前讨论而言过于高级的知识点。这对于读者来说体验很糟糕，因为我们并不能确切地知道自己有没有完全理解，理解到什么程度。我们总会觉察到有些残余的、没有被充分解释的“魔法”，而这些是否属实，我们作为读者也无从评判。这本书不会使人产生这种感觉，它从不把任何事当作理所当然的：对于任何细节，要么在当前章节充分解释，要么清楚地指出在后续哪一个章节会详细介绍。的确，本书的文字交叉引用非常多，索引也非常全，因此，当我们想要在脑海里构建出某个复杂主题的全貌时，也就相对容易得多。

——Gerald Loeffler，企业级 Java 架构师

在当今这个编程好书稀缺的时代，由 Martin Odersky、Lex Spoon 和 Bill Venners 等共同撰写的《Scala 编程》——这本面向中级程序员的介绍类图书格外引人注目。在这里，你能找到关于 Scala 这门语言你所需要知道的一切。

——Christian Neukirchen

译者序

Scala 3 终于来了。

这是一次重大的更新，Scala 编译器从底层开始被全部重写。不得不说，这也是 Scala 创始团队的一次冒险，毕竟已经有很多成功的公司、团队和个人在早期版本，尤其是 Scala 2.8 之后的 Scala 生态中找到了自己的位置，大量以 Scala 编写的类库和业务代码在线上运行。

可 Martin Odersky 和他的团队就是铆足了劲要升级，想从根本上“修复”那些让 Scala 还不够理论完备的设计。但是理论完备有那么重要吗？站在编程语言设计者的角度，我倾向于肯定的答案。而站在使用者的角度，我更关心它带来了哪些变化，以及我能不能在使用中适应这些变化。

让我颇感意外的是，真正上手 Scala 3，并没有想象中的那么困难重重。甚至饱受争议的缩进语法，也没有带来任何不适。原有的代码不需要修改，或者仅仅需要少量修改，就能顺利地通过 Scala 3 的编译。你很难相信这是一门全新的、从里到外重新实现的编程语言。

经过短暂的适应期，Scala 3 的诸多新特性，如枚举、上下文参数、扩展方法和类型族等，就能被我灵活运用。这些新特性初看起来各有各的模样，并且实际使用下来，也多少都带着一些新编译器的“味道”，但是你能“嗅”到类型系统的某种一致性。Scala 一直能在很多看似完全不同的概念之间找到关联，似乎总能透过表象，直面本质。这种感觉很微妙，让人既有些新奇，又非常熟悉。

Scala 社区这几年也有非常大的变化和进步，最值得一提的是，ZIO 这个面向“作用”（effect）的编程类库对业务代码中常见的模式进行了非常有洞见性的抽象，将函数式编程以一种类型健壮且高效的方式引入一线开发者的工具库中。很自然地，ZIO 在顺利发布 1.0 版本之后，随着 Scala 3 的发布，也在第一时间全面“拥抱”Scala 3。

你手中的这本《Scala 编程》已经是第 5 版，这一版针对 Scala 3 进行了全面的更新。更新主要体现在两个方面：首先，增加了对 Scala 3 主要的新特性的介绍，所有内容和示例代码都基于 Scala 3 重新梳理和编写；其次，在篇幅上进行了大幅度调整，最显著的是把《Scala 编程》拆成了两卷，第一卷也就是现在这本《Scala 编程》，它保留了 Scala 编程语言核心功能特性和设计理念的内容，让大家能够快速地理解、掌握并使用 Scala 编写实用的类库和业务代码，而第二卷为《Scala 高级编程》，它将包含更多高级主题，且单独成册，面向那些对 Scala 高级特性（如宏和元编程）感兴趣的读者。

感谢 Martin Odersky 和他的团队为我们带来这样一门独特而优雅的编程语言，并且不惜冒着社区分化的风险（现在看来这个担心很可能是多余的）坚持对语言核心进行升级；感谢电子工业出版社及张春雨编辑，在第 1 版、第 3 版和第 4 版之后，继续引进本书的第 5 版；感谢编辑团队和其他幕后工作者的辛勤付出；感谢家人无条件的支持和鼓励，你们是我永远的挚爱。

在本书的翻译过程中，译者虽已尽力忠实呈现原著的本意，但毕竟能力有限，问题和疏漏恐难以避免，恳请各位读者批评指正，联系地址：gaoyuxiang.scala@gmail.com。

高宇翔

2021 年于上海

目录

序

见证一门新编程语言的诞生是一件有趣的事。对任何一位使用编程语言的人而言——无论你是首次尝试编程的人还是职业软件工程师——编程语言看起来就在那里。就像锤子或斧子一样，编程语言也是一种工具，让我们可以做我们想做的。我们很少会想到工具是怎么来的，它的设计过程是怎样的。或许我们对工具的设计有自己的看法，但除此之外，我们通常只能接受并运用它。

编程语言的创造过程让我有了完全不同的视角。各种可能性似乎无穷无尽。同时，编程语言也必须满足看起来同样无穷无尽的各种约束。这是一种奇怪的张力。

创造一门新的编程语言有很多方面的原因，例如，某种个人想要解决的“痛点”，或者某种学术上的洞见，或者技术债，或者其他编译器架构的潜在收益，甚至可能是政治因素。对 Scala 3 的创造而言，上述原因多少都有一些。

无论出于何种原因，一切都开始于 Martin Odersky 在某一天突然消失，当他几天后再次出现在某个研究组会议上时，他向大家正式宣告自己已经开始尝试从零起步编写一个全新的编译器，将 DOT 演算[1]实施落地。而在场的我们是一群博士研究生和博士后，在那之前主要负责 Scala 2 的开发和维护。当时，Scala 看起来正在接近看上去难以企及的成功高度，尤其是对于这样一

1 DOT（Dependent Object Type，依赖对象类型）演算是一系列形式化的推演，尝试对 Scala 类型系统的本质进行提炼和描述。

门诞生于瑞士的、一个听起来有些奇怪的学校的偏门学术编程语言。然而就在不久前，Scala 得到了旧金山湾区的很多创业公司的追捧，成立了 Typesafe 也就是后来的 Lightbend，专注于支持、维护和管理 Scala 2。那么为什么突然要做一个全新的编译器，以及由此带来的不一样的编程语言呢？我们当中的大多数人对此心存疑虑，但 Martin Odersky 已经下定了决心。

几个月过去了。就像上了发条一样，每天中午 12 点，整个实验室的人都会出现在连接各个办公室的门厅。当聚集了一定数量的人员以后，我们就会一起来到 EPFL 的某个餐厅吃午饭，并享用饭后咖啡。在每天都会举行的这个“仪式”中，关于新编译器的想法是反复出现的讨论话题，例如，从“150%”兼容 Scala 2（避免陷入 Python 2 和 Python 3 的困境），到创造一门全新的“全光谱”依赖类型编程语言。

研究组中持怀疑态度的人，一个接一个地被 Scala 3 的某个特性征服，比如，对类型检查器的精简，全新的编译器架构，以及对类型系统的增强等。随着时间的推移，社区主流也认为 Scala 3 相比 Scala 2 而言具有显著的改进。对于这个结论，不同的人有不同的理由。对有些人而言，是因为 Scala 3 将花括号和条件判定语句的括号变为可选的，从而改善了可读性。对其他人而言，是因为 Scala 3 的类型系统更强了。如此种种。

我可以很有信心地说，Scala 3 的设计并不是完全依靠直觉的“闭门造车”，而是吸纳了过去设计的宝贵经验，以及 EPFL 研究组和 Scala 社区的多年沟通与交流经验。并且，除从头开始在全新的“地基”上搭建之外，别无他途。既然 Scala 3 是从头开始设计的，其内核就是一门全新的编程语言。

Scala 3 是一门全新的编程语言。诚然，它兼容 Scala 2，听起来像是一门已经存在的编程语言的第三个重大版本。但是不要被这个影响了你的判断，Scala 3 实现了在 Scala 2 中先行试验、探索的诸多想法的重大精简。

在 Scala 3 的所有特性中，可能最“Scala”的一个专属的变化是对隐式的改动。Scala 从一开始就被聪明的程序员们用来实现某种基于 Scala 特性本就很少有人能想到的功能，更别提这些功能与 Scala 设计本意的背离程度有多大了。这个先前被称作隐式的特性可能是 Scala 中最著名的被用来以各种奇怪的方式改变 Scala 2 代码行为的功能点了。隐式的使用场景包括：对一个类在“事后”追加方法，不扩展也不重新编译；或者，在某种特定的上下文中，基于某种类型签名，自动选择适用于该上下文的正确实现。上述只是冰山一角——我们甚至为此写了一篇论文以对开发人员使用隐式的各种方法进行归类。[1]

这就像是把旋钮和杠杆交给用户，期待他们能做出一台精密的仪器，如图 1 所示的机械计算器。但通常我们得到的是类似于 Theo Jansen 的动力雕塑，如图 2 所示，而不是某种能一眼看出用途的物件。[2] 简单而言，如果你交给编程社区的是一些旋钮和杠杆，则社区中那些强悍的选手总能找到这些工具的创新用法。这是人的本性。不过可能正是在这里，Scala 2 犯了错误，将最基础、最通用的旋钮和杠杆交给了程序员。

图 1　机械计算器

图 2　类似于 Theo Jasen 的动力雕塑

我想说的是，在 Scala 2 中，隐式有无穷无尽的可能性，这些可能性足够我们撰写研究生论文，而社区对于如何使用隐式并没有一个统一的认识。这种没有清晰用途的编程语言特性不应该存在。但是很可惜，隐式就是这样一种存在：很多人将隐式看作 Scala 独有的强大功能，没有其他语言能做到；还有很多人认为隐式是神秘且经常令人困惑的机制，会侵入你的代码，将你的代码改得面目全非。

1 Krikava 等，《Scala 隐式无处不在》[Kri19]

2 关于 Theo Jansen 动力雕塑（标题为 Strandbeest）的更多动态效果展示参见网址列表条目[1]（译者注：网址列表获取方式见读者服务）。

你可能已经听说过很多种不同形式的表述，但 Scala 3 代表了这之前所有 Scala 版本的简化版本。隐式是一个很好的例子。在意识到那些“后空翻”程序员希望通过隐式来实现更广泛的编程模式［如类型族（typeclass）派生］后，Martin Odersky 在其他人的帮助下得出的结论是，我们不应该把注意力集中在人们一般如何使用隐式作为编程机制，而应该关注程序员们想用隐式做什么，然后把这个目标变得更加容易且高效。这就是口头禅“Scala 3 专注于意图而不是机制”的来源。

Scala 3 并不把注意力集中在作为编程机制的隐式的通用性上，而是关注开发人员在使用隐式时想要满足的特定使用场景，让其用起来更加直接。例如，隐式地将上下文或配置信息传递给某方法，而不需要程序员显式地给出重复的参数；在“事后”给类追加方法；在算术运算中对不同类型的值进行转换。如今，Scala 3 将这些使用方法直接提供给程序员，使他们不需要“深入”理解 Scala 编译器如何解析隐式值，只需要关心“在不重新编译 Bar 类的前提下给 Bar 类追加 foo 方法”这样的任务即可；不需要具有博士学位，只需要把之前的“隐式”替换成其他更直接的与特定使用场景相关的关键字即可，如 given 和 using。更多内容参见第 21 章和第 22 章。

“专注于意图而不是机制”的故事并不止于对隐式的改造，这个设计哲学几乎贯穿了这门语言的方方面面。例如，对 Scala 类型系统的增强和简化，包括并集类型（union type）、枚举（enum）、匹配类型（match type）等；对 Scala 语法的清理，包括 if、else、while，让条件判断读起来更像英文。

当然，我说的这些，你不必盲目相信。无论你是 Scala 新手还是有经验的 Scala 开发人员，我希望你和我一样，Scala 3 所包含的许多新的设计理念能让你感到耳目一新且直截了当！

Heather Miller

瑞士洛桑

2021 年 6 月 1 日

引言

本书是 Scala 编程语言的教程，由直接参与 Scala 开发的人来编写。我们的目标是让读者通过本书，能够了解和掌握成为高产的 Scala 程序员需要知道的一切。书中的所有示例均能通过 Scala 3.0.0 的编译。

谁读本书

本书主要的目标读者是希望学习如何使用 Scala 编程的人。如果你想在你的下一个项目中使用 Scala，本书就是为你准备的。除此之外，本书对于那些想要学习新知识从而开阔自己眼界的程序员也同样有益。比方说，如果你是 Java 程序员，那么阅读本书，你将接触到来自函数式编程领域和高阶面向对象领域的许多概念。我们相信，通过学习 Scala 及 Scala 背后的观念，你将成为一名更好的程序员。

我们假定你拥有常规的编程知识。虽然 Scala 作为用于入门的编程语言并没有什么不妥，但是本书并不适用于（从零开始）学习编程。

另一方面，阅读本书并不要求读者具备某项具体的编程语言的知识。我们当中大部分人都是在 Java 平台上使用 Scala 的，但本书并不假定你了解 Java 本身。不过，我们预期大部分读者都熟悉 Java，因此我们有时会将 Scala 与 Java 做对比，帮助这些读者理解它们之间的区别。

如何使用本书

本书的主旨是教学，我们推荐的阅读顺序是从前到后，依次阅读各章。我们尽可能每次只引入一个主题，同时只使用已经介绍过的主题来解释这个新的主题。因此，如果你跳过前面的章节，则可能会遇到某些并不十分理解的概念。只要你按顺序阅读，就会发现掌握 Scala 是循序渐进、顺理成章的。

如果你看到某个不明白的词汇，记得查看术语表。许多读者都喜欢快速浏览特定的章节，这没有问题，目录能帮助你随时找回阅读的坐标和方位。

当你读完本书以后，还可以继续将其当作语言参考书。Scala 编程语言有一份正式的语言规范，但语言规范强调的是精确性，而不是可读性。虽然本书不会覆盖 Scala 的每一个细节，但是它也足够全面，应该能够在你逐渐成为 Scala 编程能手的过程中，承担起语言参考书的职责。

如何学习 Scala

通读本书，你可以学到很多关于 Scala 的知识。不过，如果你做一些额外的尝试，则可以学得更快，更彻底。

首先，利用好包含在本书中的代码示例。手动将这些代码示例录入，有助于在脑海中逐行过一遍代码。尤其是在录入过程中尝试一些变化，会非常有趣，这也能让你确信自己真的理解了它们背后的工作原理。

其次，时常访问在线论坛。这样，你和其他 Scala 爱好者可以互相促进。网上有大量的邮件列表、讨论组、聊天室、Wiki 和 Scala 特定主题的订阅。花费一些时间，找到满足你需求的内容，你会在小问题上花更少的时间，有更多的时间和精力投入更深入、更重要的问题中。

最后，一旦你读得足够多，就可以自己启动一个编程项目。例如，从头编写小程序，或者为某个更大的项目开发组件，因为仅仅阅读并不会让你走得更远。

排版和字体规格

当某个术语在正文中首次出现时，我们使用楷体中文和斜体英文显示它。对于短小的代码示例，如 `x + 1`，我们使用等宽字体将其内嵌在正文中。对于较长的代码示例，我们使用等宽字体以如下方式呈现：

```
def hello() =
      println("Hello, World!")
```

当出现交互式 shell 时，来自 shell 的响应内容以更轻的字体呈现：

```
scala> 3 + 4
res0: Int = 7
```

内容概览

- 第 1 章，“一门可伸缩的语言”，主要介绍 Scala 的设计及背后的概念和历史。
- 第 2 章，“Scala 入门”，介绍了如何使用 Scala 完成一些基础的编程任务，但并不深入讲解它是如何工作的。本章的目标是让你可以开始输入 Scala 代码并执行。
- 第 3 章，“Scala 入门（续）”，展示了更多基本的编程任务，帮助你快速上手 Scala。学习完本章以后，你应该就能使用 Scala 完成简单的脚本型任务了。
- 第 4 章，“类和对象”，开始深入介绍 Scala，描述其基本的面向对象的组成部分，并指导大家如何编译并运行 Scala 应用程序。

- 第 5 章，“基本类型和操作”，介绍了 Scala 基本类型、字面量和支持的操作，（操作符的）优先级和结合律，以及对应的富包装类。
- 第 6 章，“函数式对象”，以函数式（即不可变）的分数为例，更深入地讲解 Scala 面向对象的特性。
- 第 7 章，“内建的控制结构”，展示了如何使用 Scala 内建的控制结构：if、while、for、try 和 match。
- 第 8 章，“函数和闭包”，给出了对函数的深入介绍，而函数是函数式编程语言最基本的组成部分。
- 第 9 章，“控制抽象”，展示了如何通过定义自己的控制抽象来对 Scala 基本的控制结构进行完善和补充。
- 第 10 章，“组合和继承”，更进一步探讨 Scala 对面向对象编程的支持。本章的主题不像第 4 章那么基础，但在实践中经常会遇到。
- 第 11 章，“特质”，介绍了 Scala 的混入组合机制。本章展示了特质的工作原理，描述了特质的常见用法，并解释了特质相对于更传统的多重继承有哪些改进。
- 第 12 章，“包、引入和导出”，讨论了大规模编程实践中我们会遇到的问题，包括顶级包，import 语句，以及像 protected 和 private 那样的访问控制修饰符。
- 第 13 章，“样例类和模式匹配”，介绍了这组孪生的结构。它们在处理树形的递归数据时非常有用。
- 第 14 章，“使用列表”，详细地解释了列表这个在 Scala 程序中使用最普遍的数据结构。
- 第 15 章，“使用其他集合类”，展示了如何使用基本的 Scala 集合，如列表、数组、元组、集和映射。
- 第 16 章，“可变对象”，解释了可变对象，以及 Scala 用来表示可变对象的语法。本章以一个具体的离散事件模拟案例分析收尾，展示了实践中可变对象的适用场景。
- 第 17 章，“Scala 的继承关系”，解释了 Scala 的继承关系，并探讨了通用方法和底类型等概念。

- 第 18 章，“类型参数化”，使用具体的示例解释了第 13 章介绍过的信息隐藏的技巧：为纯函数式队列设计的类。本章接下来对类型参数的型变进行了说明，介绍了类型参数化对于信息隐藏的作用。
- 第 19 章，“枚举”，介绍了枚举和代数数据类型（ADT）这组孪生的结构，让你更好地编写规则的、开放式的数据结构。
- 第 20 章，“抽象成员”，描述了 Scala 支持的各种抽象成员，不仅方法可以被声明为抽象的，字段和类型也可以。
- 第 21 章，“上下文参数”，介绍了 Scala 如何帮助你对函数使用上下文参数。将所有的上下文信息都直接带入并不是什么难事，但会因此增加很多样板代码，上下文参数能帮助你减少一些样板代码。
- 第 22 章，“扩展方法”，介绍了 Scala 如何让一个在类定义之外的函数看起来像是类自己定义的那样的机制。
- 第 23 章，“类型族”，展示了类型族的若干示例。
- 第 24 章，“深入集合类”，详细介绍了 Scala 集合类库。
- 第 25 章，“断言和测试”，展示了 Scala 的断言机制，并介绍了用 Scala 编写测试的若干工具，特别是 ScalaTest。

资源

在 Scala 的官方网站中，你可以找到 Scala 的最新下载文档和社区资源。如果你需要一份更浓缩的 Scala 资源列表，则可以访问本书的网站（见网址列表条目[2]）。

源码

本书的源码可以从本书的网站下载（ZIP 格式），且源码以 Apache 2.0 开源许可提供。

勘误表

虽然本书经过了大量审校，但是疏漏依然不可避免。本书的勘误表（希望不会很长）可以通过网址列表条目[3]找到。如果你发现了本书的错误，请通过上面的地址提交给我们，我们将在后续批次和版本中修正。

第 1 章
一门可伸缩的语言

Scala 这个名字来源于“scalable language”，即“可伸缩的语言”。之所以这样命名，是因为它的设计目标随着用户的需求一起生长。Scala 可被广泛应用于各种编程任务，从编写小型的脚本到构建巨型系统，它都能胜任。[1]

Scala 很容易上手。它运行在标准的 Java 和 JavaScript 平台上，可以与所有 Java 类库无缝协作。它很适合编写将 Java 组件组装在一起的脚本。不过用 Scala 编写可复用组件，并使用这些组件构建大型系统和框架时，更能体现出它的威力。

从技术上讲，Scala 是一门综合了面向对象和函数式编程概念的静态类型的编程语言。从很多不同的角度看 Scala，我们都能发现面向对象和函数式编程两种风格的融合，这一点可能比其他任何被广泛使用的编程语言都更为突出。在可伸缩性方面，这两种编程风格的互补性非常强。Scala 的函数式编程概念让它很容易用简单的组件快速构建出有趣的应用。而它的面向对象编程概念又让它能够轻松地构造出更大的系统，并不断地适配新的要求。通过这两种编程风格的结合，Scala 让我们能够表达出各种新式的编程模式和组件抽象。同时，我们的编程风格也变得清晰和简练。正因为它超强的可塑性，用

1 Scala 的发音为 skah-lah（斯嘎喇）。

Scala 编程会非常有趣。

作为全书的第 1 章，本章将回答这个问题："为什么要用 Scala？"我们将概括性地介绍 Scala 的设计和背后的原理。通过学习本章，你应该能对 Scala 是什么，以及它能够帮你完成哪类任务，有基本的感性认识。虽然本书是 Scala 的教程，但是就本章而言，并不能算作教程的一部分。如果你已经迫不及待地想现在就开始写 Scala 代码，请翻到第 2 章。

1.1　一门按需伸缩的语言

不同大小的程序通常需要不同的编程概念。比如下面这段小程序：

```
var capital = Map("US" -> "Washington", "France" -> "Paris")
capital += ("Japan" -> "Tokyo")
println(capital("France"))
```

这个程序首先设置好国家和首都之间的一组映射，然后修改映射，添加一个新的绑定 ("Japan" -> "Tokyo")，最后将法国（France）的首都（Paris）打印出来。[1] 本例中用到的表示法高级、到位且没有多余的分号或类型标注。的确，这段代码看上去感觉像是一种现代的"脚本"语言，如 Perl、Python 或 Ruby。这些语言的一个共通点，至少就上面的示例而言，是它们各自都在语法层面支持某种"关联映射"（associative map）的结构。

关联映射非常有用，因为它让程序精简可靠，不过有时你可能不同意这种"一体适用"（one size fits all）的哲学，因为你需要在你的程序中更为精细地控制映射结构的属性。Scala 给你这种自由度，因为映射在 Scala 里并不是语言本身的语法，它是通过类库实现的一种抽象，可以按需进行扩展和适配。

1 如果你还不太清楚这个程序的细节，请容我们继续讲下去，这些细节在后面两章都会介绍。

在上面这段程序中，得到的是默认的 Map 实现，不过改起来也很容易。比如，可以指定一个特定的实现，如 HashMap 或 TreeMap，也可以通过调用 par 方法得到一个并行执行操作的 ParMap。可以指定映射中的默认值，也可以在创建的映射中重写任何方法。无论是哪一种定制，都可以复用与示例中相同的易用语法来访问你的映射。

这个示例显示，Scala 既能让你方便地编写代码，也提供了灵活度。Scala 有一组方便的语法结构，可以帮助你快速上手，以愉悦而精简的方式编程，同时，你也会很放心，因为你想实现的并不会超出语言能表达的范围。你可以随时根据需要裁剪自己的程序，因为一切都基于类库模块，任由你选用和定制。

培育新类型

Eric Raymond 首先提出了大教堂和市集的隐喻，用来描述软件开发。[1] 大教堂指的是那种近乎完美的建筑，修建需要很长的时间，不过一旦建好，就很长时间不做变更。而市集则不同，每天都会有工作于其中的人们不断地对市集进行调整和扩展。在 Raymond 的著作里，市集用来比喻开源软件开发。Guy Steele 在一次以“培育编程语言”为主题的演讲中提到，大教堂和市集的比喻也同样适用于编程语言的设计。[2] 在这个意义上，Scala 更像是市集而不是大教堂，其主要的设计目标就是让用 Scala 编程的人们可以对它进行扩展和定制。

举个例子，很多应用程序都需要一种不会溢出（overflow）或者说“从头开始”（wrap-around）的整数。Scala 正好就定义了这样一个类型 scala.math.BigInt。这里有一个使用该类型的方法，用于计算传入整数值的阶乘（factorial）：[3]

```
def factorial(x: BigInt): BigInt =
```

1 Raymond，《大教堂与市集》[Ray99]

2 Steele，《培育编程语言》[Ste99]

3 factorial(x)，或者数学表示法 $x!$，是算式 $1 \times 2 \times \cdots \times x$ 的结果，其中 0!的结果定义为 1。

```
  if x == 0 then 1 else x * factorial(x - 1)
```

现在，如果你调用 factorial(30)，将得到

```
265252859812191058636308480000000
```

BigInt 看上去像是内建的，因为你可以使用整型字面量，并且对这个类型的值使用*和-等操作符运算。但实际上它不过碰巧是 Scala 标准类库里定义的一个类而已。[1] 就算没有提供这个类，Scala 程序员也可以直接（比如，对 java.math.BigInteger 做一下包装）实现。实际上，Scala 的 BigInt 就是这么做的。

当然，也可以直接使用 Java 的这个类。不过用起来并不会那么舒服，因为虽然 Java 也允许用户创建新的类型，但是这些类型用起来并不会给人原生支持的体验：

```
import java.math.BigInteger

def factorial(x: BigInteger): BigInteger =
  if x == BigInteger.ZERO then
    BigInteger.ONE
  else
    x.multiply(factorial(x.subtract(BigInteger.ONE)))
```

BigInt 的实现方式很有代表性，实际上还有许多其他数值类的类型（大小数、复数、有理数、置信区间、多项式等）。某些编程语言原生地支持其中的某些数值类型。举例来说，Lisp、Haskell 和 Python 实现了大整数；而 Fortran 和 Python 则实现了复数。不过，如果某个语言要同时实现所有这些对数值的抽象，则只会让语言的实现变得大到不可控的程度。不仅如此，就算有这样的语言存在，总有某些应用会得益于语言提供的范围之外的类型。因此，试图在语言中提供一切的做法并不实际。Scala 允许用户通过定义易于使

1 Scala 自带标准库，本书会介绍其中的一些功能。更多信息请参考随 Scala 发行且可以在线查询的标准库 Scaladoc 文档。

用的类库来培育和定制，最终的代码让人感觉就像是语言本身支持的那样。

培育新的控制结构

从前一个示例中可以看到，Scala 允许我们添加新的类型，且这些类型的用法与内建的类型相同。像这样的扩展原则也适用于控制结构。在 ScalaTest 这个颇为流行的 Scala 测试类库中，AnyFunSuite 编程风格就很好地展示了这一点。

举个例子，下面是一个简单的测试类，包含了两个测试：

```
class SetSpec extends AnyFunSuite:

  test("An empty Set should have size 0") {
    assert(Set.empty.size == 0)
  }

  test("Invoking head on an empty Set should fail") {
    assertThrows[NoSuchElementException] {
      Set.empty.head
    }
  }
```

我们并不指望你在现阶段就能完全理解 AnyFunSuite 这个例子，重点是在伸缩性方面，无论 test 还是 assertThrows 语法都不是 Scala 内建的。虽然它们看起来及运行起来都与内建的控制结构很像，但是事实上它们都是在 ScalaTest 类库中定义的方法。这两个控制结构完全独立于 Scala 编程语言本身。

从这个例子中不难看出，哪怕是具体到软件测试这样的特定场景下，你也可以朝新的方向“培育”Scala 语言。当然，为了做到这一点，我们需要有经验的架构师和程序员，不过关键在于这是可行的——可以用 Scala 设计和实现那些能解决全新应用领域问题的抽象，且它们用起来就像是语言原生支持的一样。

1.2　是什么让 Scala 能屈能伸

语言的伸缩性取决于很多因素，从语法细节到组件抽象都有。如果我们只能挑一个让 Scala 能屈能伸的方面，那就是它对面向对象和函数式编程的结合（我们作弊了，面向对象和函数式本质上是两个方面，不过它们确实是相互交织的）。

与其他结合面向对象和函数式编程的语言相比，Scala 走得更远。举例来说，其他语言可能会区分对象和函数，将它们定义为不同的两个概念，但在 Scala 中，函数值就是对象，而函数的类型是可被子类继承的类。你可能会认为这仅仅是在纸面上更好看，但其实这对语言的伸缩性有着深远的影响。本节将概要地介绍 Scala 是如何做到将面向对象和函数式概念结合在一起的。

Scala 是面向对象的

面向对象编程获得的成功是巨大的，从 20 世纪 60 年代中期的 Simula 和 70 年代的 Smalltalk 开始，直到现在，成了大多数编程语言都支持的主要特性。在某些领域，对象几乎全面占领了市场。虽然面向对象的含义并没有一个准确的定义，但是很显然，对象这个概念是深受程序员群体欢迎的。

从原理上讲，面向对象编程的动机非常简单：除最微不足道的程序之外，所有程序都需要某种结构，而形成这种结构最直截了当的方式就是将数据和操作放进某种容器里。面向对象编程的伟大概念让这类容器变得完全通用，使得这类容器既可以包含操作，也可以包含数据，并且可以以值的形式被存放在其他容器中，或者作为参数被传递给相关操作。这些容器被称为对象。Smalltalk 的发明人——Alan Kay 认为，通过这样的抽象，最简单的对象也像完整的计算机一样，有着相同的构造原理：它将数据和操作结合在一个形式化的接口之下。[1] 所以说，对象与编程语言的伸缩性之间的关系很大：同样的技巧既适用于小程序也适用于大程序。

虽然面向对象编程已经作为主流存在了很长的时间，但是相对而言很少有编程语言按照 Smalltalk 的理念，将这个构思原理推到逻辑的终点。举例来说，许多语言都允许不是对象的值的存在，如 Java 的基本类型，或者允许不以任何对象的成员形式存在的静态字段和方法的存在。这些对面向对象编程理念的背离在一开始看上去没什么不妥，但它们倾向于让事情变得复杂，限制了伸缩的可能性。

Scala 则不同，它对面向对象的实现是纯粹的：每个值都是对象，每个操作都是方法调用。举例来说，当你说 `1 + 2` 时，实际上是在调用 `Int` 类里定义的名称为+的方法。你也可以定义名称像操作符的方法，这样别人就可以用操作符表示法来使用你的 API。

与其他语言相比，在组装对象方面，Scala 更为高级。Scala 的特质（*trait*）就是一个典型的例子。特质与 Java 的接口很像，不过特质可以有方法实现甚至是字段。[2] 对象通过混入组合（*mixin composition*）构建，构建的过程是取出某个类的所有成员，然后加上若干特质的成员。这样一来，类的不同维度的功能特性就可以被封装在不同的特质定义中。这粗看上去有点像多重继承（*multiple inheritance*），细看则并不相同。与类不同，特质能够对某个未知的超类添加新的功能，这使得特质比类更为“可插拔”（pluggable）。尤其是特质成功地避开了多重继承中，当某个子类通过不同的路径继承到同一个超类时产生的“钻石继承”（diamond inheritance）问题。

Scala 是函数式的

Scala 不只是一门纯粹的面向对象语言，也是功能完整的函数式编程语

---

1 Kay，《Smalltalk 的早期历史》[Kay96]（全书参考资料列表下载方法见“读者服务”）

2 从 Java 8 开始，接口可以有默认方法（default method）实现，不过默认方法并不能提供 Scala 特质的所有特性。

言。函数式编程的理念，甚至比计算器还要早。这些理念早在 20 世纪 30 年代由 Alonzo Church 开发的 lambda 演算中得以建立。而第一个函数式编程语言 Lisp 的历史，可以追溯到 20 世纪 50 年代末期。其他函数式编程语言还包括：Scheme、SML、Erlang、Haskell、OCaml、F#等。在很长一段时间里，函数式编程都不是主流：虽然在学术界很受欢迎，但是在工业界并没有广泛使用。不过，最近几年，大家对函数式编程语言和技巧的兴趣与日俱增。

函数式编程以两大核心理念为指导。第一个核心理念是函数是一等的值。在函数式编程语言中，函数值的地位与整数、字符串等是相同的。函数可以作为参数传递给其他函数，作为返回值返回，或者被保存在变量里。还可以在函数中定义另一个函数，就像在函数中定义整数那样。也可以在定义函数时不指定名称，就像整数字面量 `42`，让函数字面量散落在代码中。

作为一等值的函数对操作的抽象和创建新的控制结构提供了便利。这种函数概念的抽象带来了强大的表现力，可以让我们写出精简可靠的代码。这一点对于伸缩性也有很大的帮助。以 `ScalaTest` 为例，这个测试类库提供了 `eventually`（最后）这样的结构体，接收一个函数作为入参（*argument*）。用法如下：

```
val xs = 1 to 3
val it = xs.iterator
eventually { it.next() shouldBe 3 }
```

在 `eventually` 中的代码——`it.next() shouldBe 3` 这句断言被包含在一个函数里，该函数并不会直接执行，而是会原样传入 `eventually`。在配置好的时间内，`eventually` 将会反复执行这个函数，直到断言成功。

函数式编程的第二个核心理念是程序中的操作应该将输入值映射成输出值，而不是当场（in place）修改数据。为了理解其中的差别，我们不妨设想一下 Ruby 和 Java 的字符串实现。在 Ruby 中，字符串是一个字符型的数组，字符串中的字符可以被单个替换。例如，在同一个字符串对象中，可以将分号替换为句号。而在 Java 和 Scala 中，字符串是数学意义上的字符序列。通过 `s.replace(';', '.')`这样的表达式替换字符串中的某个字符，会交出（*yield*）一个全新的对象，而不是 `s`。换句话说，Java 的字符串是不可变的（*immutable*），而 Ruby 的字符串是可变的（*mutable*）。因此仅从字符串的实现来看，Java 是函数式的，而 Ruby 不是。不可变数据结构是函数式编程的基石之一。Scala 类库在 Java API 的基础上定义了更多的不可变数据类型。比如，Scala 提供了不可变的列表（list）、元组（tuple）、映射（map）和集（set）等。

函数式编程的这个核心理念的另一种表述是方法不应该有副作用（*side effect*）。方法只能通过接收入参和返回结果这两种方式与外部环境通信。举例来说，Java 的 `String` 类的 `replace` 方法便符合这个描述：它接收一个字符串（对象本身）、两个字符，交出一个新的字符串，其中所有出现的入参第一个字符都被替换成了入参的第二个字符。调用 `replace` 并没有其他的作用。像 `replace` 这样的方法被认为是指称透明（*referential transparent*）的，意思是对于任何给定的输入，该方法调用都可以被其结果替换，同时不会影响程序的语义。

函数式编程鼓励不可变数据结构和指称透明的方法。某些函数式编程语言甚至强制要求这些。Scala 给你选择的机会。如果你愿意，则完全可以编写指令式（*imperative*）风格的代码，也就是用可变数据和副作用编程。不过 Scala 通常让你可以不必使用指令式的语法结构，因为有其他更好的函数式的替代方案可供选择。

1.3 为什么要用 Scala

Scala 究竟是不是你的菜？这个问题需要你自己观察和判断。我们发现除了伸缩性，其实还有很多因素让人喜欢 Scala 编程。本节将介绍其中最重要的四点：兼容性、精简性、高级抽象和静态类型。

Scala 是兼容的

从 Java 到 Scala，Scala 并不需要你从 Java 平台全身而退。它允许你对现有的代码增加价值（在现有基础之上“添砖加瓦”），这得益于它的设计目标就是与 Java 的无缝互调。[1] Scala 程序会被编译成 JVM 字节码，其运行期性能通常也与 Java 程序相当。Scala 代码可以调用 Java 方法，访问 Java 字段，从 Java 类继承，实现 Java 接口。要实现这些，并不需要特殊的语法、显式的接口描述或胶水代码（*glue code*）。事实上，几乎所有 Scala 代码都重度使用 Java 类库，而程序员们通常察觉不到这一点。

关于互操作性还有一点要说明，那就是 Scala 也重度复用了 Java 的类型。Scala 的 `Int` 是用 Java 的基本类型 `int` 实现的，`Float` 是用 Java 的 `float` 实现的，`Boolean` 是用 Java 的 `boolean` 实现的，等等。Scala 的数组也被映射成 Java 的数组。Scala 还复用了 Java 类库中很多其他类型，比如，Scala 的字符串字面量`"abc"`是一个 `java.lang.String`，而抛出的异常也必须是 `java.lang.Throwable` 的子类。

Scala 不仅会复用 Java 的类型，也会对 Java 原生的类型进行“再包装”，让这些类型更好用。比如，Scala 的字符串支持 `toInt` 或 `toFloat` 这样的方法，可以将字符串转换成整数或浮点数。这样就可以写为 `str.toInt` 而不是 `Integer.parseInt(str)`。如何在不打破互操作性的前提下实现呢？Java 的 `String` 类当然没有 `toInt` 方法了！事实上，Scala 对于此类因高级类库设计和互操作性之间的矛盾而产生的问题有一个非常通用的解决方案：Scala 允许定义丰富的扩展，当代码中选中了（类型定义中）不存在的成员时，扩展方法的机制就会被启用。[2] 在上述示例中，Scala 首先在字符串的类型定义上查找 `toInt` 方法，而 `String` 类定义中并没有 `toInt` 这个成员（方

---

1 最开始，Scala 还有另一个实现运行在.NET 平台，不过现在已经不活跃了。而最近，另一个运行在 JavaScript 上的实现——Scala.js，正在变得越来越流行。

2 在 Scala 3.0.0 中，标准的扩展通过隐式转换（*implicit conversion*）实现。在后续版本中，这些实现细节将被替换为扩展方法（*extension method*）。

法），不过它会找到一个将 Java 的 String 转换成 Scala 的 StringOps 类的隐式转换，StringOps 类定义了这样一个成员（方法）。因此在真正执行 toInt 操作之前，上述隐式转换就会被应用。

我们也可以从 Java 中调用 Scala 的代码。具体的方式有时候比较微妙，因为就编程语言而言，Scala 比 Java 的表达更丰富，所以 Scala 的某些高级特性需要加工后才能映射到 Java。更多细节请参考《Scala 高级编程》[1]。

Scala 是精简的

Scala 编写的程序通常都比较短。很多 Scala 程序员都表示，与 Java 相比，代码行数相差可达 10 倍之多。更为保守地估计，一个典型的 Scala 程序的代码行数应该只有用 Java 编写的、同样功能的程序的代码行数的一半。更少的代码不仅仅意味着打更少的字，也让阅读和理解代码更快，缺陷也更少。更少的代码行数，归功于如下几个因素。

首先，Scala 的语法避免了 Java 程序中常见的一些样板（boilerplate）代码。比如，在 Scala 中分号是可选的，通常大家也不写分号。Scala 的语法噪音更少还体现在其他几个方面，比如，可以比较一下分别用 Java 和 Scala 来编写类和构造方法。Java 的类和构造方法通常类似这样：

```
class MyClass { // 这是 Java

  private int index;
  private String name;

  public MyClass(int index, String name) {
    this.index = index;
    this.name = name;
  }
}
```

1 译者注：截至本书第 5 版成稿，《Scala 高级编程》（*Advanced Programming in Scala*）还未出版。

而在 Scala 中，你可能更倾向于写成如下的样子：

```
class MyClass(index: Int, name: String)
```

对于这段代码，Scala 解释器会生成带有两个私有实例变量（一个名称为 index 的 Int 和一个名称为 name 的 String）和一个接收这两个变量初始值的参数的构造方法的类。这个构造方法会用传入的参数值来初始化它的两个实例变量。简单来说，用更少的代码做到了与 Java 本质上相同的功能。[1] Scala 的类写起来更快，读起来更容易，而最重要的是，它比 Java 的类出错的可能性更小。

Scala 的类型推断是让代码精简的另一个帮手。重复的类型信息可以被删除，这样代码就更加紧凑、可读。

不过可能最重要的因素是有些代码根本不用写，类库都帮你写好了。Scala 提供了大量的工具来定义功能强大的类库，让你可以捕获那些公共的行为，并将它们抽象出来。例如，类库中各种类型的不同切面可以被分到不同的特质中，然后以各种灵活的方式组装、混合在一起。又如，类库的方法也可以接收用于描述具体操作的参数，这样一来，事实上你就可以定义自己的控制结构。综上所述，Scala 让我们能够定义出抽象级别高，同时用起来又很灵活的类库。

Scala 是高级的

程序员们一直都在应对不断增加的复杂度。要保持高效的产出，就必须理解当前处理的代码。许多走下坡路的软件项目都是因为受到过于复杂的代码的影响。不幸的是，重要的软件通常需求都比较复杂。这些复杂度并不能被简单地规避，必须对其进行妥善的管理。

Scala 给你的帮助在于提升接口设计的抽象级别，让你更好地管理复杂

---

1 唯一真正的区别在于 Scala 生成的实例变量是 final 的。你会在 10.6 节了解到如何编写不是 final 的实例变量。

度。举例来说，假设你有一个 String 类型的变量 name，你想知道这个 String 是否包含大写字母。在 Java 8 之前，你可能会编写这样一段代码：

```
boolean nameHasUpperCase = false;  // 这是 Java
for (int i = 0; i < name.length(); ++i) {
    if (Character.isUpperCase(name.charAt(i))) {
        nameHasUpperCase = true;
        break;
    }
}
```

而在 Scala 中，你可以这样写：

```
val nameHasUpperCase = name.exists(_.isUpper)
```

Java 代码将字符串当作低级别的实体，在循环中逐个字符地遍历。而 Scala 代码将同样的字符串当作更高级别的字符序列，用前提（*predicate*）来查询。很显然，Scala 代码要短得多，并且（对于受过训练的双眼来说）更加易读。因此，Scala 对整体复杂度预算的影响较小，让你犯错的机会也更少。

这里的前提_.isUpper 是 Scala 的函数字面量。[1] 它描述了一个接收字符作为入参（以下画线表示），判断该字符是否为大写字母的函数。[2]

Java 8 引入了对 *lambda* 和流（*stream*）的支持，让你能够在 Java 中执行类似的操作。具体代码如下：

```
boolean nameHasUpperCase =   // 这是 Java 8 或更高版本
    name.chars().anyMatch(
        (int ch) -> Character.isUpperCase((char) ch)
    );
```

虽然与之前版本的 Java 相比有了长足的进步，但是 Java 8 的代码依然比

1 当函数字面量的结果类型是 Boolean 时，可以被称作前提。

2 用下画线作为入参的占位符的用法在 8.5 节有详细介绍。

Scala 代码更啰唆。Java 代码这种额外的“重”，以及 Java 长期以来形成的使用循环的传统，让广大 Java 程序员们虽然可以使用 `exists` 这样的新方法，但是最终都选择直接写循环，并安于这类更复杂代码的存在。

另一方面，Scala 的函数字面量非常轻，因此经常被使用。随着对 Scala 的深入了解，你会找到越来越多的机会定义自己的控制抽象。你会发现，这种抽象让你避免了很多重复代码，让你的程序保持短小、清晰。

Scala 是静态类型的

静态的类型系统根据变量和表达式所包含和计算的值的类型来对它们进行归类。Scala 与其他语言相比，一个重要的特点是它拥有非常先进的静态类型系统。Scala 不仅拥有与 Java 类似的、允许嵌套类的类型系统，还允许用泛型（*generics*）对类型进行参数化（*parameterize*），用交集（*intersection*）组合类型，以及用抽象类型（*abstract type*）隐藏类型的细节。[1] 这些特性为我们构建和编写新的类型打下了坚实的基础，让我们可以设计出既安全又好用的接口。

如果你喜欢动态语言，如 Perl、Python、Ruby 或 Groovy，那么也许会觉得奇怪，我们为什么把静态类型系统当作 Scala 的强项。毕竟，我们常听到有人说，没有静态类型检查是动态语言的一个主要优势。对静态类型最常见的批评是程序因此变得过于冗长繁复，让程序员不能自由地表达他们的意图，也无法实现对软件系统的某些特定的动态修改。不过，这些反对的声音并不是笼统地针对静态类型这个概念本身的，而是针对特定的类型系统的，人们觉得这些类型系统过于啰唆，或者过于死板。举例来说，Smalltalk 的发明人 Alan Kay 曾经说过：“我并不是反对（静态）类型，但我并不知道哪个（静态）类型系统用起来不是一种折磨，因此我仍喜欢动态类型。”[2]

通过本书，我们希望让你相信 Scala 的类型系统并不是“折磨”。事实

---

1 我们将在第 18 章介绍泛型；在 17.5 节介绍交集（如 A & B & C）；在第 20 章介绍抽象类型。

2 Kay，一封关于面向对象编程意义的电子邮件。[Kay03]

上，它很好地解决了静态类型的两个常见的痛点：通过类型推断规避了过于啰唆的问题，通过模式匹配，以及其他编写和组合类型的新方式避免了死板。扫清了这些障碍，大家就能更好地理解和接受静态类型系统的好处。其中包括：程序抽象的可验证属性、安全的重构和更好的文档。

程序抽象的可验证属性。静态类型系统可以证明某类运行期错误不可能发生。例如，它可以证明：布尔值不能和整数相加；私有变量不能从其所属的类之外被访问；函数调用时的入参个数不会错；字符串的集只能添加字符串。

目前的静态类型系统也有一些无法被检测到的错误。比如，不会自动终止的函数、数组越界或除数为 0 等。它也不能检查你的程序是不是满足它的规格说明书（假设确实有规格说明书的话）。有人据此认为静态类型系统实际上没什么用。他们说，既然这样的类型系统只能检测出简单的错误，而单元测试提供了更广的测试覆盖范围，为什么还要用静态类型系统检查呢？我们认为这些说法没有抓住问题的本质。虽然静态类型系统不可能完全取代单元测试，但是它能减小单元测试需要覆盖的范围，因为对于那些常规属性的检查，静态类型系统已经帮我们做了。不过，正如 Edsger Dijkstra 所说，测试只能证明错误存在，而不能证明没有错误。[1] 因此，虽然静态类型带来的保障可能比较简单，但是这些是真正的保障，不是单元测试能够提供的。

安全的重构。静态类型系统提供了一个安全网，让你有十足的信心和把握对代码库进行修改。假设我们要对方法添加一个额外的参数，如果是静态类型语言，则可以执行修改，重新编译，然后简单地订正那些引起编译错误的代码行即可。一旦完成了这些修改和订正，我们就能确信所有需要改的地方都改好了。其他很多简单的重构也是如此，比如，修改方法名或者将方法从一个类移到另一个类。在所有这些场景里，静态类型检查足以确保新系统会像老系统那样运行起来。

---

1 Dijkstra,《结构化编程笔记》[Dij70]

更好的文档。静态类型是程序化的文档，解释器会检查其正确性。与普通的文档不同，类型标注永远不会过时（主要包含类型标注的源代码通过了编译）。不仅如此，解释器和集成开发环境（IDE）也可以利用类型标注来提供更好的上下文相关的帮助。比如，IDE 可以通过对表达式的静态类型判断，查找该类型下的所有成员，将它们显示出来，供我们选择。

虽然静态类型通常对程序文档有用，但是有时候它的确比较烦人，让程序变得杂乱无章。通常来说，有用的文档是那些让读代码的人较难仅通过代码推断出来的部分。比如，下面这样的方法定义：

```
def f(x: String) = ...
```

让读者知道 f 的参数是 String，是有意义的。而在下面这个示例中，至少两组类型标记中的一组是多余的：

```
val x: HashMap[Int, String] = new HashMap[Int, String]()
```

很显然，只需要说一次 x 是以 Int 为键，以 String 为值的 HashMap 就足够了，不需要重复两遍。

Scala 拥有设计精良的类型推断系统，让你在绝大多数通常被认为冗余的地方省去类型标注或声明。在之前的示例中，如下两种写法也是等效的：

```
val x = new HashMap[Int, String]()
val x: Map[Int, String] = new HashMap()
```

Scala 的类型推断可以做得很极致。事实上，完全没有类型标注的 Scala 代码也并不少见。正因如此，Scala 程序通常看上去有点像是用动态类型的脚本语言编写的。这一点对于业务代码来说尤其明显，因为业务代码通常都是将预先编写好的组件黏合在一起的；而对于类库组件来说就不那么适用了，因为这些组件通常都会利用那些相当精巧的类型机制来满足各种灵活的使用模式的需要。这是很自然的一件事。毕竟，构成可复用组件的接口定义的各个成员的类型签名必须被显式给出，因为这些类型签名构成了组件和组件使用者之间最基本的契约。

1.4 Scala 寻根

Scala 的设计受到许多编程语言和编程语言研究领域的概念的影响。事实上，Scala 只有很少的几个特性是原创的；大部分特性都在其他语言中实现过。Scala 的创新在于将这些语法概念有机地结合在一起。本节将列出对 Scala 设计有重大影响的语言和观念。这份清单不可能做到完整（在编程语言领域，各种聪明有趣的点子实在是太多了）。

在表层，Scala 借鉴了大部分来自 Java 和 C#的语法，而这些语法特征大部分也是从 C 和 C++沿袭下来的。表达式、语句和代码块与 Java 几乎一致，类、包和引入的语法也基本相同。[1] 除了语法，Scala 还用到了 Java 的其他元素，如基本的类型、类库和执行模型等。

除此之外，Scala 也吸收了很多来自其他语言的影响。Scala 采用的统一对象模型由 Smalltalk 开创，由 Ruby 发扬光大。Scala 的统一嵌套机制（Scala 几乎所有语法结构都支持嵌套）也同样出现在 Algol、Simula 中，近期 Beta 和 gbeta 也引入了类似机制。Scala 方法调用的统一访问原则和对字段的选取方式来自 Eiffel。Scala 的函数式编程实现方式与 ML 家族的语言（包括 SML、OCaml、F#等）也很神似。Scala 类库的许多高阶函数（higher-order function），在 ML 和 Haskell 中也有。Scala 的隐式参数是为了做到 Haskell 的

1 Scala 在类型标注方面与 Java 最大的不同：Scala 的写法是“variable: Type”而不是 Java 的“Type variable”。Scala 的这种将类型写在后面的做法类似于 Pascal、Modula-2 和 Eiffel。这个区别的主要原因与类型推断相关：类型推断让我们省去对变量类型和方法返回类型的声明。如果用“variable: Type”这样的语法，则简单地去掉冒号和类型名称即可。而如果用 C 风格的“Type variable”语法，则无法简单地去掉类型名称，因为再没有其他的标记来开始一个定义了。这时需要某种其他的关键字来表示缺失的类型标注（C# 3.0 在一定程度上支持类型推断，采用了 var 关键字）。这种额外的关键字更像是临时添加的，与 Scala 采用的方式相比，就显得不那么常规和自然。

type class 的效果，它实现了类似在传统的面向对象语境中对于“同一类对象”的那种抽象[1]。而 Scala 基于 actor 模型的核心并发库——Akka，在很大程度上受到 Erlang 的启发。

Scala 并不是首个强调伸缩性和扩展性的语言。支持不同应用领域的可扩展编程语言的历史，可以追溯到 Peter Landin 于 1966 年发表的论文——《未来的 700 种编程语言》[2]（这篇论文中提到的编程语言 Iswim 与 Lisp 并列，是函数式编程语言的先驱）。具体到使用**中缀**（*infix*）操作符作为函数的想法，可以在 Iswim 和 Smalltalk 中找到影子。另一个重要的理念是允许函数字面量（或代码块）作为参数，以支持自定义控制结构。这个特性也可以追溯到 Iswim 和 Smalltalk。Smalltalk 和 Lisp 都支持灵活的语法来完整构建**领域特定语言**（*domain-specific language*）。通过操作符重载和模板系统，C++也支持一定程度的定制和扩展，但与 Scala 相比，C++更为底层，其核心更多的是面向系统级的操作处理。

Scala 也不是首个将函数式和面向对象编程集成在一起的语言，尽管它很可能是这些语言中在这个方向上走得最远的。其他将某些函数式编程的元素集成进面向对象编程（OOP）的语言有 Ruby、Smalltalk 和 Python。在 Java 平台上，Pizza、Nice、Multi-Java（还有 Java 8 自己）都基于 Java 的内核扩展出函数式的概念。还有一些主打函数式的编程语言也集成了对象系统，如 OCaml、F#和 PLT-Scheme。

在编程语言领域，Scala 也贡献了自己的一些创新。比如，它的抽象类型提供了与泛型类型相比更加面向对象的机制，它的特质允许用户更灵活地组装组件，而它的**提取器**（*extractor*）提供了一种与展示无关的方式来实现模式匹配。这些创新点在最近几年的编程语言大会和论文中也多有提及。[3]

---

1 译者注：这类对象拥有某种统一的行为特征，或者说同时支持某种操作或方法，而不是简单、死板地声明为继承自某个共通的超类型。

2 Landin，《未来的 700 种编程语言》[Lan66]

3 想获取更多信息，请查阅参考文献中的[Ode03]、[Ode05]和[Emi07]。

1.5　结语

本章带你领略了 Scala 和它可能给你的编程工作带来的帮助。当然，Scala 并不是“银弹”，并不能魔法般地让你更加高产。要做出实际的进步，需要根据实际需求有选择地应用 Scala，这需要学习和实践。如果你是从 Java 来到 Scala 的，则最具挑战的可能是 Scala 的类型系统（比 Java 的类型系统更为丰富）和 Scala 对函数式编程的支持。本书的目标是循序渐进地引导你逐步学习和掌握 Scala。我们认为这会是一次有收获的智力旅程，能帮助你拓展知识领域并对程序设计有新的、不一样的思考。希望你能通过 Scala 编程获得快乐和启发。

下一章，我们将带你开始编写实际的 Scala 代码。

第 2 章
Scala 入门

是时候编写实际的 Scala 代码了。在开始深入 Scala 教程之前，本书加入了两章内容专门用于让你感受 Scala 的全貌，同时，最重要的是让你行动起来，编写具体的代码。我们鼓励你尝试本章和下一章的所有示例代码。学习 Scala 最好的方式便是用它来编程。

要执行本章的示例，需要安装 Scala。你可以访问 Scala 官网，并按照与目标平台对应的指引进行操作。这里描述了几种不同的安装或试用 Scala 的方式。对于本章中涉及的这些编程步骤，我们假设你已经安装了 Scala 的二进制包，并已经将相关命令添加至系统路径中。[1]

如果你是编程老手，但初次接触 Scala，那么接下来的两章将给你足够多的信息，让你能够编写有用的 Scala 程序。如果你的编程经验相对较少，有些内容会比较难懂。不过没关系，为了让你快速上手，我们会特意略过一些细节。所有的细节概念都会在后续的章节详细介绍，节奏也会放缓一些，读者不会像读本章（和下一章）时那样像是在坐过山车。除此之外，我们在这两章中也穿插了很多脚注，用于指向后续章节中对特定知识点的详细解释。

1 本书所有代码都经过 Scala 3.0.0 的测试。

第 1 步　使用 Scala 解释器

开始 Scala 的最简单方式是使用 Scala 解释器[1]，一个用于编写 Scala 表达式和程序的交互式 shell。调出 Scala 解释器的命令是 scala，它会对你录入的表达式求值，输出结果。你可以在命令提示符窗口输入 scala：[2]

```
$ scala
Starting Scala REPL...
scala>
```

输入表达式，如 1 + 2 之后，按 Enter 键：

```
scala> 1 + 2
```

解释器将输出：

```
val res0: Int = 3
```

这一行内容包括了：

- 关键字 val，声明一个变量；
- 一个自动生成或者由用户定义的变量名，指向被计算出来的值（res0，意思是 result 0）；
- 一个冒号（:），以及冒号后面的表达式结果类型（Int）；
- 一个等号（=）；
- 通过对表达式求值得到的结果（3）。

类型 Int 表明这里用的是 scala 包里的 Int 类。Scala 的包和 Java 的包

1 Scala 解释器 REPL 是英文 Read（读取）、Evaluate（求值）、Print（打印）、Loop（循环）的首字母缩写。

2 如果你用的是 Windows，则需要在名称为“Command Prompt”（命令提示符）的 DOS 窗口中输入 scala 命令。

很类似：将全局命名空间分成多个区，提供了一种信息隐藏的机制。[1] Int 类的值对应 Java 的 int 值。更笼统地说，所有 Java 的基本类型在 scala 包中都有对应的类。例如，scala.Boolean 对应 Java 的 boolean，scala.Float 对应 Java 的 float。当你编译 Scala 代码到 Java 字节码时，Scala 编译器会尽量使用 Java 的基本类型，让你的代码可以享受到基本类型的性能优势。

resX 标识符可以在后续的代码行中使用。比如，res0 在前面已经被设置成了 3，所以 res0 * 3 就会得到 9 的结果：

```
scala> res0 * 3
val res1: Int = 9
```

如果想打印 Hello, world!（这个任何编程语言入门都绕不过去的“梗”），则输入：

```
scala> println("Hello, world!")
Hello, world!
```

println 函数将传入的字符串打印到标准输出，就像 Java 的 System.out.println 一样。

第 2 步　定义变量

Scala 的变量分为两种：val 和 var。val 与 Java 的 final 变量类似，一旦初始化就不能被重新赋值。而 var 则不同，类似于 Java 的非 final 变量，在整个生命周期内都可以被重新赋值。下面是 val 的定义：

```
scala> val msg = "Hello, world!"
val msg: String = Hello, world!
```

---

1 如果你对 Java 包不熟悉，则可以把它看作提供了类的完整名称。由于 Int 是 scala 包的成员，“Int”是这个类的简单名称，而“scala.Int”是它的完整名称。关于包的细节，在第 12 章会有介绍。

这行代码引入了 msg 这个变量名来表示"Hello, world!"这个字符串。msg 的类型是 java.lang.String，因为在 JVM 平台上，Scala 的字符串是用 Java 的 String 类实现的。

如果你习惯于 Java 声明变量的方式，则会注意到一个显著的差别：在 val 的定义中，既没有出现 java.lang.String，也没有出现 String。这个示例展示了 Scala 的类型推断（*type inference*）能力——能够推断出那些不显式指定的类型。在本例中，由于使用的是字符串字面量来初始化 msg，因此 Scala 推断出 msg 的类型是 String。当 Scala 解释器能够推断类型时，通常来说，我们最好让它帮我们推断类型，而不是在代码中到处写上那些不必要的、显式的类型标注。当然，也可以显式地给出类型，有时候这样做可能是正确的选择。显式的类型标注，既可以确保 Scala 解释器推断出符合你意图的类型，也能作为文档，方便之后阅读代码的人更好地理解代码。与 Java 不同，Scala 并不是在变量名之前给出类型的，而是在变量名之后给出类型的，且变量名和类型之间用冒号（:）隔开。例如：

```
scala> val msg2: java.lang.String = "Hello again, world!"
val msg2: String = Hello again, world!
```

或者（因为 java.lang 包中的类型可以在 Scala 程序中直接用简称[1]引用）：

```
scala> val msg3: String = "Hello yet again, world!"
msg3: String = Hello yet again, world!
```

回到最初的 msg，既然已经定义好，我们就可以正常地使用它，例如：

```
scala> println(msg)
Hello, world!
```

---

1 java.lang.String 的简称是 String。

由于 msg 是 val 而不是 var，因此并不能对它重新赋值。[1] 举例来说，我们尝试如下代码，看解释器会不会报错：

```
scala> msg = "Goodbye cruel world!"
1 |msg = "Goodbye cruel world!"
  |^^^^^^^^^^^^^^^^^^^^^^^^^^^^
  |Reassignment to val msg
```

如果你就是想重新赋值，则需要用 var，就像这样：

```
scala> var greeting = "Hello, world!"
var greeting: String = Hello, world!
```

由于 greeting 是 var 而不是 val，因此可以在定义和初始化之后对它重新赋值。如果对 greeting 的内容不满意，则可以随时修改 greeting 的值。

```
scala> greeting = "Leave me alone, world!"
greeting: String = Leave me alone, world!
```

要想在解释器中分多行录入代码，只需要在输出第一行代码之后直接按 Enter 键即可。如果当前输入的内容不完整，则解释器会自动在下一行的头部加上竖线（ | ）。

```
scala> val multiLine =
     \|   "This is the next line."
multiLine: String = This is the next line.
```

如果你意识到输错了，但解释器还在等待你的输入，则可以通过连续按两次 Enter 键来退出：

```
scala> val oops =
     \|
```

1 不过在解释器中，我们可以用之前已经使用过的名称来定义新的 val。这个机制在 7.7 节会有详细介绍。

```
     \|
You typed two blank lines.  Starting a new command.

scala>
```

在后面的章节中，为了代码更好读（同时方便大家从 PDF 文件中复制、粘贴），将不再列出竖线（|）。

第 3 步　定义函数

既然知道了 Scala 变量的用法，那么你可能想试试函数怎么写。在 Scala 中：

```
def max(x: Int, y: Int): Int =
  if x > y then x
  else y
```

函数定义由 def 开始，然后是函数名（本例为 max）和圆括号中以逗号隔开的参数列表。每个参数的后面都必须加上以冒号（:）开始的类型标注，因为 Scala 编译器（或者解释器，不过从现在起，我们统一叫它编译器）并不会推断函数参数的类型。在本例中，max 函数接收两个参数，即 x 和 y，类型都是 Int。在 max 函数的参数列表的右括号之后，你会发现另一个“: Int”类型标注。这里定义的是 max 函数自己的结果类型（*result type*）[1]。在函数的结果类型之后，是一个等号和用花括号括起来的函数体。在本例中，函数体是一个 if 表达式，用于选择 x 和 y 中较大的那一个，并作为 max 函数的返回结果。正如这里展示的那样，Scala 的 if 表达式可以返回一个结果，就像 Java 的三元运算（ternary operator）一样。比如，Scala 表达式“if (x > y) x else y”的行为，类似 Java 的“(x > y) ? x : y”。函数体之前的等号也有特别的含义，表示在函数式的世界观里，函数定义的是一个可以获取结

---

1 在 Java 中，从某个方法返回的值的类型就是该方法的返回类型。在 Scala 中，同样的概念被称作结果类型。

果值的表达式。函数的基本结构如图 2.1 所示。

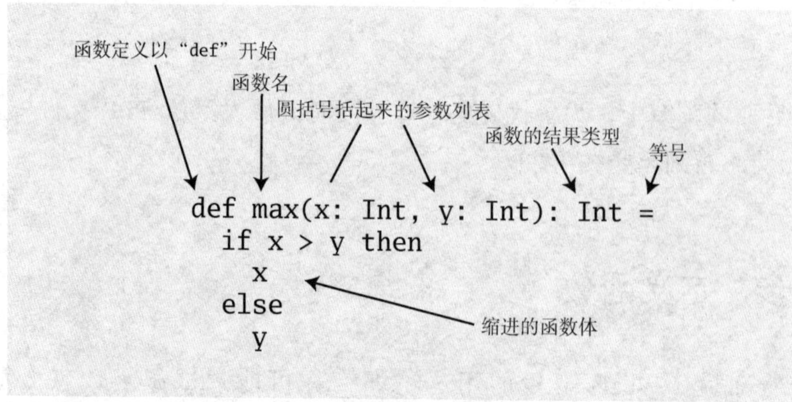

图 2.1　函数的基本结构

有时，Scala 编译器需要你给出函数的结果类型。比如，如果函数是递归的（*recursive*）[1]，就必须显式地给出函数的结果类型。在 max 函数这个例子中，并不需要给出结果类型，编译器就会做出正确的推断。[2] 同样地，如果函数函数只有一条语句，也可以选择不使用花括号。因此，也可以这样编写 max 函数：

```
def max(x: Int, y: Int) = if x > y then x else y
```

一旦定义好函数，就可以按函数的名称来调用它了，比如：

```
val bigger = max(3, 5) // 5
```

下面是一个不接收任何参数也不返回任何有意义的结果的函数：

```
scala> def greet() = println("Hello, world!")
def greet(): Unit
```

---

1 如果函数会调用到自己，这样的函数就是递归的。

2 尽管如此，显式地给出函数的结果类型通常是好的做法，虽然编译器并不强制要求。这种类型标注让代码更易读，因为这样一来，阅读代码的人就不需要通过查看函数体来获知编译器推断出来的结果类型是什么。

当你定义 greet 函数时，编译器会以 greet(): Unit 作为响应。“greet”当然是函数的名称，空的圆括号表示该函数不接收任何参数，而 Unit 是 greet 函数的返回结果。Unit 这样的结果类型表示该函数并不返回任何有实际意义的结果。Scala 的 Unit 类型与 Java 的 void 类型类似，每一个 Java 中返回 void 的方法都能被映射成 Scala 中返回 Unit 的方法。因此，结果类型为 Unit 的方法之所以被执行，完全是因为其副作用。就 greet 函数这个示例而言，副作用就是向标准输出中打印一行问候语。

在下一步中，将把 Scala 代码放到一个文件里，并作为脚本执行。如果想退出编译器，则可以输入:quit。

```
scala> :quit
$
```

第 4 步　编写 Scala 脚本

虽然 Scala 被设计为帮助程序员构建大型的软件系统的工具，但是它也适用于脚本编写。脚本不过是一个包含了用@main 注解的顶层函数的 Scala 源文件。将下面的代码放入名称为 hello.scala 的文件中：

```
@main def m() =
  println("Hello, world, from a script!")
```

然后执行：

```
$ scala hello.scala
```

这时你应该能看到另一句问候语：

```
Hello, world, from a script!
```

在本例中，用@main 注解标记的函数名为 m（表示 main），不过这个名称并不影响脚本的运行。当你运行一个脚本时，无论其主函数名称是什么，都只需要运行 scala 命令和包含了主函数的脚本文件即可。

可以通过给主函数添加参数的方式来访问命令行参数。例如，可以通过一个特殊的类型注解为 String*的参数来接收字符串类型的命令行参数，String*表示 0 个或多个类型为 String 的重复参数（*repeated parameters*）。[1] 在主函数中，参数的类型为 Seq[String]，表示一个 String 的序列。Scala 序列的下标从 0 开始，你可以通过圆括号指定下标来访问对应下标的元素。所以，一个名称为 steps 的 Scala 序列的第一个元素是 steps(0)。可以试试将如下内容录入名称为 helloarg.scala 的文件中：

```
@main def m(args: String*) =
  // 向第一个参数问好
  println("Hello, " + args(0) + "!")
```

然后执行：

```
$ scala helloarg.scala planet
```

在这个命令中，字符串"planet"被当作命令行参数传入，然后在脚本中用 args(0)访问。因此你应该会看到这样的效果：

```
Hello, planet!
```

注意这个脚本包含了一个注释。Scala 编译器会忽略//和下一个换行符之间的字符，以及/*和*/之间的字符。这个示例还展示了 String 对象可以用+操作符拼接在一起。是的，正如你预期的那样，表达式"Hello, " + "world!"的运算结果是字符串"Hello, world!"。

1 有关重复参数的详细介绍参见第 8.8 节。

第 5 步　用 while 做循环；用 if 做判断

我们先来试试 while，将以下内容录入名称为 printargs.scala 的文件中：

```
@main def m(args: String*) =
  var i = 0
  while i < args.length do
    println(args(i))
    i += 1
```

> **注意**
>
> 虽然本节的实例介绍了 while 循环，但是它并非最佳的 Scala 风格。在下一节，你将看到比用下标遍历数组更好的方式。

这个脚本从变量定义开始：var i = 0。类型推断将 i 判定为 Int，因为这是初始值 0 的类型。下一行的 while 语法结构使得*代码块*（下面的两行代码）被不断地重复执行，直到 boolean 表达式 i < args.length 的值为 false。其中，args.length 给出的是数组 args 的长度。代码块包含了两个语句，各缩进两个空格（这是 Scala 推荐的缩进风格）。其中，第一个语句 println(args(i))打印出第 i 个命令行参数；而第二个语句 i += 1 让变量 i 自增 1。注意，Java 的++i 和 i++在 Scala 中并不工作。要想在 Scala 中让变量自增，要么使用 i = i + 1，要么使用 i += 1。使用下面的命令执行这个脚本：

```
$ scala printargs.scala Scala is fun
```

应该会看到：

```
Scala
is
fun
```

要想更进一步，可以将下面的代码录入名称为 echoargs.scala 的文件中：

```
@main def m(args: String*) =
  var i = 0
  while i < args.length do
    if i != 0 then
      print(" ")
    print(args(i))
    i += 1
  println()
```

在这个版本中，将 println 调用替换成了 print，因此命令行参数会在同一行输出。为了让输出变得更可读，可通过 if (i! = 0)语句，在除首个参数之外的每个参数之前都加上一个空格。由于 i != 0 在首次执行 while 循环体时为 false，因此在首个参数之前不会打印空格。最后，在末尾添加了另一个 println，这是为了在所有参数都打印出来之后追加一个换行。至此，输出应该比较完整了。如果使用如下命令执行这个脚本：

```
$ scala echoargs.scala Scala is even more fun
```

将会看到：

```
Scala is even more fun
```

注意，在 Scala 中（这一点与 Java 不一样），while 或 if 语句中的 boolean 表达式并不是必须被放在圆括号里的。另一个与 Java 不一样的地方是，即使 if 代码块包含多个语句，也可以选择不写花括号，只要你正确地缩进每一行即可。虽然你还没看到过我们在代码中使用分号，但是 Scala 与 Java 一样，也支持用分号来分隔语句，只不过 Scala 的分号通常都不是必需的，所以你的右手小指会轻松一些。如果你不嫌啰嗦，则完全可以将 echoargs.scala 脚本写成下面这种更偏向于 Java 的风格：

```
@main def m(args: String*) = {
  var i = 0;
  while (i < args.length) {
    if (i != 0) {
      print(" ");
    }
    print(args(i));
    i += 1;
  }
  println();
}
```

Scala 3 推荐使用被称为“安静语法”（quiet syntax）的基于缩进的风格，而不是花括号风格。Scala 3 还引入了**结束标记**（*end marker*）来更清晰地表示区域的末端。结束标记由 end 加**指定词**（*specifier token*）构成。参考代码示例 10.9。

第 6 步　用 foreach 方法和 for-do 遍历

你可能还没有意识到，当你在前一步写下 while 循环时，实际上是在以**指令式**（*imperative*）的风格编程。指令式编程风格也是类似 Java、C++、Python 这样的语言通常的风格，需要依次给出执行指令，通过循环来遍历，而且经常变更被不同函数共享的状态。Scala 允许以指令式的风格编程，不过随着对 Scala 的了解日益加深，你应该经常会发现自己倾向于使用更加**函数式**（*functional*）的风格。事实上，本书的一个主要目标就是帮助你像适应指令式编程风格那样，也能习惯和适应函数式编程风格。

函数式编程语言的主要特征之一就是函数是一等的语法单元，Scala 非常符合这个描述。举例来说，打印每一个命令行参数的另一种（精简得多的）方式是：

```
@main def m(args: String*) =
  args.foreach(arg => println(arg))
```

在这段代码中，对 args 执行 foreach 方法，传入一个函数。在本例中，传入的是一个函数字面量（*function literal*），这个（匿名）函数接收一个名称为 arg 的参数。函数体为 println(arg)。如果你把上述内容录入一个新的名称为 pa.scala 的文件中并执行：

```
$ scala pa.scala Concise is nice
```

则应该会看到：

```
Concise
is
nice
```

在前面的示例中，Scala 编译器推断出 arg 的类型是 String，因为 String 是调用 foreach 那个数组的元素类型。如果你倾向于更明确的表达方式，也可以指出类型名。不过当你这样做的时候，需要将参数的部分包在圆括号里（这是函数字面量的常规语法）：

```
@main def m(args: String*) =
  args.foreach((arg: String) => println(arg))
```

执行这个脚本的效果与执行前一个脚本的效果一致。

如果你更喜欢精简的表达方式而不是事无巨细的表达方式，则可以利用 Scala 对函数字面量的一个特殊简写规则。如果函数字面量只是一个接收单个参数的语句，则可以不必给出参数名和参数本身。[1] 因此，下面这段代码依然

1 这个简写规则用到的特性叫作部分应用的函数（*partially applied function*），在 8.6 节会有详细介绍。

是可以工作的：

```
@main def m(args: String*) =
  args.foreach(println)
```

我们来总结一下，Scala 的函数字面量语法是：用圆括号括起来的一组带名称的参数、一个右箭头和函数体，如图 2.2 所示。

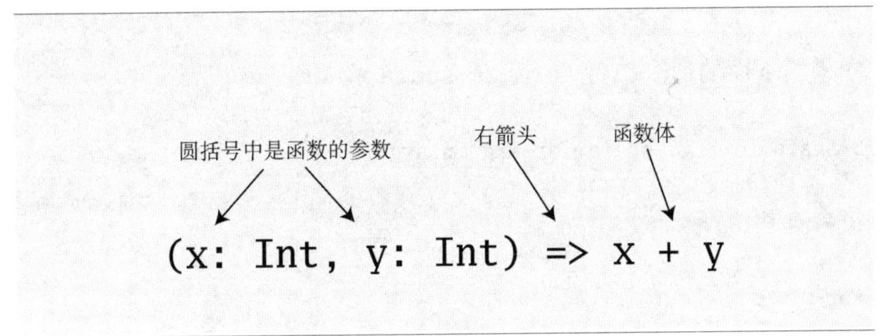

图 2.2　Scala 的函数字面量语法

至此，你也许会好奇，我们熟知的指令式编程语言（如 Java 或 Python）中那些 for 循环到哪里去了。为了鼓励和引导大家使用更函数式的编程风格，Scala 只支持指令式 for 语句的函数式亲戚（这个亲戚叫作 for *表达式*）。在读到 7.3 节之前，你可能无法领略 for 表达式的全部功能和超强的表达力，在此我们将带你快速地体验一下。在一个新的名称为 forargs.scala 的文件中录入以下内容：

```
@main def m(args: String*) =
  for arg <- args do
    println(arg)
```

在“for”和“do”之间是“arg <- args”。[1] 位于<-符号右边的，是

1 可以把<-符号念作“里的”（in），所以 for (arg <- args) do 读起来就像这样：对 args 里的 arg（for arg in args）执行（do）……

我们熟知的 args 数组。而在<-符号的左边的是“arg”，这是一个 val 变量的名称，注意它不是 var。（因为它总是 val，所以只需要写“arg”而不用写成“val arg”。）虽然 arg 看上去像是 var，因为每一次迭代都会拿到新的值，但是它确实是一个 val——arg 不能在 for 表达式的循环体内被重新赋值。实际情况是，对于 args 数组中的每一个元素，一个“新的”名称为 arg 的 val 会被创建出来，并初始化成元素的值，这时 for 表达式的循环体才被执行。

如果用下面的命令执行 forargs.scala 脚本：

```
$ scala forargs.scala for arg in args
```

将会看到：

```
for
arg
in
args
```

Scala 的 for 表达式能做到的远不止这些，不过这个示例代码已经足以让你用起来了。我们将在 7.3 节及《Scala 高级编程》中更详细地介绍 for 表达式。

结语

在本章中，你学到了 Scala 的基础知识，同时，我们也鼓励你利用这个机会试着编写了一些 Scala 代码。在下一章，我们将继续进行 Scala 入门介绍，对一些更高级的主题进行讲解。

第 3 章
Scala 入门（续）

本章接着前一章的内容，继续介绍 Scala。在本章中，将会介绍 Scala 的一些更高级的特性。完成本章以后，你应该奠定了足够的知识基础来开始用 Scala 编写实用的脚本了。像前一章一样，建议你尝试我们给出的这些示例。了解 Scala 的最好方式就是用它来编程。

第 7 步　用类型参数化数组

在 Scala 中，可以用 new 来实例化对象或类的实例。当你用 Scala 实例化对象时，可以用值和类型对其进行参数化。参数化的意思是在创建实例时对实例做“配置”。可以用值来参数化一个实例，做法是在构造方法的括号中传入对象参数。例如，如下 Scala 代码将实例化一个新的 java.math.BigInteger 并用值"12345"对它进行参数化：

```
val big = new java.math.BigInteger("12345")
```

也可以用类型来参数化一个实例，做法是在方括号里给出一个或多个类型，如代码示例 3.1 所示。在这个示例中，greetStrings 是一个类型为 Array[String]的值（一个“字符串的数组”），它被初始化成长度为 3 的数组，因为我们在代码的第一行用 3 这个值对它进行了参数化。如果以脚本的方式运行示例 3.1，则会看到另一句 Hello，world!问候语。注意，当你同时用类型和值来参数化一个实例时，先使用方括号括起来的类型（参数），再使用圆括号括起来的值（参数）。

```
val greetStrings = new Array[String](3)

greetStrings(0) = "Hello"
greetStrings(1) = ", "
greetStrings(2) = "world!\n"
for i <- 0 to 2 do

  print(greetStrings(i))
```

示例 3.1　用类型参数化一个实例

> **注意**
>
> 虽然示例 3.1 展示了重要的概念，但这并不是 Scala 创建并初始化数组的推荐做法。你将在示例 3.2（39 页）中看到更好的方式。

如果你想更明确地表达你的意图，也可以显式地给出 greetStrings 的类型：

```
val greetStrings: Array[String] = new Array[String](3)
```

由于 Scala 的类型推断，这行代码在语义上与示例 3.1 的第一行完全一致。不过从这样的写法中可以看到，类型参数（方括号括起来的类型名称）是该实例类型的一部分，但值参数（圆括号括起来的值）并不是。greetStrings 的类型是 Array[String]，而不是 Array[String](3)。

示例 3.1 中接下来的 3 行分别初始化了 greetStrings 数组的各个元素：

```
greetStrings(0) = "Hello"
```

```
greetStrings(1) = ", "
greetStrings(2) = "world!\n"
```

正如前面提到的，Scala 的数组的访问方式是将下标放在圆括号里，而不是像 Java 那样用方括号。所以该数组的第 0 个元素是 greetStrings(0)而不是 greetStrings[0]。

这 3 行代码也展示了 Scala 关于 val 的一个重要概念。当用 val 定义一个变量时，变量本身不能被重新赋值，但它指向的那个对象是有可能发生改变的。在本例中，不能将 greetStrings 重新赋值成另一个数组，greetStrings 永远指向那个与初始化时相同的 Array[String]实例。不过你“可以”改变那个 Array[String]的元素，因此数组本身是可变的。

示例 3.1 的最后两行代码包括一个 for 表达式，其作用是将 greetStrings 数组中的各个元素依次打印出来：

```
for i <- 0 to 2 do
  print(greetStrings(i))
```

这个 for 表达式的第一行展示了 Scala 的另一个通行的规则：如果一个方法只接收一个参数，则在调用它的时候，可以不使用英文句点或圆括号。本例中的 to 实际上是接收一个 Int 参数的方法。代码 0 to 2 会被转换成(0).to(2)。[1] 注意这种方式仅在显式地给出方法调用的目标对象时才有效。你不能写“println 10”，但可以写“Console println 10”。

Scala 从技术上讲并没有操作符重载（*operator overloading*），因为它实际上并没有传统意义上的操作符。类似+、-、*、/这样的字符可以被用作方法名。因此，当你在之前的第 1 步向 Scala 编译器中输入 1 + 2 时，实际上是调用了 Int 对象 1 上名称为+的方法，并将 2 作为参数传入。如图 3.1 所示，你也可以用更传统的方法调用方式来写 1 + 2 这段代码：(1).+(2)。

1 这个 to 方法实际上并不返回一个数组，而是返回另一种序列，包括了值 0、1 和 2，然后由 for 表达式遍历。序列和其他集合的相关知识将会在第 15 章讲到。

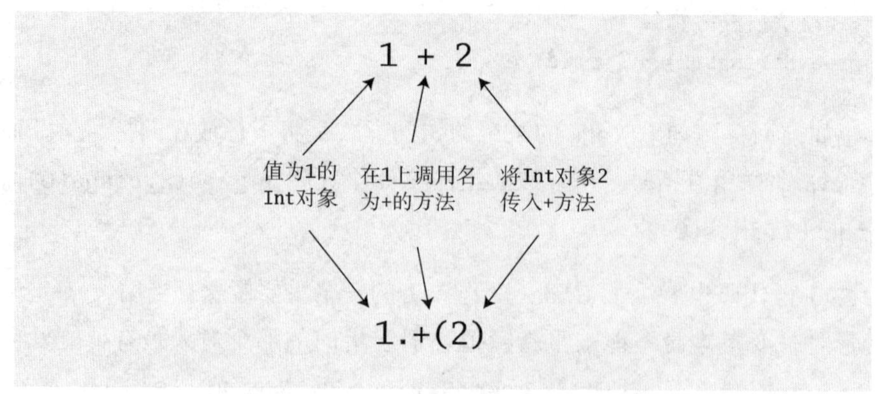

图 3.1　Scala 中所有操作都是方法调用

本例展示的另一个重要理念是为什么 Scala 用圆括号（而不是方括号）来访问数组。与 Java 相比，Scala 的特例更少。数组不过是类的实例，这一点与其他 Scala 实例没有本质区别。当你用一组圆括号将一个或多个值括起来，并将其应用（apply）到某个对象时，Scala 会将这段代码转换成对这个对象的一个名称为 apply 的方法的调用，例如，greetStrings(i)会被转换成 greetStrings.apply(i)。因此，在 Scala 中访问一个数组的元素就是一个简单的方法调用，与其他方法调用一样。当然，这样的代码仅在对象的类型实际上定义了 apply 方法时才能通过编译。因此，这并不是一个特例，这是一个通行的规则。

同理，当我们尝试对通过圆括号应用了一个或多个参数的变量进行赋值时，编译器会将代码转换成对 update 方法的调用，这个 update 方法接收两个参数：用圆括号括起来的值，以及等号右边的对象。例如：

```
greetStrings(0) = "Hello"
```

会被转换成：

```
greetStrings.update(0, "Hello")
```

因此，如下代码在语义上与示例 3.1 是等同的：

```
val greetStrings = new Array[String](3)

greetStrings.update(0, "Hello")
greetStrings.update(1, ", ")
greetStrings.update(2, "world!\n")

for i <- 0.to(2) do
  print(greetStrings.apply(i))
```

Scala 将从数组到表达式的一切都当作带有方法的对象来处理，实现了概念上的简单化。你不需要记住各种特例，比如，Java 中基本类型与对应的包装类型的区别，或数组和常规对象的区别等。不仅如此，这种做法并不会带来显著的性能开销。Scala 在编译代码时，会尽可能地使用 Java 数组、基本类型和原生的算术指令。

至此，虽然你看到的代码示例都可以正常地编译和运行，但是 Scala 还提供了一种比通常做法更精简的方式来创建和初始化数组。参看示例 3.2，这段代码会创建一个长度为 3 的新数组，并用传入的字符串"zero"、"one"和"two"初始化。由于传入的是字符串，因此编译器推断出数组的类型为 Array[String]。

```
val numNames = Array("zero", "one", "two")
```

示例 3.2　创建并初始化一个数组

在示例 3.2 中，实际上调用了一个名称为 apply 的工厂方法，这个方法创建并返回了新的数组。这个 apply 方法接收一个变长的参数列表 [1]，该方法定义在 Array 的伴生对象（*companion object*）中。你将会在 4.3 节了解到更多关于伴生对象的内容。如果你是一个 Java 程序员，则可以把这段代码想象成调用了 Array 类的一个名称为 apply 的静态方法。同样是调用 apply 方法但是更啰唆的写法如下：

```
val numNames2 = Array.apply("zero", "one", "two")
```

1 变长的参数列表，又叫作重复参数，将在 8.8 节介绍。

第 8 步　使用列表

函数式编程的重要理念之一是方法不能有副作用。一个方法唯一要做的是计算并返回一个值。这样做的好处是方法不再互相纠缠在一起，因此变得更可靠、更易复用。另一个好处（作为静态类型的编程语言）是类型检查器会检查方法的入参和出参，因此逻辑错误通常都是以类型错误的形式出现的。将这个函数式的哲学应用到对象的世界意味着让对象不可变。

正如你看到的，Scala 数组是一个拥有相同类型的对象的可变序列。例如，一个 Array[String]只能包含字符串。虽然无法在数组实例化以后改变其长度，但是可以改变它的元素值。因此，数组是可变的对象。

对于需要拥有相同类型的对象的不可变序列的场景，可以使用 Scala 的 List 类。与数组类似，一个 List[String]只能包含字符串。Scala 的 List 类（即 scala.List）与 Java 的 List 类（即 java.util.List）的不同在于 Scala 的 List 类是不可变的，而 Java 的 List 类是可变的。更笼统地说，Scala 的 List 类被设计为允许函数式风格的编程。创建列表的方法很简单，如示例 3.3 所示。

```
val oneTwoThree = List(1, 2, 3)
```

示例 3.3　创建并初始化一个列表

示例 3.3 中的代码创建了一个新的名称为 oneTwoThree 的 val，并将其初始化成一个新的拥有整型元素 1、2、3 的新 List[Int]。[1] List 类是不可变的，它的行为有些类似于 Java 的字符串：当你调用 List 类的某个方法，而这个方法的名称看上去像是会改变列表的时候，它实际上是创建并返回一个带有新值的新列表。例如，List 类有个方法叫“:::”，用于列表拼接。用法如下：

1 不需要写 new List，因为在 scala.List 的伴生对象上定义了一个工厂方法，即“List.apply()”。你会在 4.3 节读到更多关于伴生对象的内容。

```
val oneTwo = List(1, 2)
val threeFour = List(3, 4)
val oneTwoThreeFour = oneTwo ::: threeFour
```

执行这段脚本，oneTwoThreeFour 将会指向 List(1, 2, 3, 4)，而 oneTwo 仍指向 List(1, 2)，threeFour 仍指向 List(3, 4)。参与计算的两个列表都没有被拼接操作符:::改变，而是返回了值为 List(1, 2, 3, 4)的新列表。

也许在列表上用得最多的操作符是“::”，读作“cons”。它在一个已有列表的最前面添加一个新的元素，并返回这个新的列表。例如，如果执行下面这段代码：

```
val twoThree = List(2, 3)
val oneTwoThree = 1 :: twoThree
```

oneTwoThree 的值将会是 List(1, 2, 3)。

注意

在表达式 1 :: twoThree 中，::是*右操作元*（*right operand*，即 twoThree 这个列表）的方法。你可能会觉得::方法的*结合律*（*associativity*）有些奇怪，实际上其背后的规则很简单：如果一个方法被用在*操作符表示法*（*operator notation*）中时，如 a * b，方法调用默认都发生在*左操作元*（*left operand*），除非方法名以冒号（:）结尾。如果方法名的最后一个字符是冒号，该方法的调用会发生在它的右操作元上。因此，在 1 :: twoThree 中，::方法调用发生在 twoThree 上，传入的参数是 1，就像这样：twoThree.::(1)。关于操作符结合律的更多细节将在 5.9 节详细介绍。

表示空列表的快捷方式是 Nil，初始化一个新的列表的另一种方式是用::将元素连接起来，并将 Nil 作为最后一个元素。[1] 例如，如下脚本会产生与前一个示例相同的输出，即 List(1, 2, 3)：

```
val oneTwoThree = 1 :: 2 :: 3 :: Nil
```

Scala 的 List 类定义了大量有用的方法，一些方法和用途如表 3.1 所示。我们将在第 14 章揭示列表的全面功能。

为什么不在列表末尾追加元素

List 类的确提供了"追加"（append）操作，写作:+（在第 24 章有详细介绍），但这个操作很少被使用，因为向列表（末尾）追加元素的操作所需要的时间随着列表的大小线性增加，而使用::在列表的前面添加元素只需要常量时间（*constant time*）。如果想通过追加元素的方式高效地构建列表，则可以依次在头部添加完成后，调用 reverse 方法。也可以用 ListBuffer，这是一个可变的列表，它支持追加操作，完成后调用 toList 方法即可。ListBuffer 在 15.1 节有详细介绍。

表 3.1　List 类的一些方法和用途

方法	用途
List.empty 或 Nil	表示空列表
List("Cool", "tools", "rule")	创建一个新的 List[String]，包含 3 个值："Cool"、"tools"和"rule"
val thrill = "Will" :: "fill" :: "until" :: Nil	创建一个新的 List[String]，包含 3 个值："Will"、"fill"和"until"
List("a", "b") ::: List("c", "d")	将两个列表拼接起来（返回一个新的列表，包含"a"、"b"、"c"和"d"）

1 之所以需要在末尾放一个 Nil，是因为::是 List 类上定义的方法。如果只是写成 1 :: 2 :: 3，则编译是不会通过的，因为 3 的类型是 Int，而 Int 类并没有::方法。

续表

方法	用途
thrill(2)	返回列表 thrill 中下标为 2（从 0 开始计数）的元素（返回"until"）
thrill.count(s => s.length == 4)	对 thrill 中长度为 4 的字符串元素进行计数（返回 2）
thrill.drop(2)	返回去掉了 thrill 的头两个元素的列表（返回 List("until")）
thrill.dropRight(2)	返回去掉了 thrill 的后两个元素的列表（返回 List("Will")）
thrill.exists(s => s == "until")	判断 thrill 中是否有字符串元素的值为"until"（返回 true）
thrill.filter(s => s.length == 4)	按顺序返回列表 thrill 中所有长度为 4 的元素列表（返回 List("Will", "fill")）
thrill.forall(s => s.endsWith("l"))	表示列表 thrill 中是否所有元素都以字母"l"结尾（返回 true）
thrill.foreach(s => print(s))	对列表 thrill 中的每个字符串执行 print 操作（打印"Willfilluntil"）
thrill.foreach(print)	与上一条的用途相同，但更精简（同样打印"Willfilluntil"）
thrill.head	返回列表 thrill 的首个元素（返回"Will"）
thrill.init	返回列表 thrill 除最后一个元素之外的其他元素组成的列表（返回 List("Will", "fill")）
thrill.isEmpty	表示列表 thrill 是否是空列表（返回 false）
thrill.last	返回列表 thrill 的最后一个元素（返回"until"）
thrill.length	返回列表 thrill 的元素个数（返回 3）
thrill.map(s => s + "y")	返回一个对列表 thrill 所有字符串元素末尾添加"y"的新字符串的列表（返回 List("Willy", "filly","untily")）
thrill.mkString(", ")	返回用列表 thrill 的所有元素组合成的字符串（返回"Will, fill, until"）
thrill.filterNot(s => s.length == 4)	按顺序返回列表 thrill 中所有长度不为 4 的元素列表（返回 List("until")）
thrill.reverse	返回包含列表 thrill 的所有元素但顺序反转的列表（返回 List("until","fill","Will")）

续表

方法	用途
thrill.sort((s, t) => s.charAt(0).toLower < t.charAt(0).toLower)	返回包含列表 thrill 的所有元素，按照首字母小写的字母顺序排序的列表（返回 List("fill","until", "will")）
thrill.tail	返回列表 thrill 除首个元素之外的其他元素组成的列表（返回 List("fill","until")）

第 9 步　使用元组

另一个有用的容器对象是*元组*（*tuple*）。与列表类似，元组也是不可变的，不过与列表不同的是，元组可以容纳不同类型的元素。列表可以是 List[Int]或 List[String]，而元组可以同时包含整数和数组。当需要从方法返回多个对象时，元组非常有用。在 Java 中遇到类似情况时，你通常会创建一个类似 JavaBean 那样的类来承载多个返回值，而用 Scala 可以简单地返回一个元组。元组用起来很简单：要实例化一个新的元组，只需要将对象放在圆括号中，用逗号隔开即可。一旦实例化好一个元组，就可以用圆括号以从 0 开始的下标来访问每一个元素，如示例 3.4 所示。

```
val pair = (99, "Luftballons")
val num = pair(0)  // 类型为 Int, 值为 99
val what = pair(1) // 类型为 String, 值为"Luftballons"
```

示例 3.4　创建并使用一个元组

在示例 3.4 的第一行，创建了一个新的元组，包含了整数 99 作为其第一个元素，以及字符串"Luftballons"作为其第二个元素。Scala 会推断出这个元组的类型是 Tuple2[Int, String]，并将其作为变量 pair 的类型。[1] 在第

1 Scala 编译器对元组类型使用了语法糖，使它看起来就像是类型的元组。例如，Tuple2[Int, String]可以用(Int, String)表示。

二行，通过下标 0 访问第一个元素，即 99。[1] pair(0)的结果类型是 Int。在第三行，通过下标 1 访问第二个元素，即"Luftballons"。pair(1)的结果类型是 String。这说明元组会如实记录每个元素的类型。

元组的实际类型取决于它包含的元素及元素的类型。因此，元组(99, "Luftballons")的类型是 Tuple2[Int, String]，而元组('u', 'r', "the", 1, 4, "me")的类型是 Tuple6[Char, Char, String, Int, Int, String]。[2]

第 10 步　使用集和映射

由于 Scala 想让你同时享有函数式和指令式编程风格的优势，其集合类库特意对可变和不可变的集合进行了区分。举例来说，数组永远是可变的；列表永远是不可变的。Scala 还提供了集（set）和映射（map）的可变和不可变的不同选择，但使用同样的简称。对集和映射而言，Scala 通过不同的类继承关系来区分可变和不可变版本。

例如，Scala 的 API 包含了一个基础的特质来表示集，这里的特质与 Java 的接口定义类似。（你将在第 11 章了解到更多关于特质的内容。）在此基础上，Scala 提供了两个子特质（*subtrait*），一个用于表示可变集，另一个用于表示不可变集。

在图 3.2 中可以看到，这 3 个特质都叫作 Set。不过它们的完整名称并不相同，因为它们分别位于不同的包。Scala API 中具体用于表示集的类，如图 3.2 中的 HashSet 类，分别扩展自可变或不可变的特质 Set。（在 Java 中“实现”某个接口，而在 Scala 中“扩展”或“混入”特质。）因此，如果想要使用一个 HashSet，则可以根据需要选择可变或不可变的版本。创建集的默认方式如示例 3.5 所示。

1 注意，在 Scala 3 之前，是通过从 1 开始的字段名，如_1 或_2 来访问元组的元素的。

2 Scala 3 允许创建任意长度的元组。

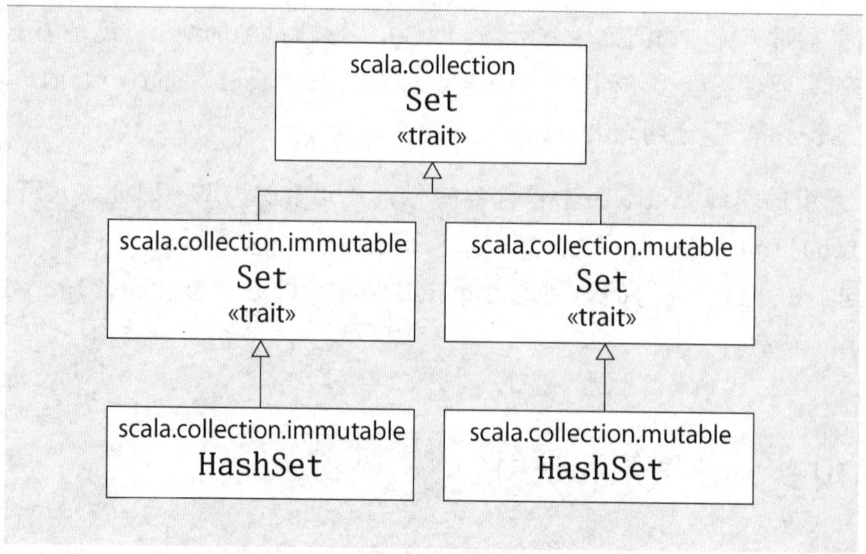

图 3.2　Scala 集的类继承关系

```
var jetSet = Set("Boeing", "Airbus")
jetSet += "Lear"
val query = jetSet.contains("Cessna") // false
```

示例 3.5　创建、初始化并使用一个不可变集

在示例 3.5 的第一行，定义了一个新的名称为 jetSet 的 var，并将其初始化为一个包含两个字符串——"Boeing"和"Airbus"的不可变集。由这段代码可知，在 Scala 中可以像创建列表和数组那样创建集：通过调用 Set 伴生对象的名称为 apply 的工厂方法。在示例 3.5 中，实际上调用了 scala.collection. immutable.Set 的伴生对象的 apply 方法，返回了一个默认的、不可变的集的对象。Scala 编译器推断出 jetSet 的类型为不可变的 Set[String]。

要向集中添加新元素，可以对集调用+方法，传入这个新元素。无论是可变的还是不可变的集，+方法都会创建并返回一个新的包含了新元素的集。在示例 3.5 中，处理的是一个不可变的集。可变集提供了一个实际的+=方法，

而不可变集并不直接提供这个方法。

本例的第二行，即“jetSet += "Linear"”在本质上是如下代码的简写：

```
jetSet = jetSet + "Lear"
```

因此，在示例 3.5 的第二行，实际上是将 jetSet 这个 var 重新赋值成了一个包含"Boeing"、"Airbus"和"Linear"的新集。示例 3.5 的最后一行打印出这个集是否包含"Cessna"。（正如你预期的那样，它将打印 false。）

如果你想要的是一个可变集，则需要做一次引入（*import*），如示例 3.6 所示。

```
import scala.collection.mutable
val movieSet = mutable.Set("Spotlight", "Moonlight")
movieSet += "Parasite"
// movieSet 包含"Spotlight""Moonlight""Parasite"
```

示例 3.6　创建、初始化并使用一个可变集

示例 3.6 的第一行引入了 scala.collection.mutable。import 语句允许在代码中使用简称，而不是更长的完整名。这样一来，当你在第三行用到 mutable.Set 的时候，编译器就知道你指的是 scala.collection.mutable.Set。在那一行，将 movieSet 初始化成一个新的包含字符串"Spotlight"和"Moonlight"的新的可变集。接下来的一行通过调用集的+=方法将"Parasite"添加到可变集里。前面提到过，+=实际上是一个定义在可变集上的方法。只要你想，也完全可以不用 ovieSet += "Parasite"这样的写法，而是将其写成 movieSet.+= ("Parasite")。[1]

虽然由可变和不可变集的工厂方法生成的默认集的实现对于大多数情况

1 由于示例 3.6 中的集是可变的，并不需要对 movieSet 重新赋值，这就是为什么它可以是 val。与此相对应的是，示例 3.5 中对不可变集使用+=方法时需要对 jetSet 重新赋值，因此它必须是 var。

来说都够用了，但是偶尔可能也需要一类特定的集。幸运的是，语法上面并没有大的不同。只需要简单地引入需要的类，然后使用其伴生对象上的工厂方法即可。例如，如果你需要一个不可变的 HashSet，则可以：

```
import scala.collection.immutable.HashSet

val hashSet = HashSet("Tomatoes", "Chilies")
val ingredients = hashSet + "Coriander"
// ingredients 包含"Tomatoes" "Chilies" "Coriander"
```

Scala 的另一个有用的集合类是 Map。与集类似，Scala 也提供了映射的可变和不可变的版本，用类继承关系来区分。如图 3.3 所示，映射的类继承关系与集的类继承关系很像。在 scala.collection 包里有一个基础的 Map 特质，还有两个子特质，都叫 Map，可变的那个子特质位于 scala.collection.mutable，而不可变的那个子特质位于 scala.collection.immutable。

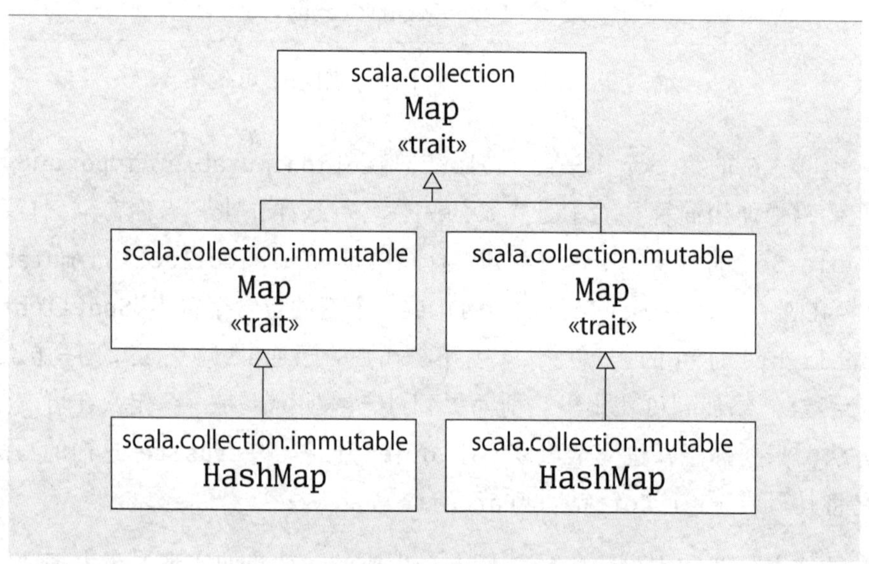

图 3.3　Scala 映射的类继承关系

Map 的实现，如图 3.3 中的 HashMap，扩展自可变或不可变的特质。与数组、列表和集类似，可以使用工厂方法来创建和初始化映射。

示例 3.7 展示了一个可变映射的具体例子。示例 3.7 的第一行引入了可变的 Map 特质。接下来定义了一个名称为 treasureMap 的 val，并初始化成一个空的，且以整数为键、以字符串为值的可变映射。这个映射之所以是空的，是因为执行了名称为 empty 的工厂方法并指定了 Int 作为健类型，String 作为值类型。[1] 在接下来的几行，通过->和+=方法向映射添加了键/值对（key/value pair）。正如前面演示过的，Scala 编译器会将二元（binary）的操作，如 1 -> "Go to island."，转换成标准的方法调用，即 (1).->("Go to island.")。因此，当你写 1-> "Go to island."时，实际上是对这个值为 1 的整数调用->方法，传入字符串"Go to island."。可以在 Scala 的任何对象上调用这个->方法，它将返回包含键和值两个元素的元组。[2] 然后将这个元组传递给 treasureMap 指向的那个映射对象的+=方法。最后一行将打印出 treasureMap 中键 2 对应的值。运行这段代码以后，变量 step2 将会指向"Find big X on ground."。

```
import scala.collection.mutable

val treasureMap = mutable.Map.empty[Int, String]
treasureMap += (1 -> "Go to island.")
treasureMap += (2 -> "Find big X on ground.")
treasureMap += (3 -> "Dig.")
val step2 = treasureMap(2) // "Find big X on ground."
```

示例 3.7　创建、初始化并使用一个可变映射

如果你更倾向于使用不可变的映射，则不需要任何引入，因为默认的映射就是不可变的，如示例 3.8 所示。

1 在示例 3.7 中，那段显式的类型参数声明“[Int, String]”是必需的，因为在没有对工厂方法传入任何值的情况下，编译器无法推断出映射的类型。与此相反，在示例 3.8 中，编译器能够根据传入工厂方法的值推断出类型参数，因此并不需要显式地给出类型参数。

2 Scala 允许对任何对象调用->等方法（这些对象并没有声明这些方法）的机制叫作扩展方法（*extension method*），这将在第 22 章中介绍。

```
val romanNumeral = Map(
  1 -> "I", 2 -> "II", 3 -> "III", 4 -> "IV", 5 -> "V"
)
val four = romanNumeral(4) // "IV"
```

示例 3.8　创建、初始化并使用一个不可变映射

由于没有显式引入，当你在示例 3.8 中的第一行提到 Map 时，得到的是默认的那个 scala.collection.immutable.Map。接下来将 5 组键/值元组传递给映射的工厂方法，返回一个包含了传入的键/值对的不可变映射。如果运行示例 3.8 中的代码，它将打印出“IV”。

第 11 步　识别函数式编程风格

正如第 1 章提到的，Scala 允许采用指令式编程风格，但鼓励采用函数式编程风格。如果你之前的编程背景是指令式的（如果你是一个 Java 程序员），那么当你学习 Scala 时的一个主要的挑战是弄清楚如何使用函数式编程风格。我们意识到这个风格对你来说可能一开始并不熟悉，本书将致力于引导你做出这个转变。这也需要你自己的努力，我们鼓励你这样做。如果你之前更多的是采用指令式编程风格，那么我们相信学习函数式编程风格将帮助你拓宽视野，成为更好的 Scala 程序员。

首先从代码层面识别两种风格的差异。一个显著的标志是如果代码包含任何 var 变量，则它通常是指令式风格的；而如果代码完全没有 var（也就是说代码只包含 val），则它很可能是函数式的。因此，一个向函数式编程风格转变的方向是尽可能不用 var。

如果你之前用的是指令式的编程语言，如 Java、C++或 C#，则可能认为 var 是常规的变量而 val 是特例；而如果你之前更多地使用函数式的编程语言，如 Haskell、OCaml 或 Erlang，则可能会认为 val 是常规的变量而 var

简直是对编程的亵渎。在 Scala 看来，val 和 var 不过是工具箱中的两种不同的工具，都有相应的用途，没有哪一个本质上是不好的。Scala 更偏向于鼓励你使用 val，但你最终要根据自己手里的工作选择最适用的工具。然而就算你认同这个平衡的观点，仍然可能在一开始难以想明白如何从你的代码中去掉 var。

参考如下这个 while 循环的例子（改编自第 2 章），由于使用了 var，因此它是指令式编程风格的：

```
def printArgs(args: List[String]): Unit =
  var i = 0
  while i < args.length do
    println(args(i))
    i += 1
```

可以将这段代码转换成更函数式的编程风格，去掉 var，就像这样：

```
def printArgs(args: List[String]): Unit =
  for arg <- args do
    println(arg)
```

或者这样：

```
def printArgs(args: List[String]): Unit =
  args.foreach(println)
```

这个例子展示了编程中使用更少的 var 的好处。经过重构的（更函数式的）代码与原始的（更指令式的）代码相比，更清晰、更精简，也更少出错。Scala 鼓励使用函数式编程风格的原因就是这样能帮助你实现更易读、更少出现错误的代码。

不过你可以走得更远。重构后的 printArgs 方法并不是“纯”的函数式代码，因为它有副作用（本例中它的副作用是向标准输出流打印）。带有副作用的函数的标志性特征是结果类型为 Unit。如果一个函数并不返回任何有意义的值，也就是 Unit 这样的结果类型所表达的意思，那么这个函数存在的唯一意义就是产生某种副作用。一个更函数式的做法是定义一个将传入的 args 进行格式化（用于打印）的方法，但只是返回这个格式化的字符串，如示例 3.9 所示。

```
def formatArgs(args: List[String]) = args.mkString("\n")
```

示例 3.9　一个没有副作用或 var 的函数

现在你真的做到了函数式：没有副作用，也没有 var。mkString 方法可以被用于任何可被迭代访问的集合（包括数组、列表、集和映射），返回一个包含了对所有元素调用 toString 方法的结果的字符串，并以传入的字符串分隔。因此，如果 args 包含 3 个元素，即"zero"、"one"和"two"，则 formatArgs 将返回"zero\none\ntwo"。当然，这个函数实际上并不像 printArgs 那样打印出任何东西，但是可以很容易地将它的结果传递给 println 来达到这个目的：

```
println(formatArgs(args))
```

每个有用的程序都会有某种形式的副作用；否则，它对于外部世界就没有任何价值。倾向于使用无副作用的函数可以促使你设计出将带有副作用的代码最小化的程序。这样做的好处之一是让你的程序更容易测试。

例如，要测试本节给出的 3 个 printArgs 方法，需要重新定义 println，捕获传递给 println 的输出，确保它是你预期的样子。而要测试 formatArgs 则很简单，只需要检查它的结果即可：

```
val res = formatArgs(List("zero", "one", "two"))
assert(res == "zero\none\ntwo")
```

Scala 的 assert 方法用于检查传入的 Boolean，如果传入的 Boolean 是 false，则抛出 AssertionError；如果传入的 Boolean 是 true，则安

静地返回 assert。你将在第 25 章了解到更多关于断言（*assertion*）和测试的内容。

尽管如此，请记住 var 或副作用从本质上讲并非不好。Scala 并不是一门纯函数式编程语言，强制你只能用函数式风格来编程。Scala 是指令式/函数式混合（*hybrid*）编程语言。你会发现在有些场景下对要解决的问题而言指令式更为适合，这个时候不要犹豫，使用指令式的编程风格就好。为了让你学习如何不使用 var 完成编程任务，我们将在第 7 章向你展示许多具体的用到 var 的代码示例，并告诉你如何将这些 var 转换成 val。

Scala 程序员的平衡心态

倾向于使用 val、不可变对象和没有副作用的方法，优先选择这些方法。不过当你有特定的需要和理由时，也不要拒绝 var、可变对象和带有副作用的方法。

第 12 步　用 map 方法和 for-yield 变换

在指令式编程风格中，可以当场改变数据结构直到达成算法的目标。而在函数式编程风格中，需要把不可变的数据结构变换成新的数据结构来达成目标。

不可变集合的一个重要的用于实现函数式变换的方法是 map。与 foreach 方法相同，map 方法也接收一个函数作为参数。与 foreach 方法不同的是，foreach 方法用传入的函数对每个元素执行副作用，而 map 方法用传入的函数将每个元素变换成新的值。举例来说，如下字符串的列表：

```
val adjectives = List("One", "Two", "Red", "Blue")
```

可以像这样将它变换成由新的字符串组成的新列表：

```
val nouns = adjectives.map(adj => adj + " Fish")
// List(One Fish, Two Fish, Red Fish, Blue Fish)
```

另一种执行这个变换的方式是使用 for 表达式。可以通过 yield 关键字（而不是 do）来引入需要执行的代码体：

```
val nouns =
  for adj <- adjectives yield
    adj + " Fish"
// List(One Fish, Two Fish, Red Fish, Blue Fish)
```

for-yield 生成的结果与 map 方法生成的结果完全一样，因为编译器会把 for-yield 表达式变换成 map 方法调用。[1] 由于 map 方法返回的列表包含了由传入的函数生成的值，因此返回的列表的元素类型将会是该函数的结果类型。在前一例中，传入的函数返回的是字符串，因此 map 方法返回 List[String]。如果传入 map 方法的函数返回其他类型，则 map 方法返回的 List 也会以相应的类型作为其元素类型。例如，在下面的 map 方法调用中，传入的函数将字符串变换成整数来表示字符串元素的长度。因此，map 方法调用的结果就是包含了这些长度的 List[Int]：

```
val lengths = nouns.map(noun => noun.length)
// List(8, 8, 8, 9)
```

像以前一样，你也可以用带有 yield 的 for 表达式来完成同样的变换：

```
val lengths =
  for noun <- nouns yield
    noun.length
// List(8, 8, 8, 9)
```

1 有关编译器如何改写 for 表达式的细节将在 7.3 节及《Scala 高级编程》中给出。

很多类型都可以使用 map 方法，不仅仅是 List。这让我们可以在很多类型上使用 for 表达式。比如说 Vector，这是一个对所有它支持的操作提供“实效常量时间”（effectively constant time）性能的不可变序列。由于 Vector 具备带有正确签名的 map 方法，因此可以对 Vector 执行像 List 一样的函数式变换，可以直接调用 map 方法，也可以使用 for-yield。例如：

```
val ques = Vector("Who", "What", "When", "Where", "Why")

val usingMap = ques.map(q => q.toLowerCase + "?")
// Vector(who?, what?, when?, where?, why?)
val usingForYield =

  for q <- ques yield
    q.toLowerCase + "?"
// Vector(who?, what?, when?, where?, why?)
```

请注意，当你对 List 执行 map 操作时，得到的返回值是一个新的 List；而当你对 Vector 执行 map 操作时，得到的返回值是一个新的 Vector。你会发现绝大多数定义了 map 方法的类型都具备这个模式。

最后再看一个例子，Scala 的 Option 类型。Scala 用 Option 表示可选的值，而不使用像 Java 一样用 null 表达此含义的传统技法。[1] Option 要么是一个 Some，表示值存在；要么是一个 None，表示没有值。

作为一个展示 Option 实际使用的案例，我们可以考查一下 find 方法。所有的 Scala 集合类型，包括 List 和 Vector，都具备 find 方法，其作用是查找满足给定前提的元素，这个前提是一个接收元素类型的参数并返回布尔值的函数。find 方法的结果类型是 Option[E]，其中，E 是集合的元素类型。find 方法会逐个遍历集合的元素，将元素传递给前提。如果前提返回了 true，find 就停止遍历，并将当前元素包装在 Some 中返回。如果 find 遍历了所有元素都没有找到能通过前提判断的元素，就会返回 None。下面是一些

1 Java 8 标准类库引入了 Optional 类型，不过许多之前已存在的 Java 类库仍使用 null 来表示某个可选值的缺失。

结果类型均为 Option[String]的示例：

```
val startsW = ques.find(q => q.startsWith("W"))     // Some(Who)
val hasLen4 = ques.find(q => q.length == 4)         // Some(What)
val hasLen5 = ques.find(q => q.length == 5)         // Some(Where)
val startsH = ques.find(q => q.startsWith("H"))     // None
```

尽管 Option 不是一个集合，它也提供了 map 方法。[1] 如果 Option 是一个 Some，可被称为“已定义”的可选值，则 map 方法将返回一个新的包含了将原始 Some 元素传入 map 方法后得到返回值的新 Option。下面的示例对 startsW 进行了变换，而它本来是一个包含字符串"Who"的 Some：

```
startsW.map(word => word.toUpperCase)             // Some(WHO)
```

与 List 和 Vetcor 相同，可以通过对 Option 执行 for-yield 来完成这个变换：

```
for word <- startsW yield word.toUpperCase        // Some(WHO)
```

如果对 None 执行 map，None 意味着这是一个“未定义”的可选值，将得到一个 None。下面是一个展示对 startsH（一个 None 值）执行 map 操作的示例：

```
startsH.map(word => word.toUpperCase)             // None
```

用 for-yield 完成同样的变换操作：

```
for word <- startsH yield word.toUpperCase        // None
```

还可以用 map 方法和 for-yield 对其他许多类型进行变换，但就目前而言足够了。这一步的主要目的是让你对如何编写典型的 Scala 代码有一个直观的认识：对不可变数据结构进行函数式变换。

1 不过我们也可以把 Option 想象成包含 0 个（None 的情况）或 1 个（Some 的情况）元素的集合。

结语

有了本章中学到的知识，你应该能够开始用 Scala 完成小的任务，尤其是脚本。在后续的章节中，我们将深入介绍这些主题，并引入那些可能在这里完全不会涉及的内容。

第 4 章
类和对象

现在你已经通过前两章看到了 Scala 中类和对象的基本操作。本章将带你更深入地探索这个话题。你将会了解到更多关于类、字段和方法的内容，以及 Scala 对分号的自动推断。我们将介绍*单例对象*（*singleton object*），包括如何用它来编写和运行 Scala 应用程序。如果你对 Java 熟悉，则会发现 Scala 中这些概念是相似的，但并不完全相同。因此即使你是 Java 高手，阅读本章的内容也是有帮助的。

4.1 类、字段和方法

类是对象的*蓝本*（*blueprint*）。一旦定义好一个类，就可以用 new 关键字根据这个类蓝本创建对象。例如，有了下面这个类定义：

```
class ChecksumAccumulator:
  // 类定义放在这里，有缩进
```

就可以用如下代码创建 ChecksumAccumulator 的对象：

```
new ChecksumAccumulator
```

在类定义中，需要填入*字段*（*field*）和*方法*（*method*），这些被统称为*成*

员（*member*）。通过 val 或 var 定义的字段是指向对象的变量，通过 def 定义的方法则包含了可执行的代码。字段保留了对象的状态，或者说数据，而方法用这些数据来对对象执行计算。如果你实例化一个类，则运行时会指派一些内存来保存对象的状态图（即它的变量的内容）。例如，如果你定义了一个 ChecksumAccumulator 类并给它一个名称为 sum 的 var 字段：

```
class ChecksumAccumulator:
  var sum = 0
```

然后用如下代码实例化两次：

```
val acc = new ChecksumAccumulator
val csa = new ChecksumAccumulator
```

则内存中这两个对象看上去可能是这个样子的：

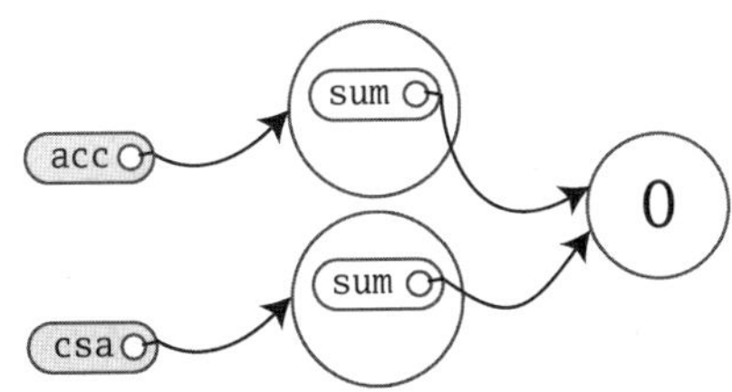

由于 sum 这个定义在 ChecksumAccumulator 类中的字段是 var，而不是 val，因此可以在后续代码中对其重新赋予不同的 Int 值，如：

```
acc.sum = 3
```

如此一来，内存中的对象看上去就如同：

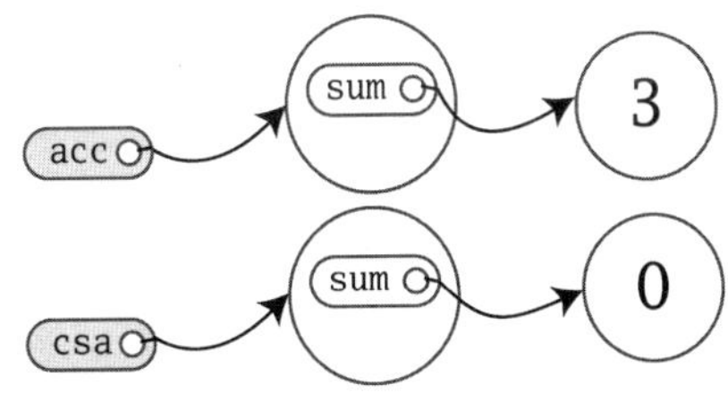

关于这张图需要注意的一点是总共有两个 sum 变量，一个位于 acc 指向的对象里，而另一个位于 csa 指向的对象里。字段又叫作实例变量（*instance variable*），因为每个实例都有自己的变量。这些实例变量合在一起，构成了对象在内存中的映像。从图中不难看出，不仅有两个 sum 变量，而且当你改变其中一个变量的值时，另一个变量并不会受到影响。

本例中另一个值得注意的是，可以修改 acc 指向的对象，尽管 acc 本身是 val。由于 acc 和 csa 都是 val 而不是 var，因此不能将它们重新赋值并指向其他的对象。例如，如下代码会报错：

```
// 编译会报错，因为 acc 是 val
acc = new ChecksumAccumulator
```

因此，能够确定的是，acc 永远指向那个你在初始化的时候用的 ChecksumAccumulator 对象，但随着时间推移，这个对象中包含的字段是有可能改变的。

追求健壮性的一个重要手段是确保对象的状态（它的实例变量的值）在其整个生命周期内都是有效的。首先通过将字段标记为私有（*private*）来防止外部直接访问字段。因为私有字段只能被定义在同一个类中的方法访问，所有对状态的更新操作的代码都在类的内部。要将某个字段声明为私有，可以在字段前加上 private 这个访问修饰符，如：

```
class ChecksumAccumulator:
  private var sum = 0
```

有了这样的 ChecksumAccumulator 类的定义，任何试图通过外部访问 sum 的操作都会失败：

```
val acc = new ChecksumAccumulator
acc.sum = 5 // 编译会报错，因为 sum 是私有的
```

> **注意**
>
> 在 Scala 中，使得成员允许公共访问（*public*）的方式是，不在成员前面显式地给出任何访问修饰符。换句话说，对于那些在 Java 中可能会用“public”的地方，到了 Scala 中，什么都不说就对了。公共访问是 Scala 的默认访问级别。

由于 sum 是私有的，唯一能访问 sum 的代码都定义在类自身中。因此，ChecksumAccumulator 对于其他人来说没什么用处，除非给它定义一些方法：

```
class ChecksumAccumulator:

  private var sum = 0

  def add(b: Byte): Unit =
    sum += b

  def checksum(): Int =
    return ~(sum & 0xFF) + 1
```

ChecksumAccumulator 现在有两个方法，即 add 和 checksum，都是函数定义的基本形式，如图 2.1（26 页）所展示的那样。[1]

传递给方法的任何参数都能在方法内部使用。Scala 方法参数的一个重要特征是它们都是 val 而不是 var。[2] 因此，如果你试图在 Scala 的方法中对入参重新赋值，则编译会报错：

```
def add(b: Byte): Unit =
  b = 1     // 编译会报错，因为b是val
  sum += b
```

1 这里的 checksum 方法用到了两个位运算操作符：~是位补码（bitwise complement），&是按位与（bitwise and）。这两个操作符在 5.7 节均有介绍。

2 参数采用 val 的原因是 val 更容易推敲，不需要像 var 那样进一步查证 val 是不是被重新赋值过。

虽然在当前版本的 ChecksumAccumulator 中，add 方法和 checksum 方法正确地实现了预期的功能，但是还可以用更精简的风格来表达。checksum 方法最后的 return 是多余的，可以将其去掉。在没有任何显式的 return 语句时，Scala 方法返回的是该方法计算出的最后一个（表达式的）值。

事实上，我们推荐的方法风格是避免使用任何显式的 return 语句，尤其是多个 return 语句。与此相反，尽量将每个方法当作一个最终交出某个值的表达式。这样的哲学鼓励你编写短小的方法，将大的方法拆成小的方法。另一方面，设计中的选择是取决于上下文的，如果你确实想让方法带有多个显式的 return，Scala 也允许你这样做。

由于 checksum 方法所做的全部就是计算一个值，因此它并不需要显式的 return 语句。另一种对方法的简写方式是，当一个方法只会计算一个返回结果的表达式且这个表达式很短时，（方法体）可以被放置在 def 的同一行。为了极致的精简，还可以省略结果类型，Scala 会帮你推断出来。做出这些修改之后，ChecksumAccumulator 类看上去是这样的：

```
class ChecksumAccumulator:
  private var sum = 0
  def add(b: Byte) = sum += b
  def checksum() = ~(sum & 0xFF) + 1
```

在前面的示例中，虽然 Scala 能够正确地推断出 add 和 checksum 这两个方法的结果类型，这段代码的读者也需要通过研读方法体中的代码“在脑海里推断”（mentally infer）这些结果类型。正因如此，通常更好的做法是对类中声明为公有的方法显式地给出结果类型，即使编译器可以帮你推断出来。示例 4.1 展示了这种风格。

对于结果类型为 Unit 的方法，如 ChecksumAccumulator 的 add 方法，其执行目的是得到副作用。副作用通常是指改变方法外部的某种状态或者执行 I/O 的动作。对本例的 add 方法而言，其副作用是给 sum 重新赋值。那些仅仅因为其副作用而被执行的方法被称作*过程*（*procedure*）。

```
// 位于 ChecksumAccumulator.scala 文件中
class ChecksumAccumulator:
  private var sum = 0
  def add(b: Byte): Unit = sum += b
  def checksum(): Int = ~(sum & 0xFF) + 1
```

示例 4.1 ChecksumAccumulator 类的最终版本

4.2 分号推断

在 Scala 程序中，每条语句最后的分号通常是可选的。你想要的话可以输入一个，但如果当前行只有这条语句，则分号并不是必需的。另一方面，如果想在同一行中包含多条语句，分号就有必要了：

```
val s = "hello"; println(s)
```

如果想要一条跨多行的语句，则大多数情况下直接换行即可，Scala 会帮你在正确的地方断句。例如，如下代码会被当作一条 4 行的语句处理：

```
if x < 2 then
  "too small"
else
  "ok"
```

分号推断的规则

相比分号推断的效果，（自动）分隔语句的精确规则简单得出人意料。概括地说，除非以下任何一条为 true，代码行的末尾才会被当作分号处理：

1. 当前行以一个不能作为语句结尾的词结尾，如英文句点或中

> 缀操作符。
> 2. 下一行以一个不能作为语句开头的词开头。
> 3. 当前行的行尾出现在圆括号(...)或方括号[...]内，因为无论如何圆括号和方括号都不能（直接）包含多条语句。

4.3　单例对象

正如第 1 章提到的，Scala 比 Java 更面向对象的一点是，Scala 的类不允许有静态（static）成员。对于此类使用场景，Scala 提供了单例对象。单例对象的定义看上去与类定义很像，只不过 `class` 关键字被替换成了 `object` 关键字。参考示例 4.2。

```
// 位于 ChecksumAccumulator.scala 文件中
import scala.collection.mutable

object ChecksumAccumulator:

  private val cache = mutable.Map.empty[String, Int]

  def calculate(s: String): Int =
    if cache.contains(s) then
      cache(s)
    else
      val acc = new ChecksumAccumulator
      for c <- s do
        acc.add((c >> 8).toByte)
        acc.add(c.toByte)
      val cs = acc.checksum()
      cache += (s -> cs)
      cs
```

示例 4.2　`ChecksumAccumulator` 类的伴生对象

在示例 4.2 中的单例对象名为 CheckSumAccumulator，与前一个示例中的类名一样。当单例对象与某个类共用同一个名称时，它被称作这个类的伴生对象（*companion object*）。必须在同一个源码文件中定义类和类的伴生对象。同时，类又叫作这个单例对象的伴生类（*companion class*）。类和它的伴生对象可以互相访问对方的私有成员。

ChecksumAccumulator 单例对象有一个名称为 calculate 的方法，用于接收一个 String，并计算这个 String 的所有字符的校验和（*checksum*）。它同样也有一个私有的字段，即 cache，这是一个缓存了之前已计算过的校验和的可变映射。[1] 方法的第一行，即“if (cache.contains(s))”，用于检查缓存以确认传入的字符串是否已经被包含在映射中。如果是，就返回映射的值，即 cache(s)。如果没有，则执行 else 子句，计算校验和。else 子句的第一行定义了一个名称为 acc 的 val，用一个新的 ChecksumAccumulator 实例初始化。[2] 接下来的一行是一个 for 表达式，遍历传入字符串的每一个字符，通过调用 toByte 方法将字符转换成 Byte，然后将 Byte 传递给 acc 指向的 ChecksumAccumulator 实例的 add 方法。[3] 在 for 表达式执行完成以后，方法的下一行调用 acc 的 checksum 方法，从传入的 String 中得到其校验和，保存到名称为 cs 的 val。再往下一行，即 cache += (s -> cs)，将传入的字符串作为键，计算出的整型的校验和作为值，这组键/值对被添加到缓存映射中。该方法的最后一个表达式，即 cs，确保了该方法的结果是这个校验和。

如果你是 Java 程序员，则可以把单例对象当作用于安置那些用 Java 时打算编写的静态方法。可以用类似的方式访问单例对象的方法：单例对象名、

---

1 我们在这里用了一个缓存来展示带有字段的实例对象。类似这样的缓存是以牺牲内存换取计算时间的方式来提升性能的。通常来说，只有当你遇到缓存能解决的性能问题时才会用到这样的缓存，并且你可能会用一个弱引用的映射，如 scala.collection.mutable 的 WeakHaskMap，以便在内存吃紧时，缓存中的条目可以被垃圾回收掉。

2 由于 new 关键字仅被用于实例化类，因此这里创建的对象是 ChecksumAccumulator 类的实例，而不是相同名称的那个单例对象。

3 这里的>>操作符执行的是右移位运算，我们将在 5.7 节介绍。

英文句点和方法名。例如，可以像这样调用 `ChecksumAccumulator` 单例对象的 `calculate` 方法：

```
ChecksumAccumulator.calculate("Every value is an object.")
```

不过，单例对象并不仅仅用来存放静态方法。它是一等（first-class）的对象。可以把单例对象的名称想象成附加在对象身上的“名称标签”：

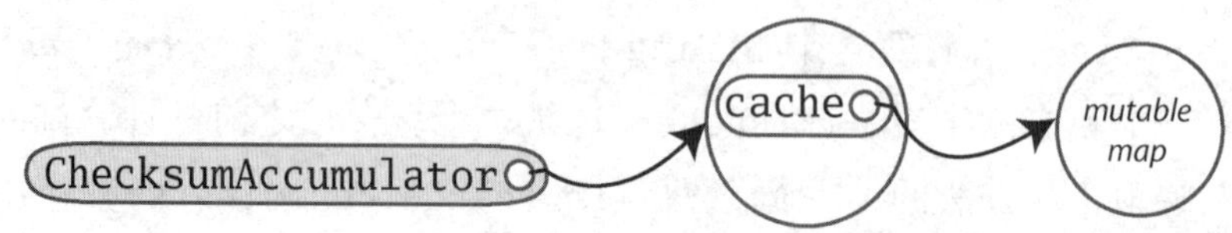

定义单例对象并不会定义类型（在 Scala 的抽象层级上是这样的）。当只有 `ChecksumAccumulator` 的对象定义时，并不能定义一个类型为 `ChecksumAccumulator` 的变量。确切地说，名称为 `ChecksumAccumulator` 的类型是由这个单例对象的伴生类来定义的。不过，单例对象可以扩展自某个超类，还可以混入特质。你可以通过这些类型来调用它的方法，用这些类型的变量来引用它，还可以将它传入那些预期为这些类型的入参的方法中。我们将在第 12 章给出单例对象继承类和特质的示例。

类和单例对象的一个区别是单例对象不接收参数，而类可以。由于无法用 `new` 实例化单例对象，也就没有任何手段来向它传参。每个单例对象都是通过一个静态变量引用合成类（*synthetic class*）的实例来实现的，因此单例对象在初始化的语义上与 Java 的静态成员是一致的。[1] 尤其体现在，单例对象在有代码首次访问时才会被初始化。

不与某个伴生类共用同一个名称的单例对象叫作独立对象（*standalone object*）。独立对象有很多用途，包括收集相关的工具方法，或者定义 Scala 应用程序的入口，等等。下一节将介绍这样的用法。

---

1 合成类的名称是对象名加上一个美元符号。因此，名称为 `ChecksumAccumulator` 的单例对象的合成类名是 `ChecksumAccumulator$`。

4.4 样例类

在通常情况下，当你编写一个类的时候，需要实现诸如 equals、hashCode、toString、字段访问器（getter/setter）、工厂方法等。这些可能非常耗时且容易出错。Scala 提供了"样例类"，可以基于传递给它的主构造方法的值来生成若干方法的实现。可以通过在 class 关键字之前加上 case 修饰符来声明样例类，就像这样：

```
case class Person(name: String, age: Int)
```

加上 case 修饰符以后，编译器将会生成若干有用的方法。首先，编译器将会创建一个伴生对象并放入名称为 apply 的工厂方法中。于是你就可以像这样构造一个新的 Person 对象：

```
val p = Person("Sally", 39)
```

编译器会把这一行代码重写为对生成的工厂方法 apply 的调用：Person.apply("Sally", 39)。

其次，编译器会把所有类参数存储为字段，并生成与参数同名的字段访问器（getter/setter）方法。[1] 例如，可以像这样访问 Person 对象的 name 和 age：

```
p.name // Sally
p.age  // 39
```

再次，编译器会提供 toString 方法的实现：

```
p.toString   // Person(Sally,39)
```

1 我们将其称为参数化字段，将在 10.6 节介绍如何定义它。

此外，编译器会为类生成 hashCode 方法和 equals 方法的实现。这些方法会基于传入构造方法的参数来生成结果。举例来说，一个 Person 对象在进行相等性判断或计算散列值（hash code）时，会同时考虑 name 和 age：

```
p == Person("Sally", 21)                        // false
p.hashCode == Person("Sally", 21).hashCode      // false
p == Person("James", 39)                        // false
p.hashCode == Person("James", 39).hashCode      // false
p == Person("Sally", 39)                        // true
p.hashCode == Person("Sally", 39).hashCode      // true
```

对于那些已经自行实现的方法，编译器不会重新生成或覆盖，而是会沿用你的实现。也可以向类和伴生对象添加其他字段和方法。这里有一个例子，你可以在 Person 伴生对象中自行定义 apply 方法，这样编译器就不会生成，而你还可以继续在 Person 类中添加 appendToName 方法：

```
case class Person(name: String, age: Int):
  def appendToName(suffix: String): Person =
    Person(s"$name$suffix", age)

object Person:
  // 确保非空 name 值为（首字符）大写的
  def apply(name: String, age: Int): Person =
    val capitalizedName =
      if !name.isEmpty then
        val firstChar = name.charAt(0).toUpper
        val restOfName = name.substring(1)
        s"$firstChar$restOfName"
      else throw new IllegalArgumentException("Empty name")
    new Person(capitalizedName, age)
```

这里的 apply 方法用于确保名称的首字符是大写的：

```
val q = Person("sally", 39)  // Person(Sally,39)
```

也可以调用刚定义的 appendToName 方法：

```
q.appendToName(" Smith")     // Person(Sally Smith,39)
```

最后，编译器还会向类中添加 copy 方法，并向伴生对象中添加 unapply 方法。我们将在第 13 章介绍这些方法的用途。

所有这些约定俗成的做法都为我们带来了很大的便利（代价却不高）。只需要多写一个 case 修饰符，你的类和对象就会稍微变大。这是因为编译器帮我们生成了额外的方法，以及与每个传入构造方法参数相对应的字段。

4.5 Scala 应用程序

要运行一个 Scala 程序，必须提供一个独立对象的名称，而这个独立对象需要包含一个 main 方法，该方法接收一个 Array[String]作为参数，结果类型为 Unit。任何带有满足正确签名的 main 方法的独立对象都能被用作应用程序的入口。[1] 参考示例 4.3。

```
// 位于 Summer.scala 文件中
import ChecksumAccumulator.calculate

object Summer:
  def main(args: Array[String]): Unit =
    for arg <- args do
      println(arg + ": " + calculate(arg))
```

示例 4.3 Summer 应用程序

示例 4.3 中单例对象的名称是 Summer。它的 main 方法带有正确的签名，因此可以将它当作应用程序来使用。文件中的第一条语句引入了示例 4.2 的 ChecksumAccumulator 对象中定义的 calculate 方法。这句引入语句让你可

1 可以通过@main 注解将其他名称的方法指定为主方法，这将在 23.3 节介绍。

以在这个文件后续的代码中使用这个方法的简称。[1] main 方法的方法体只是简单地打印出每个参数，以及参数的校验和，并以冒号分隔开。

> **注意**
>
> Scala 在每一个 Scala 源码文件中都隐式地引入了 java.lang 和 scala 包的成员，以及名称为 Predef 的单例对象的所有成员。位于 scala 包的 Predef 包含了很多有用的方法。比如，当你在 Scala 源码中使用 println 时，实际上调用了 Predef 的 println。（Predef.println 转而调用 Console.println，执行具体的操作。）而当你写下 assert 时，实际上调用了 Predef.assert。

要运行 Summer 这个应用程序，可以把示例 4.3 中的代码放入名称为 Summer.scala 的文件中。因为 Summer 也用到了 ChecksumAccumulator，将示例 4.1 中的类和示例 4.2 中的伴生对象放入名称为 ChecksumAccumulator.scala 的文件中。

Scala 和 Java 的区别之一是，Java 要求将公共的类放入与类同名的文件中（例如，需要将 SpeedRacer 类放到 SpeedRacer.java 文件中），而 Scala 允许任意命名.scala 文件，无论你将什么类或代码放到这个文件中。不过，通常对于那些非脚本的场景，把类放入以类名命名的文件中是推荐的做法，就像 Java 那样，以便程序员能够更容易地根据类名定位到对应的文件。这也是我们在命名 Summer.scala 和 ChecksumAccumulator.scala 时所采取的策略。

ChecksumAccumulator.scala 和 Summer.scala 都不是脚本，因为它们都是以定义结尾的。而脚本则不同，必须以一个可以计算出结果的表达式结尾。因此，如果你尝试以脚本的方式运行 Summer.scala，则编译器会报错，

1 如果你是 Java 程序员，则可以把这句引入语句当作 Java 5 的静态引入（static import）功能。Scala 与 Java 静态引入的区别在于，可以从任何对象引入成员，而不仅仅是从单例对象。

提示你 Summer.scala 并不以一个结果表达式结尾（当然，这是假设你并没有在 Summer 对象定义之后自己再添加任何额外的表达式）。你需要用 Scala 编译器实际编译这些文件，然后运行编译出来的类。编译的方式之一是，使用 scalac 这个基础的 Scala 编译器，就像这样：

```
$ scalac ChecksumAccumulator.scala Summer.scala
```

这将编译你的源文件，并生成 Java 类文件，后续可以通过与先前示例中相同的 scala 命令来运行该文件。不过，与之前用包含了需要编译器解释的 Scala 代码的以.scala 扩展名结尾的文件名不同，[1] 这里需要给出包含正确签名的 main 方法的独立对象名。因此，需要这样运行 Summer：

```
$ scala Summer of love
```

你将看到这个程序打印出了传入的两个命令行参数对应的校验和：

```
of: -213
love: -182
```

4.6 结语

本章介绍了 Scala 类和对象的基础，并展示了如何编译和运行应用程序。在下一章，你将会了解到更多关于 Scala 基础类型和用法的内容。

1 Scala 用来“解释”一个 Scala 源文件的实际机制是，它会先把 Scala 源代码编译成 Java 字节码，然后马上通过类加载器加载，并执行它。

第 5 章
基础类型和操作

既然你已经见识了类和对象是如何工作的，那么现在可以更深入地了解一下 Scala 的基础类型和操作。如果你熟悉 Java，则会很高兴地看到 Java 的基础类型和操作符在 Scala 中有相同的含义。不过，即使对于有经验的 Java 开发者，本章会讲到的那些很有趣的差异点，也值得一读。由于本章涉及的部分内容在本质上与 Java 相同，我们在相关内容中穿插了备注，以告诉 Java 开发人员哪些章节是可以安全跳过的。

在本章，你将概括地了解 Scala 的基础类型，包括 `String`，以及值类型 `Int`、`Long`、`Short`、`Byte`、`Float`、`Double`、`Char` 和 `Boolean`。你会了解这些类型支持的操作，包括 Scala 表达式的操作符优先级。你还将了解到 Scala 是如何“增强”（enrich）这些基础类型，给你 Java 原生支持以外的额外操作的。

5.1 一些基础类型

表 5.1 列出了 Scala 的一些基础类型和这些类型的实例允许的取值范围。`Byte`、`Short`、`Int`、`Long` 和 `Char` 类型统称为**整数类型**（*integral type*）。整数类型加上 `Float` 和 `Double` 被称作**数值类型**（*numeric type*）。

除了位于 java.lang 的 String，表 5.1 列出的所有类型都是 scala 包的成员。[1] 例如，Int 的完整名称是 scala.Int。不过，由于 scala 包和 java.lang 包的所有成员在 Scala 源文件中都已被自动引入，因此可以在任何地方使用简称（即 Boolean、Char、String 等）。

表 5.1 一些基础类型

基础类型	取值区间
Byte	8 位带符号二进制补码整数（$-2^7 \sim 2^7-1$，闭区间）
Short	16 位带符号二进制补码整数（$-2^{15} \sim 2^{15}-1$，闭区间）
Int	32 位带符号二进制补码整数（$-2^{31} \sim 2^{31}-1$，闭区间）
Long	64 位带符号二进制补码整数（$-2^{63} \sim 2^{63}-1$，闭区间）
Char	16 位无符号 Unicode 字符（$0 \sim 2^{16}-1$，闭区间）
String	Char 的序列
Float	32 位 IEEE 754 单精度浮点数
Double	64 位 IEEE 754 双精度浮点数
Boolean	true 或 false

资深 Java 程序员可能已经注意到，Scala 的基础类型与 Java 中对应的类型取值区间完全相同。这使得 Scala 编译器可以在生成的字节码中将 Scala 的值类型（*value type*），如 Int 或 Double 的实例转换成 Java 的基本类型（*primitive type*）。

5.2 字面量

表 5.1 中列出的所有基础类型都可以用字面量（*literal*）来书写。字面量是在代码中直接写入常量值的一种方式。

1 包（package）这个概念在第 2 章的第 1 步简单介绍过，并且会在第 12 章中详细介绍。

> **Java 程序员的快速通道**
>
> 本节中展示的大部分字面量的用法与 Java 完全一致，如果你是 Java 高手，则可以安心地跳过本节的绝大部分内容。你需要读一读的是 Scala 原生字符串字面量（77 页开始）及字符串插值（79 页开始）。另外，Scala 并不支持八进制字面量和以 0 开头的整数字面量，如 031 将无法通过编译[1]。

整数字面量

用于 Int、Long、Short 和 Byte 的整数字面量有两种形式：十进制的和十六进制的。整数字面量的不同开头表示了不同的进制。如果以 0x 或 0X 开头，则意味着这是十六进制的数，可以包含 0 到 9，以及大写或小写的 A 到 F 表示的数字。例如：

```
val hex = 0x5                      // 5: Int
val hex2 = 0x00FF                  // 255: Int
val magic = 0xcafebabe             // -889275714: Int
val billion = 1_000_000_000        // 1000000000: Int
```

需要注意的是，Scala 的 shell 总是以十进制打印整数值，无论你使用哪种形式来初始化。因此编译器把用字面量 0x00FF 初始化的变量 hex2 显示为十进制的 255。（当然，不必盲目相信我们说的，感受 Scala 的好方法是一边读一边在编译器中尝试这些语句。）如果字面量是以非 0 的数字开头的，且除此之外没有其他修饰，这个数就是十进制的。例如：

```
val dec1 = 31   // 31: Int
val dec2 = 255 // 255: Int
val dec3 = 20   // 20: Int
```

---

1 译者注：自 Scala 2.13 起，Scala 编译器允许整数字面量以 0 开头，但不会将它们当作八进制处理，只是简单地忽略这些前置的 0，实际效果为十进制。

如果整数字面量以 L 或 l 结尾，它就是 Long 类型的，否则就是 Int 类型的。一些 Long 类型的整数字面量如下：

```
val prog = 0XCAFEBABEL  // 3405691582: Long
val tower = 35L         // 35: Long
val of = 31l            // 31: Long
```

如果一个 Int 类型的字面量被赋值给一个类型为 Short 或 Byte 的变量，则该字面量会被当作 Short 或 Byte 类型，只要这个字面量的值在对应类型的合法取值区间即可。例如：

```
val little: Short = 367     // 367: Short
val littler: Byte = 38      // 38: Byte
```

浮点数字面量

浮点数字面量由十进制的数字、可选的小数点（decimal point），以及后续一个可选的 E 或 e 开头的指数（exponent）组成。一些浮点数字面量如下：

```
val big = 1.2345                   // 1.2345: Double
val bigger = 1.2345e1              // 12.345: Double
val biggerStill = 123E45           // 1.23E47: Double
val trillion = 1_000_000_000e3     // 1.0E12: Double
```

需要注意的是，指数部分指的是对前一部分乘以 10 的多少次方。例如，1.2345e1 等于 1.2345 乘以 10 的 1 次方，即 12.345。如果浮点数字面量以 F 或 f 结尾，它就是 Float 类型的；否则它就是 Double 类型的。Double 类型的浮点数字面量也可以以 D 或 d 结尾，但这是可选的。一些 Float 字面量如下：

```
val little = 1.2345F     // 1.2345: Float
val littleBigger = 3e5f // 300000.0: Float
```

如果要以 Double 来表示最后这个浮点数值，则可以采用下面（或其他）的形式：

```
val anotherDouble = 3e5 // 300000.0: Double
val yetAnother = 3e5D   // 300000.0: Double
```

更大的数值字面量

Scala 3 包含了一个实验属性的功能特性，可以消除数值字面量的大小限制，用来初始化任意一种（数值）类型。你可以通过如下的引入语句来开启这个特性：

```
import scala.language.experimental.genericNumberLiterals
```

来自标准类库的两个示例如下：

```
val invoice: BigInt = 1_000_000_000_000_000_000_000
val pi: BigDecimal = 3.1415926535897932384626433833
```

字符字面量

字符字面量由一对单引号和中间的任意 Unicode 字符组成，例如：

```
scala> val a = 'A'
val a: Char = A
```

除了显式地给出原字符，也可以用字符的 Unicode 码来表示。具体写法是\u 加上 Unicode 码对应的 4 位的十六进制数字，例如：

```
scala> val d = '\u0041'
val d: Char = A
scala> val f = '\u0044'
val f: Char = D
```

事实上，这样的 Unicode 字符可以出现在 Scala 程序的任何位置。比如，可以像这样命名一个标识符（变量）：

```
scala> val B\u0041\u0044 = 1
val BAD: Int = 1
```

这个标识符的处理方法与 BAD 一样，也就是将上述 Unicode 码解开后的结果。通常来说，这样的标识符命名方法并不好，因为不易读。这样的语法规则的存在，本意是让包含非 ASCII 的 Unicode 字符的 Scala 源文件可以用 ASCII 表示。

最后，还有一些字符字面量是由特殊的转义序列来表示的，如表 5.2 所示。例如：

```
scala> val backslash = '\\'
val backslash: Char = \
```

表 5.2 特殊的转义序列

字面量	含义
\n	换行符（line feed）\u000A
\b	退格符（backspace）\u000B
\t	制表符（tab）\u0009
\f	换页符（form feed）\u000C
\r	回车符（carriage return）\u000D
\"	双引号（double quote）\u0022
\'	单引号（single quote）\u0027
\\	反斜杠（backslash）\u005C

字符串字面量

字符串字面量由双引号引起来的字符组成：

```
scala> val hello = "hello"
val hello: String = hello
```

双引号中字符的语法与字符字面量的一样。比如：

```
scala> val escapes = "\\\"\'"
val escapes: String = \"'
```

由于这个语法对那些包含大量转义序列或者跨多行的字符串而言比较别扭，因此 Scala 支持一种特殊的语法来表示*原生字符串*（*raw string*）。可以用 3 个双引号（"""）开始并用 3 个双引号（"""）结束来表示原生字符串。原生字符串内部可以包含任何字符，如换行符、单/双引号和其他特殊字符。当然，连续 3 个双引号的情况除外。例如，如下程序就是用原生字符串来打印一条消息：

```
println("""Welcome to Ultamix 3000.
           Type "HELP" for help.""")
```

不过，运行这段代码并不会产生与我们想要的完全一致的输出：

```
Welcome to Ultamix 3000.
           Type "HELP" for help.
```

这里的问题是字符串第二行前面的空格被包含在了字符串里。为了处理这个常见的情况，可以对字符串调用 stripMargin 方法。具体做法是在每一行开始加一个管道符（|），然后对整个字符串调用 stripMargin 方法：

```
println("""|Welcome to Ultamix 3000.
           |Type "HELP" for help.""".stripMargin)
```

现在这段代码满足我们的要求了：

```
Welcome to Ultamix 3000.
Type "HELP" for help.
```

布尔值字面量

Boolean类型有两个字面量，即true和false：

```
val bool = true  // true: Boolean
val fool = false // false: Boolean
```

关于字面量的内容就这些。从“字面”上讲[1]，你已经是Scala的专家了。

5.3 字符串插值

Scala 包括了一个灵活的机制来支持字符串插值，允许在字符串字面量中嵌入表达式。最常见的用途是为字符串拼接提供一个更精简和易读的替代方案。举个例子：

```
val name = "reader"
println(s"Hello, $name!")
```

表达式 s"Hello, $name!"是一个被处理的（*processed*）字符串字面量。由于字母 s 出现在首个双引号前，Scala 将使用 s 这个字符串插值器来处理该字面量。s 字符串插值器会对内嵌的每个表达式求值，对求值结果调用 toString 方法，替换掉字面量中的那些表达式。因此，s"Hello, $name!"会交出"Hello, reader!"，与"Hello, " + name + "!"的结果一样。

在被处理的字符串字面量中，可以随时用美元符号（$）开始一个表达式。对于那些单变量的表达式，通常可以在美元符号后面直接给出变量的名称。Scala 将从美元符号开始到首个非标识符字符的部分作为表达式。如果表达式包含了非标识符字符，就必须将它放在花括号中，左花括号需要紧跟美元符号。例如：

1 译者注：原作者在这里特意用了一个双关语，英文中“字面量”（literal）和“字面上”“确实地”“跟真的一样”（literally）是由同一个词派生的。

```
scala> s"The answer is ${6 * 7}."
val res0: String = The answer is 42.
```

Scala 默认还提供了两种字符串插值器：raw 和 f。raw 字符串插值器的行为与 s 字符串插值器的类似，不过它并不识别字符转义序列（比如，表 5.2 给出的那些）。举例来说，如下语句将打印出 4 个反斜杠，而不是 2 个反斜杠：

```
println(raw"No\\\\escape!") // 将打印: No\\\\escape!
```

f 字符串插值器允许给内嵌的表达式加上 printf 风格的指令。你需要将指令放在表达式之后，以百分号（%）开始，使用 java.util.Formatter 中给出的语法。比如，可以这样来格式化 π：

```
scala> f"${math.Pi}%.5f"
val res1: String = 3.14159
```

如果不对内嵌表达式给出任何格式化指令，则 f 字符串插值器将默认使用%s，其含义是用 toString 方法的值来替换，就像 s 字符串插值器那样。例如：

```
scala> val pi = "Pi"
val pi: String = Pi

scala> f"pi is approximately {math.Pi}%.8f."
val res2: String = Pi is approximately 3.14159265.
```

在 Scala 中，字符串插值是通过在编译期重写代码来实现的。编译器会将任何由某个标识符紧接着字符串字面量的（左）双引号这样的表达式当作字符串插值器表达式处理。我们在前面看到的字符串插值器 s、f 和 raw，就是通过这个通用的机制实现的。类库作者和用户可以定义其他字符串插值器来满足不同的用途。

5.4 操作符即方法

Scala 给它的基础类型提供了一组丰富的操作符。前面的章节也提到过，这些操作符实际上只是普通方法调用的漂亮语法。例如，1 + 2 实际上与 1.+(2)是等同的。换句话说，Int 类包含了一个名称为+的方法，接收一个 Int 参数，返回 Int 类型的结果。这个+方法是在你对两个 Int 值做加法时执行的：

```
val sum = 1 + 2              // Scala 将调用 1.+(2)
```

要验证这一点，可以用方法调用的形式显式地写出这个表达式：

```
scala> val sumMore = 1.+(2)
val sumMore: Int = 3
```

事实上，Int 类包含了多个重载（*overloaded*）的+方法，分别接收不同的参数类型。[1] 例如，Int 类还有另一个也叫作+的方法，接收一个 Long 参数，返回一个 Long 类型的结果。如果你对一个 Int 参数加上一个 Long 参数，则后一个+方法会被调用，例如：

```
scala> val longSum = 1 + 2L   // Scala 将调用 1.+(2L)
val longSum: Long = 3
```

+符号是一个操作符（更确切地说，它是一个中缀操作符）。操作符表示法并不局限于那些在其他语言中看上去像操作符的方法。可以在操作符表示法中使用任何方法。[2] 例如，String 类有一个 indexOf 方法，接收一个 Char 参数。这个 indexOf 方法可以检索字符串中给定字符首次出现的位置，返回位置下标，如果没有找到，则返回-1。可以像使用操作符那样使用 indexOf 方法：

1 重载的方法名称相同但参数类型不同。方法重载在 6.11 节会有更详细的介绍。

2 在未来版本的 Scala 中，对于以非符号命名的方法（译者注：即常规命名的方法），只有在声明时使用了 infix 修饰符的情况下才允许被当作操作符。

```
scala> val s = "Hello, world!"
val s: String = Hello, world!

scala> s indexOf 'o'   // Scala 将调用 s.indexOf('o')
val res0: Int = 4
```

任何方法都可以是操作符

在 Scala 中，操作符并不是特殊的语法，任何方法都可以是操作符。是否让方法成为操作符取决于你如何“用”它。当你写下“s.indexOf('o')”时，indexOf 并不是操作符；但当你写下“s indexOf 'o'”时，indexOf 就是操作符了，因为你用的是操作符表示法。

至此，你已经看到了中缀操作符表示法的若干示例。中缀操作符表示法意味着被调用的方法名称位于对象和你想传入的参数中间，如“7 + 2”。Scala 还提供了两种操作符表示法：前缀和后缀。在前缀表示法中，需要将方法名放在要调用的方法的对象前面（如-7 中的'-'）。在后缀表示法中，需要将方法名放在对象之后（如“7 toLong”中的“toLong”）[1]。

与中缀操作符表示法（操作符接收两个操作元，一个在左一个在右）不同，前缀和后缀操作符是一元的（*unary*）：它们只接收一个操作元。在前缀表示法中，操作元位于操作符的右侧。前缀操作符的例子有-2.0、!found 和~0xFF 等。与中缀操作符类似，这些前缀操作符也是调用方法的一种简写。不同的是，方法名称是“unary_”加上操作符。举例来说，Scala 会把-2.0 这样的表达式转换成如下的方法调用：“(2.0).unary_-”。你可以自己演示一下，先后用操作符表示法和显式方法调用来完成：

1 译者注：自 Scala 2.13 起，使用后缀表示法需要引入 scala.language.postfixOps。

```
scala> -2.0   // Scala将调用(2.0).unary_-
val res2: Double = -2.0

scala> (2.0).unary_-
val res3: Double = -2.0
```

唯一能被用作前缀操作符的是+、-、!和~。因此，如果你定义了一个名称为 unary_!的方法，则可以对满足类型要求的值或变量使用前缀操作符表示法，如!p。不过，如果你定义了一个名称为 unary_*的方法，就不能用前缀操作符表示法了，因为*并不是可以被用作前缀操作符的 4 个标识符之一。可以像正常的方法调用那样调用 p.unary_*方法，但如果你尝试用*p 这样的方式来调用，则 Scala 会将其当作*.p 来解析，这大概并不是你想要的效果。[1]

后缀操作符是那些不接收参数且在调用时没有用英文句点、圆括号的方法。在 Scala 中，可以在方法调用时省去空的圆括号。从约定俗成的角度来讲，在方法有副作用时，需要保留空的圆括号，如 println()；而在方法没有副作用时，则可以省去这组圆括号，如对 String 调用 toLowerCase 方法时：

```
scala> val s = "Hello, world!"
val s: String = Hello, world!

scala> s.toLowerCase
val res4: String = hello, world!
```

在后一种不带参数的场景（无副作用）下，可以选择省去句点，使用后缀操作符表示法。不过，编译器会要求先引入 scala.language.postfixOps，才能以操作符表示法来调用某个方法：

```
scala> import scala.language.postfixOps

scala> s toLowerCase
val res5: String = hello, world!
```

1 不过这并不是“世界末日”，还存在一个非常小的概率，即你的*p 会被当作 C++那样正常编译。

在本例中，toLowerCase 被当作后缀操作符作用在了操作元 s 上。

综上所述，要了解 Scala 基础类型支持的操作符，只需要在 Scala API 文档中查看对应类型声明的方法。不过，由于这是一本 Scala 教程，我们将在接下来的几节中快速地带你过一遍这些方法中的大多数。

> **Java 程序员的快速通道**
>
> 本章剩余部分讲到的 Scala 知识点与 Java 中的是一致的。如果你是 Java 高手且时间有限，可以安心地跳过，直接进入 5.8 节，这一节会介绍 Scala 与 Java 在对象相等性方面的不同。

5.5　算术操作

可以通过加法（+）、减法（-）、乘法（*）、除法（/）和取余数（%）的中缀操作符表示法对任何数值类型调用算术方法。下面是一些示例：

```
1.2 + 2.3        // 3.5: Double
3 - 1            // 2: Int
'b' - 'a'        // 1: Int
2L * 3L          // 6: Long
11 / 4           // 2: Int
11 % 4           // 3: Int
11.0f / 4.0f     // 2.75: Float
11.0 % 4.0       // 3.0: Double
```

当左右两个操作元都是整数类型（Int、Long、Byte、Short 或 Char）时，/操作符会计算出商的整数部分，不包括任何余数。%操作符表示隐含的整数除法操作后的余数。

从浮点数的取余数操作得到的余数与 IEEE 754 标准定义的不同。IEEE 754 标准定义的余数在计算时用的是四舍五入，而不是截断（truncating），因此与整数的取余数操作很不一样。如果你确实需要 IEEE 754 标准定义的余数，则可以调用 scala.math 的 IEEEremainder，比如：

```
math.IEEEremainder(11.0, 4.0) // -1.0: Double
```

数值类型还提供了一元的前缀操作符+（方法名为 unary_+）和-（方法名为 unary_-），用于表示数值字面量是正值还是负值，如-3 或+4.0。如果你不给出+或-，则数值字面量会被当作正值。一元操作符+的存在仅仅是为了和一元的-对应，没有任何作用。一元操作符-还可以被用来对变量取负值。例如：

```
val neg = 1 + -3        // -2: Neg
val y = +3              // 3: Int
-neg                    // 2: Int
```

5.6 关系和逻辑操作

可以用关系方法大于（>）、小于（<）、大于或等于（>=）、小于或等于（<=）比较数值类型的大小，返回 Boolean 的结果。除此之外，可以用一元的 '!'操作符（方法名为 unary_!）对 Boolean 值取反。例如：

```
1 > 2                   // false: Boolean
1 < 2                   // true: Boolean
1.0 <= 1.0              // true: Boolean
3.5f >= 3.6f            // false: Boolean
'a' >= 'A'              // true: Boolean
val untrue = !true      // false: Boolean
```

逻辑方法，如逻辑与（&&和&）和逻辑或（||和|），以中缀表示法接收 Boolean 的操作元，交出 Boolean 的结果。例如：

```
val toBe = true                 // true: Boolean
```

```
val question = toBe || !toBe    // true: Boolean
val paradox = toBe && !toBe     // false: Boolean
```

就像在 Java 中一样，&&和||操作符是*短路*（*short-circuit*）的：基于这两个操作符构建出来的表达式，只会对结果有决定作用的部分进行求值。换句话说，&&和||表达式的右侧，在左侧已经确定了表达式结果的情况下，并不会被求值。例如，如果&&表达式的左侧经求值得到 false，则整个表达式的结果只能是 false，因此右侧不会被求值。同理，如果||表达式的左侧经求值得到true，则整个表达式的结果只能是true，因此右侧也不会被求值。

```
scala> def salt() = { println("salt"); false }
def salt(): Boolean

scala> def pepper() = { println("pepper"); true }
def pepper(): Boolean

scala> pepper() && salt()
pepper
salt
val res21: Boolean = false

scala> salt() && pepper()
salt
val res22: Boolean = false
```

在第一个表达式中，pepper 和 salt 都被调用了，但在第二个表达式中，只有 salt 被调用。由于 salt 返回 false，因此没有调用 pepper 的必要。

如果无论什么情况都对右侧求值，则可以使用&和|。&方法执行逻辑与操作，|方法执行逻辑或操作，但不会像&&和||那样短路。举例如下：

```
scala> salt() & pepper()
salt
pepper
val res23: Boolean = false
```

> **注意**
>
> 你可能会好奇，既然操作符只是方法，那么短路是如何做到的。通常，所有入参都会在进入方法之前被求值，所以作为方法，逻辑操作符是如何做到不对第二个参数求值的呢？答案是所有 Scala 方法都有一个机制用来延迟对入参的求值，或者干脆不对入参求值。这个机制叫作*传名参数*（*by-name parameter*），在 9.5 节会有详细介绍。

5.7 位运算操作

Scala 允许用若干位运算方法对整数类型执行位运算操作。位运算方法有：按位与（&）、按位或（|）和按位异或（^）。[1] 一元的位补码操作（~，方法名为 unary_~）对操作元的每一位取反。例如：

```
1 & 2      // 0: Int
1 | 2      // 3: Int
1 ^ 3      // 2: Int
~1         // -2: Int
```

第一个表达式，即 1 & 2 会对 1（0001）和 2（0010）的每一位执行按位与操作，交出 0（0000）。第二个表达式，即 1 | 2 会对同一组操作元的每一位执行按位或操作，交出 3（0011）。第三个表达式，即 1 ^ 2 会对 1（0001）和 3（0011）的每一位执行按位异或操作，交出 2（0010）。最后一个表达式，即~1 会对 1（0001）的每一位取反，交出-2，用二进制表示是这样的：11111111111111111111111111111110。

1 按位异或方法对其操作元执行按位异或操作，对相同的位交出 0，对不同的位交出 1。因此 0011^0101 会交出 0110。

Scala 整数类型还提供了 3 个位移（shift）方法，即左移（<<）、右移（>>）和无符号右移（>>>）。当位移方法被用在中缀操作符表示法时，会将左侧的整数值移动右侧整数值的量。左移和无符号右移方法会自动填充 0。而右移方法会用左侧值的最高位（符号位）来填充。下面是一些示例：

```
-1 >> 31  // -1: Int
-1 >>> 31 // 1: Int
1 << 2    // 4: Int
```

-1 用二进制表示是 1111111111111111111111。在第一个例子中，`-1 >> 31`，-1 被右移了 31 位。由于 `Int` 是 32 位的，这个操作实际上将最左边的位一直向右移动，直到它成为最右边的位。[1] 由于右移方法在右移过程中用 `1` 来填充（因为-1 的最左位是 1），结果与原始的左操作元完全一致，即 32 个为 1 的位，也就是-1。在第二个例子中，`-1 >>> 31`，最左边的位再次被向右一直移动到最右边，不过这次填充的是 0，因此结果是 00000000000000000000000000000001，即 1。在最后的示例中，`1 << 2`，左操作元 1 被左移了两个位置（用 0 填充），结果得到 00000000000000000000000000000100，即 4。

5.8　对象相等性

如果想要比较两个对象是否相等，则可以用==或与之相反的`!=`。举例如下：

```
1 == 2    // false: Boolean
1 != 2    // true: Boolean
2 == 2    // true: Boolean
```

这些操作实际上可以被应用于所有的对象，并不仅仅是基础类型。比如，可以用==来比较列表：

---

1 整数类型最左边的位是符号位。如果最左边的一位是 1，这个数就是负数；如果是 0，这个数就是正数。

```
List(1, 2, 3) == List(1, 2, 3) // true: Boolean
List(1, 2, 3) == List(4, 5, 6) // false: Boolean
```

沿着这个方向，还可以比较不同类型的两个对象：

```
1 == 1.0                      // true: Boolean
List(1, 2, 3) == "hello"      // false: Boolean
```

甚至可以拿对象与 null 做比较，或者与可能为 null 的对象做比较，并且不会抛出异常：

```
List(1, 2, 3) == null    // false: Boolean
null == List(1, 2, 3)    // false: Boolean
```

如你所见，==的实现很用心，大部分场合都能返回给你需要的相等性比较的结果。这背后的规则很简单：首先检查左侧是否为 null，如果不为 null，则调用 equals 方法。由于 equals 是一个方法，因此得到的确切比较逻辑取决于左侧参数的类型。由于有自动的 null 检查，因此我们不必亲自做这个检查。[1]

在这种比较逻辑下，对于不同的对象，只要它们的内容一致，且 equals 方法的实现也是完全基于内容的情况下，都会交出 true 答案。举例来说，下面是针对两个恰好拥有同样的 5 个字母的字符串的比较：

```
("he" + "llo") == "hello"      // true: Boolean
```

Scala 的==与 Java 的==的不同

在 Java 中，可以用==来比较基本类型和引用类型。对基本类型而言，Java 的==比较的是值的相等性，就像 Scala 的一样。但是对引

1 自动检查并不会关心右边是否为 null，不过任何讲道理的 equals 方法都应该对入参为 null 的情况返回 false。

用类型而言，Java 的==比较的是引用相等性（*reference equality*），意思是两个变量指向 JVM 的堆上的同一个对象。Scala 也提供了用于比较引用相等性的机制，即名称为 eq 的方法。不过，eq 和与它对应的 ne 只对那些直接映射到 Java 对象的对象有效。关于 eq 和 ne 的完整细节会在 17.1 节和 17.2 节给出。关于如何编写一个好的 equals 方法，请参考第 8 章。

5.9　操作符优先级和结合律

操作符优先级决定了表达式中的哪些部分会先于其他部分被求值。例如，表达式 2 + 2 * 7 经求值得到 16 而不是 28，因为操作符*的优先级高于+。因此，表达式的乘法部分先于加法部分被求值。当然，也可以在表达式中用圆括号来澄清求值顺序，或者覆盖默认的优先级。例如，如果想要上述表达式经求值得到 28，则可以像这样来写：

```
(2 + 2) * 7
```

Scala 并不是真的有操作符，操作符仅仅是用操作符表示法使用方法的一种方式。你可能会好奇操作符优先级的工作原理是什么。Scala 根据操作符表示法中使用的方法名的首个字母来判定优先级（这个规则有一个例外，会在后面讲到）。举例来说，如果方法名以*开头，它将拥有比以+开头的方法更高的优先级。因此 2 + 2 * 7 会被当作 2 + (2 * 7)求值。同理，a +++ b *** c（其中 a、b、c 是变量，+++和***是方法）将被当作 a +++ (b *** c)求值，因为***方法比+++方法的优先级更高。

表 5.3 显示了方法首字符的优先级顺序，且依次递减，位于同一行的拥有同样的优先级。

表 5.3 操作符优先级

（所有其他特殊字符）
* / %
+ -
:
= !
< >
&
^
|
（所有字母）
（所有赋值操作符）

在表格中某个字符的优先级越高，则以这个字符开头的方法就拥有更高的优先级。如下例子展示了优先级的影响：

```
2 << 2 + 2          // 32: Int
```

<<方法以字符<开头，在表 5.3 中，<出现在字符+的下方，因此表达式会先调用+方法，再调用<<方法，即 `2 << (2 + 2)`。按数学方法计算，`2 + 2` 得 `4`，`2 << 4` 得 32。如果将这两个操作交换一下次序，将会得到不同的结果：

```
2 + 2 << 2          // 16: Int
```

由于方法的首字符与前一例一样，方法将会按照相同的顺序调用。先是+方法，再是<<方法。因此 `2 + 2` 得 `4`，而 `4 << 2` 得 16。

前面提到过，优先级规则的一个例外是赋值操作符（assignment operator）。这些操作符以等号（=）结尾，且不是比较操作符（<=、>=、==或 `!=`），它们的优先级与简单的赋值（=）拥有的优先级一样。也就是说，比其他任何操作符都低。例如：

```
x *= y + 1
```

与如下代码是一样的：

```
x *= (y + 1)
```

因为*=被归类为赋值操作符，而赋值操作符的优先级比+低，尽管它的首字符是*，看上去应该比+的优先级更高。

当多个同等优先级的操作符并排在一起时，操作符的结合律决定了操作符的分组。Scala 中操作符的结合律由操作符的最后一个字符决定。正如我们在第 3 章提到的，任何以':'字符结尾的方法都是在它右侧的操作元上调用，并传入左侧的操作元的。以任何其他字符结尾的方法则相反：这些方法是在左侧的操作元上调用，并传入右侧的操作元的。因此 a * b 交出 a.*(b)，而 a ::: b 将交出 b.:::(a)。

不过，无论操作符的结合律是哪一种，它的操作元都是从左到右被求值的。因此，如果 a 不是一个简单的引用某个不可变值的表达式，则更准确地说，a ::: b 会被当作如下的代码块：

```
{ val x = a; b.:::(x) }
```

在这个代码块中，a 仍然是先于 b 被求值的，然后这个求值结果被作为操作元传入 b 的:::方法。

这个结合律规则在相同优先级的操作符并排出现时也有相应的作用。如果方法名以':'结尾，它们会被从右向左依次分组；否则，它们会被从左向右依次分组。例如，a ::: b ::: c 被当作 a ::: (b ::: c)，而 a * b * c 则被当作 (a * b) * c。

操作符优先级是 Scala 语言的一部分，在使用时不需要过于担心。话虽如此，一个好的编码风格可以清晰地表达出什么操作符被用在什么表达式上。也许你可以唯一真正放心让其他程序员能够不查文档就能知道的优先级规则是，乘法类的操作符（*、/、%）比加法类的操作符（+、-）拥有更高的优先级。因此，虽然 a + b << c 在不加任何圆括号的情况下可以交出你想要的结果，但是把表达式写成(a + b) << c 会带来额外的清晰效果，也可能会减

少别人用操作符表示法对你表达不满的频率，比如，愤懑地大声说这是“bills !*&^%~ code!”。[1]

5.10 富包装类

相比前面几节讲到的，还可以对 Scala 的基础类型调用更多的方法。表 5.4 给出了一些例子。就 Scala 3 而言，这些方法是通过隐式转换实现的，而隐式转换作为一个过时的技巧，最终将被替换为扩展方法。关于扩展方法的技巧，会在第 22 章做详细介绍。你目前需要知道的是，本章提到的每个基础类型，都有一个对应的“富包装类”，提供了额外的方法。要了解基础类型的所有方法，你应该去看一下每个基础类型的富包装类的 API 文档。表 5.5 列出了这些富包装类。

表 5.4 一些富操作

代码	结果
0 max 5	5
0 min 5	0
-2.7 abs	2.7
-2.7 round	-3L
1.5 isInfinity	false
(1.0 / 0) isInfinity	true
4 to 6	Range(4, 5, 6)
"bob" capitalize	"Bob"
"robert" drop 2	"bert"

表 5.5 富包装类

基础类型	富包装类
Byte	scala.runtime.RichByte
Short	scala.runtime.RichShort
Int	scala.runtime.RichInt

1 至此你应该知道，Scala 编译器会把这段代码翻译成 (bills.!*&^%~(code)).!()。（译者注：在英文语境下，这种表示法常用于替代脏话。）

续表

基础类型	富包装类
Long	scala.runtime.RichLong
Char	scala.runtime.RichChar
Float	scala.runtime.RichFloat
Double	scala.runtime.RichDouble
Boolean	scala.runtime.RichBoolean
String	scala.collection.immutable.StringOps

5.11　结语

本章想告诉你的主要是 Scala 的操作符其实是方法调用，以及 Scala 的基础类型可以被隐式转换成富包装类，从而拥有更多实用的方法。下一章将向你展示什么叫作用函数式的编程风格设计对象，并相应地给出本章你看到的某些操作符的全新实现。

第 6 章
函数式对象

有了前几章对 Scala 基础的理解，你应该已经准备好用 Scala 设计更多功能更完整的类。本章的重点是那些定义函数式对象的类，或者那些没有任何可变状态的对象。作为例子，我们将创建一个以不可变对象对有理数建模的类的若干版本。在这个过程中，我们将向你展示更多关于 Scala 面向对象编程的知识：类参数和构造方法、方法和操作符、私有成员、重写、前提条件检查、重载，以及自引用。

6.1 Rational 类的规格定义

有理数（*rational number*）是可以用分数 *n*/*d* 表示的数，其中 *n* 和 *d* 是整数，但 *d* 不能为零。*n* 称作*分子*（*numerator*），而 *d* 称作*分母*（*denominator*）。典型的有理数如：1/2、2/3、112/239、2/1 等。与浮点数相比，有理数的优势是小数可被精确展现，而不会被舍入或取近似值。

我们在本章要设计的类将对有理数的各项行为进行建模，包括允许有理数进行加、减、乘、除运算。要将两个有理数相加，首先要得到一个公分母，然后将分子相加。例如，要计算 1/2 + 2/3，需要将左操作元的分子和分母分别乘以 3，将右操作元的分子和分母分别乘以 2，得到 3/6 + 4/6，再将两个分子相加，得到 7/6。要将两个有理数相乘，可以简单地将它们的分子和分母相乘。因此，1/2 * 2/5 得到 2/10，这个结果可以被更紧凑地表示为“正规化”（normalized）的 1/5。有理数的除法是将右操作元的分子和分母对调，然后做乘法。例如，1/2 / 3/5 等于 1/2 * 5/3，即 5/6。

另一个（可能比较细微的）观察是，数学中有理数没有可变的状态。我们可以将一个有理数与另一个有理数相加，但结果是一个新的有理数，原始的有理数并不会“改变”。我们在本章要设计的不可变的 Rational 类也满足这个属性。每一个有理数都可由一个 Rational 对象来表示。当你把两个 Rational 对象相加时，将会创建一个新的 Rational 对象来持有它们的和。

你会在本章看到，Scala 提供给用户来编写类库的一些手段。它们就像是语言原生支持的一样。读完本章后，你将可以像下面这样使用 Rational 类：

```
scala> val oneHalf = Rational(1, 2)
val oneHalf: Rational = 1/2

scala> val twoThirds = Rational(2, 3)
val twoThirds: Rational = 2/3

scala> (oneHalf / 7) + (1 - twoThirds)
val res0: Rational = 17/42
```

6.2　构建 Rational 实例

要定义 Rational 类，首先可以考虑一下使用者如何创建新的 Rational 对象。由于已经决定 Rational 对象是不可变的，因此我们将要求使用者在构造 Rational 实例时就提供所有需要的数据（也就是分子和分母）。我们从下面的设计开始：

```
class Rational(n: Int, d: Int)
```

关于这段代码，首先要注意的一点是，如果一个类没有定义体，则并不需要给出空的花括号（只要你想，当然也可以）。类名 `Rational` 后的圆括号中的标识符 `n` 和 `d` 被称作*类参数*（*class parameter*）。Scala 编译器将会采集这两个类参数，并且创建一个*主构造方法*（*primary constructor*），接收同样的这两个参数。

不可变对象的设计取舍

与可变对象相比，不可变对象具有若干优势和一个潜在的劣势。首先，不可变对象通常比可变对象更容易推理，因为不可变对象没有随着时间变化而变化的复杂的状态空间。其次，可以相当自由地传递不可变对象，而对于可变对象，在传递给其他代码之前，你可能需要对其进行保护式的复制。再次，假如有两个并发的线程同时访问某个不可变对象，则它们没有机会在对象被正确构造以后破坏其状态，因为没有线程可以改变某个不可变对象的状态。最后，不可变对象可以被安全地用作哈希表里的键。举例来说，如果某个可变对象在被添加到 `HashSet` 以后改变了，则当你下次再检索该 `HashSet` 的时候，可能就找不到这个对象了。

不可变对象的主要劣势是它有时候需要复制一个大的对象图，而实际上也许一个局部的更新就能满足要求。在某些场景下，不可变对象可能用起来比较别扭，同时会带来性能瓶颈。因此，类库对于不可变的类也提供可变的版本这样的做法并不罕见。例如，`StringBuilder` 类就是对不可变的 `String` 类的一个可变的替代。我们将在第 16 章更详细地介绍 Scala 中可变对象的设计。

注意

这个 `Rational` 示例突出显示了 Java 和 Scala 的一个区别。在 Java 中，类有构造方法，构造方法可以接收参数；而在 Scala 中，类可

> 以直接接收参数，且 Scala 的表示法更为精简（类定义体内可以直接使用类参数，不需要定义字段并编写将构造方法参数赋值给字段的代码）。这样可以大幅度节省样板代码，尤其是对小型的类而言。

Scala 编译器会将你在类定义体中给出的非字段或方法定义的代码编译进类的主构造方法中。举例来说，可以像这样来打印一条调试消息：

```
class Rational(n: Int, d: Int):
  println("Created " + n + "/" + d)
```

对于这段代码，Scala 编译器会将 println 调用放在 Rational 类的主构造方法中。这样一来，每当你创建一个新的 Rational 实例时，都会触发 println 打印出相应的调试消息：

```
scala> new Rational(1, 2)
Created 1/2
val res0: Rational = Rational@6121a7dd
```

当你实例化那些接收参数的类（如 Rational 类）时，可以选择不写 new 关键字。这样的代码编写方式被称作“通用应用方法”（universal apply method）。例如：

```
scala> Rational(1, 2)
Created 1/2
val res1: Rational = Rational@5dc7841c
```

6.3　重新实现 toString 方法

当我们在前一节中构建 Rational 实例时，编译器打印了“Rational@5dc7841c”。编译器是通过对 Rational 对象调用 toString 方法来获取这个看上去有些奇怪的字符串的。Rational 类默认继承了 java.lang.Object 类的 toString 实现，这个实现只是简单地打印出类名、@符号和一个十六进制的数字。toString 方法的主要意图是帮助程序员，在调试输出语句、日志消息、测试失败报告，以及编译器和调试器输出中给出相应的信息。目前由 toString 方法提供的结果并不是特别有帮助的，因为它没有给出关于有理数的值的任何线索。一个更有用的 toString 实现可能是打印出 Rational 对象的分子和分母。可以通过给 Rational 类添加 toString 方法来重写（*override*）默认的实现，就像这样：

```
class Rational(n: Int, d: Int):
  override def toString = s"$n/$d"
```

在方法定义之前的 override 修饰符表示前一个方法定义被重写覆盖了（第 10 章有更多相关内容）。由于 Rational（有理数）现在可以漂亮地显示了，我们移除了先前版本的 Rational 类中那段用于调试的 println 语句。可以在编译器中测试 Rational 类的新行为：

```
scala> val x = Rational(1, 3)
x: Rational = 1/3

scala> val y = Rational(5, 7)
y: Rational = 5/7
```

6.4 检查前提条件

接下来，我们将注意力转向当前主构造方法的一个问题。本章最开始曾经提到，有理数的分母不能为零。而目前我们的主构造方法接收以参数 d 传入的零：

```
scala> Rational(5, 0)   // 5/0
val res1: Rational = 5/0
```

面向对象编程的一个好处是可以将数据封装在对象里，以确保整个生命周期中的数据都是合法的。对 Rational 这样的不可变对象而言，这意味着需要确保在构造对象时数据合法。由于对于 Rational 数来说分母为零是非法的状态，因此当 0 作为参数 d 传入的时候，不应该允许这样的 Rational 实例被构建出来。

解决这个问题的最佳方式是对主构造方法定义一个前提条件（*precondition*），参数 d 必须为非 0 值。前提条件是对传入方法或构造方法的值的约束，是方法调用者必须满足的。实现它的一种方式是使用 require 方法，[1] 就像这样：

```
class Rational(n: Int, d: Int):
  require(d != 0)
  override def toString = s"$n/$d"
```

require 方法接收一个 Boolean 类型的参数。如果传入的参数为 true，则 require 方法将会正常返回；否则，require 方法将会抛出 IllegalArgumentException 来阻止对象的构建。

6.5　添加字段

现在主构造器已经正确地保证了它的前提条件，接下来我们将注意力转向如何支持加法。我们可以给 Rational 类定义一个 add 方法，接收另一个 Rational 对象作为参数。为了保持 Rational 对象不可变，这个 add 方法不能将传入的有理数加到自己身上，它必须创建并返回一个新的持有这两个有理数的和的 Rational 对象。你可能会认为这样写 add 方法是可行的：

```
class Rational(n: Int, d: Int):        // 这段代码无法编译
  require(d != 0)
  override def toString = s"$n/$d"
```

1 require 方法定义在 Predef 这个独立对象中。如 4.5 节所讲的，所有的 Scala 源文件都会自动引入 Predef 对象的成员。

```
def add(that: Rational): Rational =
  Rational(n * that.d + that.n * d, d * that.d)
```

不过，就这段代码而言，编译器会报错：

```
5 |    Rational(n * that.d + that.n * d, d * that.d)
  |                      ^^^^^^
  |value n in class Rational cannot be accessed as a member
  |    of (that : Rational) from class Rational.
5 |    Rational(n * that.d + that.n * d, d * that.d)
  |                 ^^^^^^
  |value d in class Rational cannot be accessed as a member
  |    of (that : Rational) from class Rational.
5 |    Rational(n * that.d + that.n * d, d * that.d)
  |                                          ^^^^^^
  |value d in class Rational cannot be accessed as a member
  |    of (that : Rational) from class Rational.
```

虽然类参数 n 和 d 在你的 add 方法中处于作用域内，但是只能访问执行 add 方法调用的那个对象上的 n 和 d 的值。因此，当你在 add 实现中用到 n 或 d 时，编译器会提供这些类参数对应的值，但它并不允许使用 that.n 或 that.d，因为 that 并非指向你执行 add 方法调用的那个对象。[1] 要访问 that 的分子和分母，需要将它们做成字段。示例 6.1 展示了如何将这些字段添加到 Rational 类中。[2]

在示例 6.1 的这个 Rational 类版本中，我们添加了两个字段，即 numer 和 denom，分别用类参数 n 和 d 的值初始化。[3] 我们还修改了 toString 和 add 方法的实现，并使用这两个字段，而不是类参数。这个版本能够编译通

---

1 实际上，可以把 Rational 对象与自己相加，这时 that 会指向执行 add 方法调用的那个对象。但由于你可以传入任何 Rational 对象到 add 方法中，因此编译器仍然不允许使用 that.n。

2 你将在 10.6 节找到更多关于参数化字段（*parametric field*）的内容。该内容提供了同样功能的代码的简写方式。

3 虽然 n 和 d 在类定义体中被使用，但是由于它们只出现在构造方法中，Scala 编译器并不会为它们生成字段，因此，对于这样的代码，Scala 编译器将会生成一个带有两个 Int 字段的类，且两个字段分别是 numer 和 denom。

过。你可以对有理数做加法来测试它：

```
val oneHalf = Rational(1, 2)      // 1/2
val twoThirds = Rational(2, 3)    // 2/3
oneHalf.add(twoThirds)            // 7/6
```

```
class Rational(n: Int, d: Int):
  require(d != 0)
  val numer: Int = n
  val denom: Int = d
  override def toString = s"$numer/$denom"
  def add(that: Rational): Rational =
    Rational(
      numer * that.denom + that.numer * denom,
      denom * that.denom
    )
```

示例 6.1　带有字段的 Rational 类

还有另一个之前不能做现在可以做的事，那就是从对象外部访问分子和分母的值。只需要访问公共的 numer 和 denom 字段即可，就像这样：

```
val r = Rational(1, 2)    // 1/2
r.numer                   // 1
r.denom                   // 2
```

6.6　自引用

关键字 this 指向当前执行方法的调用对象，当被用在构造方法里的时候，指向被构造的对象实例。举例来说，我们可以添加一个 lessThan 方法，以测试给定的 Rational 对象是否小于某个传入的参数：

```
def lessThan(that: Rational) =
  this.numer * that.denom < that.numer * this.denom
```

在这里，this.numer 指向执行 lessThan 方法调用的对象的分子。也可以省去 this 前缀，只写 numer。这两种表示法是等效的。

再举一个不能省去 this 前缀的例子，假设我们要给 Rational 类添加一个 max 方法，用于返回给定的有理数和参数之间较大的那个：

```
def max(that: Rational) =
  if this.lessThan(that) then that else this
```

在这里，第一个 this 是冗余的，完全可以不写 this，直接写 lessThan(that)。但第二个 this 代表了当测试返回 false 时该方法的结果，如果不写 this，就没有可返回的结果了。

6.7 辅助构造方法

有时需要给某个类定义多个构造方法。在 Scala 中，主构造方法之外的构造方法称为**辅助构造方法**（*auxiliary constructor*）。例如，一个分母为 1 的有理数可以被更紧凑地直接用分子表示，如 5/1 可以被简单地写成 5。因此，如果 Rational 类的使用方可以直接写 Rational(5)而不是 Rational(5, 1)，则可能是一件好事。这需要我们给 Rational 类添加一个额外的辅助构造方法，只接收一个参数，即分子，而分母被预定义为 1。示例 6.2 给出了相关代码。

Scala 的辅助构造方法以 def this(...)开始。Rational 类的辅助构造方法的方法体只是调用一下主构造方法，透传它唯一的参数 n 作为分子，1 作为分母。可以在编译器中输入如下代码来实际观察辅助构造方法的执行效果：

```
val y = Rational(3)     // 3/1
```

```
class Rational(n: Int, d: Int):

  require(d != 0)

  val numer: Int = n
  val denom: Int = d

  def this(n: Int) = this(n, 1)          // 辅助构造方法

  override def toString = s"$numer/$denom"

  def add(that: Rational): Rational =
    Rational(
      numer * that.denom + that.numer * denom,
      denom * that.denom
    )
```

示例 6.2　带有辅助构造方法的 Rational 类

在 Scala 中，每个辅助构造方法都必须首先调用同一个类的另一个构造方法。换句话说，Scala 每个辅助构造方法的第一条语句都必须是这样的形式："this(...)"。被调用的这个构造方法要么是主构造方法（就像 Rational 示例那样），要么是另一个出现在发起调用的构造方法之前的另一个辅助构造方法。这个规则的净效应是 Scala 的每个构造方法最终都会调用该类的主构造方法。这样一来，主构造方法就是类的单一入口。

> **注意**
>
> 如果你熟悉 Java，则可能会好奇为什么 Scala 的构造方法规则比 Java 更严格。在 Java 中，构造方法要么调用同一个类的另一个构造方法，要么直接调用超类的构造方法。而在 Scala 中，只有主构造方法可以调用超类的构造方法。Scala 这个增强的限制实际上是一个设计的取舍，用来换取更精简的代码和与 Java 相比更为简单的构造方法。我们将会在第 10 章详细介绍超类，以及构造方法和继承的相互作用。

6.8 私有字段和方法

在前一版 Rational 类中，我们只是简单地用类参数 n 和 d 分别初始化了字段 numer 和 denom。因此，一个 Rational 对象的分子和分母可能会比需要的更大。比如，分数 66/42 可以被正规化成等效的简化格式 11/7，但 Rational 类的主构造方法目前并没有这样处理：

```
Rational(66, 42) // 66/42
```

要做到正规化，需要对分子和分母分别除以它们的最大公约数（*greatest common divisor*）。比如，66 和 42 的最大公约数是 6。（换句话说，6 是可以同时整除 66 和 42 的最大整数。）对 66/42 的分子和分母同时除以 6，得到简化形式的 11/7。示例 6.3 展示了一种实现方式。

```
class Rational(n: Int, d: Int):

  require(d != 0)

  private val g = gcd(n.abs, d.abs)
  val numer = n / g
  val denom = d / g

  def this(n: Int) = this(n, 1)

  def add(that: Rational): Rational =
    Rational(
      numer * that.denom + that.numer * denom,
      denom * that.denom
    )

  override def toString = s"$numer/$denom"

  private def gcd(a: Int, b: Int): Int =
    if b == 0 then a else gcd(b, a % b)
```

示例 6.3 带有私有字段和方法的 Rational 类

在这个版本的 Rational 类中，我们添加了一个私有的字段 g，并修改了 numer 和 denom 字段的初始化器（*初始化器*是初始化某个变量的代码。例如，用来初始化 numer 字段的“n / g”）。由于 g 字段是私有的，我们只能从类定义内部访问它，从外面访问不到。我们还添加了一个私有方法 gcd，计算传入的两个 Int 参数的最大公约数。比如，gcd(12, 8)返回 4。正如你在 4.1 节看到的，要把一个字段或方法变成私有的，只需要简单地在其定义之前加上 private 修饰符。这个私有的“助手方法”gcd 的目的是将类的其他部分（在本例中是主构造方法）需要的代码抽取出来。为了确保 g 字段值永远是正值，我们传入类参数 n 和 d 的绝对值。取得绝对值的方式是对它们调用 abs 方法，并且可以在任何 Int 参数上调用 abs 方法来得到其绝对值。

Scala 编译器会把 Rational 类的 3 个字段的初始化器代码按照它们在代码中出现的先后次序编译到主构造方法中。也就是说，g 字段的初始化器，即 gcd(n.abs, d.abs)，会在另外两个初始化器之前执行，因为在源码中它是第一个出现的。g 字段会被初始化成该初始化器的结果，即类参数 n 和 d 的绝对值的最大公约数。接下来，g 字段被用在 numer 和 denom 字段的初始化器中。通过对类参数 n 和 d 分别除以它们的最大公约数 g，每个 Rational 对象都会被构造成正规化后的形式：

```
Rational(66, 42) // 11/7
```

6.9　定义操作符

Rational 类目前实现的加法还算可行，但我们可以让它更好用。你可能会问自己，为什么对于整数或浮点数，可以写成：

```
x + y
```

但对于有理数，必须写成：

```
x.add(y)
```

或者至少是：

```
x add y
```

写成这样，并没有很有说服力的原因。有理数不过是与其他数一样的数。从数学意义上讲，有理数甚至比浮点数更自然。为什么不可以用自然的算术操作符来操作有理数呢？Scala 允许这样做。在本章的剩余部分，我们将向你展示如何做到。

第一步是将 add 替换成通常的那个数学符号。这个做起来很直截了当，因为在 Scala 中，+是一个合法的标识符。我们可以简单地定义一个名称为+的方法，在这么做的同时，完全可以顺手实现一个*方法，以执行乘法操作。结果如示例 6.4 所示。

```
class Rational(n: Int, d: Int):

  require(d != 0)

  private val g = gcd(n.abs, d.abs)
  val numer = n / g
  val denom = d / g

  def this(n: Int) = this(n, 1)

  def + (that: Rational): Rational =
    Rational(
      numer * that.denom + that.numer * denom,
      denom * that.denom
    )

  def * (that: Rational): Rational =
    Rational(numer * that.numer, denom * that.denom)

  override def toString = s"$numer/$denom"

  private def gcd(a: Int, b: Int): Int =
    if b == 0 then a else gcd(b, a % b)
```

示例 6.4 带有操作符方法的 Rational 类

有了这样的 Rational 类，可以写出如下代码：

```
val x = Rational(1, 2)    // 1/2
val y = Rational(2, 3)    // 2/3
x + y                     // 7/6
```

与平时一样，最后一行输入的操作符语法等同于方法调用。也可以写成：

```
x.+(y)    // 7/6
```

不过这并不是那么可读的。

另一个值得注意的点是，按照 Scala 的操作符优先级（在 5.9 节介绍过），对于 Rational 类来说，*方法会比+方法绑得更紧。换句话说，涉及 Rational 对象的+和*操作，其行为会像我们预期的那样。比如，x + x * y 会被当作 x + (x * y)执行，而不是(x + x) * y：

```
x + x * y         // 5/6
(x + x) * y       // 2/3
x + (x * y)       // 5/6
```

6.10　Scala 中的标识符

至此，你已经看到了 Scala 中构成标识符的两种最重要的形式：字母数字组合，以及操作符。Scala 对于标识符有着非常灵活的规则。除了你见过的这两种，还有另外两种。本节我们将介绍标识符的 4 种构成形式。

字母数字组合标识符（*alphanumeric identifier*）以字母或下画线开头，可以包含更多的字母、数字或下画线。字符“$”也算作字母；不过，它被预留给那些由 Scala 编译器生成的标识符。即使能通过编译，用户程序的标识符也不应该包含“$”符号，如果包含了该符号，则会面临与编译器生成的标识符冲撞的风险。

Scala 遵循了 Java 使用*驼峰命名法*（*camel-case*）[1] 命名标识符的规则，如 toString 和 HashSet。虽然下画线是合法的标识符，但是它在 Scala 程序中并不常用，其中一部分原因是与 Java 保持一致，不过另一个原因是下画线在 Scala 代码中还有许多其他非标识符的用法。因为上述原因，最好不使用像 to_string、__init__或 name_这样的标识符。字段、方法参数、局部变量和函数的驼峰命名应该以小写字母开头，如 length、flatMap 和 s 等。类和特质的驼峰命名应该以大写字母开头，如 BigInt、List 和 UnbalancedTreeMap 等。[2]

注意

在标识符的末尾使用下画线的一个后果是，如果像这样来声明一个变量——“val name_: Int = 1”，则会得到一个编译错误。编译器会认为要声明的变量名称是“name_:”。要让这段代码通过编译，需要在冒号前额外插入一个空格，就像这样：“val name_ : Int = 1”。

在常量命名上，Scala 的习惯与 Java 不同。在 Scala 中，*常量*（*constant*）这个词并不仅仅意味着 val。虽然 val 在初始化之后确实不会变，但它仍然是一个变量。举例来说，方法参数是 val，但每次调用方法时，这些 val 都可以获得不一样的值。而一个常量则更固定。例如，scala.math.Pi 被定义成最接近 π（即圆周长和直径的比例）的双精度浮点数值。这个值不太可能会变化，因此，Pi 显然是一个常量。还可以用常量来表示代码中那些不这样做就会成为*魔数*（*magic number*）的值：即没有任何解释的字面量，最差的情况是它甚至出现多次。你可能还会在模式匹配中用到常量，在 13.2 节将介绍一个具体的用例。Java 对常量的命名习惯是全大写，并用下画线分隔不同的

1 这种风格的标识符命名方式被称作驼峰命名法，是因为标识符内的那些间隔出现的大写字母就像是骆驼背上的驼峰一样。

2 在 14.5 节，你将了解到有时候可能需要完全用操作符来对样例类命名。例如，Scala 的 API 包含一个名称为::的类，用于实现对 List 的模式匹配。

单词，如 MAX_VALUE 或 PI。而 Scala 的命名习惯是只要求首字母大写。因此，以 Java 风格命名的常量，如 X_OFFSET，在 Scala 中也可以正常工作，不过 Scala 通常使用驼峰命名法命名常量，如 XOffset。

操作标识符（*operator identifier*）由一个或多个操作符构成。操作符指的是那些可以被打印出来的 ASCII 字符，如+、:、?、~、#等。[1] 下面是一些操作标识符举例：

```
+ ++ ::: <?> :>
```

Scala 编译器会在内部将操作标识符用内嵌$的方式转换成合法的 Java 标识符。比如，:->这个操作标识符会在内部表示为$colon$minus$greater。如果你打算从 Java 代码中访问这些标识符，就需要使用这种内部形式。

由于 Scala 的操作标识符支持任意长度，因此 Java 与 Scala 在这里有一个细微的差异。在 Java 中，x<-y 这样的代码会被解析成 4 个语法符号，等同于 x < - y。而在 Scala 中，<-会被解析成一个语法符号，所以给出的解析结果是 x <- y。如果你想要的效果是前一种，则需要用空格将<和-分开。这在实际使用中不太会成为问题，因为很少有人会在 Java 中连着写 x<-y 而不在中间加上空格或括号。

混合标识符（*mixed identifier*）由一个字母数字组合标识符、一个下画线和一个操作标识符组成。例如，unary_+表示+操作符的方法名，myvar_=表示赋值的方法名。除此之外，形如 myvar_=这样的混合标识符也被 Scala 编译器用来支持属性（properties），更多内容详见第 16 章。

字面标识符（*literal identifier*）是用反引号括起来的任意字符串（`...`）。字面标识符举例如下：

```
`x` `<clinit>` `yield`
```

---

1 更准确地说，操作符包括 Unicode 中的数学符号（Sm）或其他符号（So），以及 ASCII 码表中除字母、数字、圆括号、方括号、花括号、单引号、双引号、下画线、句点、分号、逗号、反引号（back tick）之外的 7 位（7-bit）字符。

可以将任何能被运行时接收的字符串放在反引号中，作为标识符。其结果永远是一个（合法的）Scala 标识符。甚至当反引号中的名称是 Scala 保留字（*reserved word*）时也生效。一个典型的用例是访问 Java 的 Thread 类的静态方法 yield。不能直接写 Thread.yield()，因为 yield 是 Scala 的保留字。不过，仍然可以在反引号中使用这个方法名，就像这样：Thread.`yield`()。

6.11 方法重载

回到 Rational 类。有了最新的这些变更以后，就可以用更自然的风格来对有理数进行加法和乘法运算。不过我们还缺少混合运算。比如，不能用一个有理数乘以一个整数，因为*的操作元必须都是 Rational 对象。因此对于一个有理数 r，不能写成 r * 2，而必须写成 r * new Rational(2)，这并不是理想的效果。

为了让 Rational 类用起来更方便，我们将添加两个新的方法来对有理数和整数进行加法和乘法运算。同时，我们还会顺便加上减法和除法运算。调整后的结果请看示例 6.5。

现在每个算术方法都有两个版本：一个接收有理数作为参数；另一个则接收整数作为参数。换句话说，每个方法名都被重载了，因为每个方法名都被用于多个方法。举例来说，+这个方法名被同时用于一个接收 Rational 参数的方法和另一个接收 Int 参数的方法。在处理方法调用时，编译器会选取重载方法中正确匹配了入参类型的版本。例如，如果 x.+(y)中的 y 是有理数，编译器就会选择接收 Rational 参数的+方法。但如果入参是整数，编译器就会选择接收 Int 参数的那个方法。如果你尝试下面这段代码：

```
val r = Rational(2, 3)     // 2/3
r * r                      // 4/9
r * 2                      // 4/3
```

```
class Rational(n: Int, d: Int):

  require(d != 0)

  private val g = gcd(n.abs, d.abs)
  val numer = n / g
  val denom = d / g

  def this(n: Int) = this(n, 1)

  def + (that: Rational): Rational =
    Rational(
      numer * that.denom + that.numer * denom,
      denom * that.denom
    )

  def + (i: Int): Rational =
    Rational(numer + i * denom, denom)

  def - (that: Rational): Rational =
    Rational(
      numer * that.denom - that.numer * denom,
      denom * that.denom
    )

  def - (i: Int): Rational =
    Rational(numer - i * denom, denom)

  def * (that: Rational): Rational =
    Rational(numer * that.numer, denom * that.denom)

  def * (i: Int): Rational =
    Rational(numer * i, denom)

  def / (that: Rational): Rational =
    Rational(numer * that.denom, denom * that.numer)

  def / (i: Int): Rational =
    Rational(numer, denom * i)

  override def toString = s"$numer/$denom"

  private def gcd(a: Int, b: Int): Int =
    if b == 0 then a else gcd(b, a % b)
```

示例 6.5　带有重载方法的 Rational 类

你将会看到，被调用的*方法具体是哪一个取决于右操作元的类型。

> **注意**
>
> Scala 解析重载方法的过程与 Java 很像。在每个具体的案例中，被选中的是那个最匹配入参静态类型的重载版本。有时候并没有一个唯一的最佳匹配版本，遇到这种情况编译器会提示“ambiguous reference”（模糊引用）错误。

6.12 扩展方法

现在你已经可以写 r * 2，但是你可能还想交换两个操作元的位置，即 2 * r。很遗憾，这样还不行：

```
  scala> 2 * r
1 |2 * r
  |^^^
  |None of the overloaded alternatives of method * in
  |  class Int with types
  | (x: Double): Double
  | (x: Float): Float
  | (x: Long): Long
  | (x: Int): Int
  | (x: Char): Int
  | (x: Short): Int
  | (x: Byte): Int
  |match arguments ((r : Rational))
```

这里的问题是 2 * r 等价于 2.*(r)，因此这是一个对 2 这个整数的方法调用。但 Int 类并没有一个接收 Rational 参数的乘法方法（它无法有这样一个方法，因为 Rational 类并不是 Scala 类库中的标准类）。

不过，Scala 有另外一种方式来解决这个问题：可以为 Int 类创建一个接收有理数的扩展方法。可以向编译器里添加行：

```
extension (x: Int)
  def + (y: Rational) = Rational(x) + y
  def - (y: Rational) = Rational(x) - y
  def * (y: Rational) = Rational(x) * y
  def / (y: Rational) = Rational(x) / y
```

这将会为 Int 类定义 4 个扩展方法，每个扩展方法都接收 Rational 参数作为入参。编译器可以在若干场合自动选用这些方法。有了这些扩展方法的定义，就可以重新尝试之前失败的示例：

```
val r = Rational(2,3) // 2/3
2 * r   // 4/3
```

为了让扩展方法能够正常工作，要求它在作用域内。如果你将扩展方法的定义放在 Rational 类内部，则对编译器而言，扩展方法并没有在作用域内。就目前而言，你需要在编译器中直接定义扩展方法。

就像从示例中看到的那样，扩展方法是让类库变得更灵活、更便于使用的强大技巧。由于它非常强大，因此很容易被滥用。你会在第 22 章找到更多关于扩展方法的细节，包括如何在需要时将它引入作用域内。

6.13　注意事项

正如本章向你展示的那样，用操作符作为名称创建方法，以及定义扩展方法有助于设计出调用代码精简且易于理解的类库。Scala 为你提供了强大的功能来设计这样的类库。不过请记得，功能越大责任也越大。

如果使用不当，无论是操作符方法还是扩展方法都可能让客户端代码变得难以阅读和理解。由于扩展方法是由编译器隐式地应用在你的代码上的，而不是在代码中显式地给出的，因此对使用方的程序员而言，究竟哪些扩展方法起了作用，可能并不是那么直观和明显。同样地，虽然操作符方法通常让使用方代码更加精简，但是它对可读性的帮助受限于程序员能够理解和记住的程度。

在设计类库时，你心中的目标应该不仅是让使用方代码尽量精简，而是要可读且可被理解。对可读性而言，在很大程度上取决于代码的精简，不过有时候精简也会过度。通过设计那些能让使用方代码精简得有品位且易于理解的类库，可以大幅度提升程序员的工作效率。

6.14 结语

在本章，你看到了有关 Scala 类的更多内容，了解了如何给类添加参数，如何定义多个构造方法，如何像定义方法那样定义操作符，以及如何定制化类以让其用起来更自然。最为重要的一点可能是，你应该已经意识到在 Scala 中定义和使用不可变对象是很自然的一种编程方式。

虽然本章展示的最后一个版本的 `Rational` 类满足了章节开始时设定的需求，但是它仍然有提升空间。事实上，在本书后面的章节还会重新回顾这个示例。比如，在第 8 章，你将了解到如何重写 `equals` 和 `hashCode` 方法，让 `Rational` 类可以更好地参与`==`的比较或者被存入哈希表的场景；在第 22 章，你将了解到如何把扩展方法的定义放到 `Rational` 类的伴生对象中，让使用 `Rational` 类的程序员更容易地将它放到作用域内。

第 7 章
内建的控制结构

Scala 只有为数不多的几个内建的控制结构。这些控制结构包括 if、while、for、try、match 和函数调用。Scala 的内建控制结构之所以这么少，是因为它从一开始就引入了函数字面量。不同于在基础语法中不断地添加高级控制结构的这种做法，Scala 将内建的控制结构归口到类库中（第 9 章将会展示具体做法）。本章主要介绍的就是这些内建的控制结构。

你会注意到一点，那就是 Scala 所有的控制结构都返回某种值作为结果。这是函数式编程语言采取的策略，程序被认为是用来计算出某个值的，因此程序的各个组成部分也应该计算出某个值。你也可以将这种方式看作在指令式编程语言中已经存在的那种趋势的逻辑终局。在指令式编程语言中，函数调用可以返回某个值，即使被调用的函数在调用过程中更新了某个传入的输出变量，这套机制也是能正常运作的。除此之外，指令式编程语言通常都提供了三元操作符（如 C、C++和 Java 的?:），其行为与 if 语句几乎没有差别，只是会返回某个值。Scala 也采纳了这样的三元操作模型，不过把它称作 if 表达式。换句话说，Scala 的 if 表达式可以有返回值。更进一步地，Scala 让 for、try 和 match 也都有了返回值。

程序员可以用这些返回值来简化他们的代码，就像他们能用函数的返回值来简化他们的代码一样。缺少了这个机制，程序员必须创建临时变量，并且这些临时变量仅仅用来保持那些在控制结构内部计算出来的结果。去掉这些临时变量不仅让代码变得更简单，同时避免了很多由于在某个分支设置了变量而在另一个分支中忘记设置所带来的 bug。

总体而言，Scala 这些基础的控制结构虽然看上去很简洁，却提供了本质上与指令式编程语言相同的功能。不仅如此，这些控制结构通过确保每段代码都有返回值可以使你的代码变得更短。为了向你展示这一点，我们将对 Scala 的每一个控制结构进行详细的讲解。

7.1 if 表达式

Scala 的 if 表达式与很多其他语言中的 if 语句一样，首先测试某个条件，然后根据是否满足条件来执行两个不同代码分支中的一个。下面给出了一个以指令式编程风格编写的常见例子：

```
var filename = "default.txt"
if !args.isEmpty then
  filename = args(0)
```

这段代码定义了一个变量 filename 并将其初始化为默认值，然后用 if 表达式检查是否有入参传入这个程序。如果有，就用传入的入参改写变量的值；如果没有，就保留变量的默认值。

这段代码可以写得更精简，因为 Scala 的 if 表达式是一个能返回值的表达式（我们在第 2 章的第 3 步讲到过）。示例 7.1 给出了不使用 var 但达到与上面的例子同样效果的做法：

```
val filename =
  if !args.isEmpty then args(0)
  else "default.txt"
```

示例 7.1　Scala 的条件判定初始化常用写法

这一次，if 表达式有两个分支。如果 args 不为空，则选取第一个元素 args(0)；否则选取默认值。if 表达式的返回值是被选取的值，这个值进一步被用于初始化变量 filename。这段代码比前面给出的稍微短了一些，但真正的优势在于它使用的是 val 而不是 var。使用 val 是函数式的编程风格，就像 Java 的 final 变量那样，有助于你编写出更好的代码。它也告诉读这段代码的人，这个变量一旦被初始化就不会改变，不必再扫描该变量整个作用域的代码来弄清楚它会不会变。

使用 val 而不是 var 的另一个好处是对等式推理（*equational reasoning*）的支持。引入的变量“等于”计算出它的值的表达式（假设这个表达式没有副作用）。因此，在任何你打算写变量名的地方，都可以直接用表达式来替换。比如，可以不用 println(filename)，而是写成下面这样：

```
println(if (!args.isEmpty) args(0) else "default.txt")
```

这是你的选择，两种方式都是可行的。使用 val 可以让你在代码演进过程中安全地执行这种重构。

> 只要有机会，尽可能使用 val，它会让你的代码更易读且更易于重构。

7.2　while 循环

Scala 的 while 循环与其他语言中的没有多大差别。它包含了一个条件检查和一个循环体，只要条件检查为真，就会一遍接一遍地执行循环体。参考示例 7.2。

```
def gcdLoop(x: Long, y: Long): Long =
  var a = x
  var b = y
  while a != 0 do
    val temp = a
    a = b % a
    b = temp
  b
```

示例 7.2 用 while 循环计算最大公约数

我们把 while 这样的语法结构称为“循环”而不是表达式，是因为它并不会返回一个有意义的值，其返回值的类型是 Unit。实际上存在这样一个（也是唯一的一个）类型为 Unit 的值，这个值叫作*单元值*（*unit value*），被写作()。存在这样一个()值，可以说是 Scala 的 Unit 与 Java 的 void 的不同。可以尝试在编译器中输入：

```
scala> def greet() = println("hi")
def greet(): Unit

scala> val iAmUnit = greet() == ()
hi
val iAmUnit: Boolean = true
```

由于表达式 println("hi") 的类型为 Unit，因此 greet 被定义为一个结果类型为 Unit 的过程。这样一来，greet 返回单元值()。这一点在接下来的一行中得到了印证：对 greet 的结果和单元值()进行相等性判断，得到 true。

Scala 3 不再提供 do-while 循环，这是一个在循环体之后执行条件检查而不是在循环体之前执行条件检查的控制结构。取而代之的是，可以将循环体对应的语句直接写在 while 之后，然后以 do()收尾。示例 7.3 展示了使用这种编写方式来打印从标准输入中读取的文本行直到用户输入空白行为止的 Scala 脚本。

```
import scala.io.StdIn.readLine
while
  val line = readLine()
  println(s"Read: $line")
  line != ""
do ()
```

示例 7.3　在不使用 do-while 循环的情况下至少执行一遍循环体

另一个相关的返回单元值的语法结构是对 var 的赋值。例如，当你尝试在 Scala 中像 Java（或 C/C++）的 while 循环惯用法那样使用 while 循环时，会遇到问题：

```
var line = ""    // 这段代码无法编译
while (line = scala.io.StdIn.readLine()) != "" do
  println(s"Read: $line")
```

在编译这段代码时，Scala 编译器会给出一个警告：用!=对类型为 Unit 的值和 String 做比较将永远返回 true。在 Java 中，赋值语句的结果是被赋予的值（在本例中就是从标准输入中读取的一行文本），而在 Scala 中赋值语句的结果永远是单元值()。因此，赋值语句 “line = readLine()” 将永远返回()，而不是""。这样一来，while 循环的条件检查结果永远都不会为 false，从而导致循环无法终止。

由于 while 循环没有返回值，因此纯函数式编程语言通常都不支持 while 循环。这些语言有表达式，但没有循环。尽管如此，Scala 还是包括了 while 循环，因为有时候指令式的解决方案更易读，尤其是对那些以指令式编程风格为主的程序员而言。举例来说，如果你想要编写一段重复某个处理逻辑直到某个条件发生变化为止的算法的代码时，则 while 循环能够直接表达出来，而函数式的替代方案（可能用到了递归）对某些读者而言就没有那么直观了。

例如，示例 7.4 给出了一个计算两个数的最大公约数的另一种实现方式。[1] 给 x 和 y 同样的两个值，示例 7.4 的 gcd 函数将返回与示例 7.2 中的 gcdLoop 函数相同的结果。这两种方案的区别在于 gcdLoop 是指令式编程风格的，用到了 var 和 while 循环，而 gcd 是更加函数式编程风格的，用到了递归（gcd 调用了自己），并且不需要 var。

```
def gcd(x: Long, y: Long): Long =
 if y == 0 then x else gcd(y, x % y)
```

示例 7.4　用递归计算最大公约数

一般来说，我们建议你像挑战 var 那样挑战代码中的 while 循环[2]。事实上，while 循环和 var 通常都是一起出现的。由于 while 循环没有返回值，因此要想对程序产生任何效果，while 循环通常要么更新一个 var，要么执行 I/O。先前的 gcdLoop 示例已经很好地展示了这一点。在这个 while 循环执行过程中，更新了 var 变量 a 和 b。因此，我们建议你对代码中的 while 循环保持警惕。如果对于某个特定的 while 循环，我们找不到合理的理由来使用它，那么应该尝试采用其他方案来完成同样的工作。

7.3　for 表达式

Scala 的 for 表达式是用于迭代的“瑞士军刀”，可以让你以不同的方式组合一些简单的因子来表达各式各样的迭代。它可以帮助我们处理诸如遍历整数序列的常见任务，也可以通过更高级的表达式来遍历多个不同种类的集合，并根据任意条件过滤元素，生成新的集合。

1 示例 7.4 中的 gcd 函数使用了与示例 6.3 中类似命名的、用于帮助 Rational 参数计算最大公约数的函数相同的算法，主要区别在于，示例 7.4 的 gcd 函数针对的是 Long 类型的参数而不是 Int 类型的参数。

2 译者注：意思是寻求不需要使用 while 循环的方案。

遍历集合

用 for 表达式能做的最简单的事是，遍历某个集合的所有元素。例如，示例 7.5 展示了一组打印出当前目录所有文件的代码。I/O 操作用到了 Java API。首先对当前目录（"."）创建一个 java.io.File 对象，然后调用它的 listFiles 方法。这个方法返回一个包含 File 对象的数组，这些对象分别对应当前目录中的每个子目录或文件。最后将结果数组保存在变量 filesHere 中。

```
val filesHere = (new java.io.File(".")).listFiles

for file <- filesHere do
  println(file)
```

示例 7.5　用 for 表达式列举目录中的文件清单

通过“file <- filesHere”这样的**生成器**（*generator*）语法，我们将遍历 filesHere 的元素。每进行一次迭代，一个新的名称为 file 的 val 都会被初始化成一个元素的值。编译器推断出文件的类型为 File，这是因为 filesHere 是一个 Array[File]。每进行一次迭代，for 表达式的代码体——println(file)，就被执行一次。由于 File 的 toString 方法会返回文件或目录的名称，因此这段代码将会打印出当前目录的所有文件和子目录。

for 表达式的语法可以用于任何种类的集合，而不仅仅是数组。[1] Range（区间）是一类特殊的用例，在表 5.4（93 页）中简略地提到过。可以用“1 to 5”这样的语法来创建 Range，并用 for 表达式来遍历它。下面是一个简单的例子：

```
scala> for i <- 1 to 4 do
     |   println(s"Iteration $i")
Iteration 1
```

1 准确地说，在 for 表达式的<-符号右侧的表达式可以是任何拥有某些特定的带有正确签名的方法（如本例中的 foreach）的类型。第 2 章详细介绍过 Scala 编译器对 for 表达式的处理机制。

```
Iteration 2
Iteration 3
Iteration 4
```

如果你不想在被遍历的值中包含区间的上界，则可以用 until 而不是 to：

```
scala> for i <- 1 until 4 do
     |   println(s"Iteration $i")
Iteration 1
Iteration 2
Iteration 3
```

在 Scala 中像这样遍历整数是常见的做法，不过与其他语言相比，要少一些。在其他语言中，你可能会通过遍历整数来遍历数组，就像这样：

```
// 在Scala中并不常见
for i <- 0 to filesHere.length - 1 do
  println(filesHere(i))
```

这个 for 表达式引入了一个变量 i，依次将 0 到 filesHere.length - 1 之间的每个整数值赋值给它。每次对 i 赋值后，filesHere 的第 i 个元素都会被提取出来做相应的处理。

在 Scala 中，这类遍历方式不那么常见的原因是可以直接遍历集合。这样做了以后，你的代码会更短，也避免了很多在遍历数组时会遇到的偏一位（*off-by-one*）的错误。应该以 0 还是 1 开始？应该对最后一个下标后加上-1、+1，还是什么都不加？这些疑问很容易回答，但也很容易答错。完全避免这些问题无疑是更安全的做法。

过滤

有时你并不想完整地遍历集合，但你想把它过滤成一个子集。这时你可以给 for 表达式添加过滤器（filter）。过滤器是 for 表达式的圆括号中的一个

if 子句。举例来说，示例 7.6 的代码仅列出当前目录中以“.scala”结尾的那些文件：

```
val filesHere = (new java.io.File(".")).listFiles

for file <- filesHere if file.getName.endsWith(".scala") do
  println(file)
```

示例 7.6　用带过滤器的 for 表达式查找.scala 文件

也可以用如下代码达到同样的目的：

```
for file <- filesHere do
  if file.getName.endsWith(".scala") then
    println(file)
```

这段代码与前一段代码产生的输出没有区别，可能看上去对于有指令式编程背景的程序员来说更为熟悉。这种指令式编程的代码风格只是一种选项[1]，因为这个特定的 for 表达式被用作打印的副作用，其结果是单元值()。稍后你将看到，for 表达式之所以被称为“表达式”，是因为它能返回有意义的值，即一个类型可以由 for 表达式的<-子句决定的集合。

若想随意包含更多的过滤器，则直接添加 if 子句即可。例如，为了让代码具备额外的防御性，示例 7.7 的代码只输出文件名，不输出目录名。实现方式是添加一个检查文件的 isFile 方法的过滤器。

```
for
  file <- filesHere
  if file.isFile
  if file.getName.endsWith(".scala")
do println(file)
```

示例 7.7　在 for 表达式中使用多个过滤器

1 译者注：不是默认和推荐的做法。

嵌套迭代

如果你添加多个<-子句，将得到嵌套的"循环"。例如，示例 7.8 中的 for 表达式有两个嵌套迭代。外部循环遍历 filesHere，内部循环遍历每个以.scala 结尾的文件的 fileLines(file)。

```
def fileLines(file: java.io.File) =
  scala.io.Source.fromFile(file).getLines().toArray

def grep(pattern: String) =
  for
    file <- filesHere
    if file.getName.endsWith(".scala")
    line <- fileLines(file)
    if line.trim.matches(pattern)
  do println(s"file: {line.trim}")

grep(".*gcd.*")
```

示例 7.8　在 for 表达式中使用多个生成器

中途（mid-stream）变量绑定

你大概已经注意到，示例 7.8 中 line.trim 被重复了两遍。这并不是一个很无谓的计算，因此你可能想最好只算一次。可以用等号（=）将表达式的结果绑定到新的变量上。被绑定的这个变量在引入和使用时都与 val 一样，只不过去掉了 val 关键字。示例 7.9 给出了一个例子。

在示例 7.9 中，for 表达式在中途引入了名称为 trimmed 的变量。这个变量被初始化为 line.trim 的结果。for 表达式余下的部分则两次用到了这个新的变量，一次在 if 表达式中，另一次在 println 中。

```
def grep(pattern: String) =
  for
    file <- filesHere
    if file.getName.endsWith(".scala")
    line <- fileLines(file)
    trimmed = line.trim
    if trimmed.matches(pattern)
  do println(s"file: trimmed")

grep(".*gcd.*")
```

示例 7.9　在 for 表达式中使用中途赋值

交出一个新的集合

虽然目前为止所有示例都是对遍历到的值进行操作然后忽略它，但是完全可以在每次迭代中生成一个可以被记住的值。具体做法就像我们在第 3 章的第 12 步介绍的，在 for 表达式的代码体之前加上关键字 yield 而不是 do。例如，如下函数识别出.scala 文件并将它保存在数组中：

```
def scalaFiles =
  for
    file <- filesHere
    if file.getName.endsWith(".scala")
  yield file
```

for 表达式的代码体每次被执行，都会交出一个值，本例中就是 file。当 for 表达式执行完毕后，其结果将包含所有交出的值，且被包含在一个集合中。结果集合的类型基于迭代子句中处理的集合种类。在本例中，结果是 Array[File]，因为 filesHere 是一个数组，而交出的表达式类型为 File。

下面再看一个例子，示例 7.10 中的 for 表达式先将包含当前目录所有文件的名称为 filesHere 的 Array[File]转换成一个只包含.scala 文件的数组。对于每一个文件，再使用 fileLines 方法（参见示例 7.8）的结果生成一个 Iterator[String]。Iterator 提供的 next 和 hasNext 方法，可以用来遍历集合中的元素。这个初始的迭代器又被转换成另一个 Iterator[String]，这一次只包含那些包含子串"for"的被去边的字符串。最后，对这些字符串再交出其长度的整数。这个 for 表达式的结果是包含这些长度整数的 Array[Int]。

```
val forLineLengths =
  for
    file <- filesHere
    if file.getName.endsWith(".scala")
    line <- fileLines(file)
    trimmed = line.trim
    if trimmed.matches(".*for.*")
  yield trimmed.length
```

示例 7.10 用 for 表达式将 Array[File]转换成 Array[Int]

至此，你已经看到了 Scala 的 for 表达式的所有主要功能特性，不过我们讲得比较快。有关 for 表达式更完整的讲解请参考《Scala 高级编程》。

7.4 用 try 表达式实现异常处理

Scala 的异常处理与其他语言类似。除了正常地返回某个值，方法也可以通过抛出异常来终止执行。方法的调用方要么捕获并处理这个异常，要么自我终止，让异常传播给更上层的调用方。异常通过这种方式传播，逐个展开调用栈，直到某个方法处理了该异常或者没有更多方法了为止。

抛出异常

在 Scala 中抛出异常与在 Java 中抛出异常看上去一样。你需要创建一个异常对象，然后用 throw 关键字将它抛出：

```
throw new IllegalArgumentException
```

虽然看上去有些自相矛盾，但是在 Scala 中，throw 是一个有结果类型的表达式。下面是一个带有结果类型的示例：

```
def half(n: Int) =
  if n % 2 == 0 then
    n / 2
  else
    throw new RuntimeException("n must be even")
```

在这段代码中，如果 n 是偶数，half 将被初始化成 n 的一半。如果 n 不是偶数，则在 half 被初始化之前，就会有异常被抛出。因此，我们可以安全地将抛出异常当作任何类型的值来对待。任何想要使用 throw 给出返回值的上下文都没有机会真正使用它，也就不必担心有其他问题。

从技术上讲，抛出异常这个表达式的类型是 Nothing。即使表达式从不实际被求值，也可以用 throw。这个技术细节听上去有些奇怪，不过在这样的场景下，还是很常见且很有用的。if 表达式的一个分支用于计算出某个值，而另一个分支用于抛出异常并计算出 Nothing。整个 if 表达式的类型就是那个计算出某个值的分支的类型。我们将在 17.3 节对 Nothing 做进一步的介绍。

捕获异常

可以用示例 7.11 中的语法来捕获异常。catch 子句的语法之所以是这样的，是为了与 Scala 的一个重要组成部分，即模式匹配（*pattern matching*），保持一致。我们将在本章简单介绍并在第 13 章详细介绍模式匹配这个强大的功能。

这个 try-catch 表达式与其他带有异常处理功能的语言一样。首先，代码体会被执行，如果抛出异常，则会依次尝试每个 catch 子句。在本例中，如果异常类型是 FileNotFoundException，则第一个子句将被执行；

如果异常类型是 `IOException`，则第二个子句将被执行；如果异常既不是 `FileNotFoundException` 也不是 `IOException`，则 `try-catch` 将会终止，并将异常向上继续传播。

```
import java.io.FileReader
import java.io.FileNotFoundException
import java.io.IOException

try
  val f = new FileReader("input.txt")
  // 使用并关闭文件
catch
  case ex: FileNotFoundException =>      // 处理文件缺失的情况
    case ex: IOException =>              // 处理其他 I/O 错误
```

示例 7.11　Scala 中的 `try-catch` 子句

> **注意**
>
> 你会注意到一个 Scala 与 Java 的区别，Scala 并不要求捕获受检异常（*checked exception*）或在 `throws` 子句里声明。可以使用`@throws` 注解声明一个 throws 子句，但这并不是必需的。关于`@throws` 注解的详情，请参考 9.2 节。

finally 子句

可以将那些无论是否抛出异常都需要执行的代码以表达式的形式包含在 `finally` 子句中。例如，你可能想要确保某个打开的文件被正确关闭，即使某个方法因为抛出了异常而退出。示例 7.12 给出了这样的例子：[1]

---

1 虽然我们必须用括号将 `catch` 子句中的 `case` 语句括起来，但是 `try-finally` 子句并没有这个要求。当只有一个表达式时，花括号或缩进并不是必需的，比如：`try t() catch { case e: Exception => ... } finally f()`。

```
import java.io.FileReader

val file = new FileReader("input.txt")
try
  println(file.read())     // 使用文件
finally
  file.close()             // 确保关闭文件
```

示例 7.12　Scala 中的 try-finally 子句

> **注意**
>
> 示例 7.12 展示了确保非内存资源被正确关闭的惯用做法。这些资源可以是文件、套接字、数据库连接等。首先获取资源，然后在 try 代码块中使用资源，最后在 finally 代码块中关闭资源。关于这个习惯，Scala 和 Java 是一致的。Scala 提供了另一种技巧，即贷出模式（*loan pattern*），可以更精简地达到相同的目的。我们将在 9.4 节详细介绍贷出模式。

交出值

与 Scala 的大多数其他控制结构一样，try-catch-finally 最终返回一个值。例如，示例 7.13 展示了如何实现解析 URL，但当 URL 格式有问题时返回一个默认的值。如果没有异常抛出，整个表达式的结果就是 try 子句的结果；如果有异常抛出且被捕获，整个表达式的结果就是对应的 catch 子句的结果；而如果有异常抛出但没有被捕获，整个表达式就没有结果。如果有 finally 子句，则该子句计算出来的值会被丢弃。finally 子句一般都用于执行清理工作，如关闭文件。通常来说，它不应该改变主代码体或 catch 子句中计算出来的值。

```
import java.net.URL
import java.net.MalformedURLException

def urlFor(path: String) =
  try new URL(path)
  catch case e: MalformedURLException =>
    new URL("http://www.******.org")
```

示例 7.13 交出值的 catch 语句

如果你熟悉 Java，则需要注意的是，Scala 的行为与 Java 的行为不同，仅仅是因为 Java 的 try-finally 子句并不返回某个值。与 Java 一样，当 finally 子句包含一个显式的返回语句，或者抛出某个异常时，这个返回值或异常将会“改写”（overrule）任何在之前的 try 代码块或某个 catch 子句中产生的值。例如，在下面这个函数定义中：

```
def f(): Int = try return 1 finally return 2
```

调用 f()将得到 2。相反，如果是如下代码：

```
def g(): Int = try 1 finally 2
```

调用 g()将得到 1。这两个函数的行为都很可能让多数程序员感到意外，因此，最好避免在 finally 子句中返回值，最好将 finally 子句用来确保某些副作用发生，如关闭一个打开的文件。

7.5 match 表达式

Scala 的 match 表达式允许你从若干可选值（*alternative*）中选择，就像其他语言中的 switch 语句那样。一般而言，match 表达式允许你用任意的模式（*pattern*）来选择（参见第 13 章）。抛开一般的形式不谈，目前我们只需要知道使用 match 可以从多个可选值中进行选择即可。

我们来看一个例子，示例 7.14 中的脚本从参数列表中读取食物名称并打印这个食物的搭配食材。这个 match 表达式首先检查 firstArg，这个变量对应的是参数列表中的首个参数。如果是字符串"salt"，则打印"pepper"；如果是字符串"chips"，则打印"salsa"；则此类推。默认的样例以下画线（_）表示，这个通配符在 Scala 中经常被用来表示某个完全不知道的值。

```
val firstArg = if !args.isEmpty then args(0) else ""

firstArg match
 case "salt" => println("pepper")
 case "chips" => println("salsa")
 case "eggs" => println("bacon")
 case _ => println("huh?")
```

示例 7.14　带有副作用的 match 表达式

Scala 的 match 表达式与 Java 的 switch 相比，有一些重要的区别。其中一个区别是任何常量、字符串等都可以被用作样例，而不仅限于 Java 的 case 语句支持的整型、枚举和字符串常量。在示例 7.14 中，可选值是字符串。另一个区别是在每个可选值的最后并没有 break。在 Scala 中，break 是隐含的，并不会出现某个可选值执行完成后继续执行下一个可选值的情况。这通常是我们预期的（不直通到下一个可选值），代码因此变得更短，也避免了一类代码错误，使得程序员不会再不小心直通到下一个可选值了。

不过 Scala 的 match 表达式与 Java 的 switch 语句相比最显著的不同在于，match 表达式会返回值。在示例 7.14 中，match 表达式的每个可选值都打印出一个值。如果我们将打印语句换成交出某个值，则相应的代码依然能工作，如示例 7.15 所示。从这个 match 表达式得到的结果被保存在 friend 变量中。这样的代码不仅更短（至少字数更少了），它还将两件不同的事情解耦了：首先选择食物，然后将食物打印出来。

```
val firstArg = if !args.isEmpty then args(0) else ""

val friend =
  firstArg match
    case "salt" => "pepper"
    case "chips" => "salsa"
    case "eggs" => "bacon"
    case _ => "huh?"

println(friend)
```

示例 7.15　交出值的 match 表达式

7.6　没有 break 和 continue 的日子

你可能已经注意到了，我们并没有提到 break 或 continue。Scala 去掉了这两个命令，因为它们与接下来一章会讲到的函数字面量不搭。在 while 循环中，continue 的含义是清楚的，不过在函数字面量中应该是什么含义才合理呢？虽然 Scala 同时支持指令式和函数式的编程风格，但是在这个具体的问题上，它更倾向于函数式编程风格，以换取语言的简单。不过别担心，就算没有了 break 和 continue，还有很多其他方式可以用来编程。而且，如果你用好了函数字面量，则使用这里提到的其他方式通常比原来的代码更短。

最简单的方式是用 if 换掉每个 continue，用布尔值换掉每个 break。布尔值表示包含它的 while 循环是否继续。例如，假设你要检索参数列表，找一个以“.scala”结尾但不以连字符开头的字符串，那么用 Java 的话，你可能会这样写（如果你喜欢 while 循环、break 和 continue）：

```
int i = 0;          // 这是 Java
boolean foundIt = false;
while (i < args.length) {
  if (args[i].startsWith("-")) {
    i = i + 1;
```

```
      continue;
    }
    if (args[i].endsWith(".scala")) {
      foundIt = true;
      break;
    }
    i = i + 1;
  }
```

如果要将这段 Java 代码按字面含义翻译成 Scala 代码，则可以将“先 if 再 continue”这样的写法改成用 if 将整个 while 循环体包起来。为了去掉 break，通常会添加一个布尔值的变量，表示是否继续循环，不过在本例中可以直接复用 foundIt。通过使用上述两种技巧，代码看上去如示例 7.16 所示。

```
var i = 0
var foundIt = false

while i < args.length && !foundIt do
  if !args(i).startsWith("-") then
    if args(i).endsWith(".scala") then
      foundIt = true
    else
      i = i + 1
  else
    i = i + 1
```

示例 7.16　不使用 break 或 continue 的循环

示例 7.16 的 Scala 代码与原本的 Java 代码很相似：所有基础的组件都在，顺序也相同。另外，还有两个可被重新赋值的变量和一个 while 循环，而在循环中有一个对 i 是否小于 args.length 的检查、一个对"-"的检查和一个对".scala"的检查。

如果你想去掉示例 7.16 中的 var，一种做法是将循环重写为递归的函数。比如，可以定义一个 searchFrom 函数，接收一个整数作为输入，从那里开始向前检索，然后返回找到的入参下标。通过使用这个技巧，代码看上去如示例 7.17 所示。

```
def searchFrom(i: Int): Int =
  if i >= args.length then -1
  else if args(i).startsWith("-") then searchFrom(i + 1)
  else if args(i).endsWith(".scala") then i
  else searchFrom(i + 1)

val i = searchFrom(0)
```

示例 7.17 用于替代 var 循环的递归

示例 7.17 的这个版本采用了对用户来说有意义的函数名，并且使用递归替换了循环。每一个 continue 都被替换成一次以 i + 1 作为入参的递归调用，从效果上讲，跳到了下一个整数值。一旦习惯了递归，很多人都会认为这种风格的编程方式更易于理解。

> **注意**
>
> Scala 编译器实际上并不会对示例 7.17 中的代码生成递归的函数。由于所有的递归调用都发生在函数*尾部*（*tail-call position*），因此编译器会生成与 while 循环类似的代码。每一次递归都会被实现成跳回函数开始的位置。8.10 节将会对尾递归优化做更详细的讨论。

7.7 变量作用域

现在你已经了解 Scala 内建的控制结构，本节将用这些内建的控制结构来解释 Scala 的变量作用域。

> **Java 程序员的快速通道**
>
> 如果你是 Java 程序员，则会发现 Scala 的作用域规则几乎与 Java 完全一样。Java 和 Scala 的一个区别是，Scala 允许在嵌套的作用域内定义同名的变量。所以如果你是 Java 程序员，则最好至少快速地浏览一遍本节的内容。

Scala 程序的变量在声明时附带了一个用于规定在哪里能使用这个名称的作用域（*scope*）。关于作用域，最常见的例子是代码缩进一般都会引入一个新的作用域，因此在某一层缩进中定义的任何元素都会在代码退回上一层缩进后离开作用域。我们可以看一下示例 7.18 中的函数。

示例 7.18 中的 printMultiTable 函数将打印出乘法表。[1] 函数的第一个语句引入了名称为 i 的变量并将其初始化成整数 1，然后你就可以在函数的余下部分使用 i 这个名称。

printMultiTable 函数的下一条语句是 while 循环：

```
while i <= 10 do
  var j = 1
  ...
```

这里能用 i，是因为它仍在作用域内。while 循环中的第一条语句又引入了另一个名称为 j 的变量，还是将其初始化成整数 1。由于变量 j 是在 while 循环的缩进代码块中定义的，因此只能在 while 循环中使用它。如果你在 while 循环的缩进代码块之后（即那行提示你 j、prod 和 k 已超出作用域的注释之后）还尝试对 j 做任何操作，则你的程序将无法编译。

1 示例 7.18 的 printMultiTable 函数是以指令式编程风格编写的，将在下一节被重构成函数式编程风格。

```
def printMultiTable() =

  var i = 1
  // 只有 i 在作用域内

  while i <= 10 do

    var j = 1
    // i 和 j 在作用域内

    while j <= 10 do

      val prod = (i * j).toString
      // i、j 和 prod 在作用域内

      var k = prod.length
      // i、j、prod 和 k 在作用域内

      while k < 4 do
        print(" ")
        k += 1

      print(prod)
      j += 1

    // i 和 j 仍在作用域内; prod 和 k 超出了作用域

    println()
    i += 1

  // i 仍在作用域内; j、prod 和 k 超出了作用域
```

示例 7.18 打印乘法表时的变量作用域

本例中定义的所有变量（i、j、prod、k）都是局部变量。这些变量只在定义它们的函数内“局部”有效。函数每次被调用，都会使用全新的局部变量。

一旦定义好某变量，就不能在相同的作用域内定义相同名称的新变量。举例来说，下面这段有两个名称为 a 的变量的脚本是无法通过编译的：

```
val a = 1
val a = 2          // 无法编译
```

```
println(a)
```

不过，可以在一个内嵌的作用域内定义一个与外部作用域内相同名称的变量。比如，下面的脚本可以正常编译和运行：

```
val a = 1
if a == 1 then
  val a = 2       // 可以正常编译
  println(a)
println(a)
```

这段脚本执行时，会先打印 2 再打印 1，这是因为在 if 表达式中定义的 a 是不同的变量，这个变量只在缩进代码块结束之前处于作用域内。需要注意的一个 Scala 与 Java 的区别是，Java 不允许在内嵌的作用域内使用一个与外部作用域内相同名称的变量。在 Scala 程序中，内嵌作用域中的变量会“遮挡”（shadow）外部作用域内相同名称的变量，因为外部作用域内的同名变量在内嵌作用域内将不可见。

你可能已经注意到如下在编译器中类似遮挡的行为：

```
scala> val a = 1
a: Int = 1

scala> val a = 2
a: Int = 2

scala> println(a)
2
```

在编译器中，可以随心地使用变量名。其他的先不谈，单这一点，就可以让你在不小心定义错了某个变量之后改变主意。之所以能这样做，是因为从概念上讲，编译器会对你录入的每一条语句创建一个新的嵌套作用域。

但是对于这样的代码，阅读者会很困惑，因为变量在内嵌的作用域内是不同的含义。通常更好的做法是选一个新的有意义的变量名，而不是（用同样的名称）遮挡某个外部作用域的变量。

7.8 对指令式代码进行重构

为了帮助你对函数式编程有更深的领悟，本节将对示例 7.18 的以指令式风格打印乘法表的做法进行重构。函数式风格版本如示例 7.19 所示。

```
// 以序列类型返回一行
def makeRowSeq(row: Int) =
  for col <- 1 to 10 yield
    val prod = (row * col).toString
      val padding = " " * (4 - prod.length)
    padding + prod

// 以字符串类型返回一行
def makeRow(row: Int) = makeRowSeq(row).mkString

// 以字符串类型返回逐行表示的表格
def multiTable() =

  val tableSeq = // 行字符串的序列
    for row <- 1 to 10
    yield makeRow(row)

  tableSeq.mkString("\n")
```

示例 7.19 用函数式编程的方式创建乘法表

示例 7.18 中的指令式风格体现在两个方面。首先，调用 printMultiTable 函数有一个副作用：将乘法表打印到标准输出中。在示例 7.19 中，对函数进行了重构，以字符串的形式返回乘法表。由于新的函数不再执行打印操作，因此我们将它重命名为 multiTable。就像我们先前提到的，没有副作用的函数的优点之一是，更容易进行单元测试。要测试 printMultiTable 函数，需要以某种方式重新定义 print 和 println，这样才能检查输出是否正确。而测试 multiTable 函数则更容易，只要检查它的字符串返回值即可。

其次，printMultiTable 函数用到了 while 循环和 var，这也是指令式风格的体现。相反地，multiTable 函数用的是 val、for 表达式、助手函数（*helper function*）和对 mkString 方法的调用。

我们重构两个助手函数 makeRow 和 makeRowSeq，让代码更易读。makeRowSeq 函数使用 for 表达式的生成器遍历列号 1 到 10。这个 for 表达式的执行体用于计算行号和列号的乘积，确定乘积需要的对齐补位，并交出将补位符和乘积拼接在一起的字符串结果。for 表达式的结果将会是一个包含以这些交出的字符串作为元素的序列（scala.Seq 的某个子类）。而另一个助手函数 makeRow 只是简单地对 makeRowSeq 函数调用 mkString 方法。mkString 方法会把序列中的字符串拼接起来，返回整个字符串。

multiTable 方法首先用一个 for 表达式的结果初始化 tableSeq。这个 for 表达式的生成器会遍历 1 到 10，对每个数调用 makeRow 函数得到对应行的字符串。这个字符串会被交出，因此这个 for 表达式的结果将会是包含了一行对应的字符串的序列。接下来就是将这个字符串序列转换成单个字符串了，调用 mkString 方法可以做到这一点。由于我们传入了"\n"，因此在每两个字符串中间都插入了一个换行符。如果将 multiTable 返回的字符串传递给 println，将会看到与调用 printMultiTable 函数相同的输出。

```
 1   2   3   4   5   6   7   8   9  10
 2   4   6   8  10  12  14  16  18  20
 3   6   9  12  15  18  21  24  27  30
 4   8  12  16  20  24  28  32  36  40
 5  10  15  20  25  30  35  40  45  50
 6  12  18  24  30  36  42  48  54  60
 7  14  21  28  35  42  49  56  63  70
 8  16  24  32  40  48  56  64  72  80
 9  18  27  36  45  54  63  72  81  90
10  20  30  40  50  60  70  80  90 100
```

7.9 结语

Scala 内建的控制结构很小，但能解决问题。内建的控制结构与指令式的控制结构类似，但由于有返回值，它也支持更函数式的编程风格。同样重要的是，它很用心地省去了一些内容，让 Scala 最强大的功能特性之一，即函数字面量，得以发挥威力。下一章将详细介绍函数字面量。

第 8 章 函数和闭包

随着程序变大，需要使用某种方式将它切成更小的、更便于管理的块。Scala 提供了对于有经验的程序员来说都很熟悉的方式来切分控制逻辑：将代码切成不同的函数。事实上，Scala 提供了几种 Java 中没有的方式来定义函数。除了方法（即那些以某个对象的成员形式存在的函数），还有嵌套函数、函数字面量和函数值等。本章将带你领略 Scala 中所有的这些函数形式。

8.1 方法

定义函数最常用的方式是作为某个对象的成员；这样的函数被称为方法。例如，示例 8.1 展示了两个方法，可以合在一起读取给定名称的文件并打印所有超过指定长度的行。在被打印的每一行之前都加上了该行所在的文件名。

`padLines` 方法接收 `text` 和 `minWidth` 作为参数。它对 `text` 调用 `linesIterator` 方法，并返回这个字符串中的文本行的迭代器，同时排除所有的换行符。而 `for` 表达式通过调用助手方法 `padLine` 来处理每一个文本行。`padLine` 方法接收两个参数：`line` 和 `minWidth`。它首先检查当前行的长度是否小于给定宽度，如果是，则在行尾追加合适数量的空格，使得该行的长度与 `minWidth` 相等。

```
object Padding:

  def padLines(text: String, minWidth: Int): String =
    val paddedLines =
      for line <- text.linesIterator yield
        padLine(line, minWidth)
    paddedLines.mkString("\n")

  private def padLine(line: String, minWidth: Int): String =
    if line.length >= minWidth then line
    else line + " " * (minWidth - line.length)
```

示例 8.1 带有私有方法 padLine 的 Padding

到目前为止，你看到的都与使用任何面向对象语言的做法非常相似。不过，在 Scala 中函数的概念比方法更通用。接下来的几节将介绍 Scala 中表示函数的其他形式。

8.2 局部函数

前一节的 padLines 方法的构建展示了函数式编程风格的一个重要设计原则：程序应该被分解成许多函数，且每个函数都只做明确定义的任务。单个函数通常都很小。这种风格的好处是可以让程序员灵活地将许多构建单元组装起来，完成更复杂的任务。每个构建单元都应该足够简单，简单到能够被单独理解的程度。

这种风格的一个问题是助手函数的名称会影响整个程序的命名空间。在编译器中，这并不是太大的问题，不过一旦函数被打包进可复用的类和对象中，我们通常希望类的使用者不要直接看到这些函数。因为这些函数离开了类和对象单独存在时通常都没有什么意义，而且通常你会希望在后续采用其他方式重写该类时，保留删除助手函数的灵活性。

在 Java 中，帮助你达到此目的的主要工具是私有方法。这种私有方法的方式在 Scala 中同样有效（见示例 8.1），不过 Scala 还提供了另一种思路：可以在某个函数内部定义函数。就像局部变量一样，这样的“局部函数”（local function）只在包含它的代码块中可见。例如：

```
def padLines(text: String, minWidth: Int): String =
  def padLine(line: String, minWidth: Int): String =
    if line.length >= minWidth then line
    else line + " " * (minWidth - line.length)
  val paddedLines =
    for line <- text.linesIterator yield
      padLine(line, minWidth)
  paddedLines.mkString("\n")
```

在本例中，对示例 8.1 中的 Padding 做了重构，将私有方法 padLine 转换成了 padLines 的一个局部函数。为此我们移除了 private 修饰符（这个修饰符只能且只需要加在成员上），并将 padLine 的定义放在了 padLines 的定义中。作为局部函数，padLine 在 padLines 内有效，但不能从外部访问。

既然现在 padLine 的定义在 padLines 的定义中，我们还可以做另一项改进。你注意到 minWidth 被直接透传给助手函数，完全没有改变吗？这里的传递不是必需的，因为局部函数可以访问包含它的函数的参数，可以直接使用外层函数 padLines 的参数，如示例 8.2 所示。

```
object Padding:

  def padLines(text: String, minWidth: Int): String =

    def padLine(line: String): String =
      if line.length >= minWidth then line
      else line + " " * (minWidth - line.length)

    val paddedLines =
      for line <- text.linesIterator yield
        padLine(line)

    paddedLines.mkString("\n")
```

示例 8.2　带有局部函数 padLine 的 Padding

这样更简单，不是吗？使用外层函数的参数是 Scala 提供的通用嵌套机制的常见而有用的示例。7.7 节介绍的嵌套和作用域对 Scala 所有语法结构都适用，函数当然也不例外。这是一个简单的原理，但非常强大。

8.3 一等函数

Scala 支持一等函数（*first-class function*）。我们不仅可以定义函数并调用它，还可以用匿名的字面量来编写函数并将其作为值进行传递。第 2 章介绍了函数字面量，并在图 2.2（33 页）中展示了基本的语法。

函数字面量被编译成类，并在运行时实例化成函数值（*function value*）。[1] 因此，函数字面量和函数值的区别在于，函数字面量存在于源码，而函数值以对象形式存在于运行时。这与类（源码）和对象（运行时）的区别很相似。

下面是一个对某个数加 1 的函数字面量的简单示例：

```
(x: Int) => x + 1
```

=>表示该函数将左侧的内容（任何整数 x）转换成右侧的内容（x + 1）。因此，这是一个将任何整数 x 映射成 x + 1 的函数。

函数值是对象，所以可以将它存放在变量中。函数值也是函数，所以也可以用常规的圆括号来调用它。下面是对这两种操作的示例：

```
val increase = (x: Int) => x + 1
increase(10)      // 11
```

1 每个函数值都是某个扩展自 scala 包的 FunctionN 系列中的一个特质的类的实例，比如，Function0 表示不带参数的函数，Function1 表示带一个参数的函数，等等。每一个 FunctionN 特质都有一个 apply 方法用来调用该函数。

如果想要在函数字面量中包含多于 1 条语句，则可以将函数体用花括号括起来，使每条语句占一行，组成一个代码块（*block*）。像方法一样，当函数值被调用时，所有的语句都会被执行，并且该函数的返回值就是对最后一个表达式求值的结果。

```
val addTwo = (x: Int) =>
  val increment = 2
  x + increment
addTwo(10)        // 12
```

现在你已经看到了函数字面量和函数值的细节和用法。很多 Scala 类库都让你有机会使用它们。例如，所有的集合类都提供了 foreach 方法。[1] 它接收一个函数作为入参，并对它的每个元素调用这个函数。下面是使用该方法打印列表所有元素的例子：

```
scala> val someNumbers = List(-11, -10, -5, 0, 5, 10)
val someNumbers: List[Int] = List(-11, -10, -5, 0, 5, 10)

scala> someNumbers.foreach((x: Int) => println(x))
-11
-10
-5
0
5
10
```

再举一个例子，集合类型还有一个 filter 方法。这个方法可以从集合中选出那些满足由调用方指定的条件的元素。这个指定的条件由函数表示。例如，(x: Int) => x > 0 这个函数可以被用来做过滤。这个函数将所有正整数映射为 true，而将所有其他整数映射为 false。下面是 filter 方法的具体用法：

1 foreach 方法定义在 Iterable 特质中，这是 Lits、Set、Array 和 Map 的通用超特质。详情请参考第 15 章。

```
scala> someNumbers.filter((x: Int) => x > 0)
val res4: List[Int] = List(5, 10)
```

像 foreach 和 filter 这样的方法会在后面的章节详细介绍。第 14 章会讲到它们在 List 类中的使用。第 15 章会讲到它们在其他集合类型中的用法。

8.4 函数字面量的简写形式

Scala 提供了多个省去冗余信息，更简要地编写函数的方式。你需要留意这些机会，因为它们能帮助你去掉多余的代码。

一种让代码变得更简单的方式是省去参数类型声明。这样一来，前面的 filter 方法示例可以写成如下的样子：

```
scala> someNumbers.filter((x) => x > 0)
val res5: List[Int] = List(5, 10)
```

Scala 编译器知道 x 必定是整数，因为它看到你立即用这个函数过滤了一个由整数组成的列表（someNumbers）。这被称作目标类型（*target typing*），因为一个表达式的目标使用场景（本例中它是传递给 someNumbers.filter()的参数）可以影响该表达式的类型（在本例中决定了 x 参数的类型）。目标类型这个机制的细节并不重要，可以不需要指明参数类型，直接使用函数字面量，当编译器报错时再加上类型声明。随着时间的推移，你会慢慢有感觉，什么时候编译器能帮助你推断出类型，什么时候不可以。

另一个去除源码中无用字符的方式是省去某个靠类型推断（而不是显式给出）的参数两侧的圆括号。在前一例中，x 两边的圆括号并不是必需的：

```
scala> someNumbers.filter(x => x > 0)
val res6: List[Int] = List(5, 10)
```

8.5　占位符语法

为了让函数字面量更加精简，还可以使用下画线作为占位符，用来表示一个或多个参数，只要满足每个参数只在函数字面量中出现一次即可。例如，_ > 0 是一个非常短的表示法，表示一个检查某个值是否大于 0 的函数：

```
scala> someNumbers.filter(_ > 0)
val res7: List[Int] = List(5, 10)
```

可以将下画线当作表达式中的需要被“填”的“空”。在函数每次被调用时，这个“空”都会被一个入参“填”上。举例来说，如果 someNumbers 被初始化（146 页）成 List(-11, -10, -5, 0, 5, 10)，则 filter 方法将首先把_ > 0 中的空替换成-11，即-11 > 0，然后替换成-10，即-10 > 0，然后替换成-5，即-5 > 0，以此类推，直到 List 的末尾。因此，函数字面量_ > 0 与先前那个稍啰唆一些的 x => x > 0 是等价的，参考如下代码：

```
scala> someNumbers.filter(x => x > 0)
val res8: List[Int] = List(5, 10)
```

有时候当你用下画线为参数占位时，编译器可能并没有足够多的信息来推断缺失的参数类型。例如，假设你只是写了_ + _：

```
scala> val f = _ + _
                ^
      error: missing parameter type for expanded function
((x$1: <error>, x$2) => x$1.$plus(x$2))
```

在这类情况下，可以用冒号来给出类型，就像这样：

```
scala> val f = (_: Int) + (_: Int)
```

```
val f: (Int, Int) => Int = $$Lambda$1075/1481958694@289fff3c

scala> f(5, 10)
val res9: Int = 15
```

需要注意的是，_ + _将会展开成一个接收两个参数的函数字面量。这就是只有当每个参数在函数字面量中只出现一次的时候才能使用这样的精简写法的原因。多个下画线意味着多个参数，而不是对单个参数的重复使用。第一个下画线代表第一个参数，第二个下画线代表第二个参数，第三个下画线代表第三个参数，以此类推。

8.6 部分应用的函数

在 Scala 中，当你调用某个函数并传入需要的参数时，实际上是将这个函数应用到（*apply to*）这些入参上。例如，下面这个函数：

```
def sum(a: Int, b: Int, c: Int) = a + b + c
```

可以像这样将函数 sum 应用到入参 1、2、3 上：

```
sum(1, 2, 3)      // 6
```

当你用占位符语法给方法传参时，实际上是在编写一个部分应用的函数（*partially applied function*）。部分应用的函数是一个表达式，在这个表达式中，并不给出函数需要的所有参数，而是给出部分参数或完全不给。举例来说，要基于 sum 创建一个部分应用的函数，如果你不想给出 3 个参数中的任何一个，则可以在 sum 之后放一个下画线。这将返回一个函数，并且该函数可以被存放到变量中。参考下面的例子：

```
val a = sum(_, _, _)    // a 的类型为 (Int, Int, Int) => Int
```

有了这些代码，Scala 编译器将根据部分应用的函数 sum(_, _, _)实例

化一个接收 3 个整数参数的函数值，并将指向这个新的函数值的引用赋值给变量 a。当你对 3 个参数应用这个新的函数值时，它将转而调用 sum，传入这 3 个参数：

```
a(1, 2, 3)        // 6
```

背后发生的事情是：名称为 a 的变量指向一个函数值对象。这个函数值是一个由 Scala 编译器自动从 sum(_, _, _)这个部分应用的函数表达式中生成的类的实例。由编译器生成的这个类有一个接收 3 个参数的 apply 方法。[1] 生成的类的 apply 方法之所以接收 3 个参数，是因为表达式 sum(_, _, _)缺失的参数个数为 3。Scala 编译器将表达式 a(1, 2, 3)翻译成对函数值的 apply 方法的调用，并传入这 3 个参数——1、2 和 3。因此，a(1, 2, 3)可以被看作如下代码的简写形式：

```
a.apply(1, 2, 3) // 6
```

这个由 Scala 编译器从表达式 sum(_, _, _)自动生成的类中定义的 apply 方法只是简单地将 3 个缺失的参数转发给 sum，然后返回结果。在本例中，apply 方法调用了 sum(1, 2, 3)，并返回 sum 的返回值，即 6。

我们还可以从另一个角度来看待这类用下画线表示整个参数列表的表达式，即这是一种将 def 变成函数值的方式。举例来说，如果你有一个局部函数，如 sum(a: Int, b: Int, c: Int): Int，则可以将它“包”在一个函数值里，这个函数值拥有相同的参数列表和结果类型。当你应用这个函数值到某些参数上时，它转而应用 sum 到同样的参数上，并返回结果。虽然你不能将方法或嵌套的函数直接赋值给某个变量，或者作为参数传递给另一个函数，但是可以将方法或嵌套函数打包在一个函数值里来完成这样的操作。

至此，我们已经知道 sum(_, _, _)是一个不折不扣的部分应用的函数，可能你仍然会感到困惑，为什么我们会这样称呼它。部分应用的函数之所以

1 生成的类扩展自 Function3 这个特质，该特质声明了一个三参数的 apply 方法。

叫作部分应用的函数，是因为你并没有把那个函数应用到所有入参上。拿 sum(_, _, _)来说，你没有将其应用到任何入参上。不过，你完全可以通过给出“一些”必填的参数来表达一个部分应用的函数。参考下面的例子：

```
val b = sum(1, _, 3)    // b 的类型为 Int => Int
```

在本例中，提供了第一个和最后一个参数给 sum，但没有给出第二个参数。由于只有一个参数缺失，Scala 编译器将生成一个新的函数类，这个类的 apply 方法接收一个参数。当我们用那个参数来调用这个新的函数类时，这个新的函数类的 apply 方法将调用 sum，依次传入 1、当前函数的入参和 3。参考下面的例子：

```
b(2)      // 6
b(5)      // 9
```

第一行里的 b.apply 调用了 sum(1, 2, 3)，而第二行里的 b.apply 调用了 sum(1, 5, 3)。

如果你想要的部分应用的函数表达式并不给出任何参数，如 sum(_, _, _)，则可以在需要这样一个函数的地方更加精简地表示，甚至整个参数列表都不用写。例如：

```
val c = sum       // c 的类型为 (Int, Int, Int) => Int
```

由于 sum 是方法名，而不是指向某个值的变量，编译器会创建一个与包装了该方法调用的方法相同签名的函数值，这个过程被称为“eta 延展”（eta expansion）。换句话说，sum 是 sum(_, _, _)的更精简写法。如下是一个调用 c 指向函数的例子：

```
c(10, 20, 30)    // 60
```

8.7 闭包

到目前为止，本章所有的函数字面量示例，都只是引用了传入的参数。例如，在(x: Int) => x > 0 中，唯一在函数体 x > 0 中用到的变量是 x，即这个函数的唯一参数。不过，也可以引用其他地方定义的变量：

```
(x: Int) => x + more    // more 是多少呢？
```

这个函数将“more”也作为入参，不过 more 是从哪里来的？从这个函数的角度来看，more 是一个自由变量（*free variable*），因为函数字面量本身并没有给 more 赋予任何含义。相反，x 是一个绑定变量（*bound variable*），因为它在该函数的上下文里有明确的含义：它被定义为该函数的唯一参数，一个 Int。如果单独使用这个函数字面量，且并没有在任何处于作用域内的地方定义 more，则编译器将报错：

```
scala> (x: Int) => x + more
1 |(x: Int) => x + more
  |            ^^^^
  |            Not found: more
```

另一方面，只要能找到名称为 more 的变量，同样的函数字面量就能正常工作：

```
var more = 1
val addMore = (x: Int) => x + more
addMore(10)      // 11
```

运行时从这个函数字面量创建出来的函数值（对象）被称作闭包（*closure*）。该名称源于“捕获”其自由变量从而“闭合”该函数字面量的动作。没有自由变量的函数字面量，如(x: Int) => x + 1，被称作闭合语（*closed term*），这里的语（*term*）指的是一段源代码。因此，严格来说，运行时从这个函数字面量创建出来的函数值并不是一个闭包，因为(x: Int) => x + 1 按照目前这个写法来说已经是闭合的了。而对于运行时从任何带有自由变量的函数字面量，如(x: Int) => x + more，创建的函数值，按照定义，要求捕获它的自由变量 more 的绑定。相应的函数值结果（包含指向被捕获的 more 变量的引用）就被称作闭包，因为函数值是通过闭合这个**开放语**（*open term*）的动作产生的。

这个例子带来一个问题：如果 more 在创建闭包以后被改变会发生什么呢？在 Scala 中，答案是闭包能够看到这个改变。参考下面的例子：

```
more = 9999
addMore(10)      // 10009
```

很符合直觉的是，Scala 的闭包捕获的是变量本身，而不是变量引用的值。[1] 正如前面示例所展示的，为(x: Int) => x + more 创建的闭包能够看到闭包外对 more 的修改。反过来也是成立的：闭包对捕获的变量的修改也能在闭包外被看到。参考下面的例子：

```
val someNumbers = List(-11, -10, -5, 0, 5, 10)
var sum = 0
someNumbers.foreach(sum +=  _)
sum       // -11
```

这个例子通过绕圈的方式来对 List 中的数字求和。sum 这个变量位于函数字面量 sum += _的外围作用域，由这个函数将数字加给 sum。虽然运行时是这个闭包对 sum 进行的修改，但是最终的结果-11 仍然能被闭包外部看到。

那么，如果一个闭包访问了某个随着程序运行会产生多个副本的变量会如何呢？例如，如果一个闭包使用了某个函数的局部变量，而这个函数又被

1 Java 则不同，Java 的 lambda 表达式并不允许访问外围作用域的可修改变量，除非这些变量是 final 或实效 final 的，所以本质上捕获变量和捕获它的值之间并没有差别。

调用了多次，会怎么样呢？闭包每次访问到的是这个变量的哪一个实例呢？

只有一个答案与 Scala 其他组成部分是一致的：闭包引用的实例是在闭包被创建时活跃的那一个。参考下面这个创建并返回“增加”闭包的函数：

```
def makeIncreaser(more: Int) = (x: Int) => x + more
```

每调用一次该函数，就会创建一个新的闭包。每个闭包都会访问那个在创建它时活跃的变量 more。

```
val inc1 = makeIncreaser(1)
val inc9999 = makeIncreaser(9999)
```

当你调用 makeIncreaser(1)时，一个捕获了 more 的绑定值 1 的闭包就被创建并返回出来。同理，当你调用 makeIncreaser(9999)时，返回的是一个捕获了 more 的绑定值 9999 的闭包。当你将这些闭包应用到入参（本例中只有一个必选参数 x）上时，其返回结果取决于闭包创建时 more 的定义。

```
inc1(10)  // 11
inc9999(10)       // 10009
```

这里的 more 是某次方法调用的入参，而方法已经返回了，不过这并没有影响。Scala 编译器会重新组织和安排，让被捕获的参数在堆上继续存活。这样的安排都是由编译器自动帮我们完成的，你并不需要关心。看到喜欢的变量，你只管捕获就好——val、var、参数，都没问题。[1]

8.8　特殊的函数调用形式

你会遇到的大多数函数和函数调用都像你在本章到目前为止看到的那

1 不过，当你采用函数式编程风格时，只会捕获 val。在并发场景下，如果你使用指令式编程风格来捕获 var，则会遇到因对共享可变状态的非同步访问而引起的并发 bug。

样：函数会有固定数量的形参，在调用时也会有相同数量的实参，而这些实参出现的顺序也会与形参出现的顺序相同。

由于函数调用在 Scala 编程中的核心地位，因此对于某些特殊的需求，一些特殊形式的函数定义和调用方式也被加入语言中。Scala 支持重复参数、带名称的参数和默认参数。

重复参数

Scala 允许你标识出函数的最后一个参数可以被重复。这让我们可以对函数传入一个可变长度的参数列表。要表示这样一个重复参数，需要在参数的类型之后加上一个星号（*）。例如：

```
scala> def echo(args: String*) =
     |   for arg <- args do println(arg)
def echo(args: String*): Unit
```

这样定义以后，echo 可以用零到多个 String 参数调用：

```
scala> echo()

scala> echo("one")
one

scala> echo("hello", "world!")
hello
world!
```

在函数内部，这个重复参数的类型是一个声明参数类型的 Seq。因此，在 echo 函数内部，“String *”的类型其实是 Seq[String]。尽管如此，如果你有一个合适类型的序列，并尝试将它作为重复参数传入时，将得到一个编译错误：

```
scala> val seq = Seq("What's", "up", "doc?")
val seq: Seq[String] = List(What's, up, doc?)
```

```
scala> echo(seq)
1 |echo(seq)
  |    ^^^
  |    Found:    (seq : Seq[String])
  |    Required: String
```

要完成这样的操作，需要在序列实参的后面加上一个*符号，就像这样：

```
scala> echo(seq*)
What's
up
doc?
```

这种表示法可以告诉编译器将 seq 的每个元素作为参数传递给 echo，而不是将所有元素放在一起作为单个实参传入。

带名称的参数

在一个普通的函数调用中，实参是根据被调用的函数的参数定义，逐个匹配起来的：

```
def speed(distance: Float, time: Float) = distance / time
speed(100, 10)   // 10.0
```

在这个调用中，100 被匹配给 distance，而 10 被匹配给 time。100 和 10 这两个实参是按照形参被列出的顺序匹配起来的。

带名称的参数让你可以用不同的顺序将参数传递给函数，其语法是简单地在每个实参前加上参数名和等号。例如，下面的这个对 speed 的调用等同于 speed(100,10)：

```
speed(distance = 100, time = 10)       // 10.0
```

如果用带名称的参数发起调用，则实参可以在不改变含义的前提下交换位置：

```
speed(time = 10, distance = 100)      // 10.0
```

我们还可以混用按位置和带名称的参数。在这种情况下，按位置的参数需要被放在前面。带名称的参数通常与默认参数值一起使用。

默认参数

Scala 允许给函数参数指定默认值。这些有默认值的参数可以不出现在函数调用中，对应的参数将会被填充为默认值。

举例来说，假如你要为示例 6.5 的 Rational 类创建一个伴生对象，则可以像示例 8.3 这样定义一个 apply 工厂方法。这个 apply 方法接收 numer 和 denom 两个参数，而 denom 的默认值为 1。

```
// 位于与 Rational 类相同的源代码文件中
object Rational:
  def apply(numer: Int, denom: Int = 1) =
    new Rational(numer, denom)
```

示例 8.3 带默认值的参数

如果你使用 Rational(42)调用 apply 方法，即不给出被用作 denom 的入参，则 denom 将被设置为它的默认值 1。你也可以在调用函数时显式地给出 denom。例如，可以使用 Rational(42, 83)来将 denom 参数设置为 83。[1]

默认参数与带名称的参数被放在一起时尤为有用。在示例 8.4 中，point 函数有两个可选参数，即 x 和 y。两个参数的默认值都是 0。

```
def point(x: Int = 0, y: Int = 0) = (x, y)
```

示例 8.4 带有两个带默认值的参数的函数

1 也可以对示例 6.5 的 Rational 类的 d 参数使用默认值，即 class Rational(n: Int, d: Int = 1)，而不需要单独使用一个辅助构造方法来为 d 填充 1。

point 函数可以用 point()来调用，这样两个参数都被填充为默认值。通过带名称的参数，这两个参数中的任何一个都可以被显式给出，而另一个将被填充为默认值。要显式地给出 x，且让 y 保持默认值，可以这样写：

```
point(x = 42)
```

而要显式地给出 y，且让 x 保持默认值，可以这样写：

```
point(y = 1000)
```

8.9　SAM 类型

在 Java 中，lambda 表达式可以被应用到任何需要只包含单个抽象方法（*single abstract method*，即 SAM）的类或接口实例的地方。Java 的 ActionListener 就是这样的一个接口，因为它只包含单个抽象方法，即 actionPerformed。因此，lambda 表达式可以被用在这里来给 Swing 的按钮注册动作监视器。例如：

```
JButton button = new JButton();        // 这是 Java
button.addActionListener(
  event -> System.out.println("pressed!")
);
```

在 Scala 中，也可以在同样的场景下使用匿名内部类的实例，但你可能更希望使用函数字面量，就像这样：

```
val button = new JButton
button.addActionListener(
  _ => println("pressed!")
)
```

Scala 让我们可以在这样的场合使用函数字面量，因为与 Java 类似，

Scala 允许在任何需要声明单个抽象方法的类或特质的实例的地方使用函数类型的值。这对任何单个抽象方法都有效。例如，可以定义一个名称为 Increaser 的特质，包含单个抽象方法 increase：

```
trait Increaser:
  def increase(i: Int): Int
```

然后可以定义一个接收 Increaser 特质的方法：

```
def increaseOne(increaser: Increaser): Int =
  increaser.increase(1)
```

要调用这个新方法，可以传入一个匿名的 Increaser 实例，就像这样：

```
increaseOne(
  new Increaser:
    def increase(i: Int): Int = i + 7
)
```

在 Scala 2.12 或更新版本的 Scala 中，也可以直接使用函数字面量，因为 Increaser 特质是 SAM 类型的：

```
increaseOne(i => i + 7) // Scala
```

8.10 尾递归

在 7.2 节提到过，如果要将一个不断更新 var 的 while 循环改写成只使用 val 的更加函数式的风格，则可能需要用到递归。参考下面这个递归的函数例子，它是通过反复改进猜测直到结果足够好的方式来取近似值的：

```
def approximate(guess: Double): Double =
  if isGoodEnough(guess) then guess
  else approximate(improve(guess))
```

有了合适的 isGoodEnough 和 improve 的实现，像这样的函数通常被用于搜索。如果你希望 approximate 函数运行得更快，则可能会尝试使用 while 循环来加快它的速度，就像这样：

```
def approximateLoop(initialGuess: Double): Double =
  var guess = initialGuess
  while !isGoodEnough(guess) do
    guess = improve(guess)
  guess
```

这两个版本的 approximate 函数到底哪一个更好呢？从代码简洁和避免使用 var 的角度来看，第一个函数式风格的版本胜出。不过指令式风格的方式是不是真的更高效呢？事实上，如果我们测量执行时间的话，这两个版本几乎完全一样！

这听上去有些出人意料，因为递归调用看上去比简单地从循环的末尾跳到开始要更“膨胀”。不过，在上面这个 approximate 函数的例子中，Scala 编译器能够执行一个重要的优化。注意，递归调用是 approximate 函数体在求值过程中的最后一步。像 approximate 函数这样在最后一步调用自己的函数，被称为*尾递归*（*tail recursive*）函数。Scala 编译器能够检测到尾递归函数并将它跳转到函数的最开始，而且在跳转之前会将参数更新为新的值。

这背后的意思是我们不应该回避使用递归算法来解决问题。递归算法通常比基于循环的算法更加优雅、精简。如果解决方案是尾递归的，那么我们并不需要支付任何（额外的）运行时开销。

跟踪尾递归函数

尾递归函数并不会在每次调用时构建一个新的栈帧，所有的调用都会在同一个栈帧中执行。这一点可能会令检查某个失败程序的栈跟踪信息（stack trace）的程序员意外。例如，下面这个函数在调用自己若干次之后会抛出异常：

```
def boom(x: Int): Int =
  if x == 0 then throw new Exception("boom!")
  else boom(x - 1) + 1
```

这个函数并不是尾递归的，因为它在递归调用之后还执行了加 1 操作。当你调用这个函数时，将会得到预期的结果：

```
scala>  boom(3)
java.lang.Exception: boom!
      at .boom(<console>:5)
      at .boom(<console>:6)
      at .boom(<console>:6)
      at .boom(<console>:6)
      at .<init>(<console>:6)
...
```

如果你把 boom 改成尾递归的：

```
def bang(x: Int): Int =
  if x == 0 then throw new Exception("bang!")
  else bang(x - 1)
```

将得到这样的结果：

```
scala> bang(5)
java.lang.Exception: bang!
      at .bang(<console>:5)
      at .<init>(<console>:6) ...
```

这一次，你将只会看到一个 bang 的栈帧。你可能会想是不是 bang 在调用自己之前就崩溃了，但事实并非如此。

尾递归优化

approximate 函数编译后的代码在本质上与 approximateLoop 函数编译后的代码是一致的。两个函数都被编译成相同的 13 条指令的 Java 字节码。如果你仔细检查 Scala 编译器对尾递归函数 approximate 生成的字节码，则会看到，虽然 isGoodEnough 和 improve 是在方法体内被调用的，但是 approximate 函数自身并没有调用它们。Scala 编译器已经将递归调用优化掉了：

```
public double approximate(double);
  Code:
   0:   aload_0
   1:   astore_3
   2:   aload_0
   3:   dload_1
   4:   invokevirtual   #24;   //Method isGoodEnough:(D)Z
   7:   ifeq    12
   10:  dload_1
   11:  dreturn
   12:  aload_0
   13:  dload_1
   14:  invokevirtual   #27;   //Method improve:(D)D
   17:  dstore_1
   18:  goto    2
```

尾递归的局限

在 Scala 中使用尾递归是比较受限的，因为用 JVM 指令集实现形式更高级的尾递归非常困难。Scala 只能对那些直接尾递归调用自己的函数做优化。如果递归调用是间接的，例如，下面示例中的两个相互递归的函数，Scala 就无法优化它们：

```
def isEven(x: Int): Boolean =
  if x == 0 then true else isOdd(x - 1)
def isOdd(x: Int): Boolean =
  if x == 0 then false else isEven(x - 1)
```

同样地，如果最后一步调用的是一个函数值 [1]，则也无法享受到尾递归优化。参考下面这段递归程序：

```
val funValue = nestedFun
def nestedFun(x: Int): Unit =
  if x != 0 then
    println(x)
    funValue(x - 1)
```

funValue 变量指向一个本质上只是打包了对 nestedFun 调用的函数值。当你将这个函数应用到某个入参上时，它会转而将 nestedFun 应用到这个入参上，然后返回结果。因此，你可能希望 Scala 编译器能执行尾递归优化，不过编译器在这个情况下并不会这样做。尾递归优化仅适用于某个方法或嵌套函数在最后一步操作中直接调用自己，并且没有经过函数值或其他中间环节的场合。（如果你还没有完全理解尾递归，建议反复阅读本节。）

8.11 结语

本章带你全面地了解了 Scala 中的函数。不仅限于方法，Scala 还提供了局部函数、函数字面量和函数值；不仅限于普通的函数调用，Scala 还提供了部分应用的函数和带有重复参数的函数等。只要有可能，函数调用都会以优化后的尾部调用实现，因此许多看上去很漂亮的递归函数运行起来也能与用 while 循环手工优化的版本一样快。下一章将在此基础上继续向你展示 Scala 对函数的丰富支持，以帮助你更好地对控制进行抽象。

1 译者注：而不是发起调用的那个函数自己。

第 9 章 控制抽象

第 7 章指出，Scala 并没有很多内建的控制抽象，因为它提供了让用户自己创建控制抽象的功能。第 8 章介绍了函数值。本章将向你展示如何应用函数值来创建新的控制抽象。在这个过程中，你还将学习到柯里化和传名参数。

9.1 减少代码重复

所有的函数都能被分解成在每次函数调用时都一样的公共部分和在每次调用时都不一样的非公共部分。公共部分是函数体，而非公共部分必须通过实参传入。当你把函数值当作入参时，这段算法的非公共部分本身又是另一个算法。每当这样的函数被调用时，你都可以传入不同的函数值作为实参，被调用的函数会（在由它选择的时机）调用传入的函数值。这些**高阶函数**（***higher-order function***），即那些接收函数作为参数的函数，让你有额外的机会来进一步压缩和简化代码。

高阶函数的好处之一是可以用来创建减少代码重复的控制抽象。例如，假设你在编写一个文件浏览器，并且你打算提供 API 给用户来查找匹配某个条件的文件。首先，添加一个机制用来查找文件名是以指定字符串结尾的文件。比如，这将允许用户查找所有扩展名为“.scala”的文件。你可以通过在单例对象中定义一个公共的 filesEnding 方法的方式来提供这样的 API，就像这样：

```
object FileMatcher:
 private def filesHere = (new java.io.File(".")).listFiles

 def filesEnding(query: String) =
   for file <- filesHere if file.getName.endsWith(query)
   yield file
```

这个 filesEnding 方法用私有的助手方法 filesHere 来获取当前目录下的所有文件，然后基于文件名是否以用户给定的查询条件结尾来过滤这些文件。由于 filesHere 方法是私有的，filesEnding 方法是 FileMatcher（也就是你提供给用户的 API）中定义的唯一一个能被访问到的方法。

到目前为止，一切都很完美，暂时还没有重复的代码。不过到了后来，你决定让人们可以基于文件名的任意部分进行搜索。因为有时候用户记不住他们到底是将文件命名成了 phb-important.doc、stupid-phb-report.doc、may2003salesdoc.phb，还是其他完全不一样的名字，他们只知道名字中某个地方出现了“phb”，这时这样的功能就很有用。于是，你回去给 FileMatcher API 添加了这个函数：

```
def filesContaining(query: String) =
  for file <- filesHere if file.getName.contains(query)
  yield file
```

这个函数与 filesEnding 的运行机制没什么两样：搜索 filesHere，检查文件名，如果名字匹配，则返回文件。唯一的区别是，这个函数用的是 contains 而不是 endsWith。

几个月过去了，这个程序变得更成功了。终于，面对某些高级用户提出的想要基于正则表达式搜索文件的需求，你屈服了。这些喜欢“偷懒”的用户有着大量拥有上千个文件的巨大目录，他们想实现类似找出所有标题中带有“oopsla”字样的 PDF 文件的操作。为了支持他们，你编写了下面这个函数：

```
def filesRegex(query: String) =
  for file <- filesHere if file.getName.matches(query)
  yield file
```

有经验的程序员会注意到这些函数中不断重复的代码，那么，有没有办法将它们重构成公共的助手函数呢？按显而易见的方式来实现并不可行。你会想要做到这样的效果：

```
def filesMatching(query: String, method) =
  for file <- filesHere if file.getName.method(query)
  yield file
```

这种方式在某些动态语言中可以做到，但 Scala 并不允许像这样在运行时将代码黏在一起的操作。那怎么办呢？

函数值提供了一种答案。虽然不能将方法名像值一样传来传去，但是可以通过传递某个帮你调用方法的函数值来达到同样的效果。在本例中，可以给方法添加一个 matcher 参数，该参数的唯一目的就是检查文件名是否满足某个查询条件：

```
def filesMatching(query: String,
    matcher: (String, String) => Boolean) =

  for file <- filesHere if matcher(file.getName, query)
  yield file
```

在这个版本的方法中，if 子句用 matcher 来检查文件名是否满足查询条件。但这个检查具体做什么，取决于给定的 matcher。现在，我们来看 matcher 这个类型本身。它首先是一个函数，因此在类型声明中有一个=>符号。这个函数接收两个字符串类型的参数（分别是文件名和查询条件），返回一个布尔值，因此这个函数的完整类型是(String, String) => Boolean。

有了这个新的 filesMatching 助手方法，就可以对前面 3 个搜索方法进行简化，调用助手方法，传入合适的函数：

```
def filesEnding(query: String) =
  filesMatching(query, _.endsWith(_))

def filesContaining(query: String) =
  filesMatching(query, _.contains(_))

def filesRegex(query: String) =
  filesMatching(query, _.matches(_))
```

本例中展示的函数字面量用的是占位符语法，这个语法在前一章介绍过，但可能对你来说还不是非常自然。所以我们来澄清一下占位符是怎么用的：filesEnding 方法中的函数字面量_.endsWith(_)的含义与下面这段代码是一样的：

```
(fileName: String, query: String) => fileName.endsWith(query)
```

由于 filesMatching 方法接收一个要求两个 String 入参的函数，并不需要显式地给出入参的类型，因此可以直接写(fileName, query) => fileName.endsWith (query)。因为这两个参数在函数体内分别只被用到一次（第一个参数 fileName 先被用到，然后是第二个参数 query），所以可以用占位符语法来写：_.endsWith(_)。第一个下画线是第一个参数（即文件名）的占位符，而第二个下画线是第二个参数（即查询字符串）的占位符。

这段代码已经很简化了，不过实际上还能更短。注意，这里的查询字符串被传入 filesMatching 方法后，filesMatching 方法并不对它做任何处理，只是将它传入 matcher 函数。这样的来回传递是不必要的，因为调用者已经知道这个查询字符串了，所以完全可以将 query 参数从 filesMatching 方法和 matcher 函数中移除，这样就可以得到示例 9.1 的代码。

```
object FileMatcher:
  private def filesHere = (new java.io.File(".")).listFiles

  private def filesMatching(matcher: String => Boolean) =
    for file <- filesHere if matcher(file.getName)
    yield file

  def filesEnding(query: String) =
    filesMatching(_.endsWith(query))

  def filesContaining(query: String) =
    filesMatching(_.contains(query))

  def filesRegex(query: String) =
    filesMatching(_.matches(query))
```

示例 9.1　用闭包减少代码重复

这个示例展示了一等函数是如何帮助我们消除代码重复的，没有一等函数，我们很难做到这样。不仅如此，这个示例还展示了一等函数是如何帮助我们减少代码重复的。在前面的例子中用到的函数字面量，如_.endsWith(_)和_.contains(_)，都是在运行时被实例化成函数值的，它们并不是闭包，因为它们并不捕获任何自由变量。举例来说，在表达式_.endsWith(_)中用到的两个变量都是由下画线表示的，这意味着它们取自该函数的入参。因此，_.endsWith(_)使用了两个绑定变量，并没有使用任何自由变量。相反地，在示例 9.1 中，函数字面量_.endsWith(query)包含了一个绑定变量，即用下画线表示的那一个，以及一个名称为 query 的自由变量。正因为 Scala 支持闭包，我们才能在最新的这个例子中将 query 参数从 filesMatching 方法中移除，从而进一步简化代码。

9.2　简化调用方代码

示例 9.1 展示了高阶函数如何帮助我们在实现 API 时减少代码重复。高阶函数的另一个重要用途是将高阶函数本身放在 API 中以让调用方代码更加精简。Scala 集合类型提供的特殊用途的循环方法是很好的例子。[1] 其中很多都在第 3 章的表 3.1 中被列出过，不过现在让我们再看一个例子来弄清楚为什么这些方法是很有用的。

我们来看 exists 方法，这个方法用于判定某个集合是否包含传入的值。当然，可以通过如下方式来查找元素：初始化一个 var 为 false，用循环遍历整个集合来检查每一项，如果发现要找的内容，就把 var 设为 true。参考下面这段代码，判定传入的 List 是否包含负值：

```
def containsNeg(nums: List[Int]): Boolean =
  var exists = false
  for num <- nums do
    if num < 0 then
      exists = true
  exists
```

如果你在编译器中定义了 containNeg 方法，则可以这样调用它：

```
containsNeg(List(1, 2, 3, 4))  // false
containsNeg(List(1, 2, -3, 4)) // true
```

不过更精简的定义方式是对传入的 List 调用高阶函数 exists，就像这样：

```
def containsNeg(nums: List[Int]) = nums.exists(_ < 0)
```

这个版本的 containsNeg 方法交出的结果与之前的结果一样：

```
containsNeg(Nil)                  // false
containsNeg(List(0, -1, -2))      // true
```

1 这些特殊用途的循环方法是在 Iterable 特质中定义的，List、Set 和 Map 都扩展自这个特质。第 15 章将会对此做更深入的讨论。

这里的 exists 方法代表了一种控制抽象。这是 Scala 类库提供的一个特殊用途的循环结构，并不是像 while 或 for 那样是语言内建的。在 9.1 节，高阶函数 filesMatching 帮助我们在 FileMatcher 对象的实现中减少了代码重复。这里的 exists 方法也带来了相似的好处，不过由于 exists 方法是 Scala 集合 API 中的公共函数，它减少的是 API 使用方的代码重复。如果没有 exists 方法，而你又打算编写一个 containsOdd 方法来检查某个列表是否包含奇数，则可能会这样写：

```
def containsOdd(nums: List[Int]): Boolean =
  var exists = false
  for num <- nums do
    if num % 2 == 1 then
      exists = true
  exists
```

如果对比 containsNeg 和 containsOdd 方法，你会发现所有的内容都是重复的，除了那个用于测试条件的 if 表达式。如果用 exists 方法，则可以这样写：

```
def containsOdd(nums: List[Int]) = nums.exists(_ % 2 == 1)
```

这个版本的代码体再一次与对应的 containsNeg 方法一致（那个使用 exists 方法的版本），除了搜索条件不同。这里的重复代码要少得多，因为所有的循环逻辑都被抽象到 exists 方法里了。

Scala 类库中还有许多其他循环方法。与 exists 方法一样，如果你能找到机会使用它们，它们通常能帮助你缩短代码。

9.3 柯里化

第 1 章提到过，Scala 允许创建新的控制抽象，“感觉就像是语言原生支持的那样”。虽然到目前为止你看到的例子的确都是控制抽象，但是应该不会有人会误以为它是语言原生支持的。为了弄清楚如何做出那些用起来感觉更像是语言扩展的控制抽象，首先需要理解一个函数式编程技巧，那就是**柯里化**（*currying*）。

一个经过柯里化的函数在应用时支持多个参数列表，而不是只有一个。示例 9.2 展示了一个常规的、没有经过柯里化的函数，用于对两个 Int 参数 x 和 y 做加法。

```
def plainOldSum(x: Int, y: Int) = x + y
plainOldSum(1, 2)       // 3
```

示例 9.2 定义并调用一个“普通”的函数

与此相反，示例 9.3 展示了一个相似功能的函数，不过这次是经过柯里化的。与使用一个包含两个 Int 参数的列表不同，这个函数可以被应用到两个参数列表上，且每个列表包含一个 Int 参数。

```
def curriedSum(x: Int)(y: Int) = x + y
curriedSum(1)(2) // 3
```

示例 9.3 定义并调用一个柯里化的函数

这里发生的事情是，当你调用 curriedSum 函数时，实际上是连着做了两次传统的函数调用。第一次调用接收了一个名称为 x 的 Int 参数，返回一个用于第二次调用的函数值，这个函数接收一个名称为 y 的 Int 参数。参考下面这个名称为 first 的函数，从原理上讲，与前面提到的 curriedSum 函数的第一次传统函数调用做了相同的事情：

```
def first(x: Int) = (y: Int) => x + y
```

把 first 函数应用到 1 上（换句话说，调用第一个函数，传入 1），将交出第二个函数：

```
val second = first(1)   // second 的类型为 Int => Int
```

将第二个函数应用到 2 上，将交出下面的结果：

```
second(2) // 3
```

这里的 first 和 second 函数只是对柯里化过程的示意，它们并不与 curriedSum 函数直接相关。尽管如此，我们还是有办法获取指向 curriedSum 函数的"第二个"函数的引用。可以用 eta 延展在部分应用的函数表达式中使用 curriedSum 函数，就像这样：

```
val onePlus = curriedSum(1)    // onePlus 的类型为 Int => Int
```

通过上述代码，我们得到一个指向函数的引用，且这个函数在被调用时，将对它唯一的 Int 入参加 1 后，返回结果：

```
onePlus(2)       // 3
```

如果想得到一个对它唯一的 Int 入参加 2 的函数，则可以这样做：

```
val twoPlus = curriedSum(2)
twoPlus(2)       // 4
```

9.4　编写新的控制结构

在拥有一等函数的语言中，可以有效地制作出新的控制接口，尽管语言的语法是固定的。你需要做的就是创建接收函数作为入参的方法。

例如，下面这个 twice 控制结构，它重复某个操作两次，并返回结果：

```
def twice(op: Double => Double, x: Double) = op(op(x))
twice(_ + 1, 5)  // 7.0
```

本例中的 op 类型为 Double => Double，意思是这是一个接收一个 Double 参数作为入参，返回另一个 Double 参数的函数。

每当你发现某个控制模式在代码中多处出现时，就应该考虑将这个模式实现为新的控制结构。在本章前面的部分，你看到了 filesMatching 这个非常特殊的控制模式，现在来看一个更加常用的编码模式：打开某个资源，对它进行操作，然后关闭这个资源。可以用类似如下的方法，将这个模式捕获成一个控制抽象：

```
def withPrintWriter(file: File, op: PrintWriter => Unit) =
  val writer = new PrintWriter(file)
  try op(writer)
  finally writer.close()
```

有了这个方法后，就可以像这样来使用它：

```
withPrintWriter(
  new File("date.txt"),
  writer => writer.println(new java.util.Date)
)
```

使用这个方法的好处是，确保文件在最后被关闭的是 withPrintWriter 而不是用户代码。因此，不可能出现使用者忘记关闭文件的情况。这个技巧被称作贷出模式，因为是某个控制抽象（如 withPrintWriter）打开某个资源并将这个资源“贷出”给函数的。例如，前一例中的 withPrintWriter 将一个 PrintWriter“贷出”给 op 函数。当函数完成时，它会表明自己不再需要这个“贷入”的资源。这时这个资源就在 finally 代码块中被关闭了，这样能确保无论函数是正常返回还是抛出异常，资源都会被正常关闭。

可以用花括号而不是圆括号来表示参数列表，这样调用方的代码看上去就更像在使用内建的控制结构一样。在 Scala 中，只要有那种只传入一个参数的方法调用，就都可以选择使用花括号来将入参括起来，而不是圆括号。

例如，可以不这样写：

```
val s = "Hello, world!"
s.charAt(1)      // 'e'
```

而是写成：

```
s.charAt { 1 }   // 'e'
```

在第二个例子中，用了花括号而不是圆括号来将 println 的入参括起来。不过，这个花括号技巧仅对传入单个入参的场景适用。参考下面这个尝试打破上述规则的例子：

```
s.substring { 7, 9 }
1 |s.substring { 7, 9 }
  |               ^
  |               end of statement expected but ',' found
1 |s.substring { 7, 9 }
  |                 ^
  |                 ';' expected, but integer literal found
```

由于你尝试传入两个入参给 substring，因此当你试着将这些入参用花括号括起来时，会得到一个错误提示。这时需要使用圆括号：

```
s.substring(7, 9)        // "wo"
```

Scala 允许用花括号替代圆括号来传入单个入参的目的是让调用方程序员在花括号中编写函数字面量。这能让方法用起来更像是控制抽象。以前面的 withPrintWriter 为例，在最新的版本中，withPrintWriter 接收两个入参，因此不能用花括号。尽管如此，由于传入 withPrintWriter 的函数是参数列表中的最后一个，因此可以用柯里化将第一个 File 参数单独拉到一个参数列表中，这样剩下的函数就独占了第二个参数列表。示例 9.4 展示了如何重新定义 withPrintWriter。

```
def withPrintWriter(file: File)(op: PrintWriter => Unit) =
  val writer = new PrintWriter(file)
  try op(writer)
  finally writer.close()
```

示例 9.4 用贷出模式写入文件

新版本与旧版本的唯一区别在于，现在有两个各包含一个参数的参数列表，而不是一个包含两个参数的参数列表了。仔细看两个参数之间的部分，在旧版本的 `withPrintWriter` 中（173 页），你看到的是 `...File, op...`，而在新版本中，你看到的是 `...File)(op...`。有了这样的定义，就可以用更舒服的语法来调用这个方法了：

```
val file = new File("date.txt")

withPrintWriter(file) { writer =>
  writer.println(new java.util.Date)
}
```

在本例中，第一个参数列表，也就是那个包含了一个 `File` 入参的参数列表，用的是圆括号。而第二个参数列表，即包含函数入参的那个，用的是花括号。

9.5 传名参数

前一节的 `withPrintWriter` 与语言内建的控制结构（如 `if` 和 `while`）不同，花括号中间的代码接收一个入参。传入 `withPrintWriter` 的函数需要一个类型为 `PrintWriter` 的入参。这个入参就是下面代码中的“`writer =>`”：

```
withPrintWriter(file) { writer =>
  writer.println(new java.util.Date)
}
```

不过如果你想要实现那种更像是 if 或 while 的控制结构，但没有值需要传入花括号中间的代码，该怎么办呢？为了帮助我们应对这样的场景，Scala 提供了传名参数。

我们来看一个具体的例子，假设你想要实现一个名称为 myAssert 的断言结构。[1] 这个 myAssert 将接收一个函数值作为输入，然后通过一个标记来决定如何处理。如果标记位打开，则 myAssert 将调用传入的函数，验证这个函数返回了 true；而如果标记位关闭，则 myAssert 将什么也不做。

如果你不使用传名参数，则可能会这样来实现 myAssert：

```
var assertionsEnabled = true

def myAssert(predicate: () => Boolean) =
  if assertionsEnabled && !predicate() then
    throw new AssertionError
```

这个定义没有问题，不过用起来有些别扭：

```
myAssert(() => 5 > 3)
```

你大概更希望能够不在函数字面量里写空的圆括号和=>符号，而是直接这样写：

```
myAssert(5 > 3)  // 不能工作，因为缺少了 () =>
```

传名参数就是为了解决这个问题产生的。要让参数成为传名参数，需要给参数一个以=>开头的类型声明，而不是() =>。例如，可以像这样将 myAssert 的 predicate 参数转换成传名参数：把类型“() => Boolean”改成“=> Boolean”。示例 9.5 给出了具体的样子：

1 这里只能用 myAssert 而不是 assert，因为 Scala 自己也提供了一个 assert，这在 25.1 节会讲到。

```
def byNameAssert(predicate: => Boolean) =
  if assertionsEnabled && !predicate then
    throw new AssertionError
```

示例 9.5 使用传名参数

现在已经可以对要做断言的属性去掉空的参数列表了。这样做的结果就是 byNameAssert 用起来与使用内建的控制结构完全一样：

```
byNameAssert(5 > 3)
```

对*传名*（*by-name*）类型而言，空的参数列表，即()，是需要去掉的，这样的类型只能用于参数声明，并不存在传名变量或传名字段。

你可能会好奇为什么不能简单地用旧版的 Boolean 作为其参数的类型声明，就像这样：

```
def boolAssert(predicate: Boolean) =
  if assertionsEnabled && !predicate then
    throw new AssertionError
```

这种组织方式当然也是合法的，boolAssert 用起来也与之前看上去完全一样：

```
boolAssert(5 > 3)
```

不过，这两种方式有一个显著的区别需要注意。由于 boolAssert 的参数类型为 Boolean，在 boolAssert(5 > 3)圆括号中的表达式将“先于”对 boolAssert 的调用被求值。但是由于 byNameAssert 的 predicate 参数类型是=> Boolean，在 byNameAssert(5 > 3)的圆括号中的表达式在调用 byNameAssert 之前并不会被求值，而是会有一个函数值被创建出来。这个函数值的 apply 方法将会对 5 > 3 求值，传入 byNameAssert 的是这个函数值。

因此，两种方式的区别在于如果断言被禁用，你将能够观察到 boolAssert 的圆括号中的表达式的副作用，而使用 byNameAssert 则不会。例如，如果断言被禁用，那么当我们断言“x / 0 == 0”时，boolAssert 会抛出异常：

```
val x = 5
assertionsEnabled = false

  boolAssert(x / 0 == 0)
  java.lang.ArithmeticException: / by zero
    ... 27 elided
```

而对同样的代码使用 byNameAssert 来做断言，则不会抛出异常：

```
byNameAssert(x / 0 == 0)        // 正常返回
```

9.6 结语

本章向你展示了如何基于 Scala 对函数的丰富支持来构建控制抽象。可以在代码中使用函数来提炼出通用的控制模式，也可以利用 Scala 类库提供的高阶函数来复用那些对所有程序员代码都适用的公共控制模式。我们还探讨了如何使用柯里化和传名参数让你的高阶函数用起来语法更加精简。

在第 8 章和本章中，你已经了解到关于函数的大量信息。在接下来的几章中，我们将继续对 Scala 中那些更加面向对象的功能特性做进一步讲解。

第 10 章
组合和继承

第 6 章介绍了 Scala 面向对象的一些基础概念。本章将接着第 6 章，更详细地介绍 Scala 对于面向对象编程的支持。

我们将对比类之间的两个最基本的关系：组合和继承。组合的意思是一个类可以包含对另一个类的引用，并利用这个被引用的类来帮助它完成任务。而继承是超类/子类的关系。

除此之外，我们还会探讨抽象类、无参方法、类的扩展、重写方法和字段、参数化字段、调用超类的构造方法、多态和动态绑定、不可重写（final）的成员和类，以及工厂对象和方法。

10.1 一个二维的布局类库

我们将创建一个用于构建和渲染二维布局元素的类库，以此作为本章的示例。每个元素表示一个用文本填充的长方形。为方便起见，类库将提供名称为“elem”的工厂方法，根据传入的数据构造新的元素。例如，可以用下面这个签名的工厂方法创建一个包含字符串的布局元素：

```
elem(s: String): Element
```

就像你看到的，我们用一个名称为 Element 的类型对元素建模。可以对一个元素调用 above 或 beside，传入另一个元素，以获取一个将两个元素结合在一起的新元素。例如，下面这个表达式将创建一个由两列组成的更大的元素，每一列的高度都为 2：

```
val column1 = elem("hello") above elem("***")
val column2 = elem("***") above elem("world")
column1 beside column2
```

打印上述表达式的结果如下：

```
hello ***
 *** world
```

布局元素很好地展示了这样一个系统：在这个系统中，对象可以通过组合操作符的帮助由简单的部件构建出来。本章将定义那些可以根据向量、线和矩形构造出元素对象的类。这些基础的元素对象就是我们说的简单的部件。我们还会定义组合操作符 above 和 beside。这样的组合操作符通常也被称作组合子（*combinator*），因为它们会将某个领域内的元素组合成新的元素。

用组合子来思考通常是一个设计类库的好办法。例如，对于某个特定应用领域中的对象，它有哪些基本的构造方式，这样的思考是很有意义的。简单的对象如何构造出更有趣的对象？如何将组合子有机地结合在一起？最通用的组合有哪些？它们是否满足某种有趣的法则？如果针对这些问题你都有很好的答案，那么你的类库设计就走在正轨上。

10.2 抽象类

我们的第一个任务是定义 Element 类型，用来表示布局元素。由于元素是一个由字符组成的二维矩形，用一个成员 contents 来表示某个布局元素的内容是合情合理的。内容可以用字符串的向量表示，每个字符串代表一行。

因此，由 contents 返回的结果类型将会是 Vector[String]。示例 10.1 给出了相应的代码。

```
abstract class Element:
  def contents: Vector[String]
```

示例 10.1　定义抽象方法和抽象类

在这个类中，contents 被声明为一个没有实现的方法。换句话说，这个方法是 Element 类的*抽象成员*（*abstract member*）。一个包含抽象成员的类本身也要被声明为抽象的，具体做法是在 class 关键字之前写上 abstract 修饰符：

```
abstract class Element ...
```

abstract 修饰符表明该类可以拥有那些没有实现的抽象成员。因此，我们不能直接实例化一个抽象类，尝试这样做将遇到编译错误：

```
scala> new Element
1 |new Element
  |    ^^^^^^^
  |    Element is abstract; it cannot be instantiated
```

在本章稍后的内容中，你将看到如何创建 Element 类的子类。这些子类可以被实例化，因为它们填充了 Element 抽象类中缺少的 contents 定义。

注意，Element 类中的 content 方法并没有标上 abstract 修饰符。一个方法只要没有实现（即没有等号或方法体），它就是抽象的。与 Java 不同，我们并不需要（也不能）对方法加上 abstract 修饰符。那些给出了实现的方法叫作具体方法。

另一组需要区分的术语是*声明*（*declaration*）和*定义*（*definition*）。Element 类“声明”了 content 这个抽象方法，但目前并没有“定义”具体的方法。不过下一节将通过定义一些具体方法来增强 Element 类。

10.3　定义无参方法

接下来，我们将给 Element 类添加方法来获取它的宽度和高度，如示例 10.2 所示。height 方法用于返回 contents 中的行数；而 width 方法用于返回第一行的长度，如果完全没有内容，则返回 0。（这意味着你不能定义一个高度为 0 但宽度不为 0 的元素。）

```
abstract class Element:
  def contents: Vector[String]
  def height: Int = contents.length
  def width: Int = if height == 0 then 0 else contents(0).length
```

示例 10.2　定义无参方法 width 和 height

需要注意的是，Element 类的 3 个方法无一例外都没有参数列表，连空参数列表都没有。举例来说，我们并没有写：

```
def width(): Int
```

而是不带圆括号来定义这个方法：

```
def width: Int
```

这样的*无参方法*（*parameterless method*）在 Scala 中很常见。与此对应，那些用空的圆括号定义的方法，如 def height(): Int，被称作*空圆括号方法*（*empty-paren method*）。推荐的做法是对于没有参数且只通过读取所在对象字段的方式访问其状态（确切地说，并不改变状态）的情况，尽量使用无参方法。这样的做法支持所谓的*统一访问原则*（*uniform access principle*）[1]：使用方代码不应受到某个属性是用字段还是用方法实现的影响。

---

1 Meyer，*面向对象的软件构建* [May001]

举例来说，我们完全可以把 width 和 height 实现成字段，而不是方法，只要将定义中的 def 替换成 val 即可：

```
abstract class Element:
  def contents: Vector[String]
  val height = contents.length
  val width = if height == 0 then 0 else contents(0).length
```

从使用方代码来看，这组定义完全是等价的。唯一的区别是字段访问可能比方法调用的速度快一些，因为字段值在类初始化时就被预先计算好，而不是在每次方法调用时都重新计算。另一方面，字段需要每个 Element 对象为其分配额外的内存空间。因此属性实现为字段好还是方法好，这个问题取决于类的用法，而用法是可以随着时间变化而变化的。核心点在于 Element 类的使用方不应该被内部实现的变化所影响。

具体来说，当 Element 类的某个字段被改写成访问函数时，Element 类的使用方代码并不需要被重新编写，只要这个访问函数是纯粹的（即它并没有副作用也不依赖于可变状态）。使用方代码并不需要关心究竟是哪一种实现。

到目前为止都还好。不过仍然有一个小麻烦，这与 Java 和 Scala 2 的处理细节有关。问题在于 Java 并没有实现统一访问原则，而 Scala 2 也没有完整地推行这个原则。因此，在 Java 中，对于字符串，要写 string.length()而不是 string.length；而对于数组，要写 array.length 而不是 array.length()。无须赘言，这很让人困扰。

为了更好地桥接这两种写法，Scala 3 对于混用无参方法和空括号方法的处理非常灵活。具体来说，可以用空括号方法重写无参方法，也可以反过来，只要父类是 Java 或 Scala 2 编写的就行。还可以在调用某个由 Java 或 Scala 2 定义的不需要入参的方法时省去空括号。例如，如下两行代码在 Scala 3 中都是合法的：

```
Array(1, 2, 3).toString
"abc".length
```

从原理上讲，可以对 Java 或 Scala 2 的所有无参函数调用都去掉空括号。不过，我们仍建议在被调用的方法不仅只代表接收该调用对象的某个属性时加上空括号。举例来说，空括号的适用场景包括该方法执行 I/O、写入可重新赋值的变量（var）、读取接收该调用对象字段之外的 var（无论是直接还是间接地使用了可变对象）。这样一来，参数列表就可以作为一个视觉上的线索，告诉我们该调用触发了某个有趣的计算。例如：

```
"hello".length // 不写()，因为没有副作用
println()      // 最好不要省去()
```

总结下来就是，Scala 鼓励我们将那些不接收参数也没有副作用的方法定义为无参方法（即省去空括号）。同时，对于有副作用的方法，不应该省去空括号，因为在省去括号以后，这个方法调用看上去就像是字段选择，因此你的使用方可能会对其副作用感到意外。

同理，当你调用某个有副作用的函数时，就算编译器没有强制要求，[1] 也请确保在写下调用代码时加上空括号。换一个角度来思考这个问题，如果你调用的这个函数用于执行某个操作，就加上括号，而如果它仅用于访问某个属性，就去掉括号。

10.4　扩展类

我们仍然需要使用某种方式创建新的元素对象。你已经看到“new Element”是不能用的，因为 Element 类是抽象的。因此，要实例化一个元素，需要创建一个扩展自 Element 类的子类，并实现 contents 这个抽象方法。示例 10.3 给出了一种可能的做法：

1 对于 Scala 3 中定义的无参方法，编译器会要求用户以不带空括号的方式来调用；而对于 Scala 3 中定义的空括号方法，编译器会要求用户以带空括号的方式来调用。

```
class VectorElement(conts: Vector[String]) extends Element:
  def contents: Vector[String] = conts
```

示例 10.3 定义 VectorElement 类作为 Element 类的子类

VectorElement 类被定义为扩展（extend）自 Element 类。与 Java 一样，可以在类名后面用 extends 子句来表达：

```
... extends Element ...
```

这样的 extends 子句有两个作用：第一，它使得 VectorElement 类从 Element 类继承（*inherit*）所有非私有的成员；第二，它使得 VectorElement 类型成为 Element 类型的子类型（*subtype*）。反过来讲，Element 类是 VectorElement 类的超类（*superclass*）。如果去掉 extends 子句，则 Scala 编译器会默认你的类扩展自 scala.AnyRef，对应到 Java 平台，这与 java.lang.Object 相同。因此，Element 类默认也扩展自 AnyRef 类。图 10.1 展示了这些继承关系。

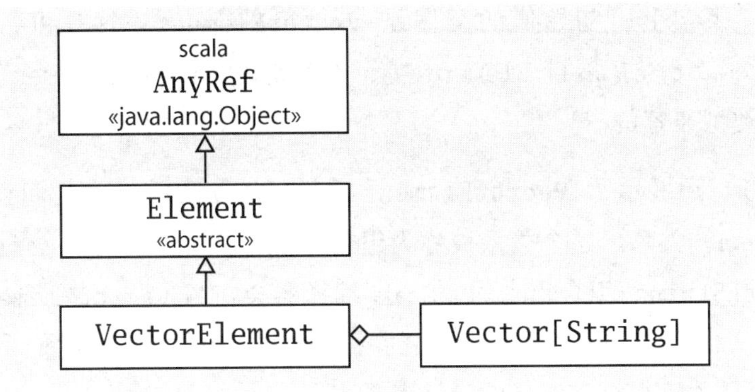

图 10.1 VectorElement 类的类继承关系

继承（*inheritance*）的意思是超类的所有成员也是子类的成员，但是有两个例外：一是超类的私有成员并不会被子类继承；二是如果子类里已经实现了相同名称和参数的成员，则该成员不会被继承。对于后面这种情况，我们认为子类的成员重写了超类的成员。如果子类的成员是具体的而超类的成员是抽象的，我们就认为这个具体的成员实现（*implement*）了那个抽象的成员。

例如，VectorElement 类中的 contents 方法重写（或者说实现）了 Element 类的抽象方法 contents。[1] 与此不同的是，VectorElement 类从 Element 类继承了 width 和 height 这两个方法。例如，假设有一个 VectorElement ve，可以用 ve.width 来查询其宽度，就像 width 方法是定义在 VectorElement 类中的一样：[2]

```
val ve = VectorElement(Vector("hello", "world"))
ve.width// 5
```

子类型的意思是子类的值可以被用在任何需要超类的值的场合。例如：

```
val e: Element = VectorElement(Vector("hello"))
```

变量 e 的类型是 Element，因此用于初始化它的值的类型也应该是 Element。事实上，初始值的类型是 VectorElement。这是可行的，因为 VectorElement 类扩展自 Element 类，也就是说，VectorElement 类型是与 Element 类型兼容的。[3]

图 10.1 还展示了 VectorElement 和 Vector[String]之间存在的组合（*composition*）关系。这个关系被称为组合，是因为 VectorElement 是通过使用 Vector[String]组合出来的，Scala 编译器会在为 VectorElement 生成的二进制类文件中放入一个指向传入的 conts 向量的字段。我们将在后面的 10.11 节探讨关于组合和继承的设计考量点。

1 这个设计有一个缺陷，我们目前并没有确保 contents 方法的每个 String 元素都有相同的长度。这个问题可以通过在主构造方法中检查前提条件并在前提条件不满足时抛出异常来解决。

2 6.2 节曾经提到过，当实例化接收参数的类（如 VectorElement 类）时，可以省略 new 关键字。

3 关于子类和子类型的区别的更多描述，请参考术语表中的子类型（*subtype*）词条。

10.5　重写方法和字段

统一访问原则只是 Scala 比 Java 在处理字段和方法上更加统一的一个区别。另一个区别是，Scala 中字段和方法属于同一个命名空间。这使得用字段重写无参方法变为可能。举例来说，可以将 VectorElement 类中的 contents 实现从方法改成字段，这并不需要修改 Element 类中的 contents 定义，如示例 10.4 所示。

```
class VectorElement(conts: Vector[String]) extends Element:
  val contents: Vector[String] = conts
```

示例 10.4　用字段重写无参方法

这个版本的 VectorElement 类中的 contents 字段（用 val 定义）是 Element 类的 contents 方法（用 def 定义）的一个没有问题的实现。另一方面，Scala 禁止在同一个类中使用相同的名称命名字段和方法，但在 Java 中这是被允许的。

例如，下面这个 Java 类可以正常编译：

```
// 这是 Java
class CompilesFine {
  private int f = 0;
  public int f() {
    return 1;
  }
}
```

相应的 Scala 类则不能：

```
class WontCompile:
  private var f = 0        // 不能编译，因为字段
  def f = 1                // 和方法的名称相同了
```

一般来说，Scala 只有两个命名空间用于定义，不同于 Java 的 4 个。Java 的 4 个命名空间分别是：字段、方法、类型和包。而 Scala 的两个命名空间分别是：

- 值（字段、方法、包和单例对象）
- 类型（类和特质名）

Scala 将字段和方法放在同一个命名空间的原因是为了让你可以用 `val` 来重写一个无参方法，这在 Java 中是不被允许的。[1]

10.6　定义参数化字段

让我们再来看看前一节定义的 `VectorElement` 类。它有一个 `conts` 参数，这个参数存在的唯一目的就是被复制到 `contents` 字段上。参数的名称选用 `conts` 是为了让它看上去与字段名 `contents` 相似但又不至于与它冲突。这是“代码的坏味道”（code smell），是你的代码可能存在不必要的冗余和重复的一种信号。

可以通过将参数和字段合并成*参数化字段*（*parametric field*）的方式来避免这个“坏味道”，如示例 10.5 所示。

```
// 扩展示例 10.2 中的 Element 类
class VectorElement(
  val contents: Vector[String]
) extends Element
```

示例 10.5　定义 `contents` 为参数化字段

需要注意的是，现在 `contents` 参数前面放了一个 `val`。这是同时定义参数和同名字段的简写方式。具体来说，`VectorElement` 类现在具备一个（不

1 在 Scala 中，包也与字段和方法共用一个命名空间的原因是让你能引入包（而不仅仅是类型的名称）和单例对象的字段及方法。这同样是 Java 不允许的。我们将在 12.3 节做更详细的介绍。

能被重新赋值的）contents 字段。该字段可以被外界访问到，并且会被初始化为参数的值。这就好像类定义是如下的样子，其中 x123 是这个参数的一个任意起的新名：

```
class VectorElement(x123: Vector[String]) extends Element:
  val contents: Vector[String] = x123
```

也可以在类参数的前面加上 var，这样对应的字段就可以被重新赋值。最后，还可以给这些参数化字段添加修饰符，如 private、protected[1] 或 override，就像你能够对其他类成员做的那样。例如，下面这些类定义：

```
class Cat:
  val dangerous = false
class Tiger(
  override val dangerous: Boolean,
  private var age: Int
) extends Cat
```

Tiger 类的定义是如下这个包含重写成员 dangerous 和私有成员 age 的类定义的简写方式：

```
class Tiger(param1: Boolean, param2: Int) extends Cat:
  override val dangerous = param1
  private var age = param2
```

这两个成员都通过对应的参数初始化。我们选择 param1 和 param2 这两个名字是非常随意的，重要的是它们并不与当前作用域内的其他名称冲突。

10.7 调用超类构造方法

现在你已经拥有一个由两个类组成的完整系统：一个抽象类 Element，

1 第 12 章将详细介绍 protected 这个用来给子类赋予访问权限的修饰符。

这个类又被另一个具体类 VectorElement 扩展。你可能还会看到使用其他方式来表达一个元素。比如，使用方可能要创建一个由字符串给出的单行组成的布局元素。面向对象的编程让我们很容易用新的数据变种来扩展一个已有的系统，只需要添加子类即可。举例来说，示例 10.6 给出了一个扩展自 VectorElement 类的 LineElement 类：

```
// 扩展示例 10.5 中的 VectorElement 类
class LineElement(s: String) extends VectorElement(Vector(s)):
  override def width = s.length
  override def height = 1
```

示例 10.6　调用超类的构造方法

由于 LineElement 类扩展自 VectorElement 类，而 VectorElement 类的构造方法接收一个参数（Vector[String]），LineElement 类需要向其超类的主构造方法传入这样一个入参。要调用超类的构造方法，只需要将你打算传入的入参放在超类名称后的圆括号里即可。例如，LineElement 类就是通过将 Vector(s)放在超类 VectorElement 名称后面的圆括号里来将其传入 VectorElement 类的主构造方法的：

```
... extends VectorElement(Vector(s)) ...
```

有了新的子类，LineElement 类的类继承关系如图 10.2 所示。

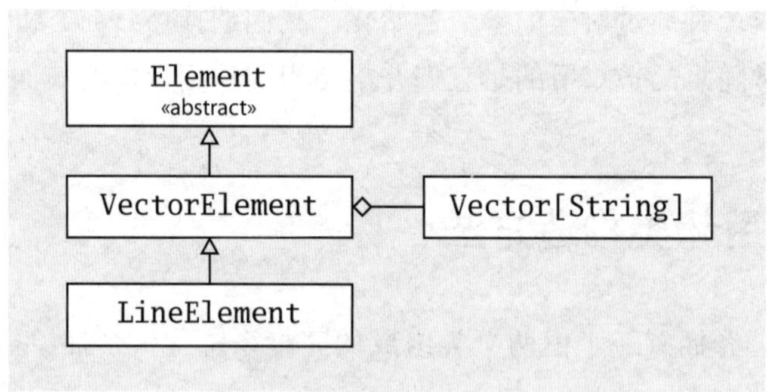

图 10.2　LineElement 类的类继承关系

10.8 使用 override 修饰符

需要注意的是，LineElement 类的 width 和 height 方法的定义前面都带上了 override 修饰符。你曾在 6.3 节的 toString 方法的定义中看到过这个修饰符。Scala 要求我们在所有重写了父类具体成员的成员之前加上这个修饰符。而如果某个成员并不重写或继承基类中的某个成员，则这个修饰符是被禁用的。由于 LineElement 类的 height 和 width 方法的确重写了 Element 类中的具体定义，因此 override 这个修饰符是必需的。

这样的规则为编译器提供了有用的信息，可以帮助我们避免某些难以捕获的错误，让系统得以更加安全地进化。举例来说，如果你碰巧拼错了方法或不小心给出了错误的参数列表，则编译器将反馈出错误消息：

```
$ scalac LineElement.scala
-- [E037] Declaration Error: LineElement.scala:3:15 --
3 |  override def hight = 1
  |               ^
  |               method hight overrides nothing
```

这个 override 的规约对于系统进化来说更为重要。比如，你打算定义一个 2D 绘图方法的类库。你公开了这个类库，并且有很多人使用。在这个类库的下一个版本中，你打算给基类 Shape 添加一个新的方法，签名如下：

```
def hidden(): Boolean
```

你的新方法将被多个绘图方法用来判定某个形状是否需要被绘制出来。这有可能会带来巨大的性能提升，不过你无法在不产生破坏使用方代码的风险的情况下添加这个方法。毕竟，类库的使用者可能定义了带有不同 hidden 方法实现的 Shape 子类。而且或许使用方的方法实际上会让接收调用的对象消失而不是测试该对象是否隐藏。由于两个版本的 hidden 方法存在重写的关系，你的绘图方法最终会让对象消失，但这显然并不是你要的效果。

这些“不小心出现的重写”就是所谓的“脆弱基类”（fragile base class）

问题最常见的表现形式。这个问题之所以存在，是因为如果你在某个类继承关系中对基类（我们通常将其称为超类）添加新的成员，则将面临破坏使用方代码的风险。Scala 并不能完全解决脆弱基类的问题，但与 Java 相比，它对此种情况有所改善。[1] 如果这个绘图类库和使用方代码是用 Scala 编写的，则使用方代码中原先的 hidden 实现并不会带上 override 修饰符，因为当时并没有其他方法使用了这个名称。

一旦你在第二版的 Shape 类中添加了 hidden 方法，则重新编译使用方代码将会给出类似如下的报错：

```
-- Error: Circle.scala:3:6 ---------------------------
3 | def hidden(): Boolean =
  |     ^
  |     error overriding method hidden in class Shape
  |       of type (): Boolean; method hidden of type
  |       (): Boolean needs `override` modifier
```

也就是说，使用你的类库的代码并不会表现出错误的行为，而是会得到一个编译期错误，这通常是更优的选择。

10.9 多态和动态绑定

你在 10.4 节看到了，类型为 Element 的变量可以指向一个类型为 VectorElement 的对象。这个现象叫作多态（*polymorphism*），意思是“多个形状”或“多种形式”。在我们的这个例子中，Element 对象可以有许多不同的展现形式。[2]

---

1 Java 在 1.5 版本中引入了@Override 注解，其工作机制与 Scala 的 override 修饰符类似，但不同于 Scala 的 override 修饰符，这个注解并不是必需的。

2 这一类多态被称为子类型多态（subtyping polymorphism）。Scala 还有其他种类的多态，其中通用多态（*universal polymorphism*）将在第 18 章做详细介绍，而特定目的多态（ad hoc polymorphism）将在第 21 章和第 23 章做详细介绍。（译者注：全类型多态通常被称为参数多态，即 parametric polymorphism。）

到目前为止，你看到过两种形式的 Element 类：VectorElement 和 LineElement。可以通过定义新的 Element 子类来创建更多形式的 Element 类。例如，可以定义一个新形式的 Element 类，有一个指定的宽度和高度，并用指定的字符填充：

```
// 扩展示例10.2 中的Element 类
class UniformElement(
  ch: Char,
  override val width: Int,
  override val height: Int
) extends Element:
  private val line = ch.toString * width
  def contents = Vector.fill(height)(line)
```

Element 类现在的类继承关系如图 10.3 所示。有了这些，Scala 将会接收如下所有的赋值，因为用来赋值的表达式满足定义变量的类型要求：

```
val e1: Element = VectorElement(Vector("hello", "world"))
val ve: VectorElement = LineElement("hello")
val e2: Element = ve
val e3: Element = UniformElement('x', 2, 3)
```

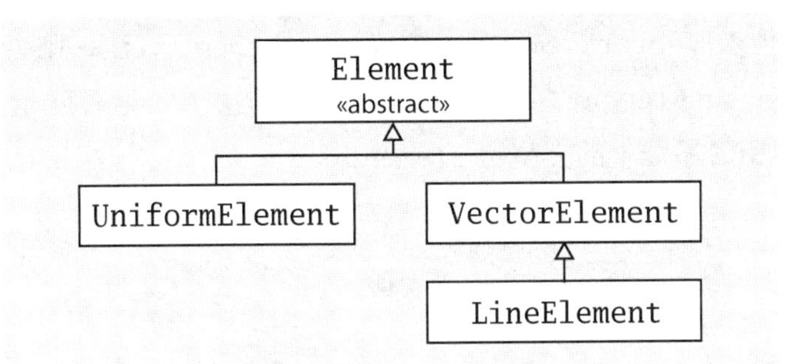

图 10.3　Element 类的类继承关系

如果你检查这个类继承关系，则会发现对这 4 个 val 定义中的每一个而言，等号右边的表达式类型都位于等号左边被初始化的 val 的类型的下方。

不过，对变量和表达式的方法调用是*动态绑定*（*dynamic bound*）的。意思是说实际被调用的方法实现是在运行时基于对象的类决定的，而不是基于变量或表达式的类型决定的。为了展示这个行为，我们将从 Element 类中临时去掉所有的成员，并向 Element 类中添加一个名称为 demo 的方法。我们将在 VectorElement 和 LineElement 类中重写 demo 方法，但在 UniformElement 类中不重写这个方法：

```
abstract class Element:
  def demo = "Element's implementation invoked"

class VectorElement extends Element:
  override def demo = "VectorElement's implementation invoked"

class LineElement extends VectorElement:
  override def demo = "LineElement's implementation invoked"

// UniformElement 类继承了 Element 类的 demo 方法
class UniformElement extends Element
```

如果你将上述代码录入编译器，则接下来可以定义如下这样一个方法，接收 Element 参数，并对它调用 demo 方法：

```
def invokeDemo(e: Element) = e.demo
```

如果你传入 VectorElement 参数给 invokeDemo 方法，则会看到一条消息，表明 VectorElement 类的 demo 实现被调用了，尽管变量 e（即接收 demo 实现调用的那个）的类型是 Element：

```
invokeDemo(new VectorElement)
// 调用了 VectorElement 类的 demo 实现
```

同理，如果你传入 LineElement 参数给 invokeDemo 方法，则会看到一条消息，表明 LineElement 类的 demo 实现被调用了：

```
invokeDemo(new LineElement)
// 调用了 LineElement 类的 demo 实现
```

传入 UniformElement 参数给 invokeDemo 方法的行为初看上去有些奇怪，却是正确的：

```
invokeDemo(new UniformElement)
// 调用了Element类的demo实现
```

由于 UniformElement 类中并没有重写 demo 方法，而是从其超类 Element 继承了 demo 实现。因此，当对象的类为 UniformElement 时，调用 demo 方法的正确版本就是来自 Element 类的 demo 实现。

10.10 声明final成员

有时，在设计类继承关系的过程中，你可能想确保某个成员不能被子类继承。在 Scala 中，与 Java 一样，可以通过在成员前面加上 final 修饰符来实现。如示例 10.7 所示，可以在 VectorElement 类的 demo 方法前放一个 final 修饰符。

```
class VectorElement extends Element:
  final override def demo =
    "VectorElement's implementation invoked"
```

示例 10.7 声明一个不可更改的方法

有了这个版本的 VectorElement 类，则在其子类 LineElement 中尝试重写 demo 方法，会导致编译错误：

```
-- Error: LineElement.scala:2:15 ----------------------
2 |  override def demo =
  |               ^
  |error overriding method demo in class VectorElement
  |  of type => String; method demo of type => String
  |  cannot override final member method demo in class
  |  VectorElement
```

你可能有时候还想确保整个类没有子类，则可以简单地将类声明为不可更改的，做法是在类声明之前添加 final 修饰符。例如，示例 10.8 给出了如何声明 VectorElement 类为不可更改的。

```
final class VectorElement extends Element:
  override def demo = "VectorElement's implementation invoked"
```

示例 10.8　声明一个不可更改的类

有了这样的 VectorElement 类定义，任何想要定义其子类的尝试都将无法通过编译：

```
-- [E093] Syntax Error: LineElement.scala:1:6 ---------
1 |class LineElement extends VectorElement:
  |      ^
  |      class LineElement cannot extend final class
  |        VectorElement
```

现在去掉 final 修饰符和 demo 方法，回到 Element 家族的早期实现。本章剩余部分将集中精力完成该布局类库的一个可工作版本。

10.11　使用组合和继承

组合和继承是两种用其他已有的类来定义新类的方式。如果你主要追求的是代码复用，则一般来说应当优先选择组合而不是继承。只有继承才会受到脆弱基类问题的困扰，会在修改超类时不小心破坏子类的代码。

关于继承关系，你可以问自己一个问题，那就是要建模的这个关系是否是“is-a”（是一个）的关系。[1] 例如，我们有理由说 VectorElement 类是一个 Element 类。另一个可以问的问题是这些类的使用方是否会把子类的类

1 Meyers，*Effective C++*[Mey91]

型当作超类的类型来使用。[1] 以 VectorElement 类为例，我们确实预期使用方会将 VectorElement 类作为 Element 类来用。

如果你对图 10.3 所示的类继承关系发问上述两个问题，有没有哪个关系看上去比较可疑？具体来说，你是否觉得 LineElement 类理应是一个 VectorElement 类呢？你是否认为使用方需要把 LineElement 类当作 VectorElement 类来用呢？

事实上，我们将 LineElement 类定义为 VectorElement 类的子类的主要目的是复用 VectorElement 类的 contents 字段定义。因此，也许更好的做法是将 LineElement 类定义为 Element 类的直接子类，就像这样：

```
class LineElement(s: String) extends Element:
  val contents = Vector(s)
  override def width = s.length
  override def height = 1
```

在前一个版本中，LineElement 类有一个与 VectorElement 类的继承关系，它继承了 contents 字段。现在 LineElement 类有一个与 Vector 的组合关系：它包含了一个从自己的 contents 字段指向一个字符串向量的引用。[2] 有了这个版本的 LineElement 实现，Element 类的类继承关系如图 10.4 所示。

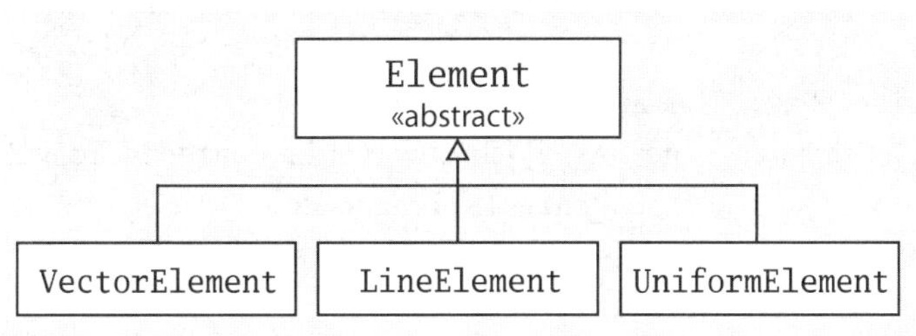

图 10.4 Element 类的类继承关系

1 Eckel，*Thinking in Java* [Eck98]

2 VectorElement 类也有一个与 Vector 的组合关系，因为它的参数化字段 contents 包含了指向一个字符串向量的引用。VectorElement 类的代码如示例 10.5 所示（188 页）。其组合关系在类图中表示为菱形，如图 10.1（185 页）所示。

10.12　实现 above、beside 和 toString 方法

接下来，我们将实现 Element 类的 above 方法。将某个元素放在另一个“上面”意味着将两个元素的值拼接在一起。第一版的 above 方法可能是这样的：

```
def above(that: Element): Element =
  VectorElement(this.contents ++ that.contents)
```

其中，++操作符将两个向量拼接在一起。本章还会讲到向量支持的一些其他方法，然后在第 15 章还会有更详细的介绍。

前面给出的代码并不是很够用，因为它并不允许你将宽度不同的元素叠加在一起。不过为了让事情保持简单，我们先不理会这个问题，只是每次都记得传入相同长度的元素给 above 方法。在 10.14 节，我们将对 above 方法做增强，让使用方可以用它来拼接不同宽度的元素。

下一个要实现的方法是 beside。要把两个元素并排放在一起，我们将创建一个新的元素。在这个新元素中，每一行都是由两个元素的对应行拼接起来的。与之前一样，为了让事情保持简单，我们先假设两个元素有相同的高度。这让我们设计出下面这个 beside 方法：

```
def beside(that: Element): Element =
  val newContents = new Array[String](this.contents.length)
  for i <- 0 until this.contents.length do
    newContents(i) = this.contents(i) + that.contents(i)
  VectorElement(newContents.toVector)
```

这个 beside 方法首先分配一个新的数组 newContents，然后用 this.contents 和 that.contents 对应的向量元素[1]拼接的字符串数组填充，最后通过调用 toVector 方法产生一个新的包含新内容的 VectorElement 类。

---

1 译者注：即每一行。

虽然这个 beside 方法的实现可以解决问题，但是它是用指令式风格编写的，明显的标志是用下标遍历数组时使用的循环。换一种方式，我们可以将这个方法简化为一个表达式：

```
VectorElement(
  for (line1, line2) <- this.contents.zip(that.contents)
  yield line1 + line2)
```

在这里，我们用 zip 操作符将 this.contents 和 that.contents 这两个向量转换成对偶（即 Tuple2）的数组。这个 zip 操作符从它的两个操作元中选取对应的元素，组合成一个对偶（pair）的向量。例如，如下表达式：

```
Vector(1, 2, 3).zip(Vector("a", "b"))
```

将被求值为：

```
Vector((1, "a"), (2, "b"))
```

如果其中一个操作元向量比另一个长，zip 操作符将会删除多余的元素。在上面的表达式中，左操作元的第三个元素 3 并没有进入结果中，因为它在右操作元中并没有对应的元素。

接下来，这个数组会被一个 for 表达式遍历。在这里，“for ((line1, line2) <- ...)”这样的语法允许你在一个模式中同时对两个元素命名（也就是说，line1 表示对偶的第一个元素，而 line2 表示对偶的第二个元素）。第 13 章将详细介绍 Scala 的模式匹配系统。就目前而言，你可以认为这是在迭代中的每一步定义两个 val（line1 和 line2）的一种方式。

for 表达式有一部分叫作 yield，并通过 yield 交出结果。这个结果的类型和被遍历的表达式是同一种（向量）。向量中的每个元素都是将对应的 line1 和 line2 拼接起来的结果。因此这段代码的最终结果与第一版的 beside 方法一样，不过由于它避免了显式的向量下标，因此获取结果的过程更少出错。

还需要使用某种方式来显示元素。与往常一样，这是通过定义返回格式化好的字符串的 toString 方法来完成的。定义如下：

```
override def toString = contents.mkString("\n")
```

toString 方法的实现用到了 mkString 方法，这个方法对所有序列都适用，包括数组。如你在 7.8 节看到的，类似“vec.mkString(sep)”这样的表达式将返回一个包含 vec 向量所有元素的字符串。每个元素都通过 toString 方法被映射成字符串。在连续的字符串元素中间，还会插入一个 sep 字符串进行分隔。因此，“contents.mkString("\n")”这样的表达式将 contents 向量格式化成一个字符串，且每个向量元素都独占一行。

需要注意的是，toString 方法并没有带上一个空参数列表。这符合统一访问原则，因为 toString 方法是一个不接收任何参数的纯方法。有了这 3 个方法，Element 类现在看上去如示例 10.9 所示。

```
abstract class Element:

  def contents: Vector[String]

  def width: Int =
    if height == 0 then 0 else contents(0).length

  def height: Int = contents.length

  def above(that: Element): Element =
    VectorElement(this.contents ++ that.contents)

  def beside(that: Element): Element =
    VectorElement(
      for (line1, line2) <- this.contents.zip(that.contents)
      yield line1 + line2
    )

  override def toString = contents.mkString("\n")

end Element
```

示例 10.9　带有 above、beside 和 toString 方法的 Element 类

10.13 定义工厂对象

现在你已经拥有一组用于布局元素的类。这些类的继承关系可以“原样”展现给你的使用方，不过你可能想把继承关系隐藏在一个工厂对象背后。

工厂对象包含创建其他对象的方法。使用方用这些工厂方法来构建对象，而不是直接用 new 来构建对象。这种做法的好处是对象创建逻辑可以被集中起来，而对象是如何用具体的类表示的可以被隐藏起来。这样既可以让你的类库更容易被使用方理解，因为暴露的细节更少，又提供了更多的机会，可以让你在未来不破坏使用方代码的前提下改变类库的实现。

为布局元素构建工厂对象的第一个任务是选择在哪里放置工厂方法。工厂方法应该作为某个单例对象的成员，还是类的成员？包含工厂方法的对象或类应该如何命名？可能性有很多。直接的方案是创建一个 Element 类的伴生对象，作为布局元素的工厂对象。这样，你只需要暴露 Element 这组类/对象给使用方，并将 VectorElement、LineElement 和 UniformElement 这 3 个实现类隐藏起来。

示例 10.10 给出了按这个机制做出的 Element 对象设计。Element 对象包含了 3 个重载的 elem 方法，每个方法用于构建不同种类的布局对象。

```
object Element:

  def elem(contents: Vector[String]): Element =
    VectorElement(contents)

  def elem(chr: Char, width: Int, height: Int): Element =
    UniformElement(chr, width, height)

  def elem(line: String): Element =
    LineElement(line)
```

示例 10.10　带有工厂方法的工厂对象

有了这些工厂方法以后，我们有理由对 Element 类的实现做一些改变，让它用 elem 工厂方法，而不是直接显式地创建新的 VectorElement。为了在调用工厂方法时不显式给出 Element 这个单例对象名称的限定词，我们将在源码文件顶部引入 Element.elem。换句话说，我们在 Element 类中不再用 Element.elem 来调用工厂方法，而是引入 Element.elem，这样就可以用其简称（即 elem）来调用工厂方法了。示例 10.11 给出了调整后的 Element 类。

```
import Element.elem

abstract class Element:

  def contents: Vector[String]

  def width: Int =
    if height == 0 then 0 else contents(0).length

  def height: Int = contents.length

  def above(that: Element): Element =
    elem(this.contents ++ that.contents)

  def beside(that: Element): Element =
    elem(
      for (line1, line2) <- this.contents.zip(that.contents)
      yield line1 + line2
    )

  override def toString = contents.mkString("\n")

end Element
```

示例 10.11　重构后使用工厂方法的 Element 类

除此之外，在有了工厂方法后，VectorElement、LineElement 和 UniformElement 这些子类就可以变成私有的，因为它们不再需要被使用方直接访问了。在 Scala 中，可以在其他类或单例对象中定义类和单例对象。对于将 `Element` 类的子类变成私有的，方式之一是将其子类放在 `Element` 单例对象中，并声明为私有的。这些类在需要时仍然可以被那 3 个 `elem` 工厂方法访问。示例 10.12 给出了修改后的样子。

```
object Element:

  private class VectorElement(
    val contents: Vector[String]
  ) extends Element

  private class LineElement(s: String) extends Element:
    val contents = Vector(s)
    override def width = s.length
    override def height = 1

  private class UniformElement(
    ch: Char,
    override val width: Int,
    override val height: Int
  ) extends Element:
    private val line = ch.toString * width
    def contents = Vector.fill(height)(line)

  def elem(contents: Vector[String]): Element =
    VectorElement(contents)

  def elem(chr: Char, width: Int, height: Int): Element =
    UniformElement(chr, width, height)

  def elem(line: String): Element =
    LineElement(line)

end Element
```

示例 10.12 用私有类隐藏实现

10.14　增高和增宽

我们还需要最后一个增强。示例 10.11 给出的 Element 类并不是很够用，因为它不允许使用方将不同宽度的元素叠加在一起，或者将不同高度的元素并排放置。

例如，对如下表达式求值不能正常工作，因为第二行合起来的元素比第一行长：

```
elem(Vector("hello")) above elem(Vector("world!"))
```

同理，对下面的表达式求值也不能正常工作，因为第一个 VectorElement 的高度是 2，而第二个 VectorElement 的高度是 1：

```
elem(Vector("one", "two")) beside
elem(Vector("one"))
```

示例 10.13 展示了一个私有的助手方法 widen，接收一个宽度参数并返回这个宽度的元素。结果包含了这个 Element 元素的内容，且两侧用空格填充，以达到要求的宽度。示例 10.13 还展示了另一个类似的方法 heighten，用于实现同样的功能，只不过方向变成了纵向的。above 方法可以调用 widen 方法来确保叠加起来的元素拥有相同的宽度。同样地，beside 方法可以调用 heighten 方法来确保并排放置的元素拥有相同的高度。做了这些改变之后，我们的这个布局类库就可以用起来了。

```
import Element.elem

abstract class Element:
  def contents:  Vector[String]

  def width: Int =
    if height == 0 then 0 else contents(0).length
```

示例 10.13　带有 widen 和 heighten 方法的 Element 类

```
  def height: Int = contents.length

  def above(that: Element): Element =
    val this1 = this.widen(that.width)
    val that1 = that.widen(this.width)
    elem(this1.contents ++ that1.contents)

  def beside(that: Element): Element =
    val this1 = this.heighten(that.height)
    val that1 = that.heighten(this.height)
    elem(
      for (line1, line2) <- this1.contents.zip(that1.contents)
      yield line1 + line2
    )

  def widen(w: Int): Element =
    if w <= width then this
    else
      val left = elem(' ', (w - width) / 2, height)
      val right = elem(' ', w - width - left.width, height)
      left beside this beside right

  def heighten(h: Int): Element =
    if h <= height then this
    else
      val top = elem(' ', width, (h - height) / 2)
      val bot = elem(' ', width, h - height - top.height)
      top above this above bot

  override def toString = contents.mkString("\n")

end Element
```

示例 10.13 带有 widen 和 heighten 方法的 Element 类（续）

10.15 放在一起

练习使用布局类库的几乎所有元素的有趣方式是编写一个用给定的边数绘制螺旋的程序。示例 10.14 给出的 Spiral 对象就是这样一个程序。

```
import Element.elem

object Spiral:

  val space = elem(" ")
  val corner = elem("+")

  def spiral(nEdges: Int, direction: Int): Element =
    if nEdges == 1 then
      elem("+")
    else
      val sp = spiral(nEdges - 1, (direction + 3) % 4)
      def verticalBar = elem('|', 1, sp.height)
      def horizontalBar = elem('-', sp.width, 1)
      if direction == 0 then
        (corner beside horizontalBar) above (sp beside space)
      else if direction == 1 then
        (sp above space) beside (corner above verticalBar)
      else if direction == 2 then
        (space beside sp) above (horizontalBar beside corner)
      else
        (verticalBar above corner) beside (space above sp)

  def main(args: Array[String]) =
    val nSides = args(0).toInt
    println(spiral(nSides, 0))

end Spiral
```

示例 10.14　Spiral 对象应用程序

由于 Spiral 是一个带有正确签名的 main 方法的独立对象，因此可以被当作一个 Scala 应用程序来使用。Spiral 接收一个整型的命令行参数，并绘制出给定边数的螺旋。举例来说，可以绘制一个六边的螺旋，如下面最左边的图所示，也可以绘制更大的螺旋，如下面右边的图所示。

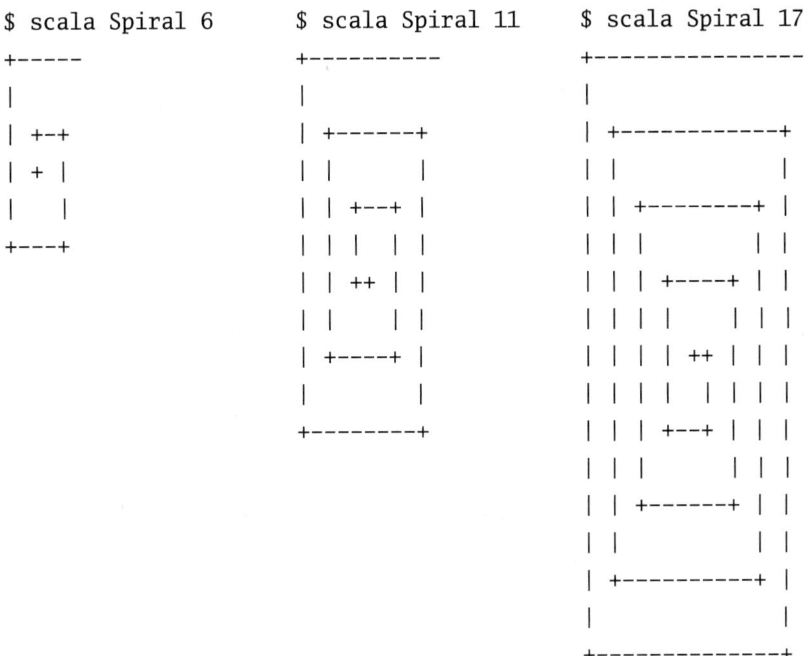

10.16 结语

在本章，你看到了更多关于 Scala 面向对象编程的概念，接触到了抽象类、继承和子类型、类继承关系、参数化字段，以及方法重写。你应该已经建立起一种用 Scala 构建一定规模的类继承关系图谱的感觉。我们将在第 25 章再次用到这个布局类库。

第 11 章

特质

特质是 Scala 代码复用的基础单元。特质将方法和字段定义封装起来，然后通过将它们混入（*mix in*）类的方式来实现复用。它不同于类继承，类继承要求每个类都继承自一个（明确的）超类，而类可以同时混入任意数量的特质。本章将展示特质的工作原理并给出两种最常见的适用场景：将“瘦”接口拓展为“富”接口，以及定义可叠加的修改。本章还会展示如何使用 Ordered 特质，以及特质和其他语言中的多重继承的对比。

11.1 特质如何工作

特质的定义与类的定义很像，除了关键字 trait。参考示例 11.1。

```
trait Philosophical:
  def philosophize = "I consume memory, therefore I am!"
```

示例 11.1 Philosophical 特质的定义

该特质的名称为 Philosophical。它并没有声明一个超类，因此与类一样，有一个默认的超类 AnyRef。它定义了一个名称为 philosophize 的方法，这个方法是具体的。这是一个简单的特质，只是为了展示特质的工作原理。

一旦特质被定义好，我们就可以用 extends 或 with 关键字将它混入类中。Scala 程序员混入特质，而不是从特质继承，因为混入特质与其他许多编程语言中的多重继承有重要的区别。这个问题在 11.4 节还会详细探讨。举例来说，示例 11.2 展示了一个用 extends 关键字混入 Philosophical 特质的类。

```
class Frog extends Philosophical:
  override def toString = "green"
```

示例 11.2 用 extends 关键字混入 Philosophical 特质

可以用 extends 关键字来混入特质，在这种情况下，隐式地继承了特质的超类。例如，在示例 11.2 中，Frog 类是 AnyRef 类的子类（因为 AnyRef 类是 Philosophical 特质的超类），并且混入了 Philosophical 特质。从特质继承的方法与从超类继承的方法用起来一样。参考如下的例子：

```
val frog = new Frog
frog.philosophize  // I consume memory, therefore I am! 我耗内存故我在!
```

特质也定义了一个类型。下面是一个 Philosophical 被用作类型的例子：

```
val phil: Philosophical = frog
phil.philosophize // I consume memory, therefore I am! 我耗内存故我在!
```

这里变量 phil 的类型是 Philosophical，这是一个特质。因此，phil 可以由任何混入了 Philosophical 特质的类的对象初始化。

如果你想要将特质混入一个显式继承自某个超类的类，则可以用 extends 关键字来给出这个超类，并用逗号（或 with 关键字）来混入特质。示例 11.3 给出了一个例子。如果你想混入多个特质，则可以用逗号（或 with 关键字）进行添加。例如，如果有一个 HasLegs 特质，则可以像示例 11.4 所展示的那样同时混入 Philosophical 和 HasLegs 特质。

```
class Animal

class Frog extends Animal, Philosophical:
  override def toString = "green"
```

示例 11.3 用逗号混入特质

```
class Animal
trait HasLegs

class Frog extends Animal, Philosophical, HasLegs:
  override def toString = "green"
```

示例 11.4 混入多个特质

在目前为止的示例中，Frog 类从 Philosophical 特质继承了 philosophize 方法的实现。Frog 类也可以重写 philosophize 方法。重写的语法与重写超类中声明的方法看上去一样。参考下面这个例子：

```
class Animal

class Frog extends Animal, Philosophical:
  override def toString = "green"
  override def philosophize = s"It ain't easy being $this!"
```

由于这个新的 Frog 类定义仍然混入了 Philosophical 特质，因此仍然可以用同一个该类型的变量使用它。不过由于 Frog 类重写了 Philosophical 特质的 philosophize 方法，因此当你调用这个方法时，将得到新的行为：

```
val phrog: Philosophical = new Frog
phrog.philosophize // It ain't easy being green!当绿色（的动物）太难了!
```

至此，你可能会总结出，特质很像是拥有具体方法的 Java 接口，不过其能做的实际上远不止这些。比如，特质可以声明字段并保持状态。事实上，在特质定义中可以做任何在类定义中做的事，语法也完全相同。

类和特质的关键区别在于，类中的 `super` 调用是静态绑定的，而特质中的 `super` 调用是动态绑定的。如果你在类中编写“`super.toString`”这样的代码，则会确切地知道实际调用的是哪一个实现。而如果在特质中编写同样的代码，在定义特质的时候，想要通过 `super` 调用的方法实现并没有被定义。被调用的实现在每次该特质被混入某个具体类时都会重新判定。这里的 `super` 调用看上去有些奇怪的行为是特质能实现**可叠加修改**（*stackable modification*）的关键，我们将在 11.3 节介绍这个概念。解析 `super` 调用的规则将在 11.4 节给出。

11.2 瘦接口和富接口

特质的一个主要用途是自动给类添加基于已有方法的新方法。也就是说，特质可以丰富一个**瘦接口**，让它成为**富接口**。

瘦接口和富接口代表了我们在面向对象设计中经常面临的取舍，以及在接口实现者和使用者之间的权衡。富接口有很多方法，对调用方而言十分方便。使用者可以选择完全匹配他们需求的方法。而瘦接口的方法较少，因此实现起来更容易。不过瘦接口的使用方需要编写更多的代码。由于可供选择的方法较少，他们可能被迫选择一个不那么匹配他们需求的方法，然后编写额外的代码来使用它。

给特质添加具体方法会让瘦接口和富接口之间的取舍变得严重倾向于富接口，因为同样的工作只用做一次。只需要在特质中实现这些方法一次，而并不需要在每个混入该特质的类中重新实现一遍。因此，与其他没有特质的语言相比，Scala 中实现的富接口的代价更小。

要用特质来丰富某个接口，只需要定义一个拥有为数不多的抽象方法（接口中瘦的部分）和可能数量很多的具体方法（这些具体方法基于那些抽象方法编写）的特质。然后，就可以将这个**增值**（*enrichment*）特质混入某个类，在类中实现接口中瘦的部分，最终得到一个拥有完整富接口实现的类。

富接口能给我们带来便利的一个很典型的应用领域是对象之间的比较。当你需要通过比较两个对象来对它们排序时，如果有这样一个方法可以调用以明确需要的比较，就会很方便。如果你需要的是“小于”，则希望调用<；而如果你需要的是“小于或等于”，则希望调用<=。如果用一个瘦的比较接口，则可能只能用<，但有时可能需要编写类似“(x < y) || (x == y)”这样的代码。而一个富接口可以提供所有常用的比较操作，这样就可以直接写下如同“x <= y”这样的代码。

假设你用使第 6 章的 Rational 类，然后给它添加比较操作，则可能最终会写出类似这样的代码：[1]

```
class Rational(n: Int, d: Int):
// ...
  def < (that: Rational) =
    this.numer * that.denom < that.numer * this.denom
  def > (that: Rational) = that < this
  def <= (that: Rational) = (this < that) || (this == that)
  def >= (that: Rational) = (this > that) || (this == that)
```

这个类定义了 4 个比较操作符（<、>、<=和>=），这是一个经典的展示出定义富接口代价的例子。首先，注意其中的 3 个比较操作符都是基于第一个比较操作符来定义的。例如，>被定义为<的取反操作，而<=按字面意思被定义为“小于或等于”。接下来，注意所有的这 3 个比较操作符对于任何其他可以被比较的类来说都是一样的。有理数在<=的语义方面并没有任何特殊之处。在比较的上下文中，<=总是被用来表示“小于或等于”。总体来说，这个类中有相当多的样板代码，并且它们在其他实现了比较操作的类中不会有什么不同。

由于这个问题如此普遍，因此 Scala 提供了专门的特质来解决。这个特质叫作 Ordered。其使用方式是将所有单独的比较方法替换成 compare 方法。

---

1 这个例子基于示例 6.5（112 页），具备 equals 和 hashCode 方法，以及必要的修改来确保 denom 是正值。

Ordered 特质定义了<、>、<=和>=方法，而这些方法都是基于你提供的 compare 方法来实现的。因此，Ordered 特质允许你只实现一个 compare 方法来增强某个类，让它拥有完整的比较操作。

下面是用 Ordered 特质对 Rational 类定义比较操作的代码：

```
class Rational(n: Int, d: Int) extends Ordered[Rational]:
// ...
  def compare(that: Rational) =
    (this.numer * that.denom) - (that.numer * this.denom)
```

你只需要做两件事。首先，这个版本的 Rational 类混入了 Ordered 特质。与其他你看到过的特质不同，Ordered 特质要求在混入时传入一个类型参数。我们在第 18 章之前并不会详细地探讨类型参数，不过现在你需要知道，当混入 Ordered 特质的时候，必须确保混入 Ordered[C]，其中，C 是你要比较的元素的类。在本例中，Rational 类混入的是 Ordered[Rational]。

你需要做的第二件事是定义一个用来比较两个对象的 compare 方法。该方法应该比较接收者（即 this）和作为参数传入该方法的对象。如果两个对象相同，则该方法应该返回 0；如果接收者比入参小，则该方法应该返回负值；如果接收者比入参大，则该方法应该返回正值。

在本例中，Rational 类的比较方法使用了如下公式：将分数的分母转换成一致的，然后对分子做减法。有了这个混入和 compare 方法的定义，Rational 类现在具备了所有 4 个比较方法：

```
val half = new Rational(1, 2)
val third = new Rational(1, 3)
half < third      // false
half > third      // true
```

每当你需要实现一个按某种比较排序的类时，都应该考虑混入 Ordered 特质。如果你这样做了，将会提供给类的使用方一组丰富的比较方法。

要小心 `Ordered` 特质并不会帮助你定义 `equals` 方法，因为它做不到。其中的问题在于，用 `compare` 方法来实现 `equals` 方法需要检查传入对象的类型，而由于（Java 的）类型擦除机制，`Ordered` 特质自己无法完成这个检查。因此，你需要自己定义 `equals` 方法，即使已经继承了 `Ordered` 特质。你可以在《Scala 高级编程》中找到更多关于此话题的内容。

11.3 作为可叠加修改的特质

现在你已经了解了特质的一个主要用途：将瘦接口转换成富接口。现在我们将转向其另一个主要用途：为类提供可叠加的修改。特质允许你*修改*类的方法，而这些方法的实现方式允许你将这些修改*叠加*起来。

考虑这样一个例子，对某个整数队列叠加修改。这个队列有两个操作：`put`，将整数放入队列；`get`，将整数取出来。队列遵循先进先出原则，所以 `get` 应该按照整数被放入队列的顺序返回这些整数。

给定一个实现了这样一个队列的类，可以通过定义特质来执行如下这些修改。

- Doubling：将所有被放入队列的整数翻倍。
- Incrementing：将所有被放入队列的整数加 1。
- Filtering：从队列中去除负整数。

这 3 个特质代表了*修改*（*modification*），因为它们可以修改下面的队列类，而不是自己定义完整的队列类。这 3 个特质也是*可叠加的*（*stackable*）。你可以从这 3 个特质中任意选择，将它们混入类，并得到一个带上了你选择的修改的新的类。

示例 11.5 给出了一个抽象的 `IntQueue` 类。`IntQueue` 类有一个 `put` 方法用于将新的整数加入队列，以及一个 `get` 方法用于从队列中去除并返回整数。示例 11.6 给出了使用 `ArrayBuffer` 的 `IntQueue` 类的基本实现。

```
abstract class IntQueue:
  def get(): Int
  def put(x: Int): Unit
```

示例 11.5 抽象的 IntQueue 类

```
import scala.collection.mutable.ArrayBuffer

class BasicIntQueue extends IntQueue:
  private val buf = ArrayBuffer.empty[Int]
  def get() = buf.remove(0)
  def put(x: Int) = buf += x
```

示例 11.6 使用 ArrayBuffer 实现的 BasicIntQueue 类

BasicIntQueue 类用一个私有字段持有数组缓冲（*array buffer*）。get 方法用于从缓冲的一端移除元素，而 put 方法用于向缓冲的另一端添加元素。这个实现使用起来是这样的：

```
val queue = new BasicIntQueue
queue.put(10)
queue.put(20)
queue.get()      // 10
queue.get()      // 20
```

到目前为止很不错。现在我们来看看如何用特质修改这个行为。示例 11.7 给出了在放入队列时对整数翻倍的特质 Doubling。Doubling 特质有两个有趣的地方。首先它声明了一个超类 IntQueue。这个声明意味着这个特质只能被混入同样继承自 IntQueue 类的类。因此，可以将 Doubling 特质混入 BasicIntQueue 类，但不能将它混入 Rational 类。

```
trait Doubling extends IntQueue:
  abstract override def put(x: Int) = super.put(2 * x)
```

示例 11.7 可对整数翻倍的 Doubling 特质

第二个有趣的地方是该特质在一个声明为抽象的方法中做了一个 super 调用。对普通的类而言，这样的调用是非法的，因为在运行时必定会失败。不过对于特质来说，这样的调用实际上可以成功。由于特质中的 super 调用是动态绑定的，只要在给出了该方法具体定义的特质或类之后混入，Doubling 特质中的 super 调用就可以正常工作。

对于实现可叠加修改的特质，这样的安排通常是需要的。为了告诉编译器你是特意这样做的，必须将这样的方法标记为 abstract override。这样的修饰符组合只允许用在特质的成员上，不允许用在类的成员上，它的含义是该特质必须混入某个拥有该方法具体定义的类中。

这个特质用起来是这样的：

```
class MyQueue extends BasicIntQueue, Doubling
val queue = new MyQueue
queue.put(10)
queue.get()      // 20
```

在这个编译器会话的第一行，定义了 MyQueue 类，该类扩展自 BasicIntQueue 类，并混入了 Doubling 特质。接下来放入一个 10，不过由于 Doubling 特质的混入，这个 10 会被翻倍。当我们从队列中获取整数时，得到的将是 20。

注意，MyQueue 类并没有定义新的代码。它只是简单地给出一个类然后混入一个特质。在这种情况下，可以在用 new 关键字实例化的时候直接给出“BasicIntQueue with Doubling”，而不是定义一个有名称的类，如示例 11.8 所示。[1]

为了弄清楚如何叠加修改，我们需要定义另外两个修改特质，即 Incrementing 和 Filtering。示例 11.9 给出了这两个特质的实现代码。

1 要向匿名类混入特质，必须使用 with，不能使用逗号。

```
val queue = new BasicIntQueue with Doubling
queue.put(10)
queue.get()       // 20
```

示例 11.8　在用 new 关键字实例化时混入特质

```
trait Incrementing extends IntQueue:
  abstract override def put(x: Int) = super.put(x + 1)

trait Filtering extends IntQueue:
  abstract override def put(x: Int) =
    if x >= 0 then super.put(x)
```

示例 11.9　可叠加修改的 Incrementing 和 Filtering 特质

有了这些修改特质，就可以为特定的队列挑选想要的修改。举例来说，下面是一个既过滤掉负整数又对所有数字加 1 的队列：

```
val queue = new BasicIntQueue with Incrementing with Filtering
queue.put(-1)
queue.put(0)
queue.put(1)
queue.get()       // 1
queue.get()       // 2
```

混入特质的顺序是重要的。[1] 确切的规则会在下一节给出。粗略地讲，越靠右出现的特质越先起作用。当你调用某个带有混入的类的方法时，最靠右的特质中的方法最先被调用。如果那个方法调用 super，则它将调用左侧紧挨着它的那个特质的方法，以此类推。在示例 11.9 中，Filtering 特质的 put 方法最先被调用，所以它首先过滤掉了那些负整数。Incrementing 特质的 put 方法排在第二位，因此它做的事情就是在 Filtering 特质的基础上对剩下的整数加 1。

1 一旦特质被混入类，就可以将其称为混入（*mixin*）。

如果将顺序反过来，则结果是首先对整数加 1，然后剔除负整数：

```
val queue = new BasicIntQueue with
    Filtering with Incrementing
queue.put(-1)
queue.put(0)
queue.put(1)
queue.get()      // 0
queue.get()      // 1
queue.get()      // 2
```

总体而言，以这种风格编写的代码能带来相当大的灵活度。可以通过按不同的组合和顺序混入这 3 个特质来定义出 16 种不同的类。对于这么少的代码来说，灵活度是相当高的，因此你需要随时留意这样的机会，将代码按照可叠加的修改进行组织。

11.4　为什么不用多重继承

特质是一种从多个像类一样的结构中继承的方式，不过与许多其他语言中的多重继承有着重大的区别。其中一个区别尤为重要：对 super 的解读。在多重继承中，super 调用的方法在调用发生的地方就已经确定了。而特质中的 super 调用的方法取决于类和混入该类的特质的**线性化**（*linearization*）。正是这个区别让前一节介绍的可叠加修改成为可能。

在深入探究线性化之前，我们花一些时间来考虑一下传统多重继承的语言中要如何实现可叠加修改。假设有下面这段代码，不过这一次按照多重继承来解读，而不是特质混入：

```
// 多重继承思维实验
val q = new BasicIntQueue with Incrementing with Doubling
q.put(42) // 应该调用哪一个 put 方法
```

第一个问题是：这次调用执行的是哪一个 put 方法？也许规则是最后一个超类胜出，那么在本例中 Doubling 特质的 put 方法会被执行。于是 Doubling 特质会对其参数翻倍，然后调用 super.put，就结束了，不会有加 1 发生。同理，如果规则是首个超类胜出，则结果的队列将对整数加 1，但不会翻倍。这样一来，没有一种顺序是可行的。

也许还可以尝试这样一种可能：让程序员自己指定调用 super 时到底使用哪一个超类的方法。例如，假设有下面这段代码，在这段代码中，super 看上去显式地调用了 Incrementing 和 Doubling 特质：

```
// 多重继承思维实验
trait MyQueue extends BasicIntQueue,
    Incrementing, Doubling:

  def put(x: Int) =
    super[Incrementing].put(x) //（很少有人这么用
    super[Doubling].put(x)     // 这是合法的 Scala 代码）
```

如果这就是 Scala 提供的唯一方案，则它将带来新的问题（相比这些问题，代码啰唆点根本不算什么）。这样做可能发生的情况是基类的 put 方法被调用了“两次”：一次在加 1 的时候，另一次在翻倍的时候，不过两次都不是用加 1 或翻倍后的值调用的。

简单来说，多重继承对这类问题并没有好的解决方案。你需要回过头来重新设计，重新组织你的代码。相比较而言，使用 Scala 特质的解决方案是很直截了当的。你只需要简单地混入 Incrementing 和 Doubling 特质即可，因为 Scala 对特质中 super 的特殊处理完全达到了预期的效果。这种方案与传统的多重继承相比，很显然有某个区别，但是这个区别究竟是什么呢？

前面我们提示过了，答案是线性化。当你用 new 关键字实例化一个类的时候，Scala 会将类及它所有继承的类和特质都拿出来，将它们“线性”地排列在一起。然后，当你在某一个类中调用 super 时，被调用的方法是这个链条中向上最近的那一个。如果除了最后一个方法，所有的方法都调用了

super，最终的结果就是叠加在一起的行为。

与 Java 默认方法的比较

从 Java 8 开始，可以在接口中包含默认方法。虽然这些方法看上去与 Scala 特质中的具体方法很像，但是它们是非常不同的，因为 Java 并不会执行线性化。由于（Java）接口不能声明字段，也不能从 Object 类之外的超类继承，因此默认方法只能通过子类实现的接口方法来访问对象状态。而 Scala 特质中的具体方法则可以通过特质中声明的字段（或者通过 super 访问超特质类或超类中的字段）来访问对象状态。不仅如此，如果你的 Java 类同时继承了来自不同超接口中签名相同的默认方法，则 Java 编译器会要求你自己实现这个方法。在你的实现中，可以通过在 super 前给出接口名的方式来调用其中一个或两个实现，如“Doubling.super.put(x)”。而 Scala 则让你的类可以继承线性化关系中距离最近的那个实现。

与 Scala 允许实现可叠加修改的行为的目的不同，Java 的默认方法的设计目标是允许类库设计者对已存在的接口添加方法。在 Java 8 之前，这并不实际，因为这样做会打破任何实现了相关接口的类的二进制兼容性。但是目前，Java 已经允许我们在类自己未提供实现的前提下使用默认的实现，无论该类是否在新方法被添加到接口之后被重新编译过。

线性化的确切顺序在语言规格说明书中有描述。这个描述有些复杂，不过你需要知道的要点是，在任何线性化中，类总是位于所有它的超类和混入的特质之前。因此，当你写下调用 super 的方法时，那个方法绝对是用于修改超类和混入特质的行为的，而不是反过来。

> **注意**
>
> 本节剩下的部分将描述线性化的细节。如果你目前不急于理解这些细节，则可以安心地跳过。

Scala 线性化的主要属性可以用下面的例子来说明：假设你有一个 Cat 类，这个类继承自超类 Animal 和两个超特质 Furry 和 FourLegged，而 FourLegged 特质又扩展自另一个特质 HasLegs。

```
class Animal
trait Furry extends Animal
trait HasLegs extends Animal
trait FourLegged extends HasLegs
class Cat extends Animal, Furry, FourLegged
```

Cat 类的继承关系和线性化如图 11.1 所示。继承是用传统的 UML 表示法标记的：[1] 白色、空心的三角箭头表示继承，其中箭头指向的是超类型；黑色、实心的非三角箭头表示线性化，其中箭头指向的是 super 调用的解析方向。

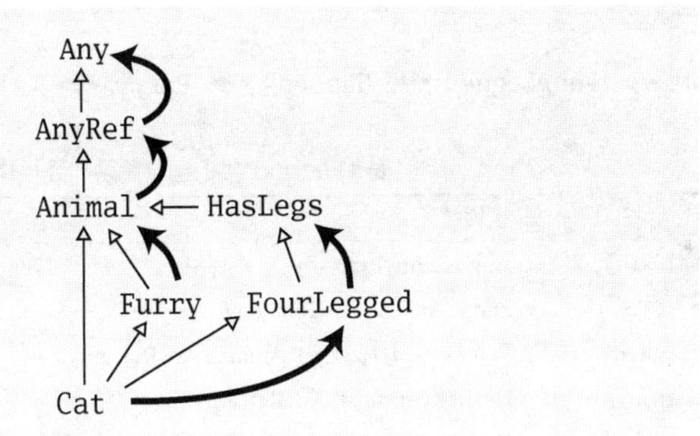

图 11.1　Cat 类的继承关系和线性化

Cat 类的线性化从后到前的计算过程如下。Cat 类的线性化的最后一个部

1 Rumbaugh, et al. *The Unified Modeling Language Reference Manual* [Rum04]

分是其超类 Animal 的线性化。这段线性化被直接不加修改地复制过来。（这些类型的线性化如表 11.1 所示。）由于 Animal 类并不显式地扩展某个超类，也没有混入任何超特质，它默认扩展自 AnyRef 类，而 AnyRef 类扩展自 Any 类。这样一来，Animal 类的线性化看上去就是这样的：

Animal → AnyRef → Any

线性化的倒数第二个部分是首个混入（即 Furry 特质）的线性化，不过所有已经出现在 Animal 类的线性化中的类都不再重复出现，每个类在 Cat 类的线性化中只出现一次。结果是：

Furry → Animal → AnyRef → Any

在这个结果之前，是 FourLegged 类的线性化，同样地，任何已经在超类或首个混入中复制过的类都不再重复出现：

FourLegged → HasLegs → Furry → Animal → AnyRef → Any

最后，Cat 类的线性化中的第一个类是 Cat 自己：

Cat → FourLegged → HasLegs → Furry → Animal → AnyRef → Any

表 11.1　Cat 类的继承关系和线性化

类型	线性化
Animal	Animal, AnyRef, Any
Furry	Furry, Animal, AnyRef, Any
FourLegged	FourLegged, HasLegs Animal, AnyRef, Any
HasLegs	HasLegs, Animal, AnyRef, Any
Cat	Cat, FourLegged, HasLegs, Furry, Animal, AnyRef, Any

当这些类和特质中的任何一个通过 super 调用某个方法时，被调用的是在线性化链条中出现在其右侧的首个实现。

11.5　特质参数

Scala 3 允许特质接收值参数。定义接收参数的特质与定义接收参数的类并没有什么不同：只需要在特质名称后放置一个以逗号隔开的参数列表即可。例如，可以向示例 11.10 中的 Philosophical 特质传入一段关于哲学的总结陈述（philosophical statement）作为参数：

```
trait Philosophical(message: String):
  def philosophize = message
```

示例 11.10　定义特质参数

既然 Philosophical 特质接收一个参数，那么每个子类都必须将自己的总结陈述以参数的形式传递给特质，就像这样：

```
class Frog extends Animal,
    Philosophical("I croak, therefore I am!")

class Duck extends Animal,
    Philosophical("I quack, therefore I am!")
```

简言之，在定义一个混入特质的类时，必须给出特质需要的参数值。这样一来，每个 Philosophical 特质的哲学都会由传入的 message 参数值决定：

```
val frog = new Frog
frog.philosophize        // 我咕故我在
val duck = new Duck
duck.philosophize        // 我呱故我在
```

特质参数紧跟在特质初始化之前求值。[1] 与类参数一样，特质参数默

1 Scala 3 用特质参数替换了 Scala 2 中的提前初始化器（early initializer）。

认[1]只对特质体可见。因此，要在实现该特质的类中使用 message 参数，可以通过字段来捕获它并使它可见。这样一来，这个字段就一定会在实现类初始化的过程中完成初始化并在类中可用。

在使用参数化特质的过程中，你可能会注意到，特质参数的规则与类参数的规则有一些细微的差异。在这两种情况下，都只能初始化一次，不过，虽然在同一个继承关系中的每个类都只能被一个（明确的）子类继承，但是特质可以被多个子类混入。在这种情况下，当定义类继承关系中所有混入该特质的最上层的类时，必须初始化这个特质。为了说明这一点，可以考虑示例 11.11 给出的用于描述任何有思想的动物的超类：

```
class ProfoundAnimal extends Animal,
  Philosophical("In the beginning was the deed.")
```

示例 11.11　提供特质参数

如果某个类的超类自身并不扩展该特质，则必须在定义该类时给出特质参数。例如，ProfoundAnimal 类的超类是 Animal，而 Animal 类并不扩展 Philosophical 特质。因此，必须在定义 ProfoundAnimal 类时给出特质参数。

而如果某个类的超类扩展了该特质，就不能在定义该类时提供特质参数了。参考示例 11.12。

```
class Frog extends ProfoundAnimal, Philosophical
```

示例 11.12　不提供特质参数

Frog 类的超类 ProfoundAnimal 扩展了 Philosophical 特质并给出了 message 参数。在定义 Frog 类时，就不能以参数的形式指定 message 了，因

1 与类参数一样，可以用参数化的字段来定义公共字段，并由传入的特质参数初始化。我们将在 20.5 节对其做更多介绍。

为这个参数已经被 ProfoundAnimal 类填充了。因此，这个 Frog 类将展现出源自 ProfoundAnimal 类对 Philosophical 特质初始化的行为：

```
val frog = new Frog
frog.philosophize   // In the beginning was the deed. 太初有为。
```

最后我们要说的是，特质不能向其父特质传参。例如，下面这个扩展了 Philosophical 特质的 PhilosophicalAnimal 特质：

```
trait PhilosophicalAnimal extends Animal with Philosophical
```

你可能会以为像这样来定义一只有思想的青蛙是可行的：

```
// 编译不通过
class Frog extends PhilosophicalAnimal(
    "I croak, therefore I am!")
```

但这是行不通的。你必须在定义 Frog 类时显式地将消息文本提供给 Philosophical 特质，就像这样：

```
class Frog extends
    Philosophical("I croak, therefore I am!"),
    PhilosophicalAnimal
```

或者这样：

```
class Frog extends PhilosophicalAnimal,
    Philosophical("I croak, therefore I am!")
```

11.6 结语

本章展示了特质的工作原理，以及如何在常见的几种场景下使用它。你看到了特质与多重继承很相似。但特质用线性化解读 super，这样做既避免了传统多重继承的某些问题，又允许你将行为叠加起来。你还看到了 Ordered 特质并了解了如何编写自己的增强特质。

既然你已经掌握了特质的这些不同的方面，那么我们有必要退一步，重新把特质当作一个整体来看。特质并不仅仅支持本章中提到的这些惯用法；它是通过继承实现复用的基础代码单元。因此，许多有经验的 Scala 程序员都在实现的初期阶段采用特质。每个特质都可以描述整个概念的一部分。随着设计逐步固化和稳定，这些部分可以通过特质混入，被组合成更完整的概念。

第 12 章
包、引入和导出

在处理程序，尤其是大型程序时，减少*耦合*（*coupling*）是很重要的。所谓的耦合，指的是程序不同部分依赖其他部分的程度。低耦合能减少程序某个局部的某个看似无害的改动对其他部分造成严重后果的风险。减少耦合的一种方式是以模块化的风格编写代码。你可以将程序切分成若干个较小的模块，每个模块都有所谓的内部和外部之分。当在模块内部（即实现部分）工作时，你只需要与同样在这个模块工作的程序员协同即可。只有当你必须修改模块的外部（即接口部分）时，才有必要与在其他模块工作的开发者协同。

本章将向你展示若干能够帮助你以模块化风格编程的代码结构，包括如何将代码放进包里，如何通过引入让名称变得可见，以及如何通过访问修饰符控制定义的可见性等代码结构。这些代码结构在精神上与 Java 相似，不过有区别（通常更一致），因此即使你已经知道 Java，本章也值得一读。

12.1 将代码放进包里

Scala 代码存在于 Java 平台全局的包层次结构中。到目前为止，你看到的本书中的示例代码都位于*未命名*（*unnamed*）包。在 Scala 中，可以通过两种方式将代码放进带名称的包里。第一种方式是在文件顶部放置一个 package

子句，将整个文件的内容放进指定的包里，如示例 12.1 所示。

```
package bobsrockets.navigation
class Navigator
```

示例 12.1　将整个文件的内容放进包里

示例 12.1 中的 package 子句将 Navigator 类放进了名称为 bobsrockets.navigation 的包里。根据名称推测，这是一个由 Bob's Rockets, Inc.开发的导航软件。

> **注意**
>
> 由于 Scala 代码是 Java 生态的一部分，因此对于你打算发布出来的 Scala 包，建议你遵循 Java 将域名倒过来作为包名的习惯。例如，对 Navigator 而言，更好的包名也许是 com.bobsrockets.navigation。不过在本章，我们将省去“com.”，让代码更好理解。

另一种将 Scala 代码放进包里的方式更像是 C#的命名空间。可以在 package 子句之后加上冒号和一段缩进代码块，这个代码块包含了被放进该包里的定义。这个语法叫作“打包”（packaging）。示例 12.2 中的代码与示例 12.1 中的代码效果一样。

```
package bobsrockets.navigation:
  class Navigator
```

示例 12.2　简单包声明的长写法

对这样一个简单的例子而言，完全可以用示例 12.1 那样的写法。不过，这个更通用的表示法可以让我们在一个文件里包含多个包的内容。举例来说，可以把某个类的测试代码与原始代码放在同一个文件里，只需分成不同的包即可，如示例 12.3 所示。

```
package bobsrockets:
  package navigation:

    // 位于 bobsrockets.navigation 包中
    class Navigator

    package launch:

      // 位于 bobsrockets.navigation.launch 包中
      class Booster
```

示例 12.3 在同一个文件中声明多个包

12.2 对相关代码的精简访问

把代码按照包层次结构划分以后，不仅有助于人们浏览代码，也是在告诉编译器，同一个包中的代码之间存在某种相关性。在访问同一个包的代码时，Scala 允许我们使用简短的、不带限定前缀的名称。

示例 12.4 给出了 3 个简单的例子。首先，就像你预期的那样，一个类不需要前缀就可以在自己的包内被别人访问。这就是 `new StarMap` 能够通过编译的原因。`StarMap` 类与访问它的 `new` 表达式同属于 `bobsrockets. navigation` 包，因此并不需要加上包名前缀。

其次，包自身也可以从包含它的包里被不带前缀地访问。在示例 12.4 中，需要注意 `Navigator` 类是如何实例化的。`new` 表达式出现在 `bobsrockets` 包中，这个包包含了 `bobsrockets.navigation` 包。因此，它可以简单地用 `navigation` 访问 `bobsrockets.navigation` 包的内容。

再次，在使用嵌套打包语法时，所有在包外的作用域内可被访问的名称，在包内也可以被访问。示例 12.4 给出的例子是用 `addShip()`创建 `new Ship`。该方法有两层打包：外层的 `bobsrockets` 包和内层的 `bobsrockets.`

fleets 包。由于 Ship 在外层可以被访问，因此在 addShip()中也可以被引用。

```
package bobsrockets:
  package navigation:

    class Navigator:
      // 不需要写成 bobsrockets.navigation.StarMap
      val map = new StarMap

    class StarMap

  class Ship:
    // 不需要写成 bobsrockets.navigation.Navigator
    val nav = new navigation.Navigator

  package fleets:

    class Fleet:
    // 不需要写成 bobsrockets.Ship
      def addShip = new Ship
```

示例 12.4　对类和包的精简访问

注意，这类访问只有当你显式地嵌套包时才有效。如果你坚持每个文件只有一个包的做法，则（就像 Java 一样）只有那些在当前包内定义的名称才（直接）可用。在示例 12.5 中，bobsrockets.fleets 包被移到了顶层。由于它不再位于 bobsrockets 包内部，来自 bobsrockets 包的内容不再直接可见，因此 new Ship 将给出编译错误。如果用缩进嵌套包让你的代码过于向右侧缩进，也可以使用多个 package 子句，但不使用缩进。[1] 例如，如下代码同样将 Fleet 类定义在两个嵌套的包（bobsrockets 和 fleets）里，就像你在示例 12.4 中看到的一样：

```
package bobsrockets
package fleets
```

1 这种不带花括号（译者注：代码缩进）的多个 package 子句连在一起的样式称作“链式包子句”（*chained package clauses*）。

```
class Fleet:
  // 不需要写成 bobsrockets.Ship
  def addShip = new Ship
```

```
package bobsrockets:
  class Ship

package bobsrockets.fleets:
  class Fleet:
    // 不能编译，Ship 不在作用域内
    def addShip = new Ship
```

示例 12.5 外层包的符号并不会在当前包自动生效

最后一个小技巧也很重要。有时，你会遇到需要在非常拥挤的作用域内编写代码的情况，包名会相互遮挡。在示例 12.6 中，MissionControl 类的作用域内包含了 3 个独立的名称为 launch 的包。bobsrockets.navigation 包里有一个 launch 包，bobsrockets 包里有一个 launch 包，顶层还有一个 launch 包。你应该如何分别引用推进器类 Booster1、Booster2 和 Booster3 呢？

访问第一推进器类 Booster1 很容易，但是直接引用 launch 包会指向 bobsrockets.navigation.launch 包，因为这是最近的作用域内定义的 launch 包。因此，可以简单地用 launch.Booster1 来引用第一个推进器类。访问第二个推进器类 Booster2 也不难，可以用 bobsrockets.launch.Booster2，这样就能清晰地表达你要引用的是哪一个包。此时问题就剩下第三个推进器类 Booster3 了，那么考虑到嵌套的 launch 包遮挡了位于顶层的那一个，应当如何访问 Booster3 呢？

为了解决这个问题，Scala 提供了一个名称为__root__的包，这个包不会与任何用户编写的包冲突。换句话说，每个你能编写的顶层包都被当作__root__包的成员。例如，示例 12.6 中的 launch 和 bobsrockets 都是__root__包的成员。因此，__root__.launch 表示顶层的那个 launch 包，而`_root_.launch.Booster3`指定的就是那个最外围的推进器类。

```
// 位于 launch.scala 文件中
package launch:
  class Booster3

// 位于 bobsrockets.scala 文件中
package bobsrockets:

  package launch:
    class Booster2

  package navigation:
    package launch:
      class Booster1

    class MissionControl:
      val booster1 = new launch.Booster1
      val booster2 = new bobsrockets.launch.Booster2
      val booster3 = new _root_.launch.Booster3
```

示例 12.6　访问隐藏的包名

12.3　引入

在 Scala 中，可以用 `import` 子句引入包及其成员。被引入的项目可以用 `File` 这样的简单名称访问，而不需要限定名称（如 `java.io.File`）。参考示例 12.7。

`import` 子句使得某个包或对象的成员可以只用它的名称访问，而不需要在前面加上包名或对象名。下面是一些简单的例子：

```
// 到 Fruit 的便捷访问
import bobsdelights.Fruit
```

```
// 到bobsdelights所有成员的便捷访问
import bobsdelights.*

// 到Fruits所有成员的便捷访问
import bobsdelights.Fruits.*
```

```
package bobsdelights

abstract class Fruit(
  val name: String,
  val color: String
)

object Fruits:
  object Apple extends Fruit("apple", "red")
  object Orange extends Fruit("orange", "orange")
  object Pear extends Fruit("pear", "yellowish")
  val menu = List(Apple, Orange, Pear)
```

示例 12.7　Bob 的怡人水果，已准备好被引入

第一个 import 子句对应 Java 的单类型引入，而第二个 import 子句则对应 Java 的按需（on-demand）引入。虽然在 Scala 2 的按需引入中跟在后面的是下画线（_）而不是星号（*），但是在 Scala 3 中已经改成了星号，以与其他语言保持一致。上述第三个 import 子句对应 Java 对类静态字段的引入。

这 3 个 import 子句让你对引入能做什么有了一个感性认识，不过 Scala 的引入实际上更加通用。首先，Scala 的引入可以出现在任何地方，不仅仅是在某个编译单元的最开始。其次，还可以引用任意的值，比如，示例 12.8 给出的 import 子句是可以做到的。

```
def showFruit(fruit: Fruit) =
  import fruit.*
  s"${name}s are $color"
```

示例 12.8　引入一个普通（非单例）对象的成员

showFruit 方法引入了其参数 fruit（类型为 Fruit）的所有成员。这样接下来的 println 语句就可以直接引用 name 和 color。这两个引用等同于 fruit.name 和 fruit.color。这种语法在需要用对象来表示模块时尤其有用，可参考第 7 章。

Scala 的灵活引入

与 Java 相比，Scala 的 import 子句要灵活得多。主要的区别有 3 点，在 Scala 中，import 子句可以：

- 出现在任意位置。
- 引用对象（无论是单例对象还是常规对象），而不只是包。
- 让你重命名并隐藏某些被引入的成员。

还有一点可以说明 Scala 的引入更灵活：它可以引入包本身，而不仅仅是这些包中的非包成员。如果把嵌套的包想象成被包含在上层包内，则这样的处理很自然。例如，在示例 12.9 中，被引入的包是 java.util.regex，这使得我们可以在代码中使用 regex 这个简称。要访问 java.util.regex 包里的 Pattern 单例对象，可以直接使用 regex.Pattern，参考示例 12.9。

```
import java.util.regex

class AStarB:
  // 访问 java.util.regex.Pattern
  val pat = regex.Pattern.compile("a*b")
```

示例 12.9　引入一个包名

Scala 中的引入还可以重命名或隐藏指定的成员。做法是包在花括号内的引入选择器子句（*import selector clause*）中，这个子句跟在那个我们要引入成员的对象后面。下面是一些例子：

```
import Fruits.{Apple, Orange}
```

这只会从 Fruits 对象引入 Apple 和 Orange 两个成员。

```
import Fruits.{Apple as McIntosh, Orange}
```

这会从 Fruits 对象引入 Apple 和 Orange 两个成员。不过 Apple 对象被重命名为 McIntosh，因此代码中要么用 Fruits.Apple 要么用 McIntosh 来访问这个对象。重命名子句的形式永远都是"<原名> as <新名>"。如果你只打算引入并重命名一个名称的话，则可以省去花括号：

```
import java.sql.Date as SDate
```

这会以 SDate 为名引入 SQL 日期类，这样就可以同时以 Date 这个名称引入 Java 的普通日期对象。

```
import java.sql as S
```

这会以 S 为名引入 java.sql 包，这样就可以编写类似 S.Date 这样的代码。

```
import Fruits.{*}
```

这会引入 Fruits 对象的所有成员，其含义与 import Fruits.*一样。

```
import Fruits.{Apple as McIntosh, *}
```

这会引入 Fruits 对象的所有成员并将 Apple 重命名为 McIntosh。

```
import Fruits.{Pear as _, *}
```

这会引入除 Pear 之外的 Fruits 对象的所有成员。形如"<原名> as _"的子句将在引入的名称中排除<原名>。从某种意义上讲，将某个名称重命名为'_'意味着将它完全隐藏。这有助于避免歧义。比如，你有两个包，即

Fruits 和 Notebooks，都定义了 Apple 类。如果你只想获取名称为 Apple 的笔记本，而不是同名的水果，则仍然可以按需使用两个引入，就像这样：

```
import Laptops.*
import Fruits.{Apple as _, *}
```

这会引入所有的 Notebooks 成员和所有的 Fruits 成员（除了 Apple）。

这些例子展示了 Scala 在选择性地引入成员，以及用别名来引入成员方面提供的巨大的灵活度。总之，引入选择器可以包含：

- 一个简单的名称 x。这将把 x 包含在引入的名称集里。
- 一个重命名子句 x as y。这会让名称为 x 的成员以 y 的名称可见。
- 一个隐藏子句 x as _。这会从引入的名称集里排除 x。
- 一个“捕获所有”的'*'。这会引入除之前子句中提到的成员之外的所有成员。如果要给出“捕获所有”子句，则它必须出现在引入选择器列表的末尾。

在本节最开始给出的简单 import 子句可以被视为带有选择器子句的 import 子句的特殊简写。例如，“import p.*”等价于“import p.{*}”，而“import p.n”等价于“import p.{n}”。

12.4　隐式引入

Scala 对每个程序都隐式地添加了一些引入。在本质上，这就好比在每个扩展名为“.scala”的源码文件的顶部都添加了如下 3 行引入子句：

```
import java.lang.*        // java.lang 包的全部内容
import scala.*            // scala 包的全部内容
import Predef.*           // Predef 对象的全部内容
```

java.lang 包包含了标准的 Java 类。它总是被隐式地引入 Scala 源码文件中。[1] 由于 java.lang 包是被隐式引入的，举例来说，可以直接写 Thread，而不是 java.lang.Thread。

你无疑已经意识到，scala 包包含了 Scala 的标准类库，这里面有许多公用的类和对象。由于 scala 包是被隐式引入的，举例来说，可以直接写 List，而不是 scala.List。

Predef 对象包含了许多类型、方法和隐式转换的定义。这些定义在 Scala 程序中经常被用到。举例来说，由于 Predef 对象是被隐式引入的，可以直接写 assert，而不是 Predef.assert。

Scala 对这 3 个引入子句做了一些特殊处理，后引入的会遮挡前面的。举例来说，scala 包和 java.lang 包都定义了 StringBuilder 类。由于 scala 包的引入遮挡了 java.lang 包的引入，因此 StringBuilder 这个简单名称会被引用为 scala.StringBuilder，而不是 java.lang.StringBuilder。

12.5 访问修饰符

包、类或对象的成员可以标记上 private 和 protected 这样的访问修饰符。这些修饰符将对成员的访问限定在特定的代码区域内。Scala 对访问修饰符的处理大致上与 Java 保持一致，不过也有些重要的区别，在本节会讲到。

私有成员

Scala 对私有成员的处理与 Java 类似。被标记为 private 的成员只在包含该定义的类或对象内部可见。在 Scala 中，这个规则同样适用于内部类。Scala 在一致性方面做得比 Java 更好，但做法不一样。参考示例 12.10。

1 Scala 原本还有个.NET 平台的实现，默认引入的命名空间为 System，对应 Java 的 java.lang。

```
class Outer:

  class Inner:
    private def f = "f"
    class InnerMost:
      f                  // 可行

  (new Inner).f          // 错误：无法访问 f
```

示例 12.10 Scala 和 Java 在访问私有成员时的区别

在 Scala 中，像(new Inner).f 这样的访问方式是非法的，因为 f 在 Inner 类中被声明为 private 且对 f 的调用并没有发生在 Inner 类内部。而第一次在 InnerMost 类中访问 f 是可行的，因为这个调用发生在 Inner 类内部。Java 则对这两种访问都允许，因为在 Java 中可以从外部类访问其内部类的私有成员。

受保护成员

与 Java 相比，Scala 对 protected 成员的访问也更严格。在 Scala 中，只能从定义 Protected 成员的子类访问该成员。而 Java 允许同一个包内的其他类访问这个类的受保护成员。Scala 提供了另一种方式来实现这个效果[1]，因此 protected 不需要为此放宽限制。示例 12.11 展示了对受保护成员的访问。

在示例 12.11 中，Sub 类对 f 的访问是可行的，因为在 Super 类中 f 被标记为 protected，而 Sub 类是 Super 类的子类。与之对应地，Other 类对 f 的访问是被禁止的，因为 Other 类并不继承自 Super 类。在 Java 中，后者依然被允许，因为 Other 类与 Sub 类在同一个包中。

1 可以用限定词（*qualifier*），参考“保护的范围”（239 页）。

```
package p:

  class Super:
    protected def f = "f"

  class Sub extends Super:
    f

  class Other:
    (new Super).f // 错误：无法访问 f
```

示例 12.11 Scala 和 Java 在访问受保护成员时的区别

公共成员

Scala 并没有专门的修饰符用来标记公共成员：任何没有被标记为 private 或 protected 的成员都是公共的。公共成员可以从任何位置被访问。

保护的范围

可以用限定词对 Scala 中的访问修饰符机制进行增强。形如 private[X] 或 protected[X]的修饰符的含义是，“直到 X”对此成员的访问都是私有的或受保护的，其中 X 表示某个包含该定义的包、类或单例对象。

带有限定词的访问修饰符允许我们对成员的可见性做非常细粒度的控制。尤其是它允许我们表达 Java 中访问限制的语义，如包内私有、包内受保护或到最外层嵌套类范围内私有等。而这些用 Scala 中简单的修饰符是无法直接表达出来的。这种机制还允许我们表达那些无法在 Java 中表达的访问规则。

示例 12.12 给出了使用多种访问限定词的用法。在示例 12.12 中，Navigator 类被标记为 private[bobsrocket]，其含义是这个类对 bobsrockets 包内的所有类和对象都可见。具体来说，Vehicle 对象中对 Navigator 类的访问是允许的，因为 Vehicle 对象位于 launch 包，而 launch 包是 bobsrockets 包的子包。另一方面，所有 bobsrockets 包之外的代码都不能访问 Navigator 类。

```
package bobsrockets

package navigation:
  private[bobsrockets] class Navigator:
    protected[navigation] def useStarChart() = {}
    class LegOfJourney:
      private[Navigator] val distance = 100

package launch:
  import navigation.*
  object Vehicle:
    private[launch] val guide = new Navigator
```

示例 12.12　用访问限定符实现灵活的保护域

这种机制在那些跨多个包的大工程中非常有用。可以定义对工程中某些子包可见但对外部不可见的实体。[1]

当然，private 的限定词也可以是直接包含该定义的包。比如，示例 12.12 中 Vehicle 对象的 guide 成员变量的访问修饰符，这样的访问修饰符与 Java 的包内私有访问是等效的。

所有的限定词也可以应用在 protected 上，作用与 private 上的限定词一样。也就是说，如果我们在 C 类中使用 protected[X]这个修饰符，则 C 类的所有子类，以及 X 表示的包、类或对象中，都能访问这个被标记的定义。例如，对于示例 12.12 中的 useStarChart 方法，Navigator 类的所有子类及 navigation 包中的代码都可以访问。这样一来，这里的 protected 含义就与 Java 的 protected 含义是完全一样的。

private 的限定词也可以引用包含它的类或对象。例如，示例 12.12 中 LegOfJourney 类的 distance 变量被标记为 private[Navigator]，因此它在整个 Navigator 类中都可以被访问。这就实现了与 Java 中内部类的私有成员一样的访问功能。当 C 是最外层的嵌套时，private[C]与 Java 的 private

1 通过 JDK 9 的模块系统，Java 现在也能支持这个机制了。

所实现的效果是一样的。

总结一下，表 12.1 列出了 private 的限定词的作用。每一行都给出了一个带限定词的私有修饰符，以及如果将这样的修饰符加到示例 12.12 中 LegOfJourney 类的 distance 变量上代表什么意思。

表 12.1 LegOfJourney.distance 上 private 的限定词的作用

无访问修饰符	公共访问
private[bobsrockets]	外围包内访问
private[navigation]	与 Java 中的包可见性相同
private[Navigator]	与 Java 的 private 相同
private[LegOfJourney]	与 Scala 的 private 相同

可见性和伴生对象

在 Java 中，静态成员和实例成员同属一个类，因此访问修饰符对它们的应用方式是统一的。你已经知道 Scala 没有静态成员，它是用伴生对象来承载那些只存在一次的成员的。例如，示例 12.13 中的 Rocket 对象就是 Rocket 类的伴生对象。

```
class Rocket:
  import Rocket.fuel
  private def canGoHomeAgain = fuel > 20

object Rocket:
  private def fuel = 10
  def chooseStrategy(rocket: Rocket) =
    if rocket.canGoHomeAgain then
      goHome()
    else
      pickAStar()

  def goHome() = {}
  def pickAStar() = {}
```

示例 12.13 类和伴生对象之间的私有成员互访

Scala 的访问规则在对 private 和 protected 的处理上给伴生对象和类保留了特权。一个类会将它的所有访问权与它的伴生对象共享，反过来也一样。具体来说，一个对象可以访问它的伴生类的所有私有成员，同样地，一个类也可以访问它的伴生对象的所有私有成员。

举例来说，示例 12.13 中的 Rocket 类可以访问 fuel 方法，而该方法在 Rocket 对象中被标记为 private。同理，Rocket 对象也能访问 Rocket 类中的私有方法 canGoHomeAgain。

Scala 和 Java 在修饰符方面的确很相似，不过有一个重要的例外：protected static。在 Java 中，C 类的 protected static 成员可以被 C 类的所有子类访问。而对 Scala 的伴生对象而言，protected 的成员没有意义，因为单例对象没有子类。

12.6　顶层定义

到目前为止，你见过能添加到包里的代码有类、特质和孤立对象。这些是放在包里顶层最常见的定义。不过 Scala 允许你放在包里的并非只有上述这些——任何你能放在类里的定义，都能放在包里。如果你有某个希望在整个包里都能用的助手方法，则可以将它放在包的顶层。

具体做法是像往类、特质或对象中添加定义那样给包添加定义。参考示例 12.14。ShowFruit.scala 这个文件声明了 showFruit 工具方法（见示例 12.8）作为 bobsdelights 包的成员。有了这样的定义，任何包的任何其他代码都可以像引入类一样引入这个方法。例如，示例 12.14 也给出了孤立对象 PrintMenu，它位于一个不同的包。PrintMenu 对象可以像引入 Fruit 类那样引入 showFruit 方法。

继续往前看，包对象还有不少等着你去发现的用途。顶层定义经常用于包级别的类型别名（第 20 章）和扩展方法（第 22 章）。scala 包也包含了顶层定义，这些定义对所有 Scala 代码都可见。

```
// 位于 ShowFruit.scala 文件中
package bobsdelights

def showFruit(fruit: Fruit) =
  import fruit.*
  s"${name}s are $color"

// 位于 PrintMenu.scala 文件中
package printmenu

import bobsdelights.Fruits
import bobsdelights.showFruit

object PrintMenu:
  def main(args: Array[String]) =
    println(
      for fruit <- Fruits.menu yield
        showFruit(fruit)
    )
```

示例 12.14 一个包对象

12.7 导出

在 10.11 节，我们曾建议你优先选择组合而不是继承，尤其当你的首要目的是代码复用时。这是最小权力原则（*principal of least power*）的实际应用：组合将组件当作黑盒，而继承则通过重写机制影响组件的内部工作机制。有时候，继承所隐含的紧耦合是解决具体问题的最佳方案，但当这并不是必需的时，就意味着松耦合的组合是更优的选择。

在大多数主流的面向对象编程语言中，使用继承比使用组合更容易。比如，在 Scala 2 中，继承只需要一个 extends 子句，而组合需要一系列冗长的透传。因此，大多数面向对象的编程语言都在把程序员推向那些通常更加强大的解决方案。

导出（export）是 Scala 3 引入的新特性，目标是把这个不平衡的局面扭转过来。导出可以让组合关系的表达与继承关系的表达一样精简和容易。同时，与 extends 子句相比，导出也更灵活，因为成员可以被重命名或排除在外。

作为示例，考虑这样的场景，假设你希望构建一个用于表示正整数的类型，则可以像这样定义一个类：[1]

```
case class PosInt(value: Int):
  require(value > 0)
```

这个类允许你在类型层面声明某个整数是正数。不过，如果像这样写的话，则你需要访问 value 来对相应的 Int 参数执行算术运算：

```
val x = PosInt(88)
x.value + 1       // 89
```

可以为 PosInt 类实现一个+方法，让它用起来方便一些。这个+方法只需要转调对应的 value 的+方法即可：

```
case class PosInt(value: Int):
  require(value > 0)
  def +(x: Int): Int = value + x
```

有了这个转调方法，就可以直接对 PosInt 类执行整数的加法而不需要（显式地）访问 value 了：

```
val x = PosInt(77)
x + 1     // 78
```

可以继续实现 Int 类的所有方法来让 PosInt 类更方便，但 Int 类的方法多达 100 余个。如果你能把 PosInt 类定义为 Int 类的子类，就可以使其继承所有这些方法，不需要重新实现。不过由于 Int 类是 final 的，你并不能这

1 另外两种规避了装箱动作的方式分别是 AnyVal 和不透明类型（opaque type）。其中，AnyVal 将在 17.4 节介绍，不透明类型请参考《Scala 高级编程》。

样做。这就是 PosInt 必须用组合和转调而不能用继承的原因。

在 Scala 3 中，可以用 export 关键字来标明你希望转调的方法，并由编译器来帮你生成。这里有一个 PosInt 类的例子，声明了需要转调底层 value 的相关方法：

```
case class PosInt(value: Int):
  require(value > 0)
  export value.*
```

有了这个设计，就可以对 PosInt 类调用任何直接在 Int 类中声明的方法：

```
val x = PosInt(99)
x + 1     // 100
x - 1     // 98
x / 3     // 33
```

导出子句将会对每个导出方法创建被称为*导出别名*（*export alias*）的重载形式的 final 方法。例如，接收 Int 参数的+方法在 PosInt 类中会有如下签名：

```
final def +(x: Int): Int = value + x
```

对于导出，可以使用所有对引入有效的语法。例如，你可能不打算对 PosInt 类提供符号形式的位移操作符（<<、>>、>>>）：

```
val x = PosInt(24)
x << 1    // 48 (左位移)
x >> 1    // 12 (右位移)
x >>> 1   // 12 (无符号的右位移)
```

那么可以在导出时对这些操作符用 as 重命名，就像你可以在引入时使用 as 重命名标识符一样。举例来说：

```
case class PosInt(value: Int):
  require(value > 0)
  export value.{<< as shl, >> as shr, >>> as ushr, *}
```

有了这样的导出子句，PosInt类就不再具备符号形式的位移操作符了：

```
val x = PosInt(24)
x shl 1   // 48
x shr 1   // 12
x ushr 1  // 12
```

也可以用“as _”从一个通配的导出中排除指定的方法，就像从一个通配的引入中排除指定的标识符那样。例如，由于右移操作符（>>）和无符号右移操作符（>>>）对正整数而言总是产生相同的结果，因此你可能会希望只提供一个右移操作符。为此，你只需要用“>>> as _”将>>>从导出中排除即可，就像这样：

```
case class PosInt(value: Int):
  require(value > 0)
  export value.{<< as shl, >> as shr, >>> as _, *}
```

如此一来，就不会创建任何与>>>方法对应的名称或别名了：

```
scala> val x = PosInt(39)
val x: PosInt = PosInt(39)

scala> x shr 1
val res0: Int = 19

scala> x >>> 1
1 |x >>> 1
  |^^^^^
  |value >>> is not a member of PosInt
```

12.8 结语

在本章，你看到了将程序切分为包的基本语法结构。这给了你简单而实用的模块化功能，让你能够将大量的代码分割成不同的组成部分，从而避免相互冲突和干扰。Scala 的包与 Java 的包十分神似，但也有一些区别，Scala 在这方面做得比 Java 更一致、更通用。你还看到了一个新的特性，即导出，其目标是让组合在代码复用方面与继承一样便捷。

展望未来，《Scala 高级编程》将会介绍一种比切分包更灵活的模块系统。除了允许你把代码分割成若干命名空间，这样的模块系统还允许我们对模块做参数化处理，以及让这些模块继承彼此。在下一章，我们先把注意力转向样例类和模式匹配。

第 13 章

样例类和模式匹配

本章将介绍**样例类**（*case class*）和**模式匹配**（*pattern matching*），这组孪生的语法结构为我们编写规则的、未封装的数据结构提供支持。这两个语法结构对于表达树形的递归数据尤其有用。

如果你之前曾用过函数式语言编程，则也许已经知道什么是模式匹配，不过样例类对你来说应该是新的概念。样例类是 Scala 用来对对象进行模式匹配而并不需要大量的样板代码的方式。笼统地说，你要做的就是给那些你希望能做模式匹配的类加上一个 `case` 关键字。

本章将从一个简单的样例类和模式匹配的例子开始。然后依次介绍 Scala 支持的各种模式，探讨**密封类**（*sealed class*），讨论枚举、`Option` 类型，并展示语言中某些不那么明显地使用模式匹配的地方。最后，还会展示一个更真实的模式匹配的例子。

13.1 一个简单的例子

在深入探讨模式匹配的所有规则和细节之前，我们有必要先看一个简单的例子，以让我们明白模式匹配大概是做什么的。假设你需要编写一个操作算术表达式的类库，同时这个类库可能是你正在设计的某个领域特性语言

（DSL）的一部分。

解决这个问题的第一步是定义输入数据。为了保持简单，我们将注意力集中在由变量、数，以及一元和二元操作符组成的算术表达式上。用 Scala 的类层次结构来表达，如示例 13.1 所示。

```
trait Expr
case class Var(name: String) extends Expr
case class Num(number: Double) extends Expr
case class UnOp(operator: String, arg: Expr) extends Expr
case class BinOp(operator: String,
   left: Expr, right: Expr) extends Expr
```

示例 13.1　定义样例类

这个层次结构包括 1 个抽象的基类 Expr 和 4 个子类，每一个都表示我们要考虑的一种表达式。所有 5 个类的定义体都是空的。

样例类

在示例 13.1 中，另一个值得注意的点是每个子类都有一个 case 修饰符。带有这样的修饰符的类被称为样例类。正如 4.4 节讲到的，使用这个修饰符会让 Scala 编译器对类添加一些语法上的便利。

首先，它会添加一个与类同名的工厂方法。这意味着我们可以用 Var("x")来构造一个 Var 对象，而不用稍长版本的 new Var("x")：

```
val v = Var("x")
```

当你需要嵌套定义时，工厂方法尤为有用。由于代码中不再到处充满 new 关键字，因此你可以一眼就看明白表达式的结构：

```
val op = BinOp("+", Num(1), v)
```

其次，第二个语法上的便利是参数列表中的参数都隐式地获得了一个

val 前缀，因此它们会被当作字段处理：

```
v.name    // x
op.left   // Num(1.0)
```

再次，编译器会帮助我们以“自然”的方式实现 toString、hashCode 和 equals 方法。这些方法分别会打印、哈希，以及比较包含类和所有入参的整棵树。由于 Scala 的==总是代理给 equals 方法，这意味着以样例类表示的元素总是以结构化的方式做比较：

```
op.toString              // BinOp(+,Num(1.0),Var(x))
op.right == Var("x")     // true
```

最后，编译器还会添加一个 copy 方法用于制作修改过的副本。这个方法可以用于制作除一两个属性不同之外其余完全相同的该类的新实例。这个方法用到了带名称的参数和默认参数（参考 8.8 节）。我们用带名称的参数给出想要做的修改。对于任何你没有给出的参数，都会用之前对象中的原值。例如，下面这段代码展示了一个与 op 一样，不过改变了操作符的操作。

```
op.copy(operator = "-") // BinOp(-,Num(1.0),Var(x))
```

所有这些带来的是大量的便利（代价却很小）。你需要多写一个 case 修饰符，并且你的类和对象会变得大一些。之所以更大，是因为生成了额外的方法，并且对构造方法的每个参数都隐式地添加了字段。不过，样例类最大的好处是支持模式匹配。[1]

模式匹配

假设我们想简化前面展示的算术表达式。可能的简化规则非常多，下面只是一些示例：

---

1 样例类支持模式匹配的方式是在伴生对象中生成一个名称为 unapply 的提取器（extractor）方法。更多内容请参考《Scala 高级编程》。

```
UnOp("-", UnOp("-", e))  => e   // 双重取反
BinOp("+", e, Num(0)) => e      // 加0
BinOp("*", e, Num(1)) => e      // 乘1
```

如果使用模式匹配，则这些规则可以被看作一个 Scala 编写的简化函数的核心逻辑，如示例 13.2 所示。可以这样使用这个 simplifyTop 函数：

```
simplifyTop(UnOp("-", UnOp("-", Var("x"))))  // Var(x)
```

```
def simplifyTop(expr: Expr): Expr =
  expr match
    case UnOp("-", UnOp("-", e))  => e              // 双重取反
    case BinOp("+", e, Num(0)) => e                 // 加0
    case BinOp("*", e, Num(1)) => e                 // 乘1
    case _ => expr
```

示例 13.2 使用模式匹配的 simplifyTop 函数

simplifyTop 函数的右边由一个 match 表达式组成。match 表达式对应 Java 的 switch 语句，不过 match 表达式出现在选择器表达式后面。换句话说，写成：

```
选择器 match { 可选分支 }
```

而不是：

```
switch (选择器) { 可选分支 }
```

模式匹配包含一系列以 case 关键字开头的可选分支。每一个可选分支都包括一个模式，以及一个或多个表达式，如果模式匹配了，这些表达式就会被求值。箭头符号=>用于将模式和表达式分开。

一个 match 表达式的求值过程是按照模式给出的顺序逐一尝试。第一个匹配上的模式会被选中，同时跟在这个模式后面的表达式会被执行。

类似"+"和 1 这样的*常量模式*（*constant pattern*），可以匹配那些按照==的要求与它们相等的值。而像 e 这样的*变量模式*（*variable pattern*）可以匹配任何值。匹配后，在右侧的表达式中，这个变量将指向这个匹配的值。在本例中，注意前 3 个可选分支的求值结果都为 e，一个在对应的模式中绑定的变量。*通配模式*（*wildcard pattern*，即_）可匹配任何值，不过它并不会引入一个变量名来指向这个值。在示例 13.2 中，需要注意的是，match 表达式是以一个默认什么都不做的 case 结尾的，这个默认的 case 直接返回用于匹配的表达式 expr。

构造方法模式（*constructor pattern*）看上去就像 UnOp("-", e)。这个模式匹配所有类型为 UnOp 且首个入参匹配"-"而第二个入参匹配 e 的值。注意，构造方法的入参本身也是模式。这允许我们用精简的表示法来编写有深度的模式。例如：

```
UnOp("-", UnOp("-", e))
```

想象一下，如果用访问者模式来实现相同的功能要怎么做。[1] 再想象一下，如果用一长串 if 语句、类型测试和类型转换来实现相同的功能，几乎会同样笨拙。

对比 match 表达式和 switch 语句

match 表达式可以被看作 Java 风格的 switch 语句的广义化。Java 风格的 switch 语句可以很自然地用 match 表达式表达，其中每个模式都是常量且最后一个模式可以是一个通配模式（代表 switch 语句中的默认 case）。

不过，我们需要记住 3 个区别：第一，Scala 的 match 是一个表达式（也就是说，它总是能得到一个值）；第二，Scala 的可选分支不会*贯穿*（*fall through*）到下一个 case；第三，如果没有一个模式匹配上，则会抛出名称为 MatchError 的异常。这意味着你需要确保所有的 case 被覆盖到，哪怕这意味

1 Gamma, et al.,《设计模式》[Gam95]

着你需要添加一个什么都不做的默认 case。

```
expr match
  case BinOp(op, left, right) =>
    println(s"$expr is a binary operation")
  case _ =>
```

示例 13.3 带有空的“默认”样例的模式匹配

参考示例 13.3。第二个 case 是必要的，因为如果没有它，则 match 表达式对于任何非 BinOp 的 expr 入参都会抛出 MatchError。在本例中，对于第二个 case，我们并没有给出任何代码，因此如果这个 case 被运行，则什么都不会发生。两个 case 的结果都是 Unit 值，即'()'，这也是整个 match 表达式的结果。

13.2 模式的种类

前面的例子快速地展示了几种模式，接下来我们花些时间来详细介绍每一种模式。

模式的语法很容易理解，所以不必太担心。所有的模式与相应的表达式看上去完全一样。例如，基于示例 13.1 的类层次结构，Var(x)这个模式将匹配任何变量表达式，并将 x 绑定成这个变量的名称。当作为表达式使用时，Var(x)——完全相同的语法——将重新创建一个等效的对象，当然前提是 x 已经被绑定成这个变量的名称。由于模式的语法是透明的，我们只需要关心能使用哪几种模式即可。

通配模式

通配模式（_）可匹配任何对象。你前面已经看到过，通配模式用于默认、捕获所有的可选路径，就像这样：

```
expr match
  case BinOp(op, left, right) =>
    s"$expr is a binary operation"
  case _ =>        // 处理默认情况
    s"It's something else"
```

通配模式还可以用来忽略某个对象中你并不关心的局部。例如，前面这个例子实际上并不需要关心二元操作的操作元是什么，它只是检查这个表达式是否是二元操作，仅此而已。因此，这段代码也完全可以用通配模式来表示 BinOp 的操作元，参考示例 13.4。

```
expr match
  case BinOp(_, _, _) => s"$expr is a binary operation"
  case _ => "It's something else"
```

示例 13.4　带有通配模式的模式匹配

常量模式

常量模式仅匹配自己。任何字面量都可以作为常量（模式）使用。例如，5、true 和"hello"都是常量模式。同时，任何 val 或单例对象也可以被当作常量（模式）使用。例如，Nil 这个单例对象能且仅能匹配空列表。示例 13.5 给出了常量模式的例子。

```
def describe(x: Any) =
  x match
    case 5 => "five"
    case true => "truth"
    case "hello" => "hi!"
    case Nil => "the empty list"
    case _ => "something else"
```

示例 13.5　带有常量模式的模式匹配

以下是示例 13.5 中的模式在具体使用场景中的效果：

```
describe(5)               // five
describe(true)            // truth
describe("hello")         // hi!
describe(Nil)             // the empty list
describe(List(1,2,3))     // something else
```

变量模式

变量模式可匹配任何对象，这一点与通配模式相同。不过与通配模式不同的是，Scala 将对应的变量绑定成匹配上的对象。在绑定之后，就可以用这个变量对对象做进一步的处理。示例 13.6 给出了一个针对零的特例和针对所有其他值的默认处理的模式匹配。默认的 case 用到了变量模式，这样就给匹配的值赋予了一个名称，无论这个值是什么。

```
expr match
  case 0 => "zero"
  case somethingElse => s"not zero $somethingElse"
```

示例 13.6　带有变量模式的模式匹配

变量还是常量

常量模式也可以有符号形式的名称。当我们把 Nil 当作一个模式时，实际上就是在用一个符号名称来引用常量。这里有一个相关的例子，这个模式匹配涉及常量 E（2.71828...）和常量 Pi（3.14159...）：

```
scala> import math.{E, Pi}
import math.{E, Pi}

scala> E match
         case Pi => s"strange math? Pi = $Pi"
         case _ => "OK"
```

```
val res0: String = OK
```

与我们预期的一样，E 并不匹配 Pi，因此“strange math”这个 case 没有被使用。

Scala 编译器是如何知道 Pi 是从 scala.math 包引入的常量，而不是一个代表选择器值本身的变量呢？Scala 采取了一个简单的词法规则来区分：一个以小写字母开头的简单名称会被当作变量（模式）处理；所有其他引用都是常量。要想看到具体的区别，可以给 Pi 创建一个小写的别名，然后尝试如下代码：

```
scala> val pi = math.Pi
pi: Double = 3.141592653589793

scala> E match
       case pi => s"strange math? Pi = $pi"

val res1: String = strange math? Pi = 2.718281828459045
```

在这里，编译器甚至不允许我们添加一个默认的 case。由于 pi 是变量（模式），它将会匹配所有输入，因此不可能走到后面的 case：

```
scala> E match
         case pi => s"strange math? Pi = $pi"
         case _ => "OK"

val res2: String = strange math? Pi = 2.718281828459045
3 |             case _ => "OK"
  |                  ^
  |                  Unreachable case
```

如果有需要，你仍然可以用小写的名称来作为常量（模式）。这里有两个小技巧。首先，如果常量是某个对象的字段，则可以在字段名前面加上限定词。例如，虽然 pi 是变量（模式），但 this.pi 或 obj.pi 是常量（模式），尽管它们以小写字母开头。如果这样不行（比如，pi 可能是一个局部变量），也可以用反引号将这个名称包起来。例如，`pi`可以再次被编译器解读为一个常量，而不是变量：

```
scala> E match
         case `pi` => s"strange math? Pi = $pi"
         case _ => "OK"

res4: String = OK
```

你应该看到了，给标识符加上反引号在 Scala 中有两种用途，可以帮助你从不寻常的代码场景中走出来。这里你看到的是如何将以小写字母开头的标识符用作模式匹配中的常量。更早的时候，在 6.10 节，你还看到过使用反引号可以将关键字当作普通的标识符，比如，`Thread.`yield`()` 这段代码将 `yield` 当作标识符而不是关键字。

构造方法模式

构造方法模式可以真正体现出模式匹配的威力。一个构造方法模式看上去像这样："BinOp("+", e, Num(0))"。它由一个名称（BinOp）和一组圆括号中的模式——"+"、e 和 Num(0)组成。假设这里的名称指定的是一个样例类，则这样的一个模式将首先检查被匹配的对象是否是以这个名称命名的样例类的实例，然后检查这个对象的构造方法参数是否匹配这些额外的模式。

这些额外的模式意味着 Scala 的模式支持深度匹配（*deep match*）。这样的模式不仅检查给出的对象的顶层，还会进一步检查对象的内容是否匹配额外的模式要求。由于额外的模式也可能是构造方法模式，用它们检查对象内部时可以到达任意的深度。例如，示例 13.7 给出的模式将检查顶层的对象是否为 BinOp，并确认它的第三个构造方法参数是一个 Num，且这个 Num 的值字段为 0。这是一个长度只有一行但深度有三层的模式。

```
expr match
  case BinOp("+", e, Num(0)) => "a deep match"
  case _ => ""
```

示例 13.7　带有构造方法模式的模式匹配

序列模式

就像与样例类匹配一样，也可以与序列类型做匹配，如 List 或 Array。使用的语法是相同的，不过现在可以在模式中给出任意数量的元素。示例 15.8 显示了一个以零开始的三元素列表的模式。

```
xs match
  case List(0, _, _) => "found it"
  case _ => ""
```

示例 13.8　匹配固定长度的序列模式

如果你想匹配一个序列，但又不想给出其长度，则可以用_*作为模式的最后一个元素。这个看上去有些奇怪的模式能够匹配序列中任意数量的元素，包括零个元素。示例 13.9 显示了一个能匹配任意长度的、以零开始的列表的模式。

```
xs match
  case List(0, _*) => "found it"
  case _ => ""
```

示例 13.9　匹配任意长度的序列模式

元组模式

我们还可以匹配元组（tuple）。形如(a, b, c)这样的模式能匹配任意的三元组。参考示例 13.10。

```
def tupleDemo(obj: Any) =
  obj match
    case (a, b, c) => s"matched $a$b$c"
    case _ => ""
```

示例 13.10　带有元组模式的模式匹配

如果把示例 13.10 中的 tupleDemo 加载到编译器中，并传递给它一个三元素的元组，将会看到：

```
tupleDemo(("a ", 3, "-tuple")) // 匹配到一个三元素的元组
```

带类型的模式

可以用“带类型的模式”（typed pattern）来替代类型测试和类型转换。参考示例 13.11。

```
def generalSize(x: Any) =
  x match
    case s: String => s.length
    case m: Map[_, _] => m.size
    case _ => -1
```

示例 13.11　带有带类型的模式的模式匹配

下面是一些在 Scala 编译器中使用 generalSize 方法的例子：

```
generalSize("abc")                      // 3
generalSize(Map(1 -> 'a', 2 -> 'b'))    // 2
generalSize(math.Pi)                    // -1
```

generalSize 方法返回不同类型的对象的大小或长度。其入参的类型是 Any，因此可以是任何值。如果入参是字符串，则方法将返回这个字符串的长度。模式“s: String”是一个带类型的模式，它将匹配每个（非 null 的）String 实例。其中的模式变量 s 将指向这个字符串。

需要注意的是，虽然 s 和 x 指向同一个值，但是 x 的类型是 Any，而 s 的类型是 String。因此可以在与模式相对应的可选分支中使用 s.length，但不能使用 x.length，因为类型 Any 并没有一个叫作 length 的成员。

另一个与用带类型的模式匹配等效但更冗长的方式是先做类型测试再做

（强制）类型转换。对于类型测试和类型转换，Scala 与 Java 的语法不太一样。例如，要测试某个表达式 expr 的类型是否为 String，需要这样写：

```
expr.isInstanceOf[String]
```

要将这个表达式转换成 String 类型，需要用：

```
expr.asInstanceOf[String]
```

通过类型测试和类型转换，我们可以重写示例 13.11 中的 match 表达式的第一个 Case，如示例 13.12 所示。

```
if x.isInstanceOf[String] then
  val s = x.asInstanceOf[String]
  s.length
else ...
```

示例 13.12　使用 isInstanceOf 和 asInstanceOf（不良风格）

isInstanceOf 和 asInstanceOf 两个操作符会被当作 Any 类的预定义方法处理。这两个方法接收一个用方括号括起来的类型参数。事实上，x.asInstanceOf[String]是该方法调用的一个特例，它带上了显式的类型参数 String。

你现在应该已经注意到了，在 Scala 中编写类型测试和类型转换会比较啰唆。我们是故意这样做的，因为这并不是一个值得鼓励的做法。使用带类型的模式通常会更好，尤其是当你需要同时做类型测试和类型转换的时候，因为这两个操作所做的事情会在单个模式匹配中批量完成。

示例 13.11 中的 match 表达式的第二个 case 包含了带类型的模式“m: Map[_, _]”。这个模式匹配的是任何 Map 值，不管它的键和值的类型是什么，都会让 m 指向这个值。因此，m.size 的类型是完备的，返回的是这个映射的大小。类型模式[1]中的下画线就像是其他模式中的通配符。除了用下画线，也可以用（小写的）类型变量。

类型归因（type ascription）

强制类型转换从根本上讲就是不安全的。例如，尽管编译器有足够的信息判定从 Int 到 String 的强制类型转换会在运行时失败，它仍然会通过编译（然后在运行时失败）：

```
3.asInstanceOf[String]
// java.lang.ClassCastException: java.lang.Integer
// cannot be cast to java.lang.String
```

另一个总是安全的选择是类型归因（*type ascription*）：在变量或表达式之后放置一个冒号和一个类型（声明）。类型归因是安全的，因为任何非法的归因，比如，将 Int 类型归因为 String 类型，会触发编译错误，而不是运行时的异常：

```
scala> 3: String // ': String'表示类型归因
1 |3: String
  |^
  |Found:    (3 : Int)
  |Required: String
```

类型归因仅在两种情况下通过编译。首先，可以用类型归因将一个类型扩大到它的某一个超类型。例如：

```
scala> Var("x"): Expr   // Expr是Var的超类型
val res0: Expr = Var(x)
```

其次，也可以用类型归因隐式地将一个类型转换成另一个类型，比

1 在 m: Map[_, _]这个带类型的模式中，“Map[_, _]”部分被称为“类型模式”。

> 如，隐式地将 Int 类型转换成 Long 类型：
>
> ```
> scala> 3: Long
> val res1: Long = 3
> ```

类型擦除

除了笼统的映射，我们还能测试特定元素类型的映射吗？这对于测试某个值是否是 Int 类型到 Int 类型的映射等场景会很方便。下面我们试试看：

```
scala> def isIntIntMap(x: Any) =
         x match
           case m: Map[Int, Int] => true
           case _ => false

def isIntIntMap(x: Any): Boolean
3 |    case m: Map[Int, Int] => true
  |         ^^^^^^^^^^^^^^^^
  |         the type test for Map[Int, Int] cannot be
  |         checked at runtime
```

Scala 采用了擦除式的泛型，就像 Java 一样。这意味着在运行时并不会保留类型参数的信息。这样一来，在运行时就无法判断某个给定的 Map 对象是用两个 Int 类型参数创建的，还是用其他类型参数创建的。系统能做的只是判断某个值是否为某种不确定类型参数的 Map。可以把 isIntIntMap 应用到不同的 Map 类实例来验证这个行为：

```
isIntIntMap(Map(1 -> 1))             // true
isIntIntMap(Map("abc" -> "abc"))     // true
```

第一次应用返回 true，看上去是正确的，不过第二次应用同样返回 true，这可能会让你感到意外。为了警示这种可能违反直觉的运行时行为，编译器会给出我们在前面看到的那种非受检的警告。

对于这个擦除规则，唯一的例外是数组，因为 Java 和 Scala 都对它做了特殊处理。数组的元素类型是与数组一起保存的，因此我们可以对它进行模式匹配。例如：

```
def isStringArray(x: Any) =
  x match
    case a: Array[String] => "yes"
    case _ => "no"

isStringArray(Array("abc"))    // yes
isStringArray(Array(1, 2, 3))  // no
```

变量绑定

除了独自存在的变量模式，我们还可以对任何其他模式添加变量。只需要写下变量名、一个@符号和模式本身，就可以得到一个变量绑定模式，这意味着这个模式将像平常一样执行模式匹配。如果匹配成功，就将匹配的对象赋值给这个变量，就像简单的变量模式一样。

示例 13.13 给出了一个（在表达式中）查找绝对值操作被连续应用两次的模式匹配的例子。这样的表达式可以被简化成只执行一次求绝对值的操作。

```
expr match
  case UnOp("abs", e @ UnOp("abs", _)) => e
  case _ =>
```

示例 13.13　带有变量绑定的模式匹配（通过@符号）

示例 13.13 包括了一个以 e 为变量，以 UnOp("abs", _)为模式的变量绑定模式。如果整个匹配成功了，则匹配了 UnOp("abs", _)的部分就被赋值给变量 e。这个 case 的结果就是 e，这是因为 e 与 expr 的值相同，但是少了一次求绝对值的操作。

13.3　模式守卫

有时候语法级的模式匹配不够精准。举例来说，假设我们要公式化一个简化规则，即用乘以 2（即 `e * 2`）来替换对两个相同操作元的加法（`e + e`）。在表示 Expr 树的语言中，下面这样的表达式：

```
BinOp("+", Var("x"), Var("x"))
```

应用该简化规则后将得到：

```
BinOp("*", Var("x"), Num(2))
```

你可能会像如下这样来定义这个规则：

```
scala> def simplifyAdd(e: Expr) =
         e match
           case BinOp("+", x, x) => BinOp("*", x, Num(2))
           case _ => e

3 |    case BinOp("+", x, x) => BinOp("*", x, Num(2))
  |                        ^
  |                        duplicate pattern variable: x
```

这样做会失败，因为 Scala 要求模式都是线性（*linear*）的：同一个模式变量在模式中只能出现一次。不过，我们可以用一个模式守卫（*pattern guard*）来重新定义这个匹配逻辑，如示例 13.14 所示。

模式守卫出现在模式之后，并以 `if` 开头。模式守卫可以是任意的布尔表达式，通常会引用模式中的变量。如果存在模式守卫，则这个匹配仅在模式守卫求值得到 `true` 时才会成功。因此，上面提到的首个 case 只能匹配那些两个操作元相等的二元操作。

```
def simplifyAdd(e: Expr) =
  e match
    case BinOp("+", x, y) if x == y =>
      BinOp("*", x, Num(2))
    case _ => e
```

示例 13.14　带有模式守卫的 match 表达式

下面是其他一些带有模式守卫的示例：

```
// 只匹配正整数
case n: Int if 0 < n => ...
// 只匹配以字母'a'开头的字符串
case s: String if s(0) == 'a' => ...
```

13.4　模式重叠

模式会按照代码中的顺序逐个被尝试。示例 13.15 中的 simplifyAll 展示了模式中的 case 出现顺序的重要性。

示例 13.15 中的 simplifyAll 将会对一个表达式中的各部分都执行简化，不像 simplifyTop 那样仅仅在顶层做简化。simplifyAll 可以从 simplifyTop 演化出来，只需要再添加两个分别针对一元和二元表达式的 case 即可（示例 13.15 中的第四个和第五个 case）。

第四个 case 的模式是 UnOp(op,e)，它匹配所有的一元操作。这个一元操作的操作符和操作元可以是任意的。它们分别被绑定到模式变量 op 和 e 上。这个 case 对应的可选分支会递归地对操作元 e 应用 simplifyAll，然后用（可能的）简化后的操作元重建这个一元操作。第五个 BinOp 的 case 也同理：它是一个“捕获所有”（catch-all）的对任意二元操作的匹配，并在匹配成功后递归地对它的两个操作元应用简化方法。

```
def simplifyAll(expr: Expr): Expr =
  expr match
    case UnOp("-", UnOp("-", e)) =>
      simplifyAll(e)      // '-' 是它的自反
    case BinOp("+", e, Num(0)) =>
      simplifyAll(e)      // '0'是'+'的中立元素
    case BinOp("*", e, Num(1)) =>
      simplifyAll(e)      // '1'是'*'的中立元素
    case UnOp(op, e) =>
      UnOp(op, simplifyAll(e))
    case BinOp(op, l, r) =>
      BinOp(op, simplifyAll(l), simplifyAll(r))
    case _ => expr
```

示例 13.15　对样例顺序敏感的 match 表达式

在本例中，捕获所有的 case 出现在更具体的简化规则之后，这是很重要的。如果我们将顺序颠倒过来，则捕获所有的 case 就会优先于更具体的简化规则执行。在许多场景下，编译器甚至会拒绝编译。例如，下面这个 match 表达式就无法通过编译，因为首个 case 将会匹配所有第二个 case 能匹配的值：

```
scala> def simplifyBad(expr: Expr): Expr =
           expr match
             case UnOp(op, e) => UnOp(op, simplifyBad(e))
             case UnOp("-", UnOp("-", e)) => e
             case _ => expr

def simplifyBad(expr: Expr): Expr
4 |    case UnOp("-", UnOp("-", e)) => e
  |         ^^^^^^^^^^^^^^^^^^^^^^^
  |         Unreachable case
```

13.5 密封类

每当我们编写一个模式匹配时，都需要确保完整地覆盖了所有可能的case。有时候可以通过在末尾添加一个默认 case 来实现，不过这仅限于有合理兜底的场合。如果没有这样的默认行为，我们如何确保自己覆盖了所有的场景呢？

我们可以寻求 Scala 编译器的帮助，由它帮助我们检测出 match 表达式中缺失的模式组合。为了做到这一点，编译器需要分辨出可能的 case 有哪些。一般来说，在 Scala 中这是不可能的，因为新的样例类随时随地都能被定义出来。例如，没有人会阻止你在现在的 4 个样例类所在的编译单元之外的另一个编译单元中给 Expr 的类继承关系添加第五个样例类。

解决这个问题的方法是将这些样例类的超类标记为*密封的*（*sealed*）。除了在同一个文件中定义的子类，密封类不能添加新的子类。这一点对模式匹配而言十分有用，因为这样一来我们就只需要关心那些已知的样例类。不仅如此，我们还因此获得了更好的编译器支持。如果我们对继承自密封类的样例类做匹配，则编译器会用警告消息标示出缺失的模式组合。

如果你打算将类用于模式匹配，则应该考虑将它做成密封类。只需要在类继承关系的顶部那个类的类名前面加上 sealed 关键字即可。这样一来，使用你的这组类的程序员在模式匹配这些类时，就会信心十足。这也是 sealed 关键字通常被看作模式匹配的标志的原因。示例 13.16 给出了 Expr 被转换成密封类的例子。

现在我们可以试着定义一个漏掉了某些可能 case 的模式匹配：

```
def describe(e: Expr): String =
  e match
    case Num(_) => "a number"
    case Var(_) => "a variable"
```

```
sealed trait Expr
case class Var(name: String) extends Expr
case class Num(number: Double) extends Expr
case class UnOp(operator: String, arg: Expr) extends Expr
case class BinOp(operator: String,
   left: Expr, right: Expr) extends Expr
```

示例 13.16　一组继承关系封闭的样例类

将得到类似下面这样的编译器警告：

```
def describe(e: Expr): String
2 |  e match
  |  ^
  |  match may not be exhaustive.
  |
  |  It would fail on pattern case: UnOp(_, _),
  |  BinOp(_, _, _)
```

这样的警告告诉我们这段代码存在产生 MatchError 异常的风险，因为某些可能出现的模式（UnOp、BinOp）并没有被处理。这个警告指出了潜在的运行时错误源，因此通常有助于我们编写正确的程序。

不过，有时候你也会遇到编译器过于挑剔的情况。举例来说，你可能从上下文中知道永远只能将 describe 应用到 Number 或 Var，因此很清楚不会有 MatchError 发生。这时你可以给 describe 添加一个捕获所有的 case，这样就不会有编译器告警了：

```
def describe(e: Expr): String =
  e match
    case Num(_) => "a number"
    case Var(_) => "a variable"
    case _ => throw new RuntimeException      // 不应该发生
```

这样可行，但并不理想。你可能并不会很乐意，因为你被迫添加了永远不会被执行的代码（也可能是你认为不会被执行的代码），而所有这些只是为了让编译器“闭嘴”。

一个更轻量的做法是给 match 表达式的选择器部分添加一个@unchecked 注解。就像这样：

```
def describe(e: Expr): String =
  (e: @unchecked) match
    case Num(_) => "a number"
    case Var(_)    => "a variable"
```

我们会在《Scala 高级编程》中介绍注解。一般来说，可以像添加类型声明那样对表达式添加注解：在表达式后面添加一个冒号和注解的名称（以@符号开头）。例如，在本例中我们给变量 e 添加了@unchecked 注解，即“e: @unchecked”。@unchecked 注解对模式匹配而言有特殊的含义。如果 match 表达式的选择器带上了这个注解，则编译器对后续模式分支的覆盖完整性检查就会被压制。

13.6 对 Option 进行模式匹配

可以用模式匹配来处理 Scala 的标准类型 Option。正如我们在第 3 章第 12 步中提到的，Option 的值可以有两种形式：Some(x)，其中 x 是那个实际的值；None 对象，代表没有值。

Scala 集合类的某些标准操作会返回可选值。比如，Scala 的 Map 有一个 get 方法，当传入的键有对应的值时，返回 Some(value)；而当传入的键在 Map 中没有定义时，则返回 None。我们来看下面这个例子：

```
val capitals = Map("France" -> "Paris", "Japan" -> "Tokyo")
capitals.get("France")            // Some(Paris)
capitals.get("North Pole")        // None
```

将可选值解开的最常见的方式是通过模式匹配。例如：

```
def show(x: Option[String]) =
  x match
    case Some(s) => s
    case None => "?"

show(capitals.get("Japan"))         // Tokyo
show(capitals.get("France"))        // Paris
show(capitals.get("North Pole"))    // ?
```

Scala 程序经常用到 Option 类型。可以把它与 Java 中用 null 来表示无值做比较。举例来说，java.util.HashMap 的 get 方法要么返回存放在 HashMap 中的某个值，要么（在值未找到时）返回 null。这种方式对 Java 来说是可行的，但很容易出错，因为在实践中想要跟踪某个程序中的哪些变量可以为 null 是一件很困难的事情。

如果某个变量允许为 null，那么你必须记住在每次用到它的时候都要判空（null）。如果忘记了，则运行时就有可能抛出 NullPointerException。由于这样类异常可能并不经常发生，因此在测试过程中很难发现。对 Scala 而言，在这种情况下完全不能工作，因为 Scala 允许在哈希映射中存放值类型的数据，而 null 并不是值类型的合法元素。例如，一个 HashMap[Int, Int] 不可能通过返回 null 来表示“无值”。

Scala 鼓励我们使用 Option 来表示可选值。这种处理可选值的方式与 Java 的方式相比有若干优势。首先，对代码的读者而言，某个类型为 Option[String]的变量对应一个可选的 String，与某个类型为 String 的变量是一个可选的 String（可能为 null）相比，要直观得多。不过最重要的是，我们之前描述的那种不检查某个变量是否为 null 就开始使用它的编程错误，在 Scala 中直接变成了类型错误。如果某个变量的类型为 Option[String]，而我们把它当作 String 来使用，则这样的 Scala 程序是无法通过编译的。

13.7　到处都是模式

在 Scala 中，很多地方都允许使用模式，并不仅限于 match 表达式。我们来看看其他能够使用模式的地方。

变量定义中的模式

每当我们定义一个 val 或 var 时，都可以用模式而不是简单的标识符。例如，可以将一个元组解开并将其中的每个元素分别赋值给不同的变量，参考示例 13.17。

```
scala> val myTuple = (123, "abc")
val myTuple: (Int, String) = (123,abc)

scala> val (number, string) = myTuple
val number: Int = 123
val string: String = abc
```

示例 13.17　用单个赋值定义多个变量

这个语法结构在处理样例类时非常有用。如果你知道要处理的样例类是什么，就可以用一个模式来析构它。参考下面的例子：

```
scala> val exp = new BinOp("*", Num(5), Num(1))
val exp: BinOp = BinOp(*,Num(5.0),Num(1.0))

scala> val BinOp(op, left, right) = exp
val op: String = *
val left: Expr = Num(5.0)
val right: Expr = Num(1.0)
```

作为偏函数的 case 序列

用花括号括起来的一系列 case（即可选分支）可以用在任何允许出现函数字面量的地方。从本质上讲，case 序列就是一个函数字面量，只是更加通用。不像普通函数那样只有一个入口和参数列表，case 序列可以有多个入口，且每个入口都有自己的参数列表。每个 case 对应该函数的一个入口，而该入口的参数列表用模式来指定。每个入口的逻辑主体是 case 右侧的部分。

下面是一个简单的例子：

```
val withDefault: Option[Int] => Int =
  case Some(x) => x
  case None => 0
```

该函数的函数体有两个 case。第一个 case 匹配 Some，返回 Some 中的值。第二个 case 匹配 None，返回默认值 0。下面是这个函数用起来的效果：

```
withDefault(Some(10))   // 10
withDefault(None)       // 0
```

这套机制对 Akka 这个 actor 类库而言十分有用。因为有了这套机制，所以 Akka 可以用一组 case 来定义 receive 方法：

```
var sum = 0

def receive =

  case Data(byte) =>
    sum += byte

  case GetChecksum(requester) =>
    val checksum = ~(sum & 0xFF) + 1
    requester ! checksum
```

还有另一点值得我们注意：通过 case 序列得到的是一个偏函数（*partial*

function)。如果我们将这样一个函数应用到它不支持的值上，则会产生一个运行时异常。例如，这里有一个返回整数列表中第二个元素的偏函数：

```
val second: List[Int] => Int =
  case x :: y :: _ => y
```

在编译时，编译器会正确地发出警告，我们的匹配并不全面：

```
2 |    case x :: y :: _ => y
  |    ^
  |    match may not be exhaustive.
  |
  |    It would fail on pattern case: List(_), Nil
```

如果传入一个三元素列表，则这个函数会成功执行，不过传入空列表就没那么幸运了：

```
scala> second(List(5, 6, 7))
val res24: Int = 6

scala> second(List())
scala.MatchError: List() (of class Nil$)
    at rs$line$10$.$init$$$anonfun$1(rs$line$10:2)
    at rs$line$12$.<init>(rs$line$12:1)
```

如果你想检查某个偏函数是否对某个入参进行定义，则必须首先告诉编译器你知道要处理的是偏函数。`List[Int] => Int` 这个类型涵盖了所有从整数列表到整数的函数，无论这个函数是偏函数还是全函数。仅涵盖从整数列表到整数的偏函数的类型写作 `PartialFunction[List[Int], Int]`。我们重新写一遍 `second` 函数，这次用偏函数的类型声明：

```
val second: PartialFunction[List[Int],Int] =
  case x :: y :: _ => y
```

偏函数定义了一个方法 `isDefinedAt`，可以用来检查该函数是否对某个

特定的值有定义。在本例中，这个函数对于任何至少有两个元素的列表都有定义：

```
second.isDefinedAt(List(5,6,7))      // true
second.isDefinedAt(List())           // false
```

偏函数的典型用例是模式匹配函数字面量，就像前面这个例子一样。事实上，这样的表达式会被 Scala 编译器翻译成偏函数，且这样的翻译发生了两次：一次是实现真正的函数，另一次是测试这个函数是否对指定值有定义。

举例来说，函数字面量{ case x::y::_ => y }将被翻译成如下的偏函数值：

```
new PartialFunction[List[Int], Int]:

  def apply(xs: List[Int]) =
    xs match
      case x :: y :: _ => y

  def isDefinedAt(xs: List[Int]) =
    xs match
      case x :: y :: _ => true
      case _ => false
```

只要函数字面量声明的类型是 PartialFunction，这样的翻译就会生效。如果声明的类型只是 Function1，或者没有声明，那么函数字面量对应的就是一个全函数（*complete function*）。

一般来说，我们应该尽量用全函数，因为偏函数允许运行时错误出现，而编译器无法帮助我们解决这样的错误。不过有时候偏函数也特别有用。你也许能确保不会有不能处理的值传入，也可能会用到那种预期偏函数的框架，在调用函数之前，总是会先用 isDefinedAt 做一次检查。对于后者的例子，可以参考上面给出的 receive 方法，我们得到的是一个偏函数，只用于处理那些调用方想处理的消息。

for 表达式中的模式

我们还可以在 for 表达式中使用模式，如示例 13.18 所示。这里的 for 表达式从 capitals 映射中接收键/值对，每个键/值对都与模式(country, city)匹配。这个模式定义了两个变量，即 country 和 city。

```
for (country, city) <- capitals yield
  s"The capital of $country is $city"
//
// List(The capital of France is Paris,
//   The capital of Japan is Tokyo)
```

示例 13.18 带有元组模式的 for 表达式

示例 13.18 给出的对偶（*pair*）模式很特别，因为这个匹配永远都不会失败。的确，capitals 交出一系列的对偶，因此可以确保每个生成的对偶都能够与对偶模式匹配上。不过某个模式不能匹配某个生成的值的情况也同样存在。示例 13.19 就是这样一个例子。

```
val results = List(Some("apple"), None, Some("orange"))

for Some(fruit) <- results yield fruit
// List(apple, orange)
```

示例 13.19 从列表中选取匹配特定模式的元素

我们从这个例子中可以看到，生成的值中那些不能匹配给定模式的值会被直接丢弃。例如，results 列表中的第二个元素 None 就不能匹配给定模式 Some(fruit)，因此它也就不会出现在输出中了。

13.8　一个复杂的例子

在学习了模式的不同形式之后，你可能会对它在相对复杂的例子中是如何应用的感兴趣。提议的任务是编写一个表达式格式化类，以二维布局来显示一个算术表达式。诸如“x / (x + 1)”的除法应该被纵向打印，将被除数放在除数上面，就像这样：

```
  x
-----
x + 1
```

再看另一个例子，将表达式((a / (b * c) + 1 / n) / 3)放在二维布局中是这样的：

```
  a     1
----- + -
b * c   n
---------
    3
```

从这些示例来看，要定义的这个类（我们就叫它 ExprFormatter 吧）需要做大量的布局安排，因此我们有理由使用在第 10 章开发的布局类库。另外，我们还会用到本章前面讲到的 Expr 这组样例类，并将第 10 章的布局类库和本章的表达式格式化工具放在对应名称的包里。这个例子的完整代码如示例 13.20 和示例 13.21 所示。

第一步，先集中精力做好横向布局。比如，对于下面这个结构化的表达式：

```
BinOp("+",
    BinOp("*",
        BinOp("+", Var("x"), Var("y")),
        Var("z")),
    Num(1))
```

```
package org.stairwaybook.expr
import org.stairwaybook.layout.Element.elem

sealed abstract class Expr
case class Var(name: String) extends Expr
case class Num(number: Double) extends Expr
case class UnOp(operator: String, arg: Expr) extends Expr
case class BinOp(operator: String,
   left: Expr, right: Expr) extends Expr

class ExprFormatter:

  // 包含成组的按优先级递进的操作符
  private val opGroups =
    Vector(
      Set("|", "||"),
      Set("&", "&&"),
      Set("^"),
      Set("==", "!="),
      Set("<", "<=", ">", ">="),
      Set("+", "-"),
      Set("*", "%")
    )

  // 从操作符到其优先级的映射
  private val precedence = {
    val assocs =
      for
        i <- 0 until opGroups.length
        op <- opGroups(i)
      yield op -> i
    assocs.toMap
  }

  private val unaryPrecedence = opGroups.length
  private val fractionPrecedence = -1

  // 在示例 13.21 中继续……
```

示例 13.20 表达式格式化方法的上半部分

```
// ……上接示例 13.20

  import org.stairwaybook.layout.Element

  private def format(e: Expr, enclPrec: Int): Element =

    e match

      case Var(name) =>
        elem(name)

      case Num(number) =>
        def stripDot(s: String) =
          if s endsWith ".0" then s.substring(0, s.length - 2)
          else s
        elem(stripDot(number.toString))

      case UnOp(op, arg) =>
        elem(op) beside format(arg, unaryPrecedence)

      case BinOp("/", left, right) =>
        val top = format(left, fractionPrecedence)
        val bot = format(right, fractionPrecedence)
        val line = elem('-', top.width.max(bot.width), 1)
        val frac = top above line above bot
        if enclPrec != fractionPrecedence then frac
        else elem(" ") beside frac beside elem(" ")

      case BinOp(op, left, right) =>
        val opPrec = precedence(op)
        val l = format(left, opPrec)
        val r = format(right, opPrec + 1)
        val oper = l beside elem(" " + op + " ") beside r
        if enclPrec <= opPrec then oper
        else elem("(") beside oper beside elem(")")

    end match

  def format(e: Expr): Element = format(e, 0)

end ExprFormatter
```

示例 13.21　表达式格式化方法的下半部分

应该打印出 (x + y) * z + 1。注意，x + y 外围的这组圆括号是必需的，但(x + y) * z 外围的圆括号则不是必需的。为了保持布局尽可能清晰、易读，我们的目标是去除冗余的圆括号，同时确保所有必需的圆括号被继续保留。

为了知道应该在哪里放置圆括号，代码需要知晓操作符的优先级。接下来，我们先处理好这件事。可以用下面这样的映射字面量来直接表示优先级：

```
Map(
  "|" -> 0, "||" -> 0,
  "&" -> 1, "&&" -> 1, ...
)
```

不过，这需要我们自己事先做一些运算[1]。更方便的做法是先按照递增的优先级定义多组操作符，再从中计算每个操作符的优先级。具体代码参考示例 13.20。

变量 precedence 是一个从操作符到优先级的映射，其中优先级从 0 开始。它是通过一个带有两个生成器的 for 表达式计算出来的。第一个生成器产生 opGroups 数组的每一个下标 i。第二个生成器产生 opGroups(i)中的每一个操作符 op。对于每一个操作符，for 表达式都会交出这个操作符 op 到下标 i 的关联。这样一来，数组中操作符的相对位置就被当作它的优先级。

关联关系用中缀的箭头表示，例如 op -> i。之前我们只在映射的构造过程中看到过这样的关联，不过其本身也是一种值。事实上，op -> i 这样的关联与对偶(op, i)是一回事。

现在我们已经确定了所有除/之外的二元操作符的优先级，接下来我们将这个概念进一步泛化，使它也包含一元操作符。一元操作符的优先级高于所有的二元操作符。因此，我们可以将 unaryPrecedence（见示例 13.20）设置为 opGroups 的长度，也就是比*和%操作符的优先级多 1。分数的优先级处理区别于其他操作符，因为分数采用的是纵向布局。不过，稍后我们就会看到，将除

1 译者注：其实就是心算。

法的优先级设置为特殊的-1 会很方便，因此将 fractionPrecedence 设置为 -1（见示例 13.20）。

完成了这些准备工作之后，就可以着手编写 format 这个主方法了。该方法接收两个入参：类型为 Expr 的表达式 e，以及直接闭合表达式 e 的操作符的优先级 enclPrec。（如果没有直接闭合的操作符，则 enclPrec 应被设置为 0。）这个方法交出的是一个代表了二维字符数组的布局元素。

示例 13.21 给出了 ExprFormatter 类的余下部分，包含 3 个方法。第一个方法 stripDot 是一个助手方法；第二个私有的 format 方法完成了格式化表达式的主要工作；最后一个同样被命名为 format 的方法是类库中唯一的公开方法，接收一个要格式化的表达式作为入参。私有的 format 方法通过对表达式的种类执行模式匹配来完成工作。这里的 match 表达式有 5 个 case，我们将逐一介绍每个 case。

第一个 case 是：

```
case Var(name) =>
  elem(name)
```

如果表达式是一个变量，结果就是由该变量名构成的元素。

第二个 case 是：

```
case Num(number) =>
  def stripDot(s: String) =
    if s endsWith ".0" then s.substring(0, s.length - 2)
    else s
  elem(stripDot(number.toString))
```

如果表达式是一个数值，结果就是一个由该数值构成的元素。stripDot 函数通过去掉".0"后缀来简化显示浮点数。

第三个 case 是：

```
case UnOp(op, arg) =>
  elem(op) beside format(arg, unaryPrecedence)
```

如果表达式是一个一元操作 UnOp(op, arg)，结果就是由操作符 op 和用当前环境中最高优先级格式化入参 arg 后的结果构成的。[1] 这意味着如果 arg 是二元操作符（不过不是分数），则它将总是显示在圆括号中。

第四个 case 是：

```
case BinOp("/", left, right) =>
  val top = format(left, fractionPrecedence)
  val bot = format(right, fractionPrecedence)
  val line = elem('-', top.width.max(bot.width), 1)
  val frac = top above line above bot
  if enclPrec != fractionPrecedence then frac
  else elem(" ") beside frac beside elem(" ")
```

如果表达式是一个分数，中间结果 frac 就是由格式化后的操作元 left 和 right 上下叠加在一起并用横线隔开构成的。横线的宽度是被格式化的操作元宽度的最大值。这个中间结果也就是最终结果，除非这个分数本身是另一个分数的入参。对于后面这种情况，在 frac 的两边都会添加一个空格。要弄清楚为什么需要这样做，可以考虑表达式“(a / b) / c”。

如果没有这样的加宽处理，则这个表达式在格式化之后的效果会是这样的：

```
a
-
b
-
c
```

这个布局的问题很明显：到底哪一条横线表示分数的第一级是不清楚

1 unaryPrecedence 是最高优先级，因为它被初始化成比*和%多 1。

的。上述表达式既可以被解读为“(a / b) / c”，也可以被解读为“a / (b / c)”。为了清晰地表示出采用哪一种先后次序，需要给内嵌的分数“a / b”在布局的两边加上空格。

这样一来，布局就没有歧义了：

```
 a
 -
 b
---
 c
```

第五个也就是最后一个 case 是：

```
case BinOp(op, left, right) =>
  val opPrec = precedence(op)
  val l = format(left, opPrec)
  val r = format(right, opPrec + 1)
  val oper = l beside elem(" " + op + " ") beside r
  if enclPrec <= opPrec then oper
  else elem("(") beside oper beside elem(")")
```

这个 case 作用于所有其他二元操作，因为它出现在下面这个 case 之后：

```
case BinOp("/", left, right) => ...
```

我们知道模式 BinOp(op, left, right)中的操作符 op 不可能是一个除法。要格式化这样一个二元操作，需要首先将其操作元 left 和 right 格式化。格式化左操作元的优先级参数是操作符 op 的 opPrec，而格式化右操作元的优先级比它要多 1。这样的机制确保了圆括号能够正确反映结合律。

例如，如下操作：

```
BinOp("-", Var("a"), BinOp("-", Var("b"), Var("c")))
```

将被正确地加上圆括号：“a - (b - c)”。中间结果 oper 由格式化后的左操作元和格式化后的右操作元并排放在一起且用操作符隔开构成。如果当前操作符的优先级比闭合该操作的操作符（即上一层操作符）小，oper 就被放在圆括号中；否则直接返回。

这样我们就完成了私有 format 函数的设计。对于公开的 format 方法，调用方可以通过该方法格式化一个顶级表达式，而不需要传入优先级入参。示例 13.22 给出了一个打印格式化表达式的应用程序。

```
import org.stairwaybook.expr.*

object Express:

  def main(args: Array[String]): Unit =

    val f = new ExprFormatter

    val e1 = BinOp("*", BinOp("/", Num(1), Num(2)),
                 BinOp("+", Var("x"), Num(1)))

    val e2 = BinOp("+", BinOp("/", Var("x"), Num(2)),
                 BinOp("/", Num(1.5), Var("x")))

    val e3 = BinOp("/", e1, e2)

    def show(e: Expr) = println(s"${f.format(e)}\n\n")

    for e <- Vector(e1, e2, e3) do show(e)
```

示例 13.22 打印格式化表达式的应用程序

由于该对象定义了 main 方法，因此它是一个可运行的应用程序。可以用如下命令执行这个 Express 程序：

```
scala Express
```

输出如下：

```
1
- * (x + 1)
2
```

```
  x   1.5
  - + ---
  2    x

1
- * (x + 1)
2
-----------
 x    1.5
 - + ---
 2    x
```

13.9　结语

本章详细地介绍了 Scala 的样例类和模式匹配。通过它们，我们可以利用一些通常在面向对象编程语言中没有的精简写法。不过，本章描述的内容并不是 Scala 的模式匹配的全部。如果你想对你的类做模式匹配，但又不想像样例类那样将你的类开放给其他人访问，则可以用《Scala 高级编程》中介绍的提取器（*extractor*）。在下一章，我们将注意力转向列表。

第 14 章
使用列表

列表可能是 Scala 程序中最常使用的数据结构了。本章将对列表做详细的介绍，不仅会讲到很多可以对列表执行的通用操作，还将对使用列表的一些重要的程序设计原则做出讲解。

14.1 List 字面量

前面的章节已经介绍过列表。一个包含元素'a'、'b'和'c'的列表写作 List('a', 'b', 'c')。下面是另外一些例子：

```
val fruit = List("apples", "oranges", "pears")
val nums = List(1, 2, 3, 4)
val diag3 =
  List(
    List(1, 0, 0),
    List(0, 1, 0),
    List(0, 0, 1)
  )
val empty = List()
```

列表与数组非常像，不过有两个重要的区别。首先，列表是不可变的。

也就是说，列表的元素不能通过赋值改变。其次，列表的结构是递归的（即链表，*linked list*），而数组是扁平的。

14.2 List 类型

与数组一样，列表也是同构（*homogeneous*）的：同一个列表的所有元素都必须是相同的类型。元素类型为 T 的列表的类型写作 List[T]。例如，下面是同样的 4 个列表显式添加了类型后的样子：

```
val fruit: List[String] = List("apples", "oranges", "pears")
val nums: List[Int] = List(1, 2, 3, 4)
val diag3: List[List[Int]] =
  List(
    List(1, 0, 0),
    List(0, 1, 0),
    List(0, 0, 1)
  )
val empty: List[Nothing] = List()
```

Scala 的列表类型是协变（*covariant*）的，意思是对于每一组类型 S 和 T，如果 S 是 T 的子类型，List[S]就是 List[T]的子类型。例如，List[String]是 List[Object]的子类型。所以每个字符串列表都可以被当作对象列表，这很自然。[1]

注意，空列表的类型为 List[Nothing]。在 Scala 的类继承关系中，Nothing 是底类型，这是一个特殊的类型，是所有其他 Scala 类型的子类型。由于列表是协变的，对任何 T 而言，List[Nothing]都是 List[T]的子类型，因此既然空列表对象的类型为 List[Nothing]，那么它可以被当作其他形如 List[T]类型的对象。这也是编译器允许我们编写如下代码的原因：

---

1 第 18 章将介绍协变和其他型变的更多细节。

```
// List[Nothing]也是List[String]类型的
val xs: List[String] = List()
```

14.3 构建列表

所有的列表都构建自两个基础的构建单元：Nil 和::（读作“cons”）。Nil 表示空列表；中缀操作符::表示在列表前追加元素。也就是说，x :: xs 表示这样一个列表：第一个元素为 x，接下来是列表 xs 的全部元素。因此，前面的列表值也可以这样来定义：

```
val fruit = "apples" :: ("oranges" :: ("pears" :: Nil))
val nums  = 1 :: (2 :: (3 :: (4 :: Nil)))
val diag3 = (1 :: (0 :: (0 :: Nil))) ::
            (0 :: (1 :: (0 :: Nil))) ::
            (0 :: (0 :: (1 :: Nil))) :: Nil
val empty = Nil
```

事实上，之前我们使用 List(...)对 fruit、nums、diag3 和 empty 进行的定义，不过是最终展开成上面这些定义的包装方法而已。例如，List(1, 2, 3)创建的列表就是 1 :: (2 :: (3 :: Nil))。

由于::以冒号结尾，而::这个操作符是右结合的，例如，A :: B :: C 会被翻译成 A :: (B :: C)。因此，我们可以在前面的定义中去掉圆括号，例如：

```
val nums = 1 :: 2 :: 3 :: 4 :: Nil
```

这与之前的 nums 定义是等效的。

14.4 列表的基本操作

对列表的所有操作都可以用下面这 3 项来表述。

- head：返回列表的第一个元素。
- tail：返回列表中除第一个元素之外的所有元素。
- isEmpty：返回列表是否为空列表。

这些操作在 List 类中被定义为方法。表 14.1 给出了一些例子。

表 14.1　基本的列表操作

操作	这个操作做什么
empty.isEmpty	返回 true
fruit.isEmpty	返回 false
fruit.head	返回"apples"
fruit.tail.head	返回"oranges"
diag3.head	返回 List(1, 0, 0)

其中，head 和 tail 方法只对非空列表有定义。当我们从一个空列表调用它们时，将抛出异常：

```
scala> Nil.head
java.util.NoSuchElementException: head of empty list
```

作为演示如何处理列表的例子，应当考虑按升序排列一个数字列表的元素。一个简单的算法是**插入排序**（*insertion sort*）。这个算法的工作原理如下：对于非空列表 x :: xs，先对 xs 排序，再将第一个元素 x 插入这个排序结果中正确的位置。

对一个空列表排序将交出空列表。使用 Scala 代码来表示，这个插入排序算法如示例 14.1 所示。

```
def isort(xs: List[Int]): List[Int] =
  if xs.isEmpty then Nil
  else insert(xs.head, isort(xs.tail))

def insert(x: Int, xs: List[Int]): List[Int] =
  if xs.isEmpty || x <= xs.head then x :: xs
  else xs.head :: insert(x, xs.tail)
```

示例 14.1　通过插入排序算法对 List[Int]排序

14.5 列表模式

列表也可以用模式匹配解开。列表模式可以逐一对应到列表表达式。既可以用 List(...)这样的模式来匹配列表的所有元素，也可以用::操作符和 Nil 常量一点一点地将列表解开。

下面是第一种模式的例子：

```
scala> val List(a, b, c) = fruit
val a: String = apples
val b: String = oranges
val c: String = pears
```

List(a, b, c)这个模式匹配长度为 3 的列表，并将 3 个元素分别绑定到模式变量 a、b 和 c 上。如果我们事先并不知道列表中元素的个数，则更好的做法是用::来匹配。举例来说，a :: b :: rest 匹配的是长度大于或等于 2 的列表：

```
scala> val a :: b :: rest = fruit
val a: String = apples
val b: String = oranges
val rest: List[String] = List(pears)
```

关于 List 的模式匹配

如果你回顾第 13 章介绍过的可能出现的模式的形式，则会发现无论是 List(...)还是::都不满足那些定义。事实上，List(...)是一个由类库定义的提取器模式的实例。我们将在《Scala 高级编程》介绍提取器模式。而 x :: xs 这样的“cons”模式是中缀操作模式的一个特例。作为表达式，中缀操作等同于一次方法调用。对模式而言，规则是不同的：作为模式，p op q 这样的中缀操作等同于

> op(p, q)。也就是说，中缀操作符 op 是被当作模式构造方法处理的。具体来说，x :: xs 这个表达式相当于::(x, xs)。
>
> 这透露出一个细节，应该有一个名称为::的类与这个模式构造方法相对应。的确有这么一个类，它的名称为::，并且就是用来构建非空列表的。因此，::在 Scala 中出现了两次，一次是作为 scala 包中的一个类的名称，一次是作为 List 类的方法名。::方法的作用是生成一个 scala.::类的实例。在《Scala 高级编程》中将会有更多关于 List 类的实现细节介绍。

使用模式来解开列表是使用基本方法 head、tail 和 isEmpty 来解开列表的变通方式。例如，再次实现插入排序，不过这一次，我们使用模式匹配：

```
def isort(xs: List[Int]): List[Int] =
  xs match
    case List()   => List()
    case x :: xs1 => insert(x, isort(xs1))

def insert(x: Int, xs: List[Int]): List[Int] =
  xs match
    case List()  => List(x)
    case y :: ys => if x <= y then x :: xs
                    else y :: insert(x, ys)
```

通常来说，对列表做模式匹配比用方法来解构更清晰，因此模式匹配应该成为处理列表的工具箱的一部分。

以上是在正确使用 Scala 列表之前你需要知道的全部内容。不过，Scala 还提供了大量方法，捕获了列表操作的通用模式。这些方法让列表处理程序更为精简，也更为清晰。接下来的两节将介绍 List 类中最为重要的方法。

14.6 List 类的初阶方法

本节将会介绍定义在 List 类里的大部分初阶方法。如果一个方法不接收任何函数作为入参，就被称为*初阶*（*first-order*）方法。我们还将通过两个例子来介绍如何组织操作列表的程序的一些技巧。

拼接两个列表

与::操作相似的一个操作是拼接，写作:::。不同于::，:::接收两个列表参数作为操作元。xs ::: ys 的结果是一个包含了 xs 所有元素，以及 ys 所有元素的新列表。

这里有一些例子：

```
List(1, 2) ::: List(3, 4, 5)   // List(1, 2, 3, 4, 5)
List() ::: List(1, 2, 3)       // List(1, 2, 3)
List(1, 2, 3) ::: List(4)      // List(1, 2, 3, 4)
```

与 cons 类似，列表的拼接操作也是右结合的。像这样一个表达式：

```
xs ::: ys ::: zs
```

会被解读成：

```
xs ::: (ys ::: zs)
```

分治（Divide and Conquer）原则

拼接（:::）是作为 List 类的一个方法实现的。我们也可以通过对列表进行模式匹配来“手工”实现拼接。建议你自己做一下尝试，因为这个过程展示了用列表实现算法的常用方式。首先，明确一下拼接方法（我们叫它

append）的签名。为了不把事情弄得过于复杂，假设 append 方法是在 List 类之外定义的，这样它就需要接收两个待拼接的列表作为参数。这两个列表必须有相同的元素类型，但这个类型具体是什么并不重要。可以给 append 方法指定一个代表两个列表的元素类型的类型参数[1]来表达这层意思：

```
def append[T](xs: List[T], ys: List[T]): List[T]
```

要设计这样一个 append 方法，有必要回顾一下对于列表这样的递归数据结构的“分而治之”的程序设计原则。许多对列表的算法都会首先用模式匹配将输入的列表切分成更小的样例。这是设计原则中“分”的部分。然后对每个样例构建对应的结果。如果结果是一个非空的列表，则这个列表的局部可以通过递归地调用同一个算法来构建。这是设计原则中“治”的部分。

把这个设计原则应用到 append 方法的实现中，我们要问的第一个问题是匹配哪一个列表。与其他方法相比，append 方法并不简单，因为我们有两个选择。好在后续的“治”的部分告诉我们需要同时包含两个输入列表的所有元素。由于列表是从后向前构建的，因此 ys 可以保持不动，而 xs 则需要被解开然后被追加到 ys 的前面。这样一来，我们有理由选择 xs 作为模式匹配的来源。匹配列表最常见的模式是区分空列表和非空列表。于是我们可以得到如下 append 方法的轮廓：

```
def append[T](xs: List[T], ys: List[T]): List[T] =
  xs match
    case List() => ???
    case x :: xs1 => ???
```

接下来要做的就是填充由???标出的两处。[2] 第一处是当输入列表 xs 为空时的可选分支。这个 case 中的拼接操作可以直接交出第二个列表：

1 第 18 章将会有更多关于类型参数的细节讲解。

2 ???这个方法在运行时会抛出 scala.NotImplementedError，其结果类型为 Nothing，可以在开发过程中被当作临时实现来用。

```
case List() => ys
```

第二处是当输入列表 xs 由某个头 x 和尾 xs1 组成时的可选分支。这个 case 的结果也是一个非空列表。要构建一个非空列表，需要知道这个非空列表的头和尾分别是什么。我们已经知道结果的第一个元素是 x，而余下的元素可以通过第二个列表 ys 拼接在第一个列表的剩余部分（即 xs1）之后。

这样就得到了完整的设计：

```
def append[T](xs: List[T], ys: List[T]): List[T] =
  xs match
    case List() => ys
    case x :: xs1 => x :: append(xs1, ys)
```

第二个可选分支的计算展示了分治原则中“治”的部分：首先思考我们想要输出的形状是什么；然后计算这个形状中的各个独立的组成部分，并在这个过程中的必要环节递归地调用同一个算法；最后根据这些组成部分构建出最终的输出结果。

获取列表的长度：length 方法

length 方法用于计算列表的长度。

```
List(1, 2, 3).length    // 3
```

与数组相比，在列表上的 length 操作更耗资源。找到一个列表的末尾需要遍历整个列表，因此需要消耗与元素数量成正比的时间。这也是为什么说将 xs.isEmpty 这样的测试换成 xs.length == 0 并不是一个好主意。这两种测试的结果并没有区别，但第二种测试的速度会更慢，尤其是当列表 xs 很长的时候。

访问列表的末端：init 和 last 方法

我们已经知道基本方法 head 和 tail，它们分别用于获取列表的首个元素和除首个元素之外剩余的部分。它们也分别对应一个对偶（dual）方法：last 方法用于返回（非空）列表的最后一个元素；而 init 方法用于返回除最后一个元素之外剩余的部分：

```
val abcde = List('a', 'b', 'c', 'd', 'e')
abcde.last       // e
abcde.init       // List(a, b, c, d)
```

与 head 和 tail 方法一样，这两个方法在应用空列表的时候也会抛出异常：

```
scala> List().init
java.lang.UnsupportedOperationException: init of empty list
     at ...

scala> List().last
java.util.NoSuchElementException: last of empty list
     at ...
```

不像 head 和 tail 方法那样在运行的时候消耗常量时间，init 和 last 方法需要遍历整个列表来计算结果。因此它们的耗时与列表的长度成正比。

> 最好将数据组织成大多数访问都发生在列表头部而不是尾部。

反转列表：reverse 方法

如果在算法中的某个点需要频繁地访问列表的末尾，则有时候先将列表反转，再对反转后的列表做操作是更好的做法。下面是一个反转的例子：

```
abcde.reverse    // List(e, d, c, b, a)
```

与所有其他列表操作方法一样，reverse 方法会创建一个新的列表，而不是对传入的列表做修改。由于列表是不可变的，因此这样的修改就算我们想做也做不到。我们现在来验证一下，在进行反转操作后，abcde 的原始值是否的确没有发生改变：

```
abcde    // List(a, b, c, d, e)
```

reverse、init 和 last 方法满足一些可以用于对计算过程推理，以及让程序变得简化的法则。

reverse 是自己的反转：

```
xs.reverse.reverse = xs
```

reverse 将 init 变成 tail，将 last 变成 head，只不过元素顺序是颠倒的：

```
xs.reverse.init = xs.tail.reverse
xs.reverse.tail = xs.init.reverse
xs.reverse.head = xs.last
xs.reverse.last = xs.head
```

反转操作也可以用拼接（:::）来实现，就像下面这个 rev 方法：

```
def rev[T](xs: List[T]): List[T] =
  xs match
    case List() => xs
    case x :: xs1 => rev(xs1) ::: List(x)
```

不过，这个方法的效率并不高。我们不妨来看一下 rev 方法的时间复杂度，假设 xs 列表长度为 n。注意，会有 n 次对 rev 方法的递归调用。除最后一次之外，每次调用都会做列表拼接。xs ::: ys 这样的列表拼接所需要的时间与首个入参 xs 的长度成正比。因此，rev 方法的时间复杂度为：

$$n+(n-1)+\cdots+1=(1+n)*n/2$$

换句话说，rev 方法的时间复杂度是入参长度的平方阶。这与时间复杂度为线性的可变链表的标准反转操作比起来很令人失望。不过，rev 方法当前的实现还能做得更好。在 309 页开始的例子中，你将看到如何提高这个方法的执行速度。

前缀和后缀：drop、take 和 splitAt 方法

drop 和 take 方法是对 tail 和 init 方法的一般化。怎么说呢？它们返回的是列表任意长度的后缀或前缀。表达式“xs take n”返回列表 xs 的前 n 个元素。如果 n 大于 xs.length，就返回整个 xs 列表。操作“xs drop n”返回列表 xs 除前 n 个元素之外的所有元素。如果 n 大于或等于 xs.length，就返回空列表。

splitAt 方法将列表从指定的下标位置切开，返回这两个列表组成的对偶。[1] 它的定义来自如下这个等式：

```
xs.splitAt(n) = (xs.take(n), xs.drop(n))
```

不过，splitAt 方法会避免遍历两次 xs 列表。下面是这 3 个方法的一些例子：

```
abcde.take(2)        // List(a, b)
abcde.drop(2)        // List(c, d, e)
abcde.splitAt(2)     // (List(a, b),List(c, d, e))
```

1 正如我们在 10.12 节指出的，对偶是 Tuple2 的非正式名称。

元素选择：apply 和 indices 方法

apply 方法支持从任意位置选取元素。不过相对于数组而言，对列表的这项操作并不是那么常用。

```
abcde.apply(2)   // c  (rare in Scala)
```

与其他类型一样，当对象出现在方法调用中函数出现的位置时，编译器会帮助我们插入 apply 方法。因此上面的代码可以简化为：

```
abcde(2)  // c  (rare in Scala)
```

对列表而言，从任意位置选取元素的操作之所以不那么常用，是因为 xs(n)的耗时与下标 n 成正比。事实上，apply 是通过 drop 和 head 方法定义的：

```
xs.apply(n) = (xs.drop(n)).head
```

从这个定义中也可以清晰地看到，列表的下标从 0 开始，直到列表长度减 1 为止，与数组一样。Indices 方法返回包含了指定列表所有有效下标的列表：

```
abcde.indices    // Range 0 until 5
```

扁平化列表的列表：flatten 方法

flatten 方法接收一个列表的列表并将它扁平化，返回单个列表：

```
List(List(1, 2), List(3), List(), List(4, 5)).flatten
// List(1, 2, 3, 4, 5)

fruit.map(_.toList).flatten
// List(a, p, p, l, e, s, o, r, a, n, g, e,
//      s, p, e, a, r, s)
```

这个方法只能被应用于那些所有元素都是列表的列表。如果我们尝试将它应用到不满足这个要求的列表，则会得到一个编译错误：

```
scala> List(1, 2, 3).flatten
1 |List(1, 2, 3).flatten
  |                 ^
  |                 No implicit view available from
  |                 Int => IterableOnce[B]
  |                 where, B is a type variable.
```

将列表 zip 起来：zip 和 unzip 方法

zip 方法接收两个列表，返回一个由对偶组成的列表：

```
abcde.indices.zip(abcde)
// Vector((0,a), (1,b), (2,c), (3,d), (4,e))
```

如果两个列表的长度不同，则任何没有配对成功的元素将被丢弃：

```
val zipped = abcde.zip(List(1, 2, 3))
// List((a,1), (b,2), (c,3))
```

一个有用的特例是将列表和它的下标 zip 起来。最高效的做法是使用 zipWithIndex 方法，这个方法会将列表中的每个元素和它出现在列表中的位置组合成对偶。

```
abcde.zipWithIndex
// List((a,0), (b,1), (c,2), (d,3), (e,4))
```

任何元组的列表也可以通过 unzip 方法转换回由列表组成的元组：

```
zipped.unzip      // (List(a, b, c),List(1, 2, 3))
```

zip 和 unzip 方法提供了一种方式让我们可以同时对多个列表进行操作。16.9 节还会讲到另一种更精简的方式。

显示列表：toString 和 mkString 方法

toString 方法返回列表的标准字符串表现形式：

```
abcde.toString   // List(a, b, c, d, e)
```

如果需要不同的表现形式，则可以使用 mkString 方法。xs mkString (pre, sep, post)涉及 4 个操作元：要显示的列表 xs、出现在最前面的前缀字符串 pre、在元素间显示的分隔字符串 sep，以及出现在最后面的后缀字符串 post。

这个操作的结果是如下的字符串：

```
pre + xs(0) + sep + ...+ sep + xs(xs.length 1) + post
```

mkString 方法有两个重载的变种，让我们不必填写部分或全部入参。第一个变种只接收一个分隔字符串：

```
xs.mkString(sep) = xs.mkString("", sep, "")
```

第二个变种允许什么入参都不填：

```
xs.mkString = xs.mkString("")
```

下面是一些例子：

```
abcde.mkString("[", ",", "]")         // [a,b,c,d,e]
abcde.mkString("")                    // abcde
abcde.mkString                        // abcde
abcde.mkString("List(", ", ", ")")    // List(a, b, c, d, e)
```

mkString 方法还有其他的变种，如 addString，这个方法可以将构建出来的字符串追加到一个 StringBuilder 对象上，[1] 而不是作为结果返回：

---

1 这是 scala.StringBuilder 类，不是 java.lang.StingBuilder 类。

```
val buf = new StringBuilder
abcde.addString(buf, "(", ";", ")")    // (a;b;c;d;e)
```

mkString 和 addString 这两个方法继承自 List 类的超特质 Iterable，因此它们也可以被用在所有其他集合类型上。

转换列表：iterator、toArray 和 copyToArray 方法

为了在扁平的数组世界和递归的列表世界之间进行数据转换，可以使用 List 类的 toArray 方法和 Array 类的 toList 方法：

```
val arr = abcde.toArray         // Array(a, b, c, d, e)
arr.toList                      // List(a, b, c, d, e)
```

还有一个 copyToArray 方法可以将列表中的元素依次复制到目标数组的指定位置。例如，如下操作：

```
xs.copyToArray(arr, start)
```

可以将列表 xs 的所有元素复制到数组 arr，从下标 start 开始。我们必须确保目标数组足够大，能够容纳整个列表。参考下面的例子：

```
val arr2 = new Array[Int](10)
       // Array(0, 0, 0, 0, 0, 0, 0, 0, 0, 0)
List(1, 2, 3).copyToArray(arr2, 3)
arr2   // Array(0, 0, 0, 1, 2, 3, 0, 0, 0, 0)
```

最后，如果要通过迭代器访问列表元素，则可以使用 iterator 方法：

```
val it = abcde.iterator
it.next() // a
it.next() // b
```

例子：归并排序

之前介绍的插入排序写起来很简洁，不过效率并不是很高。它的平均复杂度与输入列表的长度的平方值成正比。更高效的算法是*归并排序*（*merge sort*）。

> 快速通道
>
> 这个例子是对分治原则和柯里化的另一次展示，同时用来探讨算法复杂度的问题。不过，如果你想在初读本书时更快完成阅读，则可以安心地跳到 14.7 节。

归并排序的机制如下：首先，如果列表有零个或一个元素，则它已经是排好序的，因此列表可以被直接返回。更长一些的列表会被切分成两个子列表，每个子列表各含约一半原列表的元素。每个子列表被递归地调用同一个函数来排序，然后两个排好序的子列表会通过一次归并操作合在一起。

要实现一个通用的归并排序实现，应当允许被排序列表的元素类型和用来比较元素大小的函数是灵活可变的。通过参数将这两项作为参数传入，就得到了最灵活的函数。最终的实现参考示例 14.2。

`msort` 函数的复杂度为 order(n log(n))，其中 n 为输入列表的长度。要弄清楚为什么，要注意需将列表切分成两个子列表，并将两个排好序的列表归并到一起，这两种操作消耗的时间都与列表长度成正比。每次对 `msort` 函数的递归调用都会将输入的元素数量减半，因此差不多需要 log(n)次连续的递归调用，直到到达长度为 `1` 的列表这个基本 case。不过，对更长的列表而言，每次调用都会进一步生成两次调用。所有这些加在一起，在 log(n)次的调用中，原始列表的每个元素都会参与一次切分操作和一次归并操作。

```
def msort[T](less: (T, T) => Boolean)
    (xs: List[T]): List[T] =

  def merge(xs: List[T], ys: List[T]): List[T] =
    (xs, ys) match
      case (Nil, _) => ys
      case (_, Nil) => xs
      case (x :: xs1, y :: ys1) =>
        if less(x, y) then x :: merge(xs1, ys)
        else y :: merge(xs, ys1)

  val n = xs.length / 2
  if n == 0 then xs
  else
    val (ys, zs) = xs.splitAt(n)
    merge(msort(less)(ys), msort(less)(zs))
```

示例 14.2　针对 List 的归并排序函数

这样一来，每个调用级别的总成本也是与 n 成正比的。由于有 $\log(n)$次调用，我们得到的总成本为 $n\ \log(n)$。这个成本与列表中预算的初始分布无关，因此最差情况的成本与平均成本相同。归并排序的这个属性让它成为很有吸引力的算法。

下面是使用 msort 函数的一个例子：

```
msort((x: Int, y: Int) => x < y)(List(5, 7, 1, 3))
      // List(1, 3, 5, 7)
```

msort 函数是我们在 9.3 节讨论的柯里化概念的经典案例。柯里化让我们可以很容易地将函数定制为一种采用特定比较函数的特例。参考下面的例子：

```
val intSort = msort((x: Int, y: Int) => x < y)
      // intSort 的类型为 List[Int] => List[Int]
```

这里的 intSort 变量指向一个接收整数列表并以数值顺序排列的函数。

8.6 节曾经介绍过，下画线表示一个缺失的参数列表。在本例中，缺失的参数是应该被排序的列表。再来看另一个例子，我们可以这样来定义对整数列表按数值倒序排列的函数：

```
val reverseIntSort = msort((x: Int, y: Int) => x > y)
```

由于我们已经通过柯里化给出了比较函数，接下来只需要在调用 `intSort` 或 `reverseIntSort` 函数时给出要排序的列表即可。参考下面的例子：

```
val mixedInts = List(4, 1, 9, 0, 5, 8, 3, 6, 2, 7)
intSort(mixedInts)
      // List(0, 1, 2, 3, 4, 5, 6, 7, 8, 9)
reverseIntSort(mixedInts)
      // List(9, 8, 7, 6, 5, 4, 3, 2, 1, 0)
```

14.7 List 类的高阶方法

许多对列表的操作都有相似的模式，有一些模式反复出现。例如：以某种方式对列表中的每个元素做转换，验证是否列表中所有元素都满足某种属性，从列表元素中提取满足某个指定条件的元素，或者使用某种操作符来组合列表中的元素。在 Java 中，这些模式通常需要通过固定写法的 `for` 循环或 `while` 循环来组装。而 Scala 允许我们使用高阶操作符[1]来更精简、更直接地表达，并且通过 `List` 类的高阶方法实现这些高阶操作。本节我们将对这些高阶方法进行探讨。

对列表作映射：map、flatMap 和 foreach 方法

`xs map f` 这个操作将类型为 `List[T]`的列表 `xs` 和类型为 `T => U` 的函数

1 这里我们所说的“高阶操作符”（*high-order operator*）指的是用在操作符表示法中的高阶函数。我们在 9.1 节提到过，如果一个函数接收一个或多个函数作为参数，它就是“高阶”的。

f 作为操作元，返回一个通过应用 f 到 xs 的每个元素后得到的列表。例如：

```
List(1, 2, 3).map(_ + 1)      // List(2, 3, 4)
val words = List("the", "quick", "brown", "fox")
words.map(_.length)           // List(3, 5, 5, 3)
words.map(_.toList.reverse.mkString)
       // List(eht, kciuq, nworb, xof)
```

flatMap 方法与 map 方法类似，不过它要求右侧的操作元是一个返回元素列表的函数。它将这个函数应用到列表的每个元素上，然后将所有结果拼接起来返回。下面的例子展示了 map 和 flatMap 方法的区别：

```
words.map(_.toList)
      // List(List(t, h, e), List(q, u, i, c, k),
      //  List(b, r, o, w, n), List(f, o, x))
words.flatMap(_.toList)
      // List(t, h, e, q, u, i, c, k, b, r, o, w, n, f, o, x)
```

可以看到，map 方法返回的是列表的列表，而 flatMap 方法返回的是所有元素拼接起来的单个列表。

下面这个表达式也体现了 map 和 flatMap 方法的区别与联系，这个表达式构建的是一个满足 1≤j<i<5 的所有对偶(i, j)：

```
List.range(1, 5).flatMap(
  i => List.range(1, i).map(j => (i, j))
)
      // List((2,1), (3,1), (3,2), (4,1),
      //      (4,2), (4,3))
```

List.range 是一个用来创建某个区间内所有整数的列表的工具方法。在本例中，我们用到了两次 range 方法：一次是生成从 1（含）到 5（不含）的整数列表；另一次是生成从 1 到 i 的整数列表，其中 i 是来自第一个列表的每个元素。表达式中的 map 方法生成的是一个由元组(i, j)组成的列表，其中 j < i。外围的 flatMap 方法对 1 到 5 之间的每个 i 生成一个列表，并将结果拼接起来。也可以用 for 表达式来构建同样的列表：

```
for i <- List.range(1, 5); j <- List.range(1, i) yield (i, j)
```

你可以通过《Scala 高级编程》了解到更多关于 for 表达式和列表操作的内容。

第三个映射类的操作方法是 foreach。不同于 map 和 flatMap 方法，foreach 方法要求右操作元是一个过程（结果类型为 Unit 的函数）。它只是简单地将过程应用到列表中的每个元素上。整个操作本身的结果类型也是 Unit，并没有列表类型的结果被组装出来。参考下面这个精简的、将列表中所有数值加和的例子：

```
scala> var sum = 0
var sum: Int = 0

scala> List(1, 2, 3, 4, 5).foreach(sum += _)

scala> sum
val res39: Int = 15
```

过滤列表：filter、partition、find、takeWhile、dropWhile 和 span 方法

xs filter p 这个操作将类型为 List[T]的 xs 和类型为 T => Boolean 的前提条件 p 作为操作元，将交出 xs 中所有 p(x)为 true 的元素 x。例如：

```
List(1, 2, 3, 4, 5).filter(_ % 2 == 0)       // List(2, 4)
words.filter(_.length == 3)                  // List(the, fox)
```

partition 方法与 filter 方法很像，不过它返回的是一对列表。其中一个列表包含所有前提条件为 true 的元素，另一个列表包含所有前提条件为 false 的元素。它满足如下等式：

```
xs.partition(p) = (xs.filter(p), xs.filter(!p(_)))
```

参考下面的例子：

```
List(1, 2, 3, 4, 5).partition(_ % 2 == 0)
       // (List(2, 4),List(1, 3, 5))
```

find 方法与 filter 方法也很像，不过它返回满足给定前提条件的第一个元素，而不是所有元素。xs find p 这个操作接收列表 xs 和前提条件 p 两个操作元，返回一个可选值。如果 xs 中存在一个元素 x 满足 p(x)为 true，就返回 Some(x)。而如果对所有元素而言，前提条件 p 都为 false，就返回 None。下面来看一些例子：

```
List(1, 2, 3, 4, 5).find(_ % 2 == 0)     // Some(2)
List(1, 2, 3, 4, 5).find(_ <= 0)         // None
```

takeWhile 和 dropWhile 方法也将一个前提条件作为右操作元。xs takeWhile p 操作返回列表 xs 中连续满足前提条件 p 的最长前缀。同理，xs dropWhile p 操作将去除列表 xs 中连续满足前提条件 p 的最长前缀。下面来看一些例子：

```
List(1, 2, 3, -4, 5).takeWhile(_ > 0)    // List(1, 2, 3)
words.dropWhile(_.startsWith("t"))       // List(quick, brown, fox)
```

span 方法将 takeWhile 和 dropWhile 两个方法合二为一，就像 splitAt 方法将 take 和 drop 方法合二为一一样。它返回一对列表，满足如下等式：

```
xs span p = (xs takeWhile p, xs dropWhile p)
```

与 splitAt 方法一样，span 方法同样不会重复遍历 xs：

```
List(1, 2, 3, -4, 5).span(_ > 0)
       // (List(1, 2, 3),List(-4, 5))
```

对列表的前提条件检查：forall 和 exists 方法

xs forall p 这个操作接收一个列表 xs 和一个前提条件 p 作为入参。如果列表中所有元素都满足前提条件 p，就返回 true。与此相反，xs exists p 操作返回 true 的要求是 xs 中存在一个元素满足前提条件 p。例如，要弄清楚一个以列表的列表表示的矩阵中是否存在一行的元素全为零，代码如下：

```
def hasZeroRow(m: List[List[Int]]) =
  m.exists(row => row.forall(_ == 0))
hasZeroRow(diag3)        // false
```

折叠列表：foldLeft 和 foldRight 方法

对列表的另一种常见操作是用某种操作符合并元素。例如：

```
sum(List(a, b, c)) = 0 + a + b + c
```

这是一个折叠操作的特例：

```
def sum(xs: List[Int]): Int = xs.foldLeft(0)(_ + _)
```

同理：

```
product(List(a, b, c)) = 1 * a * b * c
```

这也是折叠操作的一个特例：

```
def product(xs: List[Int]): Int = xs.foldLeft(1)(_ * _)
```

(z foldLeft xs)(op)这个操作涉及 3 个对象：起始值 z、列表 xs 和二元操作 op。折叠的结果是以 z 为前缀，对列表的元素依次连续应用 op。例如：

```
List(a, b, c).foldLeft(z)(op) = op(op(op(z, a), b), c)
```

或者用图形化表示就是：

```
            op
           /  \
         op    c
        /  \
      op    b
     /  \
    z    a
```

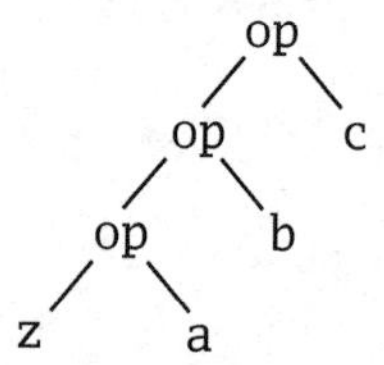

还有一个例子可以说明 foldLeft 方法的用法。为了把列表中的字符串表示的单词拼接起来，在其中间和最前面加上空格，可以：

```
words.foldLeft("")(_ + " " + _)        // " the quick brown fox"
```

这里会在最开始多出一个空格。要去除这个空格，我们可以像下面这样简单改写：

```
words.tail.foldLeft(words.head)(_ + " " + _)
    // "the quick brown fox"
```

foldLeft 方法产生一棵向左靠的操作树。同理，foldRight 方法产生一棵向右靠的操作树。例如：

```
List(a, b, c).foldRight(z)(op) = op(a, op(b, op(c, z)))
```

或者用图形化表示就是：

```
      op
     /  \
    a    op
        /  \
       b    op
           /  \
          c    z
```

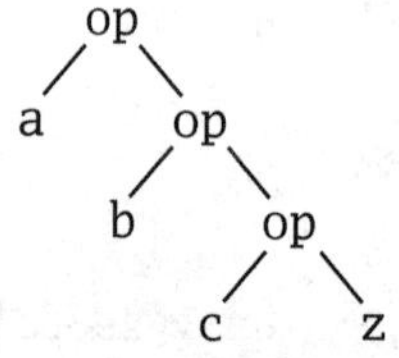

对满足结合律的操作而言，左折叠和右折叠是等效的，不过可能存在执行效率上的差异。我们可以设想一下 flatten 方法对应的操作，这个操作是将一个列表的列表中的所有元素拼接起来。可以用左折叠也可以用右折叠来完成：

```
def flattenLeft[T](xss: List[List[T]]) =
   xss.foldLeft(List[T]())(_ ::: _)

def flattenRight[T](xss: List[List[T]]) =
   xss.foldRight(List[T]())(_ ::: _)
```

由于列表拼接 `xs ::: ys` 的执行时间与首个入参 `xs` 的长度成正比，用右折叠的 `flattenRight` 比用左折叠的 `flattenLeft` 更高效。左折叠在这里的问题是 `flattenLeft(xss)`需要复制首个元素列表（`xss.head`）n-1 次，其中 n 为列表 `xss` 的长度。

注意，上述两个 `flatten` 版本都需要对表示折叠起始值的空列表做类型注解。这是由于 Scala 类型推断程序存在的一个局限：不能自动推断出正确的列表类型。如果我们漏掉了类型注解，则会得到如下结果：

```
scala> def flattenRight[T](xss: List[List[T]]) =
     |     xss.foldRight(List())(_ ::: _)

2 |  xss.foldRight(List())(_ ::: _)
  |                        ^
  |                        Found:    (_$1 : List[T])
  |                        Required: List[Nothing]
```

要弄清楚为什么类型推断程序出了问题，需要了解折叠方法的类型，以及它是如何实现的。这个留到 14.10 节再探讨。

例子：用 fold 方法反转列表

在本章前面的部分，我们看到了 `reverse` 方法的实现，其名称为 `rev`，运行时间是待反转列表长度的平方级。现在来看一个 `reverse` 方法的不同实现，其运行开销是线性的，原理是基于下面的机制来做左折叠：

```
def reverseLeft[T](xs: List[T]) =
  xs.foldLeft(startvalue)(operation)
```

剩下需要补全的就是 *startvalue*（*起始值*）和 *operation*（*操作*）的部分了。事实上，可以用更简单的例子来推导。为了推导出 *startvalue* 正确的取值，我们可以用最简单的列表 List()开始：

```
List()
  等于(根据 reverseLeft 的属性)
reverseLeft(List())
  等于(根据 reverseLeft 的模板)
List().foldLeft(startvalue)(operation)
  等于(根据 foldLeft 的定义)
startvalue
```

因此，*startvalue* 必须是 List()。要推导出第二个操作元，可以以仅次于 List()的最小列表作为样例。我们已经知道 *startvalue* 是 List()，可以做如下的演算：

```
List(x)
  等于(根据 reverseLeft 的属性)
reverseLeft(List(x))
  等于(根据 reverseLeft 的模板，其中，Startvalue 取 List())
List(x).foldLeft(List())(operation)
  等于(根据 foldLeft 的定义)
operation(List(), x)
```

因此，*operation*(List(), x)等于 List(x)，而 List(x)也可以写作 x :: List()。这样我们就发现，可以基于::操作符把两个操作元反转一下以得到 *operation*。（这个操作有时被称作“snoc”，即把::的“cons”反过来念。）于是我们得到如下 reverseLeft 方法的实现：

```
def reverseLeft[T](xs: List[T]) =
  xs.foldLeft(List[T]()) { (ys, y) => y :: ys }
```

同样地，为了让类型推断程序正常工作，这里的类型注解 List[T]()是必需的。如果我们分析 reverseLeft 方法的时间复杂度，就会发现它执行这个常量时间操作（即“snoc”）*n* 次。因此，reverseLeft 方法的时间复杂度是线性的。

列表排序：sortWith 方法

xs sortWith before 这个操作会对列表 xs 中的元素进行排序，其中 xs 是列表，而 before 是一个用来比较两个元素的函数。表达式 x before y 对于在预期的排序中 x 应出现在 y 之前的情况应返回 true。例如：

```
List(1, -3, 4, 2, 6).sortWith(_ < _)     // List(-3, 1, 2, 4, 6)
words.sortWith(_.length > _.length)
      // List(quick, brown, the, fox)
```

注意，sortWith 方法执行的是与前一节的 msort 函数类似的归并排序。不过 sortWith 方法是 List 类的方法，而 msort 函数定义在列表之外。

14.8　List 对象的方法

到目前为止，我们在本章介绍的所有操作都是 List 类的方法，但我们其实是在每个具体的列表对象上调用它们的。还有一些方法是定义在全局可访问对象 scala.List 上的，这是 List 类的伴生对象。某些操作方法是用于创建列表的工厂方法，而另一些操作方法则用于对特定形状的列表进行操作。这两类方法在本节都会介绍。

从元素创建列表：List.apply 方法

我们已经看到过不止一次诸如 List(1, 2, 3)这样的列表字面量。这样的语法并没有什么特别的地方。List(1, 2, 3)这样的字面量只不过是简单地将 List 对象应用到元素 1、2、3 上而已。也就是说，它与 List.apply(1, 2, 3)是等效的：

```
List.apply(1, 2, 3)     // List(1, 2, 3)
```

创建数值区间：List.range 方法

我们在介绍 map 和 flatMap 方法的时候曾经用到过 range 方法，该方法创建的是一个包含了一个区间的数值的列表。这个方法最简单的形式是 List.rang(from, until)，用于创建一个包含了从 from 开始递增到 until 减 1 的数的列表。所以终止值 until 并不是区间的一部分。

range 方法还有一个版本，接收 step 作为第三个参数。这个操作交出的列表元素是从 from 开始，间隔为 step 的值。step 可以是正值，也可以是负值：

```
List.range(1, 5) // List(1, 2, 3, 4)
List.range(1, 9, 2)     // List(1, 3, 5, 7)
List.range(9, 1, -3)    // List(9, 6, 3)
```

创建相同元素的列表：List.fill 方法

fill 方法创建包含零个或多个同一个元素副本的列表。它接收两个参数：要创建的列表长度和需要重复的元素。两个参数各自以不同的参数列表给出：

```
List.fill(5)('a')       // List(a, a, a, a, a)
List.fill(3)("hello")   // List(hello, hello, hello)
```

如果我们给 fill 方法的参数多于 1 个，它就会创建多维的列表。也就是说，它将创建出列表的列表、列表的列表的列表，等等。多出来的这些参数需要被放在第一个参数列表中。

```
List.fill(2, 3)('b')    // List(List(b, b, b), List(b, b, b))
```

表格化一个函数：List.tabulate 方法

tabulate 方法创建的是一个根据给定的函数计算的元素的列表，其入参与 List.fill 方法的一样：第一个参数列表给出要创建列表的维度，而第二个参数列表给出描述列表的元素。唯一的区别是，元素值不再是固定的，而是从函数计算得来的：

```
val squares = List.tabulate(5)(n => n * n)
      // List(0, 1, 4, 9, 16)
val multiplication = List.tabulate(5,5)(_ * _)
      // List(List(0, 0, 0, 0, 0),
      // List(0, 1, 2, 3, 4), List(0, 2, 4, 6, 8),
      // List(0, 3, 6, 9, 12), List(0, 4, 8, 12, 16))
```

拼接多个列表：List.concat 方法

concat 方法将多个列表拼接在一起。要拼接的列表可通过 concat 方法的直接入参给出：

```
List.concat(List('a', 'b'), List('c'))          // List(a, b, c)
List.concat(List(), List('b'), List('c'))       // List(b, c)
List.concat()                                   // List()
```

14.9 同时处理多个列表

你已经见过列表的 zip 方法，这个方法根据两个列表创建一个新的由对偶组成的列表，让你能够同时对两个列表进行操作：

```
(List(10, 20).zip(List(3, 4, 5))).map { (x, y) => x * y }
     // List(30, 80)
```

> **注意**
>
> 最终的 map 方法利用了 Scala 3 的名称为参数反元组化（*parameter untupling*）的特性：当某个带有两个或更多参数的函数字面量的预期类型是一个接收单个元组参数的函数时，其参数将被自动反元组化。例如，在前一个表达式中的 map 方法调用等同于 map { case (x, y) => x * y }。

对两个被 zip 在一起的列表执行 map 方法将对成对的元素（而不是单个元素）进行映射。两个列表的第一个元素组成第一对，第二个元素组成第二对，以此类推，列表有多长，就有多少对。注意，第二个列表的第三个元素被丢弃了。因为 zip 方法只会把所有列表中都有值的元素 zip 在一起，所以多出来的元素会被丢弃。

通过 zip 方法对多个列表进行操作的一个弊端是（在 zip 方法被调用时）会创建最终（在 map 方法被调用时）被丢弃的中间列表。如果列表中有很多元素，则创建中间列表可能意味着很大的成本开销。lazyZip 方法可以解决这个问题，它的语法与 zip 方法很像：

```
(List(10, 20).lazyZip(List(3, 4, 5))).map(_ * _)
      // List(30, 80)
```

lazyZip 和 zip 方法的区别在于 lazyZip 方法并不立即返回集合（因此才有 lazy 前缀），而是返回一个提供了对两个“懒”zip 在一起的列表执行操作（包括 map 操作）的值。在上面的例子中，可以看到 map 方法接收一个函数作为参数，而这个函数接收两个参数（而不是一个对偶），允许我们使用占位符语法。

同样地，exists 和 forall 方法也有针对“懒”版本的 zip 实现。它们与单列表版本做的事情相同，只不过它们操作的是多个列表而不是一个：

```
(List("abc", "de").lazyZip(List(3, 2))).forall(_.length == _)
      // true
(List("abc", "de").lazyZip(List(3, 2))).exists(_.length != _)
      // false
```

> 快速通道
>
> 在本章的下一节（也是最后一节），我们将介绍 Scala 的类型推断算法的原理。如果你目前对于这样的细节并不关心，则可以跳过下一节，直接进入结语。

14.10 理解 Scala 的类型推断算法

之前用到的 `sortWith` 方法和 `msort` 函数的区别在于它们可接收的比较函数语法。

我们来比较一下：

```
msort((x: Char, y: Char) => x > y)(abcde)
      // List(e, d, c, b, a)
```

和

```
abcde.sortWith(_ > _)   // List(e, d, c, b, a)
```

这两个表达式是等效的，不过前者采用的函数字面量更长，用到了带名称的参数和显式的类型声明。后者采用了更精简的写法（`_ > _`），其中带名称的参数由下画线替换了。当然，我们也可以在 `sortWith` 方法调用中使用前一种较长的写法来给出比较函数。

然而，这个较短的版本并不适用于 `msort` 函数。

```
scala> msort(_ > _)(abcde)
1 |msort(_ > _)(abcde)
  |       ^^^
  |value > is not a member of Any, but could be made
  | available as an extension method.
```

要弄清楚为什么会这样，需要知道 Scala 的类型推断算法的一些细节。Scala 的类型推断是基于程序流（*flow based*）的。对于方法调用 m(args)，类型推断算法首先检查 m 的类型是否已知。如果 m 的类型已知，则这个类型信息会被用于推断入参的预期类型。例如，在 abcde.sortWith(_ > _)中，abcde 的类型为 List[Char]。因此，类型推断算法知道 sortWith 是一个接收类型为(Char, Char) => Boolean 的入参且生成一个类型为 List[Char]的结果的方法。由于该方法入参的参数类型是已知的，因此并不需要显式地写出来。基于类型推断算法所了解的关于 sortWith 方法的信息，可以推导出(_ > _)应该被展开成((x: Char, y: Char) => x > y)，其中，x 和 y 是任意没有被用过的新名称。

现在我们来看第二个 case，即 msort(_ > _)(abcde)。msort 函数的类型是一个经过柯里化的、多态的 [1] 方法类型。它接收一个类型为(T, T) => Boolean 的入参，生成一个从 List[T]到 List[T]的函数，其中，T 是某个当前未知的类型。msort 函数需要先用一个类型参数实例化以后才能被应用到它的入参上。

由于 msort 函数的实例类型暂时未知，因此类型推断算法不能用这个信息来推断它的首个入参的类型。对于这种情况，类型推断算法会改变策略：它会先检查方法入参来决定方法的实例类型。然而，当它对(_ > _)这个简写的函数字面量做类型检查时，由于我们没有提供任何关于用下画线表示的函数参数类型的信息，因此类型检查是失败的。

解决这个问题的一种方式是给 msort 函数传入一个显式的类型参数，如：

1 译者注：这里指的是参数多态，不是面向对象编程里常见的子类型多态。

```
msort[Char](_ > _)(abcde)      // List(e, d, c, b, a)
```

由于 msort 函数的实例类型现在是已知的了，因此类型推断算法可以用它来推断入参的类型。另一个可能的解决方案是重写 msort 函数，让它的两个参数交换位置：

```
def msortSwapped[T](xs: List[T])(less:
    (T, T) => Boolean): List[T] = ...

  // 与 msort 函数相同的实现
  // 但是入参交换了位置
```

这样类型推断也能成功：

```
msortSwapped(abcde)(_ > _)     // List(e, d, c, b, a)
```

怎么做到的呢？类型推断算法使用了首个参数 abcde 的已知类型来判定 msortSwapped 的类型参数。一旦 msortSwapped 的类型已知，就能被用于推断第二个入参(_ > _)的类型。

一般来说，当类型推断算法需要推断一个多态方法的类型参数时，它会考虑第一个参数列表里的所有入参的类型，但也就到此为止了。由于 msortSwapped 是一个柯里化的方法，它有两个参数列表，但第二个入参（即函数值）并不会被用来判定方法的类型参数。

这样的类型推断机制引导出如下的类库设计原则：当我们设计一个接收某些非函数的入参和一个函数入参时，可以将函数入参单独放在最后一个参数列表中。这样一来，方法的实例类型可以通过那些非函数入参推断出来，而这个类型又能被继续用于对函数入参做类型检查。这样做的净收益是方法的使用者需要给出的类型信息更少，因此在编写函数字面量时可以更精简。

接下来再看看折叠这个更复杂的操作。为什么我们需要像 309 页的 flattenRight 方法的方法体内的那段表达式那样显式地给出类型参数呢？

```
xss.foldRight(List[T]())(_ ::: _)
```

右折叠操作的类型以两个类型变量的形式呈现出多态。比如，下面这个表达式：

```
xs.foldRight(z)(op)
```

xs 的类型一定是某个任意类型 A 的列表，如 xs: List[A]。起始值 z 可以是某个不一样的类型 B。这样一来，操作 op 一定接收类型分别为 A 和 B 的两个入参，并返回类型为 B 的结果，即 op: (A, B) => B。由于 z 的类型与列表 xs 的类型不相关，因此类型推断算法没有任何关于 z 的上下文信息。

现在我们来看 309 页的那个错误版本的 flattenRight 方法：

```
xss.foldRight(List())(_ ::: _) // 这段代码不能编译
```

这个折叠操作中的起始值 z 是一个空列表 List()，当没有任何其他额外信息的情况下，它的类型被推断为 List[Nothing]。因此，类型推断算法会推断出本次折叠操作的类型 B 为 List[Nothing]。这样一来，折叠操作中的(_ ::: _)预期应该满足如下类型：

```
(List[T], List[Nothing]) => List[Nothing]
```

这的确是本次操作的一个可能的类型，但并不是一个十分有用的版本。它表达的意思是这个操作永远接收一个空列表作为第二个入参，同时永远生成一个空列表作为结果。

换句话说，这里的类型推断算法过早地判定了 List()的类型，它应该等看到操作 op 的类型以后再做决定。因此，在用于判定方法类型的柯里化的方法调用中，只考虑第一个参数列表的这个（本可以很有用的）规则，是核心问题所在。另一方面，即使我们可以放宽这个规则，类型推断算法也依然无法推算出操作 op 的类型，因为它的参数类型没有给出。因此，一个编译器无法自行决断的情况出现了，只能由程序员加上显式的类型注解来（帮编译器）解决。

这个例子暴露出局部的、基于程序流的 Scala 类型推断机制的局限性。在函数式编程语言 ML 或 Haskell 中使用的全局的 Hindley-Milner 风格的类型推断中，并没有这些限制。不过，Scala 的局部类型推断对于面向对象的子类型处理比 Hindley-Milner 风格优雅得多。幸运的是，这些局限性只在某些边界 case 中出现，且通常很容易通过显式添加类型注解来解决。

当我们对多态方法相关的错误提示感到困惑时，添加类型注解也是一个有用的调试技巧。如果不确定某个特定的类型错误是什么引起的，则尽管添加你认为正确的类型参数或其他类型注解就好。这样你应该很快就能看到真正的问题所在。

14.11 结语

我们见识了很多处理列表的方法。例如，最基本的方法有 `head` 和 `tail`，初阶方法有 `reverse`，高阶方法有 `map`，以及 `List` 对象中的工具方法。在这个过程中，我们也了解了 Scala 的类型推断算法的原理。

列表是 Scala 程序中的“真正干活儿”的工具，所以知道如何使用它是有好处的。正因为如此，本章花费大量篇幅深入介绍了列表的用法。不过，列表只是 Scala 支持的集合类型中的一种。下一章范围更宽，但相对来说知识稍微浅一些，会向你展示如何使用各种 Scala 集合类型。

第 15 章 使用其他集合类

Scala 拥有功能丰富的集合类库。本章带你领略常用的集合类型和操作，并介绍那些最常使用的部分。《Scala 高级编程》将会给出更全面的讲解，并介绍 Scala 如何利用其组合语法结构来提供这样丰富的 API。

15.1 序列

序列类型可以用来处理依次排列分组的数据。由于元素是有次序的，因此我们可以从序列中获取第 1 个元素、第 2 个元素、第 103 个元素，等等。本节我们将带你了解那些最重要的序列类型。

列表（List）

也许我们需要知道的最重要的序列类型是 `List` 类，也就是我们在前一章介绍的不可变链表。列表支持在头部快速添加和移除条目，不过并不提供快速地根据下标访问的功能，因为实现这个功能需要线性地遍历列表。

这样的特性组合听上去可能有些奇怪，但其实对很多算法而言都非常适合。快速的头部添加和移除意味着模式匹配很顺畅（参考第 13 章）。而列表的不可变属性可以帮助我们开发正确、高效的算法，因为我们不需要（为了防止意外）复制列表。

下面是一个简短的例子，展示了如何初始化列表，并访问其头部和尾部：

```
val colors = List("red", "blue", "green")
colors.head  // red
colors.tail  // List(blue, green)
```

如果你想从头复习列表的基础，则可以参考第 3 章的第 8 步，以及第 14 章关于使用列表的细节。《Scala 高级编程》还会讨论列表，讲解在 Scala 中列表的实现。

数组（Array）

数组允许我们保存一个序列的元素，并使用从零开始的下标高效地访问（获取或更新）指定位置的元素值。下面是演示如何创建一个已知大小但不知道元素值的数组的例子：

```
val fiveInts = new Array[Int](5)  // Array(0, 0, 0, 0, 0)
```

下面是演示如何初始化一个已知元素值的数组的例子：

```
val fiveToOne = Array(5, 4, 3, 2, 1)  // Array(5, 4, 3, 2, 1)
```

前面提到过，在 Scala 中以下标访问数组的方式是把下标放在圆括号里，而不是像 Java 那样放在方括号里。下面的例子同时展示了获取数组元素和更新数组元素的写法：

```
fiveInts(0) = fiveToOne(4)
fiveInts  // Array(1, 0, 0, 0, 0)
```

Scala 数组的表现形式与 Java 数组一致。因此，我们可以无缝地使用那些返回数组的 Java 方法。[1]

在前面的章节中，我们已经多次看到数组在实际使用中的样子。数组的基本用法可以参考第 3 章的第 7 步。7.3 节还展示了若干使用 for 表达式遍历数组的例子。

列表缓冲（ListBuffer）

List 类支持对列表头部的快速访问，而对尾部访问则没那么高效。因此，当我们需要向列表尾部追加元素来构建列表时，通常需要考虑反过来向头部追加元素，并在追加完成以后，调用 reverse 方法来获得我们想要的顺序。

另一种避免反转操作的可选方案是使用 ListBuffer。ListBuffer 是一个可变对象（包含在 scala.collection.mutable 包中），可以帮助我们更高效地通过追加元素来构建列表。ListBuffer 提供了常量时间的向后追加和向前追加的操作。我们可以用+=操作符向后追加元素，用+=:操作符向前追加元素。[2] 在完成列表构建以后，可以调用 ListBuffer 的 toList 方法来获取最终的列表。参考下面的例子：

```
import scala.collection.mutable.ListBuffer

val buf = new ListBuffer[Int]
buf += 1// ListBuffer(1)
buf += 2// ListBuffer(1, 2)
3 +=: buf       // ListBuffer(3, 1, 2)
buf.toList      // List(3, 1, 2)
```

使用 ListBuffer 而不是 List 的另一个原因是防止可能出现的栈溢出。如果我们可以通过向前追加元素来构建出预期顺序的列表，但需要的递归算

1 关于 Scala 和 Java 数组在型变上的区别，即 Array[String]是否为 Array[AnyRef]的子类型，会在 18.3 节探讨。

2 +=和+=:操作符分别是 append 和 prepend 的别名。

法并不是尾递归的，则可以用 for 表达式或 while 循环加上 ListBuffer 来实现。我们将在《Scala 高级编程》中介绍 ListBuffer 的这种用法。

数组缓冲（ArrayBuffer）

ArrayBuffer 与 Array 很像，除了可以额外地从序列头部或尾部添加或移除元素。所有的 Array 操作对于 ArrayBuffer 都可用，不过由于实现的包装，速度会稍慢一些。新的添加和移除操作一般而言是常量时间的，不过偶尔会需要线性的时间，这是因为其实现需要不时地分配新的数组来保存缓冲的内容。

要使用 ArrayBuffer，必须首先从可变集合的包引入它：

```
import scala.collection.mutable.ArrayBuffer
```

在创建 ArrayBuffer 时，必须给出类型参数，不过并不需要指定其长度。ArrayBuffer 会在需要时自动调整分配的空间：

```
val buf = new ArrayBuffer[Int]()
```

可以使用+=方法向 ArrayBuffer 追加元素：

```
buf += 12 // ArrayBuffer(12)
buf += 15 // ArrayBuffer(12, 15)
```

所有常规的数组操作都是可用的。例如，可以询问 ArrayBuffer 的长度，或者通过下标获取元素：

```
buf.length      // 2
buf(0)          // 12
```

字符串（通过 StringOps）

我们需要了解的另一个序列是 StringOps，它实现了很多序列方法。

Predef 有一个从 String 到 StringOps 的隐式转换，可以将任何字符串当作序列来处理。参考下面的例子：

```
def hasUpperCase(s: String) = s.exists(_.isUpper)
hasUpperCase("Robert Frost")   // true
hasUpperCase("e e cummings")   // false
```

在本例中的 hasUpperCase 方法体里，我们对名称为 s 的字符串调用了 exists 方法。由于 String 类本身并没有声明任何名称为 exists 的方法，因此 Scala 编译器会隐式地将 s 转换成 StringOps，而 StringOps 有这样一个方法。exists 方法将字符串当作字符的序列，当序列中存在大写字符时，这个方法将返回 true。[1]

15.2　集和映射

我们在前面的章节（从第 3 章的第 10 步开始）已经了解了集和映射的基础。本节将提供更多关于集和映射用法的内容，并给出更多的示例。

像前面提到的，Scala 集合类库同时提供了可变和不可变两个版本的集和映射。图 3.2（46 页）给出了集的类继承关系，图 3.3（48 页）给出了映射的类继承关系。如这两张图所示，Set 和 Map 这样的名称各作为特质出现了 3 次，分别在不同的包中。

当我们写下 Set 或 Map 时，默认得到的是一个不可变的对象。如果我们想要的是可变的版本，则需要显式地做一次引入。Scala 让我们更容易访问到不可变的版本，这是鼓励我们尽量使用不可变的集合。这样的访问便利是通过 Predef 对象完成的，这个对象的内容在每个 Scala 源文件中都会被隐式地引入。示例 15.1 给出了相关的定义。

Predef 利用 type 关键字定义了 Set 和 Map 这两个别名，分别对应不可

1 第 1 章（13 页）给出的代码中有一个类似的例子。

变的集和不可变的映射的完整名称。[1] 名称为 Set 和 Map 的 val 被初始化成指向不可变 Set 和 Map 的单例对象。因此 Map 等同于 Predef.Map，而 Predef.Map 又等同于 scala.collection.immutable.Map。这一点对于 Map 类型和 Map 对象都成立。

```
object Predef:
  type Map[A, +B] = collection.immutable.Map[A, B]
  type Set[A] = collection.immutable.Set[A]
  val Map = collection.immutable.Map
  val Set = collection.immutable.Set
  // ...
end Predef
```

示例 15.1　Predef 中的默认映射和集定义

如果我们想在同一个源文件中同时使用可变的和不可变的集或映射，则可以引入包含可变版本的包：

```
import scala.collection.mutable
```

可以继续用 Set 来表示不可变集，就像以前一样，不过现在可以用 mutable.Set 来表示可变集。参考下面的例子：

```
val mutaSet = mutable.Set(1, 2, 3)
```

使用集

集的关键特征是它会确保同一时刻，以==为标准，集里的每个对象都最多出现一次。作为示例，我们将用一个集来统计某个字符串中不同单词的个数。

如果我们将空格和标点符号作为分隔符给出，则 String 的 split 方法可以帮我们将字符串切分成单词。“[!,.]+”这样的正则表达式就够了：它表

1 关于 type 关键字的更多细节将在 20.6 节详细介绍。

示给定的字符串需要在有一个或多个空格、标点符号的地方切开。

```
val text = "See Spot run. Run, Spot. Run!"
val wordsArray = text.split("[ !,.]+")
     // Array(See, Spot, run, Run, Spot, Run)
```

要统计不同单词的个数，可以将它们统一转换成大写或小写形式，然后将它们添加到一个集中。由于集会自动排除重复项，因此每个不同的单词都会在集里仅出现一次。

首先，可以用 Set 伴生对象的 empty 方法创建一个空集：

```
val words = mutable.Set.empty[String]
```

然后，只需要用 for 表达式遍历单词，将每个单词转换成小写形式，并用+=操作符将它添加到可变集即可：

```
for word <- wordsArray do
  words += word.toLowerCase
words     // Set(see, run, spot)
```

这样就能得出结论：给定文本包含 3 个不同的单词，即 spot、run 和 see。常用的可变集和不可变集操作如表 15.1 所示。

表 15.1　常用的集操作

操作	这个操作做什么
val nums = Set(1, 2, 3)	创建一个不可变集（nums.toString 返回 Set(1, 2, 3)）
nums + 5	添加一个元素（返回 Set(1, 2, 3, 5)）
nums - 3	移除一个元素（返回 Set(1, 2)）
nums ++ List(5, 6)	添加多个元素（返回 Set(1, 2, 3, 5, 6)）
nums -- List(1, 2)	移除多个元素（返回 Set(3)）
nums & Set(1, 3, 5, 7)	获取两个集的交集（返回 Set(1, 3)）
nums.size	返回集的大小（返回 3）
nums.contains(3)	检查是否包含（返回 true）
import scala.collection.mutable	让可变集合易于访问

续表

操作	这个操作做什么
val words = mutable.Set.empty[String]	创建一个空的可变集（words.toString 返回 Set()）
words += "the"	添加一个元素（words.toString 返回 Set(the)）
words -= "the"	移除一个元素，如果这个元素存在（words.toString 返回 Set()）
words ++= List("do", "re", "mi")	添加多个元素（words.toString 返回 Set(do, re, mi)）
words --= List("do","re")	移除多个元素（words.toString 返回 Set(mi)）
words.clear	移除所有元素（words.toString 返回 Set()）

使用映射

映射让我们可以对某个集的每个元素都关联一个值。使用映射看上去与使用数组很像，只不过我们不再使用从 0 开始的整数下标来索引它，而是使用任何键来索引它。如果我们引入了 mutable 这个包名，就可以像这样创建一个空的可变映射：

```
val map = mutable.Map.empty[String, Int]
```

注意，在创建映射时，必须给出两个类型。第一个类型是针对映射的键（key），而第二个类型是针对映射的值（value）。在本例中，键是字符串，而值是整数。在映射中设置条目看上去与在数组中设置条目类似：

```
map("hello") = 1
map("there") = 2
map        // Map(hello -> 1, there -> 2)
```

同理，从映射中读取值也与从数组中读取值类似：

```
map("hello")      // 1
```

下面是一个统计每个单词在字符串中出现的次数的方法：

```
def countWords(text: String) =
  val counts = mutable.Map.empty[String, Int]
  for rawWord <- text.split("[ ,!.]+") do
    val word = rawWord.toLowerCase
    val oldCount =
      if counts.contains(word) then counts(word)
      else 0
    counts += (word -> (oldCount + 1))
  counts

countWords("See Spot run! Run, Spot. Run!")
    // Map(spot -> 2, see -> 1, run -> 3)
```

这段代码的主要逻辑是：一个名称为 counts 的可变映射将每个单词映射到它在文本中出现的次数，并且对于给定文本的每一个单词，这个单词对应的原次数被查出，然后加 1，新的次数又再次被存回 counts。注意，这里我们用 contains 来检查某个单词是否已经出现过。如果 counts.contains(word)不为 true，则这个单词就还没有出现过，我们在后续计算中采用的次数就是 0。

常用的可变映射和不可变映射操作如表 15.2 所示。

表 15.2　常用的映射操作

操作	这个操作做什么
val nums = Map("i" -> 1, "ii" -> 2)	创建一个不可变映射（nums.toString 返回 Map(i -> 1, ii -> 2)）
nums + ("vi" -> 6)	添加一个条目（返回 Map(i -> 1, ii -> 2, vi -> 6)）
nums - "ii"	移除一个条目（返回 Map(i -> 1)）
nums ++ List("iii" -> 3, "v" -> 5)	添加多个条目（返回 Map(i -> 1, ii -> 2, iii -> 3, v -> 5)）
nums -- List("i", "ii")	移除多个条目（返回 Map()）
nums.size	返回映射的大小（返回 2）
nums.contains("ii")	检查是否包含（返回 true）
nums("ii")	获取指定键的值（返回 2）

续表

操作	这个操作做什么
nums.keys	返回所有的键（返回字符串"i"和"ii"的 Iterable）
nums.keySet	以集的形式返回所有的键（返回 Set(i, ii)）
nums.values	返回所有的值（返回整数 1 和 2 的 Iterable）
nums.isEmpty	表示映射是否为空（返回 false）
import scala.collection.mutable	让可变集合易于访问
val words = mutable.Map.empty[String, Int]	创建一个空的可变映射
words += ("one" -> 1)	添加一个从"one"到 1 的映射条目（words.toString 返回 Map(one -> 1)）
words -= "one"	移除一个映射条目，如果存在的话（words.toString 返回 Map()）
words ++= List("one" -> 1, "two" -> 2, "three" -> 3)	添加多个映射条目（words.toString 返回 Map(one -> 1, two -> 2, three -> 3)）
words --= List("one", "two")	移除多个条目（words.toString 返回 Map(three -> 3)）

默认的集和映射

对于大部分使用场景，由 Set()、scala.collection.mutable.Map() 等工厂方法提供的可变和不可变的集或映射的实现通常都够用了。这些工厂方法提供的实现使用快速的查找算法，通常会用到哈希表，因此可以很快判断出某个对象是否在集中。

举例来说，scala.collection.mutable.Set()工厂方法返回一个 scala.collection.mutable.HashSet，并在内部使用了哈希表。同理，scala.collection.mutable.Map()工厂方法返回的是一个 scala.collection.mutable.HashMap。

对不可变的集和映射而言，情况要稍微复杂一些。举例来说，scala.collection.immutable.Set()工厂方法返回的类取决于我们传入了多少元素，如表 15.3 所示。对于少于 5 个元素的集，有专门的、特定大小的类与之对应，以此来达到最佳性能。一旦我们要求一个大于或等于 5 个元素的集，这个工厂方法将返回一个使用哈希字典树的实现。

表 15.3　默认的不可变集实现

元素个数	实现
0	scala.collection.immutable.EmptySet
1	scala.collection.immutable.Set1
2	scala.collection.immutable.Set2
3	scala.collection.immutable.Set3
4	scala.collection.immutable.Set4
5 或更多	scala.collection.immutable.HashSet

同理，`scala.collection.immutable.Map()`工厂方法会根据我们传给它多少键/值对来决定返回什么类的实现，如表 15.4 所示。与集类似，对于少于 5 个元素的不可变映射，会有一个特定的、固定大小的映射与之对应，以此来达到最佳性能。而一旦映射中的键/值对个数达到或超过 5 个，则会使用不可变的 HashMap。

表 15.4　默认的不可变映射实现

元素个数	实现
0	scala.collection.immutable.EmptyMap
1	scala.collection.immutable.Map1
2	scala.collection.immutable.Map2
3	scala.collection.immutable.Map3
4	scala.collection.immutable.Map4
5 或更多	scala.collection.immutable.HashMap

表 15.3 和表 15.4 给出的默认不可变实现类能够带给我们最佳的性能。举例来说，如果我们添加一个元素到 `EmptySet` 中，将会得到一个 `Set1`；如果我们添加一个元素到 `Set1` 中，将会得到一个 `Set2`。如果这时我们再从 `Set2` 移除一个元素，将会得到另一个 `Set1`。

排好序的集和映射

有时我们可能需要一个迭代器按照特定顺序返回元素的集或映射。基于此，Scala 集合类库提供了 SortedSet 和 SortedMap 特质。这些特质被 TreeSet 和 TreeMap 类实现，这些实现用红黑树来保持元素（对 TreeSet 类而言）或键（对 TreeMap 类而言）的顺序。具体顺序由 Ordered 特质决定，集的元素类型或映射的键的类型都必须混入或被隐式转换成 Ordered 特质。这两个类只有不可变的版本。下面是 TreeSet 类的例子：

```
import scala.collection.immutable.TreeSet
val ts = TreeSet(9, 3, 1, 8, 0, 2, 7, 4, 6, 5)
         // TreeSet(0, 1, 2, 3, 4, 5, 6, 7, 8, 9)
val cs = TreeSet('f', 'u', 'n')        // TreeSet(f, n, u)
```

下面是 TreeMap 类的例子：

```
import scala.collection.immutable.TreeMap
var tm = TreeMap(3 -> 'x', 1 -> 'x', 4 -> 'x')
         // TreeMap(1 -> x, 3 -> x, 4 -> x)
tm += (2 -> 'x')
tm // TreeMap(1 -> x, 2 -> x, 3 -> x, 4 -> x)
```

15.3 在可变和不可变集合之间选择

对于某些问题，可变集合更适用；而对于另一些问题，不可变集合更适用。如果拿不定主意，则最好从一个不可变集合开始，这是因为如果事后需要再做调整，那么与可变集合比起来，不可变集合更容易推敲。

同样地，有时我们也可以反过来看。如果发现某些使用了可变集合的代码开始变得复杂和难以理解，也可以考虑是不是换成不可变集合会有所帮助。尤其是当我们发现经常需要担心在正确的地方对可变集合做复制，或者花大量的时间思考谁“拥有”或“包含”某个可变集合时，应当考虑将某些集合换成不可变的版本。

除了更容易推敲，在元素不多的情况下，不可变集合通常还可以比可变集合存储得更紧凑。举例来说，一个空的可变映射按照默认的 HashMap 实现会占据 80 字节，且每增加一个条目需要额外的 16 字节。一个空的不可变 Map 只是单个对象，可以被所有的引用共享，所以引用它本质上只需要花费一个指针字段。

不仅如此，Scala 集合类库目前的不可变的映射和集的单个对象最多可以存储 4 个条目，根据条目数的不同，通常占据 16～40 字节。[1] 因此，对小型的映射和集而言，不可变的版本比可变的版本紧凑得多。由于在实际使用中很多集合都很小，因此采用不可变的版本可以节约大量的空间，带来重要的性能优势。

为了让不可变集合转换到可变集合（或者反过来）更容易，Scala 提供了一些语法糖。虽然不可变的集和映射并不真正支持+=方法，但是 Scala 提供了一个变通的解读：只要看到 a += b 而 a 并不支持名称为+=的方法，Scala 就会尝试将它解读为 a = a + b。

例如，不可变集合并不支持+=操作符：

```
scala> val people = Set("Nancy", "Jane")
val people: Set[String] = Set(Nancy, Jane)

scala> people += "Bob"
1 |people += "Bob"
  |^^^^^^^^^
  |value += is not a member of Set[String]
```

不过，如果我们将 people 声明为 var 而不是 val，这个集合就能用+=方

1 这里的“单个对象”指的是 Set1 到 Set4（以及 Map1 到 Map4）的实例，如表 15.3 和表 15.4 所示。

法来“更新”，尽管它是不可变的。首先，一个新的集合被创建出来，然后people将被重新赋值指向新的集合：

```
var people = Set("Nancy", "Jane")
people += "Bob"
people    // Set(Nancy, Jane, Bob)
```

在这一系列语句之后，变量 people 指向了新的不可变集合，包含添加的字符串"Bob"。同样的理念适用于任何以=结尾的方法，并不仅仅是+=方法。下面是将相同的语法规则应用于-=操作符的例子，可将某个元素从集里移除；以及应用于++=操作符的例子，可将一组元素添加到集里：

```
people -= "Jane"
people ++= List("Tom", "Harry")
people    // Set(Nancy, Bob, Tom, Harry)
```

要弄清楚为什么这样做是有用的，我们再回过头看看 1.1 节里那个 Map 的例子：

```
var capital = Map("US" -> "Washington", "France" -> "Paris")
capital += ("Japan" -> "Tokyo")
println(capital("France"))
```

这段代码使用了不可变集合。如果想使用可变集合，则只需要引入可变版本的映射即可，这样就覆盖了对不可变映射的默认引用：

```
import scala.collection.mutable.Map    // 唯一需要的改动
var capital = Map("US" -> "Washington", "France" -> "Paris")
capital += ("Japan" -> "Tokyo")
println(capital("France"))
```

并不是所有的例子都这么容易转换，不过对那些以等号结尾的方法的特殊处理通常会减少需要修改的代码量。

这样的特殊语法不仅适用于集合，而且适用于任何值。参考下面这个浮点数的例子：

```
var roughlyPi = 3.0
roughlyPi += 0.1
roughlyPi += 0.04
roughlyPi // 3.14
```

这种展开的效果与 Java 的赋值操作符（+=、-=、*=等）类似，不过更为一般化，因为每个以=结尾的操作符都能被转换。

15.4　初始化集合

前面我们已经看到，创建和初始化一个集合最常见的方式是将初始元素传入所选集合的伴生对象的工厂方法中。我们只需要将元素放在伴生对象名后面的圆括号里即可，Scala 编译器会将它转换成对伴生对象的 apply 方法的调用：

```
List(1, 2, 3)
Set('a', 'b', 'c')
import scala.collection.mutable
mutable.Map("hi" -> 2, "there" -> 5)
Array(1.0, 2.0, 3.0)
```

虽然大部分时候我们可以让 Scala 编译器根据传入工厂方法中的元素来推断出集合的类型，但是有时候我们可能希望在创建集合时指定与编译器不同的类型。对于可变集合来说尤其如此。参考下面的例子：

```
scala> import scala.collection.mutable

scala> val stuff = mutable.Set(42)
val stuff: scala.collection.mutable.Set[Int] = HashSet(42)
```

```
scala> stuff += "abracadabra"
1 |stuff += "abracadabra"
  |        ^^^^^^^^^^^^^
  |        Found:    ("abracadabra" : String)
  |        Required: Int
```

这里的问题是 stuff 被编译器推断为 Int 类型的集合。如果我们想要的类型是 Any，则需要显式地将元素类型放在方括号里，就像这样：

```
scala> val stuff = mutable.Set[Any](42)
val stuff: scala.collection.mutable.Set[Any] = HashSet(42)
```

另一个特殊的情况是当我们用其他的集合初始化当前集合的时候。举例来说，假设有一个列表，但我们希望用 TreeSet 来包含这个列表的元素。这个列表的内容如下：

```
val colors = List("blue", "yellow", "red", "green")
```

我们并不能将 colors 列表传入 TreeSet 的工厂方法中：

```
scala> import scala.collection.immutable.TreeSet

scala> val treeSet = TreeSet(colors)
1 |val treeSet = TreeSet(colors)
  |                            ^
  |No implicit Ordering defined for List[String]..
```

我们需要将列表转换成带有 to 方法的 TreeSet：

```
val treeSet = colors to TreeSet
    // TreeSet(blue, green, red, yellow)
```

这个 to 方法接收一个集合的伴生对象作为参数。可以用它在任意两种集合类型之间做转换。

转换成数组或列表

除了通用的用来做任意集合转换的 to 方法，还可以用更加具体的方法来将集合转换成常见的 Scala 集合类型。前面提到过，要用其他的集合初始化新的列表，只需要简单地对集合调用 toList 方法即可：

```
treeSet.toList   // List(blue, green, red, yellow)
```

而如果要初始化数组，就调用 toArray 方法：

```
treeSet.toArray  // Array(blue, green, red, yellow)
```

注意，虽然原始的 colors 列表没有排序，但是对 TreeSet 调用 toList 方法得到的列表中的元素是按字母顺序排序的。当我们对集合调用 toList 或 toArray 方法时，生成的列表或数组中元素的顺序与调用 elements 方法获取迭代器产生的元素顺序一致。由于 TreeSet[String]的迭代器会按照字母顺序产生字符串，因此这些字符串在对这个 TreeSet 调用 toList 方法所得到的列表中的元素也会按字母顺序出现。

xs to List 和 xs.toList 的区别在于，toList 方法的实现可能会被 xs 的具体集合类型重写，以提供比默认实现（会复制所有集合元素）更高效的方式来将其元素转换成列表。例如，ListBuffer 集合就重写了 toList 方法，实现了常量时间和空间的占用。

需要注意的是，转换成列表或数组通常需要复制集合的所有元素，因此对于大型集合来说可能会比较费时。不过由于某些已经存在的 API，我们有时需要这样做。而且，许多集合的元素本来就不多，因复制操作带来的性能开销并不高。

在可变和不可变的集或映射间转换

还有可能出现的一种情况是将可变的集或映射转换成不可变的版本，或者反过来。要完成这样的转换，可以用前一页展示的用列表元素初始化 TreeSet 的技巧。首先用 empty 创建一个新类型的集合，然后用++或++=（视具体的目标集合而定）添加新元素。下面是一个将前面例子中的不可变 TreeSet 先转换成可变集，再转换成不可变集的例子：

```
import scala.collection.mutable
treeSet   // TreeSet(blue, green, red, yellow)
val mutaSet = treeSet to mutable.Set
     // mutable.HashSet(red, blue, green, yellow)
val immutaSet = mutaSet to Set
     // Set(red, blue, green, yellow)
```

也可以用同样的技巧来转换可变映射和不可变映射：

```
val muta = mutable.Map("i" -> 1, "ii" -> 2)
muta      // mutable.HashMap(i -> 1, ii -> 2)
val immu = muta to Map  // Map(ii -> 2, i -> 1)
```

15.5 元组

就像我们在第 3 章第 9 步描述的那样，一个元组可以将一组固定个数的条目组合在一起，作为整体进行传递。不同于数组或列表，元组可以持有不同类型的对象。下面是一个同时持有整数、字符串和控制台对象的元组：

```
(1, "hello", Console)
```

元组可以帮我们省去定义那些简单的主要承载数据的类的麻烦。虽然定义类本身已经足够简单，但是这的确也是工作量，而且有时候除了定义一下，也没有其他的意义。有了元组，我们就不再需要给类选择一个名称、选择一个作用域、选择成员的名称等。如果我们的类只是简单地持有一个整数和一个字符串，则定义一个名称为 AnIntegerAndAString 的类并不会让代码变得更清晰。

由于元组可以将不同类型的对象组合起来，因此它并不继承自 Iterable。如果只需要将一个整数和一个字符串放在一起，则我们需要的是一个元组，而不是列表或数组。

元组的一个常见的应用场景是从方法中返回多个值。下面是一个在集合中查找最长单词，同时返回下标的方法：

```
def longestWord(words: Array[String]): (String, Int) =
  var word = words(0)
  var idx = 0
  for i <- 1 until words.length do
    if words(i).length > word.length then
      word = words(i)
      idx = i
  (word, idx)
```

下面是使用这个方法的例子：

```
val longest = longestWord("The quick brown fox".split(" "))
// (quick,1)
```

这里的 longestWord 函数用于计算两项：数组中最长的单词 word 和这个单词在数组中的下标 idx。为了尽可能保持简单，这个函数假设列表中至少有一个单词，且选择最长单词中最先出现的那一个。一旦这个函数选定了要返回的单词和下标，就用元组语法(word, idx)同时返回这两个值。

要访问元组的元素，可以用圆括号和从 0 开始的下标，其结果会拥有正确的类型。例如：

```
scala> longest(0)
val res0: String = quick
```

```
scala> longest(1)
val res1: Int = 1
```

不仅如此，还可以将元组的元素分别赋值给不同的变量，[1] 就像这样：

```
scala> val (word, idx) = longest
val word: String = quick
val idx: Int = 1

scala> word
val res55: String = quick
```

如果去掉这里圆括号，将得到不同的结果：

```
scala> val word, idx = longest
val word: (String, Int) = (quick,1)
val idx: (String, Int) = (quick,1)
```

这样的语法对相同的表达式给出了多重定义（*multiple definitions*）。每个变量都通过对等号右侧的表达式求值来初始化。在本例中，对右侧表达式求值得到元组这个细节并不重要。两个变量都被完整地赋予了元组的值。更多多重定义的例子可以参考第 16 章。

需要注意的是，元组用起来太容易，以致我们可能会过度使用它。当我们对数据的要求仅仅是类似“一个 A 和一个 B”的时候，元组很适用。不过，一旦这个组合有某种具体的含义，或者我们想给这个组合添加方法的时候，最好还是单独创建一个类。举例来说，不建议用三元组来表示年、月、日的组合，建议用 Date 类。这样意图更清晰，对读者更友好，也让编译器和语言有机会帮助我们发现程序错误。

1 这个语法实际上是模式匹配的一个特例，具体细节可参考 13.7 节。

15.6　结语

本章给出了 Scala 集合类库的概览，介绍了类库中最重要的类和特质。有了这个作为基础，你应该能够高效地使用 Scala 集合，并且知道在需要时如何查询 Scaladoc 文档以获取更多信息。关于 Scala 集合的更多信息，可以参考第 3 章和第 24 章。在下一章，我们将注意力从 Scala 类库转向语言本身，探讨 Scala 对可变对象的支持。

第 16 章

可变对象

在前面的章节中，我们将注意力集中在了函数式（不可变）的对象上。这是因为没有任何可变状态的对象这个理念值得人们更多的关注。不过，在 Scala 里定义带有可变状态的对象也完全可行。当我们想要对真实世界中那些随着时间变化的对象进行建模时，自然而然就会想到这样的可变对象。

本章将介绍什么是可变对象，以及 Scala 提供了怎样的语法来编写可变对象。我们还将引入一个大型的、会涉及可变对象的、关于离散事件模拟的案例分析，并构建一个用来定义数字电路模拟的内部 DSL。

16.1 什么样的对象是可变的

我们甚至不需要查看对象的实现就能观察到纯函数式对象和可变对象的主要区别。当我们调用某个纯函数式对象的方法或获取它的字段时，总是能得到相同的结果。

举例来说，给定下面这个字符列表：

```
val cs = List('a', 'b', 'c')
```

对 cs.head 的调用总是返回'a'。即使从列表被定义到发起 cs.head 调用之前发生了任意数量的操作，这一点也不会改变。

另一方面，对可变对象而言，方法调用或字段访问的结果可能取决于之前这个对象被执行了哪些操作。可变对象的一个不错的例子是银行账户。示例 16.1 给出了银行账号的一个简单实现。

```
class BankAccount:

  private var bal: Int = 0

  def balance: Int = bal

  def deposit(amount: Int): Unit =
    require(amount > 0)
    bal += amount

  def withdraw(amount: Int): Boolean =
    if amount > bal then false
    else
      bal -= amount
      true
```

示例 16.1　一个可变的 BankAccount 类

BankAccount 类定义了一个私有变量 bal，以及 3 个公有方法：balance 方法，用于返回当前的余额；deposit 方法，用于向 bal（余额）添加给定的 amount（金额）；withdraw 方法，用于尝试从 bal 扣除给定的 amount，同时确保余额不为负值。withdraw 方法的返回值是一个 Boolean 值，用来表示资金是否成功被提取。

即使并不知道任何 BankAccount 类的细节，我们也能分辨出它是可变对象，例如：

```
val account = new BankAccount
account.deposit(100)
account.withdraw(80)    // true
account.withdraw(80)    // false
```

注意，前面交互中的最后两次提现的结果是不同的。虽然后一次操作与前一次操作没有区别，但是返回的结果是 false，这是因为账户的余额已经减少，不能再支持第二次提现。显然，银行账户带有可变状态，因为同样的操作在不同的时间会返回不同的结果。

你可能会觉得 BankAccount 类包含一个 var 定义已经很明显地说明它是可变的。虽然可变和 var 通常结对出现，不过事情并非总是那样泾渭分明。举例来说，一个类可能并没有定义或继承任何 var 变量，但它依然是可变的，因为它将方法调用转发到了其他带有可变状态的对象上。反过来也是有可能的：一个类可能包含了 var 却是纯函数式的。例如，某个类可能为了优化性能将开销巨大的操作结果缓存在字段中。参考下面这个例子，一个没有经过优化的 Keyed 类，其 computeKey 操作开销很大：

```
class Keyed:
  def computeKey: Int = ...   // 这将会需要一些时间
  ...
```

假设 computeKey 操作既不读也不写任何 var，那么可以通过添加缓存来让 Keyed 类变得更高效：

```
class MemoKeyed extends Keyed:
  private var keyCache: Option[Int] = None
  override def computeKey: Int =
    if !keyCache.isDefined then
      keyCache = Some(super.computeKey)
    keyCache.get
```

使用 MemoKeyed 类而不是 Keyed 类可以提速，因为 computeKey 操作在第二次被请求时，可以直接返回保存在 keyCache 字段中的值，而不是再次执行 computeKey 操作。不过除了速度上的提升，Keyed 和 MemoKeyed 类的行为完全一致。因此，如果说 Keyed 类是纯函数式的，则 MemoKeyed 类同样也是，尽管它有一个可被重新赋值的变量。

16.2　可被重新赋值的变量和属性

我们可以对一个可被重新赋值的变量做两种基本操作：获取它的值和将它设置为新值。在诸如 JavaBeans 的类库中，这些操作通常被包装成单独的 getter 和 setter 方法，我们需要显式定义这些方法。

在 Scala 中，每一个非私有的 var 成员都隐式地定义了对应的 getter 和 setter 方法。不过，这些 getter 和 setter 方法的命名习惯与 Java 的命名习惯不一样。var x 的 getter 方法命名为“x”，而它的 setter 方法命名为“x_=”。

举例来说，如果出现在类中，如下的 var 定义：

```
var hour = 12
```

除了定义一个可被重新赋值的字段，还将生成一个名称为“hour”的 getter 方法和一个名为“hour_=”的 setter 方法。其中的字段总是被标记为 private[this]，意味着这个字段只能从包含它的对象中访问。而 getter 和 setter 方法则拥有与原来的 var 相同的可见性。如果原先的 var 定义是公有的，则它的 getter 和 setter 方法也是公有的；如果原先的 var 定义是受保护的，则它的 getter 和 setter 也是受保护的；以此类推。

参考示例 16.2 中的 Time 类，它定义了两个公有的 var，即 hour 和 minute。

```
class Time:
  var hour = 12
  var minute = 0
```

示例 16.2　带有公有 var 的 Time 类

这个实现与示例 16.3 中的类定义完全等效。在示例 16.3 的定义中，局部字段 h 和 m 的名称是随意选的，只要不与已经用到的名称冲突即可。

```
class Time:

  private var h = 12
  private var m = 0

  def hour: Int = h
  def hour_=(x: Int) =
    h = x

  def minute: Int = m
  def minute_=(x: Int) =
    m = x
```

示例 16.3 公有 var 是如何被展开成 getter 和 setter 方法的

这个将公有 var 展开成 getter 和 setter 方法的机制有趣的一点在于，我们仍然可以直接定义 getter 和 setter 方法，而不是定义一个 var。通过直接定义这些访问方法，我们可以按自己的意愿来解释变量访问和赋值的操作。例如，示例 16.4 中的 Time 类变种包含了针对 hour 和 minute 赋值的要求，明确了哪些值是不合法的。

```
class Time:

  private var h = 12
  private var m = 0

  def hour: Int = h
  def hour_=(x: Int) =
    require(0 <= x && x < 24)
    h = x

  def minute = m
  def minute_=(x: Int) =
    require(0 <= x && x < 60)
    m = x
```

示例 16.4 直接定义 getter 和 setter 方法

某些语言对于这些类似变量的值有特殊的语法表示，它们不同于普通变量的地方在于 getter 和 setter 方法可以被重新定义。例如，C#由属性来承担这个角色。从效果上讲，Scala 总是将变量解读为 setter 和 getter 方法的习惯，让我们在不需要特殊语法的情况下获得了与 C#属性一样的功能。

属性可以有很多用途。在示例 16.4 中，setter 方法强调了一个恒定的规则，防止变量被赋予非法值。我们还可以用属性来记录所有对 getter 和 setter 方法的访问。我们可以将变量和事件集成起来，比如，每当变量被修改时都通知某些订阅者方法。

有时候，定义不与任何字段关联的 getter 和 setter 方法也是有用的，且 Scala 允许我们这样做。举例来说，示例 16.5 给出了一个 Thermometer 类，这个类封装了一个表示温度的变量，可以被读取和更新。温度可以用摄氏度和华氏度来表示。这个类允许我们用任意一种标度来获取和设置温度。

```
import scala.compiletime.uninitialized

class Thermometer:

  var celsius: Float = uninitialized

  def fahrenheit = celsius * 9 / 5 + 32
  def fahrenheit_=(f: Float) =
    celsius = (f - 32) * 5 / 9

  override def toString = s"${fahrenheit}F/${celsius}C"
```

示例 16.5　定义没有关联字段的 getter 和 setter 方法

这个类定义体的第一行定义了一个 var 变量 celsius，用来包含摄氏度的温度。celsius 变量一开始被设置为默认值，因为我们给出了 'uninitialized' 作为它的“初始值”。更确切地说，某个字段的“= uninitialized”初始化代码会给这个字段赋一个零值（zero value）。具体零值是什么取决于字段的类型。数值类型的零值是 0，布尔值的零值是 false，引用类型的零值是 null。这与 Java 中没有初始化代码的变量效果一样。

注意，在 Scala 中并不能简单地去掉“= uninitialized”。如果我们是这样写的：

```
var celsius: Float
```

将会定义一个抽象变量，而不是一个没有被初始化的变量。[1]

在 celsius 变量之后，是 getter 方法“fahrenheit”和 setter 方法“fahrenheit_=”的定义，它们访问的是同一个温度变量，但是以华氏度表示，并没有单独的变量来以华氏度保存温度。华氏度的 getter 和 setter 方法会自动与摄氏度做必要的转换。参考下面使用 Thermometer 对象的例子：

```
val t = new Thermometer
t  // 32.0F/0.0C

t.celsius = 100
t  // 212.0F/100.0C

t.fahrenheit = -40
t  // -40.0F/-40.0C
```

16.3 案例分析：离散事件模拟

本章剩余部分将通过一个扩展的例子来展示可变对象与一等函数值结合起来会产生怎样的效果。你将会看到一个数字电路模拟器的设计和实现。这个任务会被分解成若干个小问题，且每个小问题单独拿出来看都非常有趣。

首先，你将看到一个用于描述数字电路的小型语言。这个语言的定义会高亮显示在 Scala 这样的宿主语言中嵌入领域特定语言（DSL）的一般方法。其次，我们将展示一个简单但通用的用于离散事件模拟的框架。这个框架的主要任务是跟踪那些按模拟时间执行的动作。最后，我们将展示如何组织和

1 第 20 章将会有抽象变量的详细介绍。

构建离散模拟程序。这些模拟程序背后的理念是用模拟对象对物理对象建模，并利用这个模拟框架对物理时间建模。

这个例子取自 `Abelson` 和 `Sussman` 的经典教科书《计算机程序的构造和解释》。不同的地方在于，我们的实现语言是 Scala 而不是 `Scheme`，另外，我们将例子的不同方面组织成 4 个层次：一个模拟框架，一个基本的线路模拟包，一个用户定义线路的类库，以及每个模拟线路本身。每一层都实现为一个类，更具体的层继承自更一般的层。

> **快速通道**
>
> 理解本章的离散事件模拟的例子需要花费一些时间。如果你想要继续了解更多关于 Scala 的内容，则可以安心地跳到下一章。

16.4　用于描述数字电路的语言

我们从描述数字电路的“小型语言”开始。数字电路由线（*wire*）和功能箱（*function box*）组成。线负责传递信号（*signal*），而功能箱负责对信号进行转换。信号以布尔值表示：`true` 代表信号开启，`false` 代表信号关闭。

图 16.1 展示了 3 种基本的功能箱，又被称为门（*gate*）。

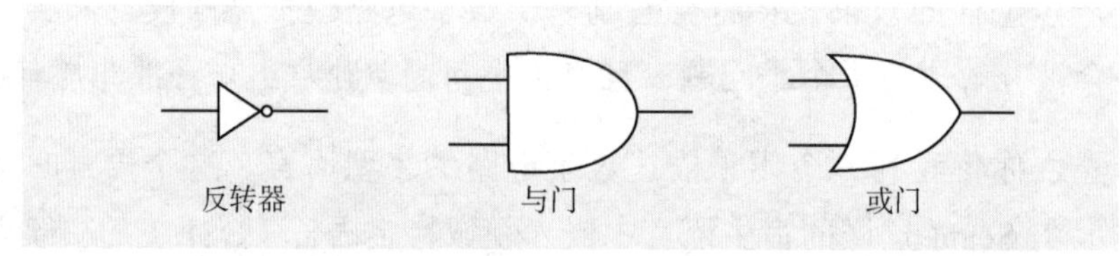

图 16.1　基本的门

- 反转器（*inverter*），对信号取反。
- 与门（*and-gate*），将输出设置为输入的逻辑与（conjunction）。

- 或门（*or-gate*），将输出设置为输入的逻辑或（disjunction）。

这些门已经足以用于构建所有其他功能箱。门有延迟（*delay*），因此门的输出会在其输入变化之后过一段时间才改变。

我们将用下列 Scala 类和函数来描述数字电路的元素。首先，用一个 `Wire` 类来表示线。可以像这样构建线：

```
val a = new Wire
val b = new Wire
val c = new Wire
```

或者，这种更简短的写法也能达到同样的目的：

```
val a, b, c = new Wire
```

其次，还有 3 个过程可以用来"制作"我们需要的基本的门：

```
def inverter(input: Wire, output: Wire): Unit
def andGate(a1: Wire, a2: Wire, output: Wire): Unit
def orGate(o1: Wire, o2: Wire, output: Wire): Unit
```

考虑到 Scala 对于函数式的强调，有一个不太寻常的地方是，这些过程是以副作用的形式构建门的。举例来说，调用 `inverter(a, b)`会在 `a` 和 `b` 两条线之间放置一个反转器。我们会发现这种通过副作用进行构建的方式可以比较容易地逐步构建出复杂的电路。除此之外，虽然方法通常都以动词命名，但是这里的方法命名用的是名词，表示构建出来的门。这体现出的是 DSL 的声明性：它应该描述电路本身，而不是制作线路的行为。

通过这些基本的门，我们可以构建出更复杂的功能箱。比如，示例 16.6 中构建的半加器。`halfAdder` 方法接收两个输入信号 `a` 和 `b`，生成一个由"`s = (a + b) % 2`"的和（sum）`s`，以及一个由"`c = (a + b) / 2`"定义的进位信号（carry）`c`。半加器电路如图 16.2 所示。

```
def halfAdder(a: Wire, b: Wire, s: Wire, c: Wire) =
  val d, e = new Wire
  orGate(a, b, d)
  andGate(a, b, c)
  inverter(c, e)
  andGate(d, e, s)
```

示例 16.6　halfAdder 方法

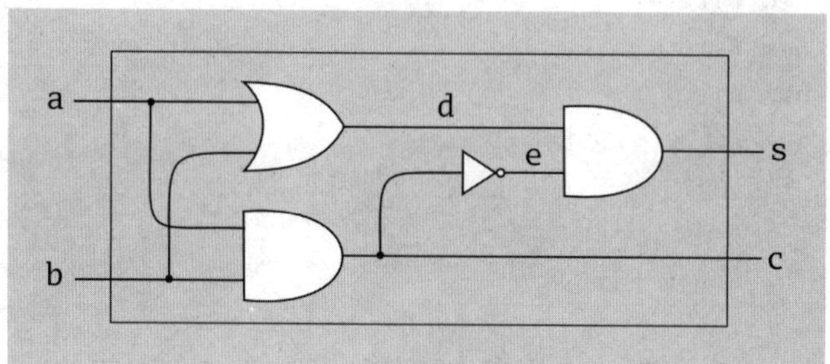

图 16.2　半加器电路

注意，与那 3 个构建基本的门的方法一样，halfAdder 方法也是一个参数化的功能箱。我们可以用 halfAdder 方法构建更复杂的电路。例如，示例 16.7 定义了一个 1 字节的全加器。全加器电路如图 16.3 所示。fullAdder 方法接收两个输入信号 a 和 b，以及一个低位进位 cin，生成一个由 “sum = (a + b + cin) % 2” 定义的输出和，以及一个由 “cout = (a + b + cin) / 2” 定义的高位进位输出信号。

```
def fullAdder(a: Wire, b: Wire, cin: Wire,
    sum: Wire, cout: Wire) =

  val s, c1, c2 = new Wire
  halfAdder(a, cin, s, c1)
  halfAdder(b, s, sum, c2)
  orGate(c1, c2, cout)
```

示例 16.7　fullAdder 方法

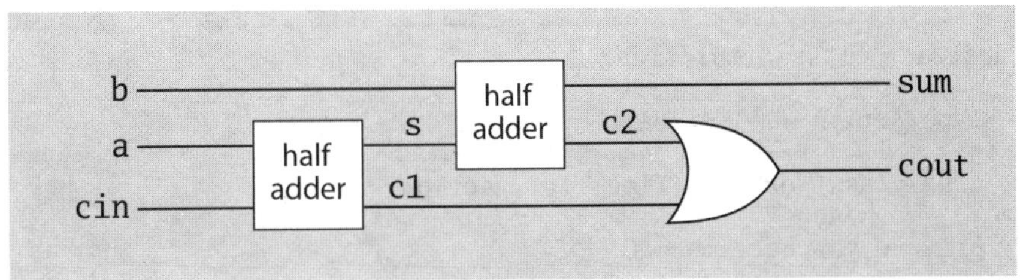

图 16.3 全加器电路

Wire 类和 inverter、andGate、orGate 函数构成了用户用来定义数字电路的小型语言。这是内部 DSL 的绝佳示例，是一个在宿主语言中以类库形式定义（而非独立实现）的领域特定语言。

我们的电路 DSL 实现仍需要打磨。由于用 DSL 定义电路的目的是模拟这个电路，因此我们有理由将这个 DSL 基于一个通用的离散时间模拟来实现。接下来的两节首先会介绍模拟 API，然后在此基础上介绍电路 DSL 的实现。

16.5 模拟 API

模拟 API 如示例 16.8 所示。它包含了 org.stairwaybook.simulation 包的 Simulation 类。具体的模拟类库继承自这个类，并补充了扩展领域特定的功能。本节将介绍 Simulation 类的元素。

离散事件模拟会在指定的时间执行用户定义的**动作**（*action*）。所有由具体模拟子类定义的动作都是如下类型的：

```
type Action = () => Unit
```

这条语句将 Action 定义为接收空参数列表并返回 Unit 的过程类型的别名。Action 是 Simulation 类的**类型成员**（*type member*）。你可以将它想象成() => Unit 这个类型更可读的名称。关于类型成员的更详细内容请参考 20.6 节。

```
abstract class Simulation:

 type Action = () => Unit

 case class WorkItem(time: Int, action: Action)

 private var curtime = 0
 def currentTime: Int = curtime

 private var agenda: List[WorkItem] = List()

 private def insert(ag: List[WorkItem],
    item: WorkItem): List[WorkItem] =

  if ag.isEmpty || item.time < ag.head.time then item :: ag
  else ag.head :: insert(ag.tail, item)

 def afterDelay(delay: Int)(block: => Unit) =

  val item = WorkItem(currentTime + delay, () => block)
  agenda = insert(agenda, item)

 private def next() =

  (agenda: @unchecked) match
   case item :: rest =>
    agenda = rest
    curtime = item.time
    item.action()

 def run() =

  afterDelay(0) {
   println("*** simulation started, time = " +
     currentTime + " ***")
  }
  while !agenda.isEmpty do next()
```

示例 16.8　模拟 API

动作被执行的时间是模拟时间，与实际的挂钟（*wall clock*）时间无关。模拟时间可简单地以整数表示。当前的模拟时间被保存在私有变量里，如：

```
private var curtime: Int = 0
```

这个变量有一个公有的访问方法，用于获取当前时间：

```
def currentTime: Int = curtime
```

这样的私有变量和公有访问方法的组合用来确保当前时间不会被 Simulation 类外部修改。毕竟，你并不想让你的模拟对象来操纵当前时间，除非你的模拟场景要考虑时间变化。

一个需要在指定时间执行的动作被称为**工作项**（*work item*）。工作项由如下这个类实现：

```
case class WorkItem(time: Int, action: Action)
```

我们将 WorkItem 处理成样例类，是由于样例类的便捷性：可以用 WorkItem 工厂方法创建该类的示例，还可以免费获得针对构造方法参数 time 和 action 的 getter 方法。还要注意一点，WorkItem 类是内嵌在 Simulation 类里的。Scala 对嵌套类的处理与 Java 类似。更多细节请参考 20.7 节。

Simulation 类有一个日程（agenda），记录了所有还未执行的工作项。各工作项的排序依据是执行它们需要的模拟时间：

```
private var agenda: List[WorkItem] = List()
```

agenda 列表的排序由更新它的 insert 方法保证。我们可以看到 insert 方法的调用来自 afterDelay，这也是向日程添加工作项的唯一方式：

```
def afterDelay(delay: Int)(block: => Unit) =

  val item = WorkItem(currentTime + delay, () => block)
  agenda = insert(agenda, item)
```

正如这个名称所表达的，这个方法向日程中插入一个动作（由 block 给出），并计划在当前模拟时间之后的若干（以 delay 给出）时间单元内执行。举例来说，如下调用会创建一个新的工作项，在到达模拟时间 currentTime + delay 时执行：

```
afterDelay(delay) { count += 1 }
```

要执行的代码包含在方法的第二个入参中。这个入参的形参类型为“=> Unit”（即按名传递的类型为 Unit 的算法）。我们可以回忆一下，传名参数在传入方法时并不会被求值。因此在上面的调用中，count 只会在模拟框架调用存放在工作项中的动作时被加 1。注意，afterDelay 是一个柯里化的函数。这是 9.5 节定下的关于柯里化能够帮助我们把方法调用做成像内建语法这个原则一样的一个很好的例子。

被创建出来的工作项还需要被插入日程中。这可以通过 insert 方法来完成，且这个方法保证了日程是按时间排序的：

```
private def insert(ag: List[WorkItem],
    item: WorkItem): List[WorkItem] =

  if ag.isEmpty || item.time < ag.head.time then item :: ag
  else ag.head :: insert(ag.tail, item)
```

Simulation 类的核心是下面这个 run 方法：

```
def run() =

  afterDelay(0) {
    println("*** simulation started, time = " +
        currentTime + " ***")
  }
  while !agenda.isEmpty do next()
```

这个方法不断重复地从日程中获取第一个工作项，然后从日程中移除并执行它，直到日程中没有更多要执行的工作项为止。每一步都会调用 next 方法，定义如下：

```
private def next() =

  (agenda: @unchecked) match
    case item :: rest =>
      agenda = rest
      curtime = item.time
      item.action()
```

next 方法用模式匹配将当前的日程拆成一个最开始的工作项 item 和剩余的工作项 rest 两部分，然后将最开始的工作项 item 从当前日程中移除，将模拟时间 curtime 设置为工作项的时间，并执行该工作项的动作。

注意，next 方法只能在日程不为空时被调用。我们并没有给出空列表的 case，因此当我们尝试对空日程运行 next 方法时，将得到一个 MatchError 异常。

事实上，Scala 编译器通常会警告我们漏掉了列表的某个可能的模式：

```
27 |    agenda match
   |    ^^^^^^
   |    match may not be exhaustive.
   |
   |    It would fail on pattern case: Nil
```

在本例中，缺失的这个 case 并不是问题所在，因为我们知道 next 方法只在非空的日程才会被调用。因此，我们可能想要禁用这个警告。13.5 节提到过，可以通过对模式匹配的选择器表达式添加 @unchecked 注解来禁用警告。这也是 Simulation 类的代码使用“(agenda: @unchecked) match”而不是“agenda match”的原因。

就是这样了。对模拟框架而言，这可能看上去代码相当少。你可能会好奇，这样简单的框架怎么可能支持有意义的模拟，它不过是简单地执行工作项列表而已。事实上，这个模拟框架的重大意义来自这样一个事实：存储在工作项列表中的动作可以在被执行时自行向日程中登记后续的工作项。这让我们可以从简单的开头演化出长时间的模拟。

16.6　电路模拟

接下来，我们将用这个模拟框架来实现 16.4 节展示的电路 DSL。回顾一下，电路 DSL 由表示线的类，以及创建与门、或门和反转器的方法构成。所有这些都被包含在 BasicCircuitSimulation 类中，这个类继承自模拟框架。示例 16.9 和示例 16.10 给出了这个类的完整实现。

```
package org.stairwaybook.simulation

abstract class BasicCircuitSimulation extends Simulation:

  def InverterDelay: Int
  def AndGateDelay: Int
  def OrGateDelay: Int

  class Wire:

    private var sigVal = false
    private var actions: List[Action] = List.empty

    def getSignal = sigVal

    def setSignal(s: Boolean) =
      if s != sigVal then
        sigVal = s
        actions.foreach(_())

    def addAction(a: Action) =
      actions = a :: actions
      a()

  def inverter(input: Wire, output: Wire) =
    def invertAction() =
```

示例 16.9　BasicCircuitSimulation 类实现的前半部分

```
    val inputSig = input.getSignal
    afterDelay(InverterDelay) {
      output setSignal !inputSig
    }
  input addAction invertAction

// 在示例 16.10 中继续……
```

示例 16.9 BasicCircuitSimulation 类实现的前半部分（续）

```
  // ……上接示例 16.9
  def andGate(a1: Wire, a2: Wire, output: Wire) =
    def andAction() =
      val a1Sig = a1.getSignal
      val a2Sig = a2.getSignal
      afterDelay(AndGateDelay) {
        output setSignal (a1Sig & a2Sig)
      }
    a1 addAction andAction
    a2 addAction andAction

  def orGate(o1: Wire, o2: Wire, output: Wire) =
    def orAction() =
      val o1Sig = o1.getSignal
      val o2Sig = o2.getSignal
      afterDelay(OrGateDelay) {
        output setSignal (o1Sig | o2Sig)
      }
    o1 addAction orAction
    o2 addAction orAction

  def probe(name: String, wire: Wire) =
    def probeAction() =
      println(name + " " + currentTime +
          " new-value = " + wire.getSignal)

    wire addAction probeAction
```

示例 16.10 BasicCircuitSimulation 类实现的后半部分

BasicCircuitSiumulation 类声明了 3 个抽象方法来表示基本门的延迟：InverterDelay、AndGateDelay 和 OrGateDelay。实际的延迟在这个类的层次是未知的，因为它取决于被模拟电路采用的技术。这就可以说明为什么在 BasicCircuitSimulation 类中这些延迟是抽象的，这样一来，它们的具体定义就代理给了子类来完成。[1] 接下来将介绍 BasicCircuitSimulation 类的其他成员。

Wire 类

线需要支持 3 种基本动作。

- getSignal: Boolean：返回线的当前信号。
- setSignal(sig: Boolean)：将线的信号设置为 sig。
- addAction(p: Action)：将给定的过程 p 附加在线的动作中。所有附加在线上的动作过程都会在每次线的信号发生变化时被执行。通常线上的动作都是由连接到线上的组件添加的。附加的动作会在被添加到线上的时候被执行一次，然后每当线的信号发生变化时，都会被再次执行。

下面是 Wire 类的实现：

```
class Wire:

  private var sigVal = false
  private var actions: List[Action] = List.empty

  def getSignal = sigVal

  def setSignal(s: Boolean) =
    if s != sigVal then
      sigVal = s
      actions.foreach(_())
```

1 这些“延迟”（delay）方法的名称以大写字母开头，因为它们表示的是一些常量。它们被定义成方法，因此可以被子类重写。你将在 20.3 节了解如何对 val 做同样的事情。

```
def addAction(a: Action) =
  actions = a :: actions
  a()
```

线的状态由两个私有变量决定。sigVal 变量表示当前的信号，而 actions 变量表示当前附加到线上的动作过程。唯一有趣的方法实现是 setSignal：当线的信号发生变化时，新的值会被存储在 sigVal 变量中。不仅如此，所有附加到线上的动作都会被执行。注意，执行这个动作的简写语法为“actions foreach(_ ())”，这段代码会对 actions 列表中的每个元素应用函数“_ ()”。正如 8.5 节提到的，函数“_ ()”是“f => f()”的简写，它接收一个函数（我们将其称为 f）并将它应用到空的参数列表上。

inverter 方法

创建反转器的唯一作用是将一个动作添加到输入线上。这个动作在被添加时会被执行一次，然后在每次输入变化时都会被再次执行。这个动作的效果是设置反转器的输出值（通过 setSignal 方法）为与输入相反的值。由于反转器有延迟，因此这个变化只有在输入值变更后的 InverterDelay 的模拟时间过后才会被执行。因此我们得到下面的实现：

```
def inverter(input: Wire, output: Wire) =
  def invertAction() =
    val inputSig = input.getSignal
    afterDelay(InverterDelay) {
      output setSignal !inputSig
    }

  input addAction invertAction
```

inverter 方法的作用是将 invertAction 添加到输入线中。这个动作在执行时会读取输入信号并添加另一个将输出信号反转的动作到模拟日程中。后一个动作将在 InverterDelay 的模拟时间后执行。注意这个方法是如何利用模拟框架的 afterDelay 方法来创建一个新的在未来执行的工作项的。

andGate 和 orGate 方法

与门的实现和反转器的实现类似。与门的目的是输出其输入信号的逻辑与结果。这应该在两个输入中任何一个发生变化后的 AndGateDelay 模拟时间过后发生。因此我们得到下面的实现：

```
def andGate(a1: Wire, a2: Wire, output: Wire) =
  def andAction() =
    val a1Sig = a1.getSignal
    val a2Sig = a2.getSignal
    afterDelay(AndGateDelay) {
      output setSignal (a1Sig & a2Sig)
    }

  a1 addAction andAction
  a2 addAction andAction
```

andGate 方法的作用是添加一个 andAction 到两个输入线 a1 和 a2 中。当这个动作被调用时，同时获取两个输入信号并添加另一个动作，将 output 信号设置为输入信号的逻辑与。后一个动作将在 AndGateDelay 所指定的模拟时间过后执行。注意，当任意一条输入线的信号发生变化时，都需要重新计算输出。这就是同一个 andAction 会被同时添加到输入线 a1 和 a2 中的原因。orGate 方法的实现也类似，不过它执行的是逻辑或运算，而不是逻辑与运算。

模拟输出

为了运行这个模拟器，我们需要采用一种方式来观察线上信号的变化。要做到这一点，可以通过给线添加探测器来模拟这个动作：

```
def probe(name: String, wire: Wire) =
```

```
def probeAction() =
  println(name + " " + currentTime +
     " new-value = " + wire.getSignal)

wire addAction probeAction
```

probe 过程的作用是添加一个 probeAction 到给定的线上。与平常一样，这个被添加的动作在每次线的信号发生变化时被执行。在本例中，它仅用于打印出线的名称（作为 probe 的首个参数传入），以及当前的模拟时间和线的新值。

运行模拟器

在所有这些准备工作完成后，我们终于可以运行这个模拟器了。为了定义一个具体的模拟场景，需要从模拟框架类做一次继承。我们将创建一个抽象的模拟类，这个类扩展自 BasicCircuitSimulation 类，包含了半加器和全加器的方法定义（见示例 16.6 和示例 16.7）。这个类（我们将其称为 CircuitSimulation）的完整定义如示例 16.11 所示。

具体的电路模拟将会是一个继承自 CircuitSimulation 类的对象。这个对象仍需要根据其模拟的电路实现技术来固定门的延迟。最后，还需要定义出具体的要模拟的电路。

可以在 Scala 编译器中交互式地执行这些步骤：

```
scala> import org.stairwaybook.simulation.*
```

首先是门的延迟。定义一个对象（MySimulation），提供一些数字：

```
scala> object MySimulation extends CircuitSimulation:
         def InverterDelay = 1
         def AndGateDelay = 3
         def OrGateDelay = 5
// 定义 MySimulation 对象
```

```
package org.stairwaybook.simulation

abstract class CircuitSimulation
  extends BasicCircuitSimulation:

  def halfAdder(a: Wire, b: Wire, s: Wire, c: Wire) =
    val d, e = new Wire
    orGate(a, b, d)
    andGate(a, b, c)
    inverter(c, e)
    andGate(d, e, s)

  def fullAdder(a: Wire, b: Wire, cin: Wire,
      sum: Wire, cout: Wire) =

    val s, c1, c2 = new Wire
    halfAdder(a, cin, s, c1)
    halfAdder(b, s, sum, c2)
    orGate(c1, c2, cout)
```

示例 16.11　CircuitSimulation 类

由于我们将反复访问 MySimulation 对象的这些成员，因此做一次对象引入将让后续的代码变得更短：

```
scala> import MySimulation.*
```

其次是电路。定义 4 条线，在其中的两条线上放置探测器：

```
scala> val input1, input2, sum, carry = new Wire
val input1: MySimulation.Wire = ...
val input2: MySimulation.Wire = ...
val sum: MySimulation.Wire = ...
val carry: MySimulation.Wire = ...

scala> probe("sum", sum)
```

```
sum 0 new-value = false

scala> probe("carry", carry)
carry 0 new-value = false
```

注意，这些探测器会立即打印出结果。这是因为每当动作被添加到线上时都会被执行一次。

接下来定义一个连接这些线的半加器：

```
scala> halfAdder(input1, input2, sum, carry)
```

最后，先后将两条输入线信号设置为 true 并进行模拟：

```
scala> input1 setSignal true

scala> run()
*** simulation started, time = 0 ***
sum 8 new-value = true

scala> input2 setSignal true

scala> run()
*** simulation started, time = 8 ***
carry 11 new-value = true
sum 15 new-value = false
```

16.7 结语

本章将两种初看上去毫不相干的技巧结合到了一起：可变状态和高阶函数。可变状态用于模拟那些状态随时间改变的物理实体；而高阶函数在模拟框架中用来在指定的模拟时间执行动作。高阶函数还在电路模拟中被当作触发器（*trigger*）使用，使它与状态变化关联起来。在这个过程中，你还看到了一种简单的方式：以类库的形式定义领域特定语言。这些内容对一章的篇幅而言应当足够了。

如果你还意犹未尽，则可以尝试更多模拟例子。比如，可以用半加器和全加器创建更大型的电路，或者用目前已有的基本的门来定义新的电路并进行模拟。在 18 章，你将了解到 Scala 的类型参数化，还会看到另一个将函数式和指令式结合起来交出好的解决方案的例子。

第 17 章
Scala 的继承关系

本章将从整体上介绍 Scala 的继承关系。在 Scala 中，每个类都继承自同一个名称为 Any 的超类。由于每个类都是 Any 类的子类，因此在 Any 类中定义的方法是全类型（*universal*）的：可以在任何对象上被调用。Scala 还在继承关系的底部定义了一些有趣的类，如 Null 和 Nothing 类，它们本质上是作为通用的子类存在的。例如，就像 Any 类是每一个其他类的超类那样，Nothing 类是每一个其他类的子类。在本章中，我们将带你领略 Scala 的整个继承关系。

17.1 Scala 的类继承关系

图 17.1 展示了 Scala 的类继承关系的轮廓。在类继承关系的顶部是 Any 类，定义了如下方法：

```
final def ==(that: Any): Boolean
final def !=(that: Any): Boolean
def equals(that: Any): Boolean
def ##: Int
def hashCode: Int
def toString: String
```

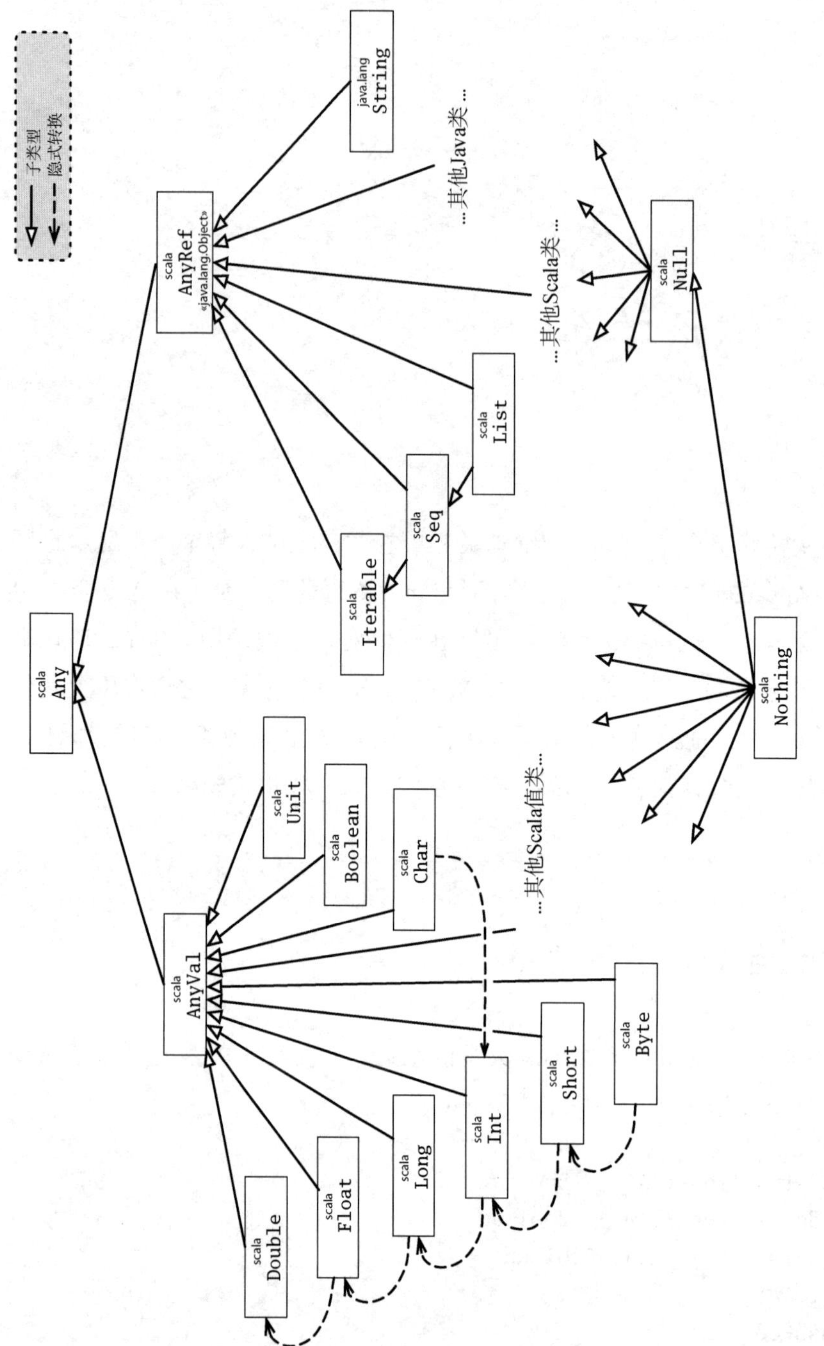

图 17.1　Scala 的类继承关系

由于每个类都继承自 Any 类，因此 Scala 程序中的每个对象都可以用==、!=或 equals 方法做比较，用##或 hashCode 方法做哈希，以及用 toString 方法做格式化。相等和不相等方法（==和!=）在 Any 类中被声明为 final 的，所以它们不能被子类重写。

==方法从本质上讲等同于 equals 方法，而!=方法一定是 equals 方法的反义。[1] 这样一来，子类可以通过重写 equals 方法来定制==或!=方法的含义。

跨界相等性（multiversal equality）

Scala 3 引入了“跨界相等性”这个概念，针对那些可能会带来 bug 的==和=方法给出编译错误，比如，对 String 和 Int 做相等性判断。我们将在第 23 章详细介绍这个机制。

根类 Any 有两个子类：AnyVal 和 AnyRef。AnyVal 类是 Scala 中所有值类的父类。虽然你可以定义自己的值类（参见 11.4 节），但 Scala 提供了 9 个内建的值类：Byte、Short、Char、Int、Long、Float、Double、Boolean 和 Unit。前 8 个值类对应 Java 的基本类型，它们的值在运行时是用 Java 的基本类型的值来表示的。这些类的实例在 Scala 中都被写作字面量。例如，42 是 Int 类的实例，'x'是 Char 类的实例，而 false 是 Boolean 类的实例。不能用 new 来创建这些类的实例。这一点是通过将值类定义为抽象类的同时，由 final 的这个“小技巧”来完成的。

所以如果你尝试编写这样的代码：

---

1 唯一一个==方法不等同于 equals 方法的场景是针对 Java 的数值类的，如 Integer 或 Long 类。在 Java 中，new Integer(1)并不等同于（equal）new Long(1)，尽管对基本类型的值而言，1 == 1L。由于 Scala 与 Java 相比是一个更规则的语言，因此在实现时有必要将这些类的==方法做特殊处理，来解决这个差异。同理，##方法提供了 Scala 版本的哈希算法，与 Java 的 hashCode 方法一样，除了一点：对包装的数值类型而言，它的行为与==方法是一致的。例如，new Integer(1)和 new Long(1)通过##方法能获得相同的哈希值，尽管它们的 Java 版 hashCode 方法是不同的。

```
scala> new Int
```

将得到：

```
1 |new Int
  |    ^^^
  |    Int is abstract; it cannot be instantiated
```

另外的那个值类 Unit 可以粗略地对应到 Java 的 void 类型，用来作为那些不返回有趣结果的方法的结果类型。Unit 类有且只有一个实例值，写作 ()，正如我们在 7.2 节提到的那样。

我们在第 5 章曾经解释过，值类以方法的形式支持通常的算术和布尔操作符。例如，Int 类拥有名称为+和*的方法，而 Boolean 类拥有名称为||和&&的方法。值类同样继承了 Any 类的所有方法。例如：

```
42.toString      // 42
42.hashCode      // 42
42.equals(42)    // true
```

注意，值类空间是扁平的，所有值类都是 scala.AnyVal 类的子类，但它们相互之间并没有子类关系。不同的值类类型之间存在隐式的转换。例如，在需要时，scala.Int 类的一个实例可以（通过隐式转换）被自动放宽成 scala.Long 的实例。

正如 5.10 节提到的，隐式转换还被用于给值类型添加更多功能。例如，Int 类型支持所有下列操作：

```
42.max(43)      // 43
42.min(43)      // 42
1 until 5       // Range(1,2,3,4)
1 to 5          // Range(1,2,3,4,5)
3.abs           // 3
-3.abs          // 3
```

工作原理是这样的：min、max、until、to 和 abs 方法都被定义在 scala.runtime.RichInt 类中，并且存在从 Int 类到 RichInt 类的隐式转换。只要对 Int 类调用的方法没有在 Int 类中定义，而在 RichInt 类中定义了这样的方法，隐式转换就会被自动应用。其他值类也有类似的“助推类”和隐式转换。[1]

根类 Any 的另一个子类是 AnyRef 类。这是 Scala 所有引用类的基类。前面提到过，在 Java 平台上，AnyRef 类事实上只是 java.lang.Object 类的一个别名。也就是说，Java 编写的类和 Scala 编写的类都继承自 AnyRef 类。[2] 因此，我们可以这样看待 java.lang.Object 类：它是 AnyRef 类在 Java 平台的实现。虽然你可以在面向 Java 平台的 Scala 程序中任意换用 Object 类和 AnyRef 类，但是推荐的风格是尽量都使用 AnyRef 类。

17.2 基本类型的实现机制

所有这些是如何实现的呢？事实上，Scala 存放整数的方式与 Java 一样，都是 32 位的词（word）。这对于 JVM 的效率及与 Java 类库的互操作都很重要。标准操作，如加法和乘法被实现为基本操作。不过，Scala 在任何需要将整数当作（Java）对象的情况下，都会启用“备选”的 java.lang.Integer 类。例如，当我们对整数调用 toString 方法或者将整数赋值给一个类型为 Any 的变量时，都会发生这种情况。类型为 Int 的整数在必要时都会被透明地转换成类型为 java.lang.Integer 的“装箱整数”。

所有这些听上去都很像 Java 的自动装箱（*auto-boxing*）机制，也的确非常相似。不过有一个重要区别：Scala 中的装箱与 Java 相比要透明得多。参考下面的 Java 代码：

---

1 关于隐式转换的这种用法将在后续版本中被替换成扩展方法。我们将在第 22 章介绍扩展方法。

2 之所以存在 AnyRef 这样的别名，而不是简单地使用 java.lang.Object 这个名称，是因为 Scala 最开始被设计为同时支持 Java 和.NET 平台。在.NET 平台上，AnyRef 是 System.Object 的别名。

```
// 这是 Java
boolean isEqual(int x, int y) {
  return x == y;
}
System.out.println(isEqual(421, 421));
```

你当然会得到 true。现在，将 isEqual 的参数类型修改为 java.lang.Integer（或者 Object 也可以，结果是一样的）：

```
// 这是 Java
boolean isEqual(Integer x, Integer y) {
  return x == y;
}
System.out.println(isEqual(421, 421));
```

你会发现你得到了 false，发生了什么呢？这里的数字 421 被装箱了两次。因此，x 和 y 这两个参数实际上是两个不同的对象。由于==方法对引用类型而言意味着引用相等性，而 Integer 是一个引用类型，因此结果就是 false。这一点也显示出 Java 并不是一个纯粹的面向对象语言。基本类型和引用类型之间有一个清晰的、可被观察到的区别。

现在，我们用 Scala 来做相同的试验：

```
def isEqual(x: Int, y: Int) = x == y
isEqual(421, 421)        // true
def isEqual(x: Any, y: Any) = x == y
isEqual(421, 421)        // true
```

Scala 的相等性操作==被设计为对于类型的实际呈现是透明的。对值类型而言，它表示的是自然（数值或布尔值）相等性；而对除 Java 装箱数值类型之外的引用类型而言，它被处理成从 Object 继承的 equals 方法的别名。这个方法原本用于定义引用相等性，但很多子类都重写了这个方法来实现它们对于相等性更自然的理解和表示。这也意味着在 Scala 中不会陷入 Java 那个与字符串对比相关的“陷阱”。Scala 的字符串对比是它应该有的样子：

```
val x = "abcd".substring(2)    // cd
val y = "abcd".substring(2)    // cd
x == y                         // true
```

在 Java 中，对 x 和 y 的对比，结果会返回 false。因为程序员在这里应该使用 equals 方法，但是很容易忘。

不过，在有些场景下需要引用相等性而不是用户定义的相等性。例如，有些场景对于效率的要求超高，可能会对某些类使用 hash cons 并用引用相等性来对比其实例。[1] 对于这些情况，AnyRef 类定义了一个额外的 eq 方法，该方法不能被重写，其实现为引用相等性（即它的行为与 Java 中==对于引用类型的行为是一致的）。还有一个 eq 方法的反义方法 ne。例如：

```
val x = new String("abc")      // abc
val y = new String("abc")      // abc
x == y                         // true
x eq y                         // false
x ne y                         // true
```

我们在第 8 章对 Scala 对象相等性进行了探讨。

17.3 底类型

在图 17.1 中的类继承关系的底部，你会看到两个类：scala.Null 和 scala.Nothing。这些是 Scala 面向对象的类型系统用于统一处理某些“极端情况”（corner case）的特殊类型。

Null 是 null 引用的类型，是每个引用类（也就是每个继承自 AnyRef 类的类）的子类。Null 并不兼容于值类型。比如，你并不能将 null 赋值给一

1 hash cons 的意思是将创建的实例缓存在一个弱引用的集合中。当你想获取该类的新实例时，首先检查这个缓存，如果缓存中已经有一个元素与你要创建的实例相等，就可以复用这个已存在的实例。这样一来，任何两个通过 equals()相等的实例从引用相等性的角度来说也是相等的。

个整数变量：

```
scala> val i: Int = null
1 |val i: Int = null
  |             ^^^^
  |             Found:    Null
  |             Required: Int
```

Nothing 位于 Scala 的类继承关系的底部，是每个其他类型的子类型。不过，并不存在这个类型的任何值。为什么需要这样一个没有值的类型呢？我们在 7.4 节曾讨论过，Nothing 的用途之一是给出非正常终止的信号。

举例来说，Scala 标准类库的 Predef 对象有一个 error 方法，其定义如下：

```
def error(message: String): Nothing =
  throw new RuntimeException(message)
```

error 方法的返回类型是 Nothing，这告诉使用方该方法并不会正常返回（它会抛出异常）。由于 Nothing 是每个其他类型的子类型，可以以非常灵活的方式来使用 error 这样的方法。例如：

```
def divide(x: Int, y: Int): Int =
  if y != 0 then x / y
  else sys.error("can't divide by zero")
```

这里 x / y 条件判断的“then”分支的类型为 Int，而 else 分支（即调用 error 方法的部分）的类型为 Nothing。由于 Nothing 是 Int 的子类型，因此整个条件判断表达式的类型就是 Int，正如方法声明要求的那样。

17.4　定义自己的值类型

17.1 节提到过，你可以定义自己的值类来对内建的值类进行扩充。与内建的值类一样，你的值类的实例通常也会被编译成那种不使用包装类的 Java 字节码。在需要包装类的上下文里，如泛型代码，值将被自动装箱和拆箱。[1]

只有特定的几个类可以成为值类。要想使某个类成为值类，它必须有且仅有一个参数，并且在内部除 def 之外不能有任何其他内容。不仅如此，也不能有其他类扩展自值类，且值类不能重新定义 equals 或 hashCode 方法。

要定义值类，需要将它处理成 AnyVal 类的子类，并在它唯一的参数前加上 val。下面是值类的一个例子：

```
class Dollars(val amount: Int) extends AnyVal:
  override def toString = "$" + amount
```

正如 10.6 节描述的那样，参数前的 val 让 amount 参数可以作为字段被外界访问。例如，如下代码将创建这个值类的一个实例，然后从中获取其金额（amount）：

```
val money = new Dollars(1_000_000)
money.amount      // 1000000
```

在本例中，money 指向该值类的一个实例。它在 Scala 源码中的类型为 Dollar，但在编译后的 Java 字节码中将直接使用 Int 类型。

这个例子定义了 toString 方法，并且编译器将识别出什么时候使用这个方法。这就是打印 money 将给出 $1000000，带上了美元符号，而打印 money.amount 仅会给出 1000000 的原因。你甚至可以定义多个同样以 Int 值支撑的值类型。例如：

```
class SwissFrancs(val amount: Int) extends AnyVal:
  override def toString = s"$amount CHF"
```

虽然 Dollars 和 SwissFrancs 在运行时都是以整数呈现的，但是它们在

1 Scala 3 还提供了“不透明类型”（opaque type），虽然其限制更多，但能保证其值永远不会被装箱。我们将在《Scala 高级编程》中详细介绍不透明类型。

编译期是不同的类型。

```
scala> val dollars: Dollars = new SwissFrancs(1000)
1 |val dollars: Dollars = new SwissFrancs(1000)
  |                       ^^^^^^^^^^^^^^^^^^^^^^
  |                       Found:    SwissFrancs
  |                       Required: Dollars
```

避免类型单一化

要想尽可能发挥 Scala 类继承关系的好处，可以试着对每个领域概念定义一个新的类，即使复用相同的类实现不同的用途也是可行的。虽然这样的一个类是所谓的“细微类型”（tiny type），既没有方法也没有字段，但是定义这样的一个额外的类有助于编译器在更多的地方帮助你。

例如，假设你正在编写代码生成 HTML。在 HTML 中，样式名是用字符串表示的，锚定标识符也是如此。HTML 自身也是一个字符串，所以只要你想，就可以用字符串定义的助手方法来表示所有这些内容，就像这样：

```
def title(text: String, anchor: String, style: String): String =
  s"<a id='$anchor'><h1 class='$style'>$text</h1></a>"
```

这个类型签名中出现了 4 个字符串。这类“字符串类型”（stringly typed）[1] 的代码从技术上讲是强类型的，但由于我们能看到的一切都是字符串类型的，因此编译器并不能帮助我们检测到用错的参数情况。例如，它并不会阻止你写出这样的滑稽代码：

```
scala> title("chap:vcls", "bold", "Value Classes")
val res17: String = <a id='bold'><h1 class='Value
    Classes'>chap:vcls</h1></a>
```

这段 HTML 代码完全不正确了。本想用来显示的文本“Value Classes”

1 译者注：这里的 stringly 有双关的意思，对应 strongly。

被用成了样式类，而显示出来的文本是“chap:vcls”，这本来应该是锚定标识。最后，实际的锚定标识为“bold”，这本来应该是样式类。虽然这些错误都很滑稽，但是编译器“一声不吭”。

如果你对每个领域概念都定义一个细微类型，编译器就能对你更有帮助。比如，可以分别对样式、锚定标识、显示文本和 HTML 等都定义一个小类。由于这些类只有一个参数，没有其他成员，因此它们可以被定义成值类：

```
class Anchor(val value: String) extends AnyVal
class Style(val value: String) extends AnyVal
class Text(val value: String) extends AnyVal
class Html(val value: String) extends AnyVal
```

有了这些类以后，就可以编写一个类型签名更丰富的 title 方法了：

```
def title(text: Text, anchor: Anchor, style: Style): Html =
  Html(
    s"<a id='${anchor.value}'>" +
        s"<h1 class='${style.value}'>" +
        text.value +
        "</h1></a>"
  )
```

这时如果你再用错误的顺序调用这个版本的方法，编译器就可以探测到这个错误（并提示你）。例如：

```
scala> title(Anchor("chap:vcls"), Style("bold"),
             Text("Value Classes"))
1 |title(new Anchor("chap:vcls"), new Style("bold"),
  |      ^^^^^^^^^^^^^^^^^^^^^^^
  |      Found:    Anchor
  |      Required: Text
1 |title(Anchor("chap:vcls"), Style("bold"),
  |                           ^^^^^^^^^^^^^^
```

```
  |                      Found:    Style
  |                      Required: Anchor
2 |       Text("Value Classes"))
  |       ^^^^^^^^^^^^^^^^^^^^^^
  |       Found:    Text
  |       Required: Style
```

17.5　交集类型

你可以用&将两个或更多的类型连在一起以构成交集类型（*intersection type*），如 Incrementing & Filtering。[1] 这里有一个使用示例 11.5、示例 11.6 和示例 11.9 中的类与特质的例子：

```
scala> val q = new BasicIntQueue with
         Incrementing with Filtering
val q: BasicIntQueue & Incrementing & Filtering = anon$...
```

这里的 q 被初始化成一个匿名类的实例，这个匿名类扩展自 BasicIntQueue 类且依次混入了 Incrementing 和 Filtering 特质。编译器推断的类型，即 BasicIntQueue & Incrementing & Filtering 是一个交集类型，表示 q 引用的这个对象是所有 3 个类型（BasicIntQueue、Incrementing 和 Filtering）的实例。

交集类型是所有其构成类型的排列组合的子类型。例如，类型 B & I & F 是类型 B、I、F、B & I、B & F、I & F 的子类型，并且根据自反律（*reflexivity*），也是 B & I & F 自己的子类型。不仅如此，由于交集类型是满足交换律（*commutativity*）的，交集类型中出现的类型顺序对结果没有影响。比如，类型 I & F 和类型 F & I 是等效的。因此，类型 B & I & F 也是类型 I & B、F & B、F & I、B & F & I、F & B & I 等的子类型。这里有一个展

---

1 你可以这样念 Incrementing & Filtering："Incrementing 且 Filtering"。

示交集类型之间关系的例子：

```
// 可以编译，因为B & I & F <: I & F
val q2: Incrementing & Filtering = q
// 可以编译，因为I & F 和 F & I是等价的
val q3: Filtering & Incrementing = q2
```

17.6 并集类型

Scala 提供了与交集类型相对应的*并集类型*（*union type*）。并集类型由两个或多个通过管道符号（|）连在一起的类型构成，如 `Plum | Apricot`。[1] 并集类型表示某个对象至少是构成并集类型的其中一个类型的实例。举例来说，类型为 `Plum | Apricot` 的对象要么是 `Plum` 的实例，要么是 `Apricot` 的实例，要么同时是 `Plum` 和 `Apricot` 的实例。[2]

与交集类型一样，并集类型也满足交换律：`Plum | Apricot` 与 `Apricot | Plum` 等效。与交集类型相对应，并集类型是其构成类型的所有排列组合的超类型。例如，`Plum | Apricot` 是 `Plum` 和 `Apricot` 的超类型。重要的是，`Plum | Apricot` 不仅是 `Plum` 和 `Apricot` 的超类型，也是离它们最近的公共超类型，又称*最小上界*（*least upper bound*）。

Scala 3 新增的并集类型和交集类型可以确保 Scala 的类型系统满足数学意义上的*格*（*lattice*）。格是一个*偏序集*（*partial order*），任意两个类型都有唯一的最小上界和唯一的*最大下界*（*greatest lower bound*）。在 Scala 3 中，任意两个类型的最小上界是它们的并集，而最大下界是它们的交集。举例来说，`Plum` 和 `Apricot` 的最小上界是 `Plum | Apricot`，而它们的最大下界是 `Plum & Apricot`。

1 你可以这样念 `Plum | Apricot`："Plum 或 Apricot"。

2 我们能找到好几种李子（plum）和杏（apricot）的杂交水果，如杏李（apriplum）、杏李（aprium）、李杏（plumcot）和李杏（pluots）。

并集类型在 Scala 的类型推断和类型检查的实现方面有着重要的意义。在 Scala 2 中，类型推断算法必须对某些类型对的最小上界做近似值处理，因为实际上的最小上界是一个无穷序列，而 Scala 3 则只需要简单地使用一个并集类型即可。

为了更好地理解，考虑下面这样一个类继承关系：

```
trait Fruit
trait Plum extends Fruit
trait Apricot extends Fruit
trait Pluot extends Plum, Apricot
```

这 4 种类型定义将交出如图 17.2 所示的类继承关系。Fruit 是 Plum 和 Apricot 共同的超类型，但并不是离它们最近的公共超类型。Plum | Apricot 这个并集类型才是离它们最近的公共超类型，或称最小上界。由图 17.2 可知，并集类型 Plum | Apricot 是 Fruit 的子类型。的确是这样的，下面来演示一下：

```
val plumOrApricot: Plum | Apricot = new Plum {}
// 正常编译，因为 Plum | Apricot <: Fruit
val fruit: Fruit = plumOrApricot
// 在需要 Plum | Apricot 的地方不能用 Fruit
scala> val doesNotCompile: Plum | Apricot = fruit
1 |val doesNotCompile: Plum | Apricot = fruit
  |                                     ^^^^^
  |                             Found:    (fruit : Fruit)
  |                             Required: Plum | Apricot
```

对称地看，Pluot 同时是 Plum 和 Apricot 的子类型，但并不是离它们最近的公共子类型。Plum & Apricot 这个交集类型才是离它们最近的公共子类型，或称最大下界。由图 17.2 可知，交集类型 Plum & Apricot 是 Pluot 的超类型。的确是这样的，下面来演示一下：

```
val pluot: Pluot = new Pluot {}
// 正常编译，因为 Pluot <: Plum & Apricot
val plumAndApricot: Plum & Apricot = pluot
// 在需要 Pluot 的地方不能用 Plum & Apricot
scala> val doesNotCompile: Pluot = plumAndApricot
1 |val doesNotCompile: Pluot = plumAndApricot
  |                            ^^^^^^^^^^^^^^
  |                 Found:    (plumAndApricot : Plum & Apricot)
  |                 Required: Pluot
```

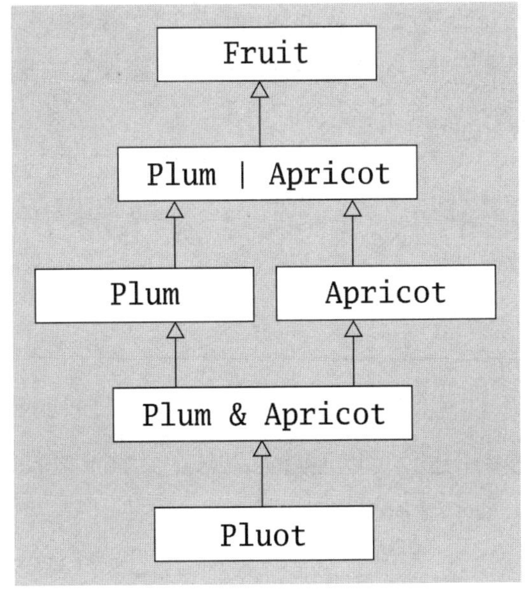

图 17.2　最小上界和最大下界

对交集类型而言，我们可以调用任何定义在构成类型上的方法，或者访问任何定义在构成类型上的字段。例如，在 Plum & Apricot 的实例上，可以调用任何定义在 Plum 或 Apricot 的方法。然而，对并集类型而言，我们只能访问其构成类型的公共超类型的成员。因此，在 Plum | Apricot 的实例上，可以访问 Fruit 的成员（包括其继承自 AnyRef 和 Any 的成员）但不能访问在 Plum 或 Apricot 上添加的成员。要访问这些成员，必须执行模式匹配

来判断运行其相应值的实际类型。参考下面的例子：

```
def errorMessage(msg: Int | String): String =
  msg match
    case n: Int => s"Error number: ${n.abs}"
    case s: String => s + "!"
```

这里的 errorMessage 方法的 msg 参数类型为 Int | String。因此，只能对 msg 调用在 Any 中声明的方法，这是因为 Any 是 Int 和 String 唯一的公共超类型。我们无法直接访问在 Int 或 String 中定义的任何其他方法。例如，要访问 Int 的 abs 方法，或者 String 的字符串拼接操作符（+），必须对 msg 执行模式匹配，如 errorMessage 方法体展示的那样。下面是一些使用 errorMessage 方法的例子：

```
errorMessage("Oops")     // "Oops!"
errorMessage(-42)        // "Error number: 42"
```

17.7　透明特质

特质有两个主要用途：可以通过混入来定义类，以及定义类型本身。有时候，你可能想让某个特质主要用于混入，而不是作为（独立存在的）类型。例如，你可以说，11.3 节的 Incrementing 和 Filtering 这两个特质在混入的场合很有用，但作为类型价值有限。在默认情况下，这两个特质定义的类型可以被推断出来。例如，在下面的语句中，Scala 编译器会把 q 的类型推断为 Incrementing 和 Filtering 特质的交集类型：

```
scala> val q = new BasicIntQueue with
           Incrementing with Filtering
val q: BasicIntQueue & Incrementing & Filtering = anon$...
```

你可以使用 transparent 修饰符来声明，避免让特质的名称出现在被推断的类型信息中。例如，可以像这样将 Incrementing 和 Filtering 特质声明为透明的：

```
transparent trait Incrementing extends IntQueue:
  abstract override def put(x: Int) = super.put(x + 1)

transparent trait Filtering extends IntQueue:
  abstract override def put(x: Int) =
    if x >= 0 then super.put(x)
```

这样一来，Incrementing 和 Filtering 特质就被定义为透明的，它们的名称就不会再出现在被推断的类型中。例如，根据之前展示过的同样的实例创建表达式推断的类型不再涉及 Incrementing 和 Filtering 特质：

```
scala> val q = new BasicIntQueue with
              Incrementing with Filtering
val q: BasicIntQueue = anon$...
```

transparent 修饰符只会影响类型推断。你仍然可以把透明特质当作类型来使用，只要显式地将其写出来即可。下面是一个将 Incrementing 和 Filtering 这两个透明特质显式地在变量 q 的类型注解中给出的例子：

```
scala> val q: BasicIntQueue & Incrementing & Filtering =
            new BasicIntQueue with Incrementing with Filtering

val q: BasicIntQueue & Incrementing & Filtering = anon$...
```

除了那些被显式标记为透明的特质，Scala 3 还会将 scala.Product、java.lang.Serializable 和 java.lang.Comparable 当作透明的来处理。由于这些类型在 Scala 3 中永远不会被自动推断出来，因此如果你确实想以类型的方式来使用它们，则必须通过显式类型注解或归因（*ascription*）来实现。

17.8　结语

本章向你展示了 Scala 的类继承关系中位于顶部和底部的类。首先，你了解了如何创建自己的值类，以及如何用它来表示“小类型”；然后，你了解了交集类型和并集类型，以及它们如何让 Scala 的类继承关系满足格的（数学）属性；最后，你还了解了如何使用 `transparent` 修饰符来防止 Scala 的类型推断算法将那些主要用于混入的特质推断成类型。在下一章，你将了解到类型参数化的相关内容。

第 18 章
类型参数化

本章将介绍 Scala 类型参数化的细节。在这个过程中，我们将通过一个具体的例子来展示第 12 章介绍过的信息隐藏的技巧：设计一个纯函数式的队列类。

类型参数化让我们能够编写泛型的类和特质。例如，集（set）是泛型的，接收一个类型参数，定义为 Set[T]。这样一来，具体的集的实例可以是 Set[String]、Set[Int]等，不过必须是某种类型的集。与 Java 不同，Scala 并不允许原生类型，而是要求我们给出类型参数。型变定义了参数化类型的继承关系，比如，以 Set[String]为例，型变定义了它是不是 Set[AnyRef] 的子类型。

本章包含 3 部分。第一部分介绍一个表示纯函数式队列的数据结构的开发。第二部分介绍将这个结构的内部表现细节隐藏起来的技巧。第三部分介绍类型参数的型变，以及它与信息隐藏的关系。

18.1 函数式队列

函数式队列是一个数据结构，它支持以下 3 种操作。

- head：返回队列的第一个元素。
- tail：返回除第一个元素外的队列。
- enqueue：返回一个将给定元素追加到队尾的新队列。

与可变队列不同，函数式队列在新元素被追加时，其内容并不会改变，而是会返回一个新的包含该元素的队列。本章的目标是创建一个名称为 Queue 的类，使用效果如下：

```
val q = Queue(1, 2, 3)     // Queue(1, 2, 3)
val q1 = q.enqueue(4)      // Queue(1, 2, 3, 4)
q                          // Queue(1, 2, 3)
```

如果 Queue 的实现是可变的，则上述代码的第二步 enqueue 操作会影响 q 的内容。事实上，在操作过后，结果队列 q1 和原始队列 q 都将包含序列 1、2、3、4。不过对函数式队列而言，被追加的值只会出现在结果 q1 中，而不会出现在被执行该操作的队列 q 中。

纯函数式队列还与列表有一些类似。它们都被称为完全持久化（*fully persistent*）的数据结构，在经过扩展或修改之后，旧版本将继续保持可用。它们都支持 head 和 tail 操作。不过列表通常用::操作在头部扩展，而队列通常用 enqueue 操作在尾部扩展。

如何实现才是高效的呢？在最理想的情况下，一个函数式（不可变）的队列与一个指令式（可变）的队列相比，不应该有从根本上讲更高的额外开销。也就是说，所有的 3 种操作，即 head、tail 和 enqueue 操作都应该以常量时间完成。

实现函数式队列的一种简单方式是用列表作为表现类型。这样一来，head 和 tail 都只是被简单地翻译成对列表的操作，而 enqueue 操作则通过列表拼接来实现。

这让我们得到下面的实现：

```
class SlowAppendQueue[T](elems: List[T]):    // 不高效
  def head = elems.head
  def tail = new SlowAppendQueue(elems.tail)
  def enqueue(x: T) = SlowAppendQueue(elems ::: List(x))
```

这个实现的问题出在 enqueue 操作上。它的时间开销与队列中存放的元素数量成正比。如果你想要常量时间的追加操作，则可以尝试将底层列表中的元素顺序反转过来，使最后追加的元素出现在列表的头部。这让我们得到下面的实现：

```
class SlowHeadQueue[T](smele: List[T]):      // 不高效
  // smele是elems反过来的意思
  def head = smele.last
  def tail = new SlowHeadQueue(smele.init)
  def enqueue(x: T) = SlowHeadQueue(x :: smele)
```

现在 enqueue 操作是以常量时间完成的了，但 head 和 tail 操作并不是。它们现在的时间开销与队列中的元素数量成正比。

从这两个例子来看，似乎并没有一个实现可以对所有 3 种操作都做到以常量时间完成。事实上，这看上去几乎是不可能做到的。不过，将两种操作结合到一起，就可以非常接近这个目标。这背后的理念是用 leading 和 trailing 两个列表来表示队列。leading 列表包含队列中靠前的元素，而 trailing 列表包含队列中靠后的元素，并按倒序排列。整个队列在任何时刻的内容都等于“leading ::: trailing.reverse”。

现在要追加一个元素，只需要用::操作符将它追加到 trailing 列表中，这样一来，enqueue 操作的完成就是常量时间的。这意味着，当开始为空的队列通过接连的 enqueue 操作初始化时，trailing 列表会增长而 leading 列表会保持空的状态。接下来，在首次 head 或 tail 操作被执行到空的 leading 列表之前，整个 trailing 列表会被复制到 leading 列表中，同时元素的顺序会被反转。这是通过一个名称为 mirror 的操作完成的。示例 18.1 给出了使用该实现方案的队列。

```
class Queue[T](
  private val leading: List[T],
  private val trailing: List[T]
):
  private def mirror =
    if leading.isEmpty then
      new Queue(trailing.reverse, Nil)
    else
      this

  def head = mirror.leading.head

  def tail =
    val q = mirror
    new Queue(q.leading.tail, q.trailing)

  def enqueue(x: T) =
    new Queue(leading, x :: trailing)
```

示例 18.1　基本的函数式队列

这个队列实现的复杂度如何呢？mirror 操作的耗时与队列元素的数量成正比，但仅当 leading 列表为空时才发生。如果 leading 列表为非空的，就直接返回了。由于 head 和 tail 操作调用 mirror 操作，它们的复杂度也可能是队列长度的线性值。不过，随着队列变长，mirror 操作被调用的频率也会变低。

的确，假设有一个长度为 n 的队列，其 leading 列表为空，那么 mirror 操作必须将一个长度为 n 的列表做一次反向复制。不过下一次 mirror 复制要做任何工作都需要等到 leading 列表再次变空时，这将发生在 n 次 tail 操作过后。这意味着你可以让这 n 次 tail 操作“分担” $1/n$ 的 mirror 操作的复杂度，也就是常量时间的工作。假设 head、tail 和 enqueue 操作差不多以相同频次出现，那么**摊销后的**（*amortized*）复杂度对每个操作而言就是常量的了。因此，从渐进的视角看，函数式队列与可变队列同样高效。

不过，对于这个论点，我们要附加两点说明。首先，这里探讨的只是渐进行为，而常量因子可能会不一样。其次，这个论点基于 head、tail 和 enqueue 操作的调用频次差不多相同。如果 head 操作的调用比其他两个操作的调用频繁得多，这个论点就不成立，因为每次对 head 操作的调用都将涉及用 mirror 操作重新组织列表这个开销较高的操作。第二点可以被避免，我们可以设计出这样一个函数式队列：在连续的 head 操作中，只有第一次需要重组。你可以在本章末尾了解到这具体是如何实现的。

18.2 信息隐藏

示例 18.1 给出的 Queue 实现在效率方面来说已经非常棒了。你可能会表示反对，因为为了达到这个效率，我们暴露了不必要的实现细节。全局可访问的 Queue 构造方法接收两个列表作为参数，其中一个顺序还是反的，因此很难说这是一个直观的对队列的表示。我们需要对使用方代码隐藏这个构造方法。本节将展示在 Scala 中完成这个动作的几种方式。

私有构造方法和工厂方法

在 Java 中，可以通过标记 private 来隐藏构造方法。在 Scala 中，主构造方法并没有显式定义，它是通过类参数和类定义体隐式定义的。尽管如此，我们还是可以通过在参数列表前加上 private 修饰符来隐藏主构造方法，如示例 18.2 所示。

```
class Queue[T] private (
  private val leading: List[T],
  private val trailing: List[T]
)
```

示例 18.2　通过标记 private 来隐藏主构造方法

类名和参数之间的 private 修饰符表示 Queue 的构造方法是私有的：它只能从类本身及其伴生对象访问。类名 Queue 依然是公有的，因此可以把它当作类型来使用，但不能调用其构造方法：

```
scala> Queue(List(1, 2), List(3))
1 |Queue(List(1, 2), List(3))
  |^^^^^
  |constructor Queue cannot be accessed as a member of
  |Queue from module class rs$line$4$.
```

既然 Queue 类的主构造方法不能再通过使用方代码调用，那么我们需要采用其他的方式来创建新的队列。一种可能的方式是添加一个辅助构造方法，就像这样：

```
def this() = this(Nil, Nil)
```

前一例中给出的辅助构造方法可以构建一个空的队列。我们可以再提炼一下，让辅助构造方法接收一组初始队列元素：

```
def this(elems: T*) = this(elems.toList, Nil)
```

回忆一下，T*用来表示重复的参数（参考 8.8 节）。

另一种可能是添加一个工厂方法以通过这样一组初始元素来构建队列。一种不错的实现方式是定义一个与 Queue 类同名的对象，并提供一个 apply 方法，如示例 18.3 所示。

```
object Queue:
  // 用初始的元素 xs 构造队列
  def apply[T](xs: T*) = new Queue[T](xs.toList, Nil)
```

示例 18.3 伴生对象中的 apply 工厂方法

通过将这个对象与 Queue 类放在同一个源文件中，我们让对象成了 Queue 类的伴生对象。在 12.5 节中你曾看到过，伴生对象拥有与对应伴生类相同的访问权限。因此，Queue 对象的 apply 方法可以创建一个新的 Queue，尽管 Queue 类的构造方法是私有的。

注意，由于这个工厂方法的名称是 apply，因此使用方代码可以使用诸如 Queue(1, 2, 3)这样的表达式来创建队列。这个表达式可以展开成 Queue.apply(1, 2, 3)，因为 Queue 是对象而不是函数。这样一来，在使用方看来，Queue 就像是全局定义的工厂方法一样。实际上，Scala 并没有全局可见的方法，每个方法都必须被包含在某个对象或某个类中。不过，在全局对象中使用名称为 apply 的方法，可以支持看上去像是全局方法的使用模式。

备选方案：私有类

私有构造方法和私有成员只是隐藏类的初始化和内部表现形式的一种方式。另一种更激进的方式是隐藏类本身，并且只暴露一个反映类的公有接口的特质。

示例 18.4 的代码实现了这样一种设计。其中定义了一个 Queue 特质，声明了方法 head、tail 和 enqueue。所有这 3 个方法都实现在子类 QueueImpl 中，这个子类本身是对象 Queue 的一个私有的内部类。这种做法暴露给使用方的信息与之前一样，不过采用了不同的技巧。与之前逐个隐藏构造方法和成员不同，这个版本隐藏了整个实现类。

```
trait Queue[T]:
  def head: T
  def tail: Queue[T]
  def enqueue(x: T): Queue[T]

object Queue:

  def apply[T](xs: T*): Queue[T] =
    QueueImpl[T](xs.toList, Nil)

  private class QueueImpl[T](
    private val leading: List[T],
    private val trailing: List[T]
  ) extends Queue[T]:

    def mirror =
      if leading.isEmpty then
        QueueImpl(trailing.reverse, Nil)
      else
        this

    def head: T = mirror.leading.head

    def tail: QueueImpl[T] =
      val q = mirror
      QueueImpl(q.leading.tail, q.trailing)

    def enqueue(x: T) =
      QueueImpl(leading, x :: trailing)
```

示例 18.4　函数式队列的类型抽象

18.3　型变注解

示例 18.4 定义的 Queue 是一个特质，而不是一个类型。之所以 Queue 不是类型，是因为它接收一个类型参数。[1]

1 Queue 可以被看作一种“高阶类型”（higher kinded type），相关内容将在《Scala 高级编程》中详细探讨。

因此，我们并不能创建类型为 Queue 的变量：

```
scala> def doesNotCompile(q: Queue) = {}
1 |def doesNotCompile(q: Queue) = {}
  |                     ^^^^^
  |                     Missing type parameter for Queue
```

然而，Queue 特质允许我们指定参数化的类型，如 Queue[String]、Queue[Int]、Queue[AnyRef]等：

```
scala> def doesCompile(q: Queue[AnyRef]) = {}
def doesCompile: (q: Queue[AnyRef]): Unit
```

所以，Queue 是一个特质，而 Queue[String]是一个类型。Queue 也被称作*类型构造器*（*type constructor*），因为我们可以通过指定类型参数来构造一个类型。（这与通过指定值参数来构造对象实例的普通构造方法的道理是一样的。）类型构造器 Queue 能够“生成”成组的类型，包括 Queue[Int]、Queue[String]和 Queue[AnyRef]。

也可以说，Queue 是一个*泛型*（*generic*）的特质。（接收类型参数的类和特质是“泛型”的，但它们生成的类型是“参数化”的，而不是“泛型”的。）“泛型”的意思是用一个泛化的类或特质来定义许许多多具体的类型。举例来说，示例 18.4 中的 Queue 特质就定义了一个泛型的队列。Queue[Int]和 Queue[String]等就是那些具体的类型。

将类型参数和子类型这两个概念放在一起，会产生一些有趣的问题。例如，通过 Queue[T]生成的类型之间，有没有特殊的子类型关系？更确切地说，Queue[String]应不应该被当作 Queue[AnyRef]的子类型？或者更通俗地说，如果 S 是类型 T 的子类型，那么 Queue[S]应不应该被当作 Queue[T]的子类型？如果应该，则可以说 Queue 特质在类型参数 T 上是*协变的*（*covariant*）（或者说“灵活的”）。由于它只有一个类型参数，因此我们也可以简单地说 Queue 是协变的。协变的 Queue 意味着我们可以传入一个

Queue[String]到前面的 doesCompile 方法中，这个方法接收的是类型为 Queue[AnyRef]的值参数。

直观地讲，所有这些看上去都可行，因为一个 String 的队列看上去就像是一个 AnyRef 的队列的特例。不过在 Scala 中，泛型默认的子类型规则是不变的（*nonvariant*）（或者说“刻板的”）。也就是说，像示例 18.4 那样定义的 Queue，不同元素类型的队列之间永远不会存在子类型关系。Queue[String]不能被当作 Queue[AnyRef]来使用。不过，我们可以修改 Queue 类定义的第一行来要求队列的子类型关系是协变的（灵活的）：

```
trait Queue[+T] { ... }
```

在类型形参前面加上+表示子类型关系在这个参数上是协变的（灵活的）。通过这个字符，可以告诉 Scala 我们要的效果是，Queue[String]是 Queue[AnyRef]的子类型。编译器会检查 Queue 的定义是否符合这种子类型关系的要求。

除了+，还有-可以作为前缀，表示逆变的（*contravariance*）子类型关系。如果 Queue 的定义是下面这样的：

```
trait Queue[-T] { ... }
```

那么如果 T 是类型 S 的子类型，则表示 Queue[S]是 Queue[T]的子类型（这对队列的例子而言很出人意料）。类型参数是协变的、逆变的还是不变的，被称作类型参数的型变（*variance*）。可以放在类型参数旁边的+和-被称作型变注解（*variance annotation*）。

在纯函数式的世界中，许多类型都自然而然是协变的（灵活的）。不过，当引入可变数据之后，情况就会发生变化。要搞清楚为什么，可以考虑这样一个简单的、可被读/写的单元格，如示例 18.5 所示。

```
class Cell[T](init: T):
  private var current = init
  def get = current
  def set(x: T) =
    current = x
```

示例 18.5 一个不变的（刻板的）Cell 类

示例 18.5 中的 Cell 类被声明为不变的（刻板的）。为了讨论的需要，我们暂时假设 Cell 类被定义成了协变的（即 class Cell[+T]），且通过了 Scala 编译器的检查。（实际上并不会，稍后我们会讲到原因。）那么，我们可以构建出如下这组有问题的语句：

```
val c1 = new Cell[String]("abc")
val c2: Cell[Any] = c1
c2.set(1)
val s: String = c1.get
```

单独看每一句，这 4 行代码都是没问题的。第一行创建了一个字符串的单元格，并将它保存在名称为 c1 的 val 中。第二行定义了一个新的 val——c2，类型为 Cell[Any]，并采用 c1 初始化。这是可行的，因为 Cell 类被认为是协变的。第三行将 c2 这个单元格的值设置为 1。这也是可行的，因为被赋的值 1 是 c2 的元素类型 Any 的实例。最后一行将 c1 的元素值赋值给一个字符串。不过将这 4 行代码放在一起，所产生的效果是将整数 1 赋值给了字符串 s。这显然有悖于类型约束。

我们应该将运行时的错误归咎于哪一步操作呢？一定是第二行，因为这一行用到了协变的子类型关系。而其他的语句都太简单和基础了。因此，String 的 Cell 并不同时是 Any 的 Cell，因为有些我们能对 Any 的 Cell 做的事情并不能对 String 的 Cell 做。举例来说，我们并不能对 String 的 Cell 使用参数为 Int 的 set。

事实上，如果我们将 Cell 的协变版本传递给 Scala 编译器，将得到下面的编译器错误：

```
4 |    def set(x: T) =
  |           ^^^^
  |    covariant type T occurs in contravariant position
  |    in type T of value x
```

型变和数组

将型变这个行为与 Java 的数组相比较会很有趣。从原理上讲，数组与单元格很像，只不过数组的元素可以多于一个。尽管如此，数组在 Java 中是被当作协变的来处理的。

我们可以仿照前面的单元格交互来尝试 Java 数组的例子：

```
// 这是 Java
String[] a1 = { "abc" };
Object[] a2 = a1;
a2[0] = new Integer(17);
String s = a1[0];
```

如果执行这段代码，你会发现它能够编译成功，不过在运行时，当 a2[0]被赋值成一个 Integer 时，程序会抛出 ArrayStoreException：

```
Exception in thread "main" java.lang.ArrayStoreException:
java.lang.Integer
        at JavaArrays.main(JavaArrays.java:8)
```

发生了什么？Java 在运行时会保存数组的元素类型。每当数组元素被更新时，都会检查新元素值是否满足保存下来的类型要求。如果新元素值不是这个类型的实例，就会抛出 ArrayStoreException。

你可能会问，Java 为什么会采纳这样的设计，这样看上去既不安全，运行开销也不低。当被问及这个问题时，Java 语言的主要发明人 James Gosling 是这样回答的：他们想要一种简单的手段来泛化地处理数组。举例来说，他们想要用下面这样一个接收 Object 数组的 sort 方法来对数组的所有元素排序：

```
void sort(Object[] a, Comparator cmp) { ... }
```

然而，只有协变的数组才能让任意引用类型的数组得以传入这个 sort 方法。当然，随着 Java 泛型的引入，这样的 sort 方法可以用类型参数来编写，这样一来，就不再需要协变的数组了。不过由于兼容性，直到今天 Java 还保留了这样的做法。

Scala 在这一点上比 Java 做得更纯粹，它并不把数组当作协变的。如果我们尝试将数组的例子的前两行翻译成 Scala，就像这样：

```
scala> val a1 = Array("abc")
val a1: Array[String] = Array(abc)

scala> val a2: Array[Any] = a1
1 |val a2: Array[Any] = a1
  |                     ^^
  |                     Found:    (a1 : Array[String])
  |                     Required: Array[Any]
```

发生了什么？Scala 将数组处理成不变的（刻板的），因此 Array[String] 并不会被当作 Array[Any]处理。不过，有时我们需要与 Java 的历史方法交互，这些方法会用 Object 数组来仿真泛型数组。举例来说，你可能会想以一个 String 数组为入参调用前面描述的那个 sort 方法。Scala 允许我们将元素类型为 T 的数组类型转换成 T 的任意超类型，例如：

```
val a2: Array[Object] = a1.asInstanceOf[Array[Object]]
```

这个类型转换在编译时永远合法，且在运行时也永远会成功，因为 JVM

的底层运行时模型对数组的处理都是协变的，就像 Java 语言一样。不过你可能在这之后得到 ArrayStoreException，这也是与 Java 一样的。

18.4 检查型变注解

既然你已经看到有一些型变不可靠的例子，那么你可能会想，什么样的类定义需要被拒绝，什么样的类定义能够被接受呢？到目前为止，所有对类型可靠性的违背都涉及可被重新赋值的字段或数组元素。相应地，纯函数式实现的队列看上去是协变的。不过，通过如下的例子你会看到，即使没有可被重新赋值的字段，还是有办法能“刻意地做出”不可靠的情况。

要构建这样一个例子，我们先假设示例 18.4 定义的队列是协变的。然后，创建一个针对元素类型 Int 的队列子类，重写 enqueue 方法：

```
class StrangeIntQueue extends Queue[Int]:
  override def enqueue(x: Int) =
    println(math.sqrt(x))
    super.enqueue(x)
```

StrangeIntQueue 的 enqueue 方法会先打印出（整数）入参的平方根，再处理追加操作。

现在，我们可以用两行代码做出一个反例：

```
val x: Queue[Any] = new StrangeIntQueue
x.enqueue("abc")
```

两行代码中的第一行是合法的，因为 StrangeIntQueue 是 Queue[Int] 的子类，并且（假定队列是协变的）Queue[Int]是 Queue[Any]的子类型。第二行也是合法的，因为我们可以追加一个 String 到 Queue[Any]中。不过，将两行代码结合在一起，最终的效果是对一个字符串执行了求平方根的操作，这完全不合理。

显然，不仅只有可变字段能让协变类型变得不可靠，还有更深层次的问题。一旦泛型参数类型作为方法参数类型出现，包含这个泛型参数的类或特质就不能以那个类型参数做协变。

对队列而言，enqueue 方法违背了这个条件：

```
class Queue[+T]:
  def enqueue(x: T) =
   ...
```

通过 Scala 编译器运行上面这样一个修改后的队列类会给出：

```
17 |  def enqueue(x: T) =
   |             ^^^^
   |  covariant type T occurs in contravariant position
   |  in type T of value x
```

可被重新赋值的字段是如下规则的特例：用+注解的类型参数不允许用于方法参数的类型。正如我们在 16.2 节提到的，一个可被重新赋值的字段“var x: T”在 Scala 中被当作 getter 方法“def x: T”和 setter 方法“def x_=(y: T)”。我们看到 setter 方法有一个参数，其类型为字段类型 T。因此这个类型不能是协变的。

> **快速通道**
>
> 本节剩余部分将描述 Scala 编译器检查型变注解的机制。如果你暂时对这样的细节不感兴趣，则可以安心地跳到 18.5 节。需要理解的最重要的一点是，Scala 编译器会检查你添加在类型参数上的任何型变注解。例如，如果你尝试声明一个类型参数为协变的（添加一个+），但是可能会引发潜在的运行时错误，则你的程序将无法通过编译。

为了验证型变注解的正确性，Scala 编译器会对类或特质定义中的所有能出现类型参数的点归类为**协变的**（*positive*）、**逆变的**（*negative*）和**不变的**（*neutral*）。所谓的**点**（*position*）指的是类或特质（从现在起，我们将笼统地说“类”）中任何一个可以用类型参数的地方。例如，每个方法值参数都是这样一个点，因为方法值参数有类型，因此类型参数可以出现在那个点[1]。

编译器会检查类的类型参数的每一次使用。用+注解的类型参数只能用在协变点；用-注解的类型参数只能用在逆变点；而没有型变注解的类型参数可以用在任何能出现类型参数的点，因此这也是唯一的一种能用在不变点的类型参数。

为了对类型参数点进行归类，编译器从类型参数声明开始，逐步深入更深的嵌套层次。声明该类型参数的类的顶层的点被归类为协变点。更深的嵌套层次默认为与包含它的层次相同，不过在一些例外情况下归类会发生变化。方法值参数的点被归类为方法外的**翻转**（*flipped*），其中协变点的翻转是逆变点，逆变点的翻转是协变点，而不变点的翻转仍然是不变点。

除了方法值参数，当前的归类在方法的类型参数上也会翻转。归类有时会在类型的类型入参处翻转，如 `C[Arg]`中的 `Arg`，具体取决于相应的类型参数的型变。如果 C 的类型参数添加了+注解，则归类保持不变；如果 C 的类型参数添加了-注解，则当前的归类会翻转；而如果 C 的类型参数没有型变注解，则当前归类保持不变。

下面来看一个多少有些刻意的例子，考虑下面这个类的归类，若干个点被标上了它们相应的归类——+（协变）或-（逆变）：

```
abstract class Cat[-T, +U]:
  def meow[W⁻](volume: T⁻, listener: Cat[U⁺, T⁻]⁻)
```

1 译者注：关于型变检查中的 positive position、negative position、neutral position，有“正位置、反位置、中性位置”和“协变点、逆变点、不变点”两种常见译法，译者从更直观、更贴近实际效果的角度出发采用了后者。

```
: Cat[Cat[U+, T-]-, U+]+
```

类型参数 W，以及两个值参数 volume 和 listener 都位于逆变点。我们重点看一下 meow 的结果类型。第一个 Cat[U, T]的入参位于逆变点，因为 Cat 的首个类型参数 T 带上了-的注解。这个入参中的类型 U 再次出现在了协变点（两次翻转），而这个入参中的类型 T 仍然处于协变点。

从这些讨论中不难看出，要跟踪型变点相当不容易。不过别太担心，Scala 编译器会帮助你做这个检查。

一旦归类被计算出来，编译器就会检查每个类型参数只被用在了正确归类的点。在本例中，T 只被用在了逆变点，而 U 只被用在了协变点。因此 Cat 类是类型正确的。

18.5　下界

回到 Queue 类。你看到了，之前示例 18.4 中的 Queue[T]定义不能以 T 协变，因为 T 作为 enqueue 方法的参数类型出现，而这是一个逆变点。

幸运的是，有一个办法可以解决：可以通过多态让 enqueue 方法泛化（即给 enqueue 方法本身一个类型参数）并对其类型参数使用**下界**（*lower bound*）。示例 18.6 给出了实现这个想法的新 Queue 类的定义。

```
class Queue[+T] (private val leading: List[T],
    private val trailing: List[T]):
  def enqueue[U >: T](x: U) =
    new Queue[U](leading, x :: trailing)      // ...
```

示例 18.6　带有下界的类型参数

新的定义给 enqueue 方法添加了一个类型参数 U，并用“U >: T”这样的语法定义了 U 的下界为 T。这样一来，U 必须是 T 的超类型。[1] enqueue 方法的参数类型现在为 U 而不是 T，方法的返回值现在是 Queue[U]而不是 Queue[T]。

举例来说，假设有一个 Fruit 类，以及两个子类 Apple 和 Orange。按照 Queue 类的新定义，可以对 Queue[Apple]追加一个 Orange，其结果是一个 Queue[Fruit]。

修改过后的 enqueue 方法定义是类型正确的。直观地讲，如果 T 是一个比预期更具体的类型（例如，相对 Fruit 而言的 Apple），则对 enqueue 方法的调用依然可行，因为 U（Fruit）仍是 T（Apple）的超类型。[2]

enqueue 方法的新定义显然比原先的定义更好，因为它更通用。不同于原先的定义，新的定义允许我们追加任意的队列类型 T 的超类型 U 的元素，并得到 Queue[U]。通过这一点加上队列的协变，我们获得了一种很自然的方式来对不同元素类型的队列进行灵活建模。

这显示出型变注解和下标配合得很好。它们是类型驱动设计（*type-driven design*）的绝佳例子。在类型驱动设计中，接口的类型可以引导我们做出细节的设计和实现。在队列这个例子中，你可能一开始并不会想到用下界来优化 enqueue 方法的实现。不过你可能已经决定让队列支持协变，在这种情况下，编译器会指出 enqueue 方法的型变错误。通过添加下界来修复这个型变错误让 enqueue 方法更加通用，也让整个队列变得更加好用。

这也是 Scala 倾向于声明点（declaration-site）型变而不是使用点（use-site）型变的主要原因，而 Java 的通配处理采用的是后者。如果采用使用点型变，则我们在设计类的时候只能靠自己。最终由类的使用方来通配，而如果他们弄错了，一些重要的实例方法就不再可用了。型变是一个很难处理好的

1 超类型和子类型的关系是满足自反律的，意思是一个类型同时是自己的超类型和子类型。尽管 T 是 U 的下界，你仍然可以将一个 T 传入 enqueue 方法中。

2 从技术上讲，这里发生的情况是对下界而言的，协变点和逆变点发生了翻转。类型参数 U 出现在逆变点（1 次翻转），而下界（>: T）是一个协变点（2 次翻转）。

事情，用户经常会弄错，然后得出通配和泛型过于复杂的结论。而如果采用定义点（definition-site）型变 [1]，就可以向编译器表达你的意图，由编译器复核那些你想要可用的方法是否真的可用。

18.6 逆变

本章到目前为止的例子不是协变的就是不变的。不过在有的场景下，逆变是自然的。参考示例 18.7 所示的输出通道。

```
trait OutputChannel[-T]:
  def write(x: T): Unit
```

示例 18.7 逆变的输出通道

这里的 OutputChannel 被定义为以 T 逆变。因此，一个 AnyRef 的输出通道就是一个 String 的输出通道的子类。虽然看上去有违直觉，但是实际上是讲得通的。我们能对一个 OutputChannel[String]做什么呢？唯一支持的操作是向它写一个 String。对于同样的操作，一个 OutputChannel[AnyRef]也能够完成。因此，我们可以安全地用一个 OutputChannel[AnyRef]来替换 OutputChannel[String]。与之相对应，在要求 OutputChannel[AnyRef]的地方用 OutputChannel[String]替换则是不安全的。毕竟，我们可以向 OutputChannel[AnyRef]传递任何对象，而 OutputChannel[String]要求所有被写的值都是字符串。

上述推理指向类型系统设计的一个通用原则：如果在任何要求类型 U 的值的地方都能用类型 T 的值替换，我们就可以安全地假设类型 T 是类型 U 的子类型。这被称作里氏替换原则（*Liskov Substitution Principle*）。如果类型 T 支持与类型 U 一样的操作，而类型 T 的所有操作与类型 U 中相对应的操作相

1 译者注：其实与声明点型变是一回事。

比，要求更少且提供的功能更多，该原则就是成立的。在输出通道的例子中，OutputChannel[AnyRef]可以是 OutputChannel[String]的子类型，因为这两个类型都支持相同的 write 操作，而这个操作在 OutputChannel[AnyRef]中的要求比在 OutputChannel[String]中的要求更少。“更少”的意思是前者只要求入参是 AnyRef，而后者要求入参是 String。

有时候，协变和逆变会同时出现在同一个类型中。一个显著的例子是 Scala 的函数特质。举例来说，当我们写下函数类型 A => B，Scala 会将它展开成 Function1[A, B]。标准类库中的 Function1 同时使用了协变和逆变：Function1 特质在函数入参类型 S 上逆变，而在结果类型 T 上协变，如示例 18.8 所示。这一点满足里氏替换原则，因为入参是函数对外的要求，而结果是函数向外提供的返回值。

```
rait Function1[-S, +T]:
  def apply(x: S): T
```

示例 18.8　Function1 的协变和逆变

示例 18.9 给出了函数参数型变的展示。在这里，Publication 类包含了一个参数化的字段 title，类型为 String。Book 类扩展了 Publication 类并将它的字符串参数 String 转发给超类的构造方法。Library 单例对象定义了一个书的集和一个 printBookList 方法。该方法接收一个名称为 info 的函数，函数的类型为 Book => AnyRef。换句话说，printBookList 方法的唯一参数是一个接收 Book 入参并返回 AnyRef 的函数。Customer 对象定义了一个 getTitle 方法。这个方法接收一个 Publication 作为其唯一参数并返回一个 String，也就是传入的 Publication 的标题。

现在我们来看一下 Customer 对象的最后一行。这一行调用了 Library 对象的 printBookList 方法，并将 getTitle 方法打包在一个函数值中传入：

```
Library.printBookList(getTitle)
```

```
class Publication(val title: String)
class Book(title: String) extends Publication(title)

object Library:
 val books: Set[Book] =
   Set(
     Book("Programming in Scala"),
     Book("Walden")
   )
 def printBookList(info: Book => AnyRef) =
   for book <- books do println(info(book))

object Customer:
 def getTitle(p: Publication): String = p.title
 def main(args: Array[String]): Unit =
   Library.printBookList(getTitle)
```

示例 18.9　函数参数型变的展示

这一行能够通过类型检查，尽管函数的结果类型 String 是 printBookList 方法的 info 参数的结果类型 AnyRef 的子类型。这段代码能够通过编译是因为函数的结果类型被声明为协变的（示例 18.8 中的 +T）。如果我们看一下 printBookList 方法的实现，就能明白为什么这是讲得通的。

printBookList 方法会遍历书的列表并对每本书调用传入的函数。它将 info 方法返回的 AnyRef 结果传入 println 方法中，由它调用 toString 方法并打印出结果。这个动作对于 String 及 AnyRef 的任何子类都可行，这就是函数结果类型协变的意义。

现在我们来考查传入 printBookList 方法的函数的参数类型。虽然 printBookList 的参数类型声明为 Book，但是我们传入的 getTitle 函数接收 Publication，这是 Book 的一个超类型（supertype）。之所以这样是可行的，背后的原因在于：printBookList 方法的参数类型是 Book，因此 printBookList 方法的方法体只能给这个函数传入 Book，而 getTitle 函数的参数类型是 Publication，这个函数的函数体只能访问其参数 p，也就是那些定义在 Publication 中的成员。由于 Publication 中声明的所有方法都在子类 Book 中可用，一切都应该可以工作，这就是函数参数类型逆变的意义，可参考图 18.1。

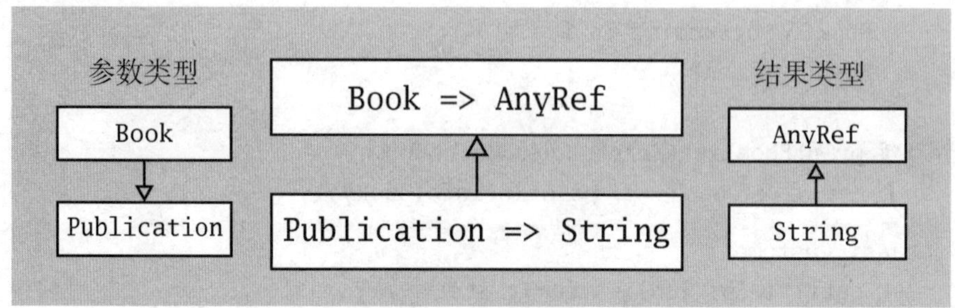

图 18.1　函数参数类型的协变和逆变

示例 18.9 中的代码之所以能通过编译，是因为 Publication => String 是 Book => AnyRef 的子类型。由于 Function1 的结果类型定义为协变的，图 18.1 中右部显示的两个结果类型的继承关系与中部的函数的继承关系的方向是相同的。而由于 Function1 的参数类型定义为逆变的，图 18.1 中左部显示的两个参数类型的继承关系与函数的继承关系的方向是相反的。

18.7　上界

在示例 14.2（302 页）中，展示了一个接收比较函数作为第一个入参，以及一个要排序的列表作为第二个（柯里化的）入参的归并排序函数。也可以用另一种方式来组织这样一个排序函数，那就是要求列表的类型是混入了 Ordered 特质的。就像我们在 11.2 节提到的，通过混入 Ordered 特质并实现 Ordered 特质的抽象方法 compare，我们可以让类的使用方代码用<、>、<=和>= 来比较这个类的实例。例如，示例 18.10 中混入了 Ordered 特质的 Person 类。

```
class Person(val firstName: String, val lastName: String)
    extends Ordered[Person]:

  def compare(that: Person) =
    val lastNameComparison =
      lastName.compareToIgnoreCase(that.lastName)
    if lastNameComparison != 0 then
      lastNameComparison
    else
      firstName.compareToIgnoreCase(that.firstName)

  override def toString = s"$firstName $lastName"
```

示例 18.10　混入了 Ordered 特质的 Person 类

有了这样的定义，可以像这样来比较两个人：

```
val robert = new Person("Robert", "Jones")
val sally = new Person("Sally", "Smith")
robert < sally    // true
```

为了确保传入这个新的排序函数的列表类型混入了 Ordered 特质，需要使用**上界**（*upper bound*）。上界的指定方式与下界的指定方式类似，只不过不是用表示下界的>: 符号，而是用<:符号，如示例 18.11 所示。

通过“T <: Ordered[T]”这样的语法，我们告诉编译器类型参数 T 有一个上界 Ordered[T]。这意味着传入 orderedMergeSort 方法的列表的元素类型必须是 Ordered 特质的子类型。所以，我们能够将 List[Person]传递给 orderedMergeSort 方法，因为 Person 类混入了 Ordered 特质。参考下面的列表：

```
val people = List(
  Person("Larry", "Wall"),
  Person("Anders", "Hejlsberg"),
  Person("Guido", "van Rossum"),
```

```
    Person("Alan", "Kay"),
    Person("Yukihiro", "Matsumoto")
  )
```

```
def orderedMergeSort[T <: Ordered[T]](xs: List[T]): List[T] =
  def merge(xs: List[T], ys: List[T]): List[T] =
    (xs, ys) match
      case (Nil, _) => ys
      case (_, Nil) => xs
      case (x :: xs1, y :: ys1) =>
        if x < y then x :: merge(xs1, ys)
        else y :: merge(xs, ys1)

  val n = xs.length / 2
  if n == 0 then xs
  else
    val (ys, zs) = xs.splitAt(n)
    merge(orderedMergeSort(ys), orderedMergeSort(zs))
```

示例 18.11　带有上界的归并排序函数

由于这个列表的元素类型 Person 混入了 Ordered[Person]（也就是说，它是 Ordered[Person] 的子类型），因此可以将这个列表传入 orderedMergeSort 方法中：

```
scala> val sortedPeople = orderedMergeSort(people)
val sortedPeople: List[Person] = List(Anders Hejlsberg,
  Alan Kay, Yukihiro Matsumoto, Guido van Rossum, Larry Wall)
```

虽然示例 18.11 中的排序函数对于说明上界这个概念很有帮助，但是它实际上并不是 Scala 中利用 Ordered 特质设计排序函数的最通用的方式。

举例来说，我们并不能使用 orderedMergeSort 方法对整数列表进行排序，因为 Int 类并不是 Ordered[Int]的子类型：

```
scala> val wontCompile = orderedMergeSort(List(3, 2, 1))
```

```
<console>:5: error: inferred type arguments [Int] do
   not conform to method orderedMergeSort's type
     parameter bounds [T <: Ordered[T]]
       val wontCompile = orderedMergeSort(List(3, 2, 1))
                         ^
```

在 21.4 节，我们将展示如何使用上下文参数（*given parameter*）和类型族（*typeclass*）来实现一个更通用的解决方案。

18.8 结语

本章介绍了信息隐藏的若干技巧，如私有构造方法、工厂方法、类型抽象和对象私有成员，还介绍了如何指定数据类型型变及型变对于类实现意味着什么，最后介绍了一种可以帮助我们更灵活地使用型变标注的技巧，即对方法类型参数使用下界。在下一章，我们将把注意力转向枚举。

第 19 章
枚举

Scala 3 引入了枚举（*enum*）来精简密封样例类继承关系的定义。枚举可以被用来定义主流的面向对象编程语言（如 Java）中常见的枚举数据类型（*enumerated data type*），以及函数式编程语言（如 Haskell）中常见的代数数据类型（*algebraic data type*）。在 Scala 中，这两个概念是被当作同一个光谱的两极来对待的，它们都采用 enum 定义。本章将对这两个概念做详细介绍。

19.1 枚举数据类型

枚举数据类型又称“EDT”[1]，在你想要一个取值限于一组可穷举的带名值的类型时十分有用。这些带名值称作 EDT 的样例（case）。例如，可以像这样来定义用于表示指南针的 4 个方向的 EDT：

```
enum Direction:
  case North, East, South, West
```

1 虽然 enum 是枚举数据类型的更通用的简称，但是我们在本书中将使用 EDT 来表示 enum，因为 Scala 的 enum 还被用于定义代数数据类型，即 ADT。

这个简单的枚举将会生成一个名称为 Direction 的密封类[1]，其伴生对象将包含 4 个被声明为 val 的值。这些 val，即 North、East、South 和 West，将具备类型 Direction。有了这个定义，就可以（举例来说）定义一个用模式匹配来反转指南针方向的方法，例如：

```
import Direction.{North, South, East, West}

def invert(dir: Direction): Direction =
  dir match
    case North => South
    case East => West
    case South => North
    case West => East
```

这里有一些使用 invert 方法的例子：

```
invert(North)    // South
invert(East)     // West
```

枚举数据类型之所以被称作“枚举”，是因为编译器会给每个（取值）样例关联一个 Int 序数（ordinal）。序数从 0 开始，每个（取值）样例以在枚举中定义的次序加 1。你可以通过名称为 ordinal 的方法访问序数，这个方法是编译器针对每个 EDT 自动生成的。例如：

```
North.ordinal    // 0
East.ordinal     // 1
South.ordinal    // 2
West.ordinal     // 3
```

编译器还会针对每个 EDT 的枚举类型在其伴生对象中生成一个名称为 values 的方法。这个方法返回一个包含了该 EDT 所有样例（以声明次序）的数组。该数组的元素类型与枚举类型相同。例如，Direction.values 将返回

1 我们将这个密封类称为“枚举类型”（enum type）。

一个依次包含North、East、South和West的Array[Direction]：

```
Direction.values // Array(North, East, South, West)
```

最后，编译器还会向伴生对象中添加一个名称为 valueOf 的方法。该方法将一个字符串转换成该枚举类型的一个实例（前提是字符串完全匹配某一个样例名）。如果给定的字符串匹配不到任何样例，将会得到一个抛出的异常。这里有一些例子：

```
Direction.valueOf("North")      // North
Direction.valueOf("East")       // East
Direction.valueOf("Up")
// IllegalArgumentException: enum case not found: Up
```

你也可以给 EDT 传入值参数。这里有一个新版本的 Direction，会捕获（*capture*）一个表示指南针表盘上的方向角度的Int值：

```
enum Direction(val degrees: Int):
  case North extends Direction(0)
  case East extends Direction(90)
  case South extends Direction(180)
  case West extends Direction(270)
```

由于degrees被声明为参数化字段，因此你可以在任何Direction实例上访问它。这里有一些例子：

```
import Direction.*
North.degrees    // 0
South.degrees    // 180
```

你还可以对enum类型添加自定义的方法，并放在enum的定义体中。例如，可以重新定义之前展示过的 invert 方法，并使其作为 Direction 的成员，就像这样：

```
enum Direction(val degrees: Int):
```

```
  def invert: Direction =
    this match
      case North => South
      case East => West
      case South => North
      case West => East

  case North extends Direction(0)
  case East extends Direction(90)
  case South extends Direction(180)
  case West extends Direction(270)
```

这样一来，你就可以“礼貌”地请 Direction 反转自己了：

```
North.invert     // South
East.invert      // West
```

你也可以自己定义 EDT 的伴生对象，只要不显式地给出 values 和 valueOf 方法，Scala 就依然会帮你生成。例如，这里有一个 Direction 的伴生对象，定义了计算与传入角度值最近的方向的方法：

```
object Direction:
  def nearestTo(degrees: Int): Direction =
    val rem = degrees % 360
    val angle = if rem < 0 then rem + 360 else rem
    val (ne, se, sw, nw) = (45, 135, 225, 315)
    angle match
      case a if a > nw || a <= ne => North
      case a if a > ne && a <= se => East
      case a if a > se && a <= sw => South
      case a if a > sw && a <= nw => West
```

伴生对象既提供了声明的方法，也提供了（自动）生成的方法。这里有一个同时使用了 Direction 对象中声明的 nearestTo 方法和（自动）生成的 values 方法的例子：

```
def allButNearest(degrees: Int): List[Direction] =
  val nearest = Direction.nearestTo(degrees)
  Direction.values.toList.filter(_ != nearest)
```

这里的 allButNearest 函数返回一个包含除离传入角度值最近的方向之外所有方向的列表。下面是实际使用的例子：

```
allButNearest(42)       // List(East, South, West)
```

枚举的一个限制是不能针对单个样例定义方法，而是必须将方法作为 enum 类型自己的成员来声明。这就意味着这些方法对 enum 的所有样例都可见。[1] 我们给 enum 提供样例清单的主要目的是规定一组用于构建该 enum 类型实例的固定可选方式。

与 Java 的枚举集成

在 Scala 中定义 Java 枚举，只需要简单地让你的 Scala EDT 扩展 java.lang.Enum 并以类型参数的形式给出 Scala 的 enum 类型即可。例如：

```
enum Direction extends java.lang.Enum[Direction]:
  case North, East, South, West
```

除通常的 Scala EDT 特性之外，这个版本的 Direction 也是 java.lang.Enum。举例来说，可以用 java.lang.Enum 中定义的 compareTo 方法：

```
Direction.East.compareTo(Direction.South)// -1
```

1 当然，也可以对特定的样例类型定义扩展方法，但是如果已经到了这个地步，还不如干脆手写这组密封样例类继承关系。

19.2 代数数据类型

代数数据类型（ADT）是由一组有限取值样例组成的数据类型。ADT 是一种通过对数据的可取值样例逐一建模的方式来表达领域模型的自然方式。每个样例表示一个“数据构造方法”，即构建该类型实例的一种特定方式。在 Scala 中，一组密封样例类可以组成一个 ADT，只要其中至少有一个样例接收参数即可。[1] 例如，这里有一个表示 3 种可能性的 ADT：预期的值，“好”的类型；错误的值，“坏”的类型；异常，“丑”的类型。

```
enum Eastwood[+G, +B]:
  case Good(g: G)
  case Bad(b: B)
  case Ugly(ex: Throwable)
```

就像你在 EDT 中看到的，不能对某个具体的样例（Good、Bad、Ugly）定义方法，而只能对其公共超类（Eastwood）定义方法。这里有一个对 Good 值做变换（如果 Eastwood 是 Good）的 map 方法的例子：

```
enum Eastwood[+G, +B]:

  def map[G2](f: G => G2): Eastwood[G2, B] =
    this match
      case Good(g) => Good(f(g))
      case Bad(b) => Bad(b)
      case Ugly(ex) => Ugly(ex)

  case Good(g: G)
  case Bad(b: B)
  case Ugly(ex: Throwable)
```

这个方法的使用举例：

1 EDT 则不同，EDT 虽然也是由一组密封样例类组成的，但这些样例都不接收参数。

```
val eastWood = Good(41)
eastWood.map(n => n + 1)        // Good(42)
```

ADT 的实现与 EDT 的实现略有不同。对于每一个接收参数的 ADT 样例，编译器会在该 enum 类型的伴生对象中生成一个样例类。因此，对 Eastwood 而言，编译器会生成类似如下的代码：

```
// 生成的密封特质（即“枚举类型”）
sealed trait Eastwood[+G, +B]
object Eastwood: // 生成的伴生对象

  // 生成的样例类
  case class Good[+G, +B](g: G) extends Eastwood[G, B]
  case class Bad[+G, +B](b: B) extends Eastwood[G, B]
  case class Ugly[+G, +B](ex: Throwable) extends Eastwood[G, B]
```

虽然这些样例类创建的工厂方法的结果类型是具体的样例类型，但是编译器会将它们扩展为更通用的 enum 类型。这里有一些例子：

```
scala> Good(42)
val res0: Eastwood[Int, Nothing] = Good(42)

scala> Bad("oops")
val res1: Eastwood[Nothing, String] = Bad(oops)

scala> Ugly(new Exception)
val res2: Eastwood[Nothing, Nothing] = Ugly(java.lang.Exception)
```

如果你需要针对某个样例的更具体的类型，则可以用 new 而不是工厂方法来构造实例。举例来说，虽然“Good(1)”的类型为 Eastwood[Int, Nothing]，但是“new Good(1)”将具备更具体的类型，即 Good[Int, Nothing]。

ADT 可以是递归的。例如，样例类可以接收一个 enum 类型的实例作为参数。使用递归 ADT 的一个好的案例是链表。可以把链表定义为具有两个子类型的密封类：表示空列表的单例对象和接收两个参数（头部元素和尾部列表）的 cons 单元格类。这里有一个链表类型，其空列表对象名为 Nada，而其 cons 单元格类名为 Yada：

```
enum Seinfeld[+E]:
  def ::[E2 >: E](o: E2): Seinfeld[E2] = Yada(o, this)
  case Yada(head: E, tail: Seinfeld[E])
  case Nada
```

这里的 Seinfeld ADT 是一个递归类型，因为 Yada 样例类接收另一个 Seinfeld[E]作为其 tail 参数。鉴于 Seinfeld 声明了::方法，你可以像 Scala 的 List 那样构建 Seinfeld 实例，不过不是用 Nil 而是用 Nada（来表示空列表）：

```
scala> val xs = 1 :: 2 :: 3 :: Nada
val xs: Seinfeld[Int] = Yada(1,Yada(2,Yada(3,Nada)))
```

19.3　泛化代数数据类型

泛化代数数据类型（*generalized algebraic data type*, GADT）是指那些密封特质接收由样例填充的类型参数的代数数据类型。参考下面的例子：

```
enum Literal[T]:
  case IntLit(value: Int) extends Literal[Int]
  case LongLit(value: Long) extends Literal[Long]
  case CharLit(value: Char) extends Literal[Char]
  case FloatLit(value: Float) extends Literal[Float]
  case DoubleLit(value: Double) extends Literal[Double]
  case BooleanLit(value: Boolean) extends Literal[Boolean]
  case StringLit(value: String) extends Literal[String]
```

这里名称为 Literal 的 enum 是一个 GADT，因为它接收类型参数 T，并由它的每个样例在其 extends 子句中指定。以 IntLit 这个 case 为例，它通过扩展 Literal[Int]将 T 指定为 Int。

这类密封类型的继承关系被特别地称作“泛化 ADT”，是因为它对类型检查和推断提出了特殊的挑战。参考下面的例子：

```
import Literal.*

def valueOfLiteral[T](lit: Literal[T]): T =
  lit match
    case IntLit(n) => n
    case LongLit(m) => m
    case CharLit(c) => c
    case FloatLit(f) => f
    case DoubleLit(d) => d
    case BooleanLit(b) => b
    case StringLit(s) => s
```

虽然在 match 子句中没有任何一条可选分支的结果满足要求的结果类型 T，但是 valueOfLiteral 方法依然通过了（编译器的）类型检查。以 case IntLit(n)为例，这个可选分支的结果是 n，类型为 Int。这里的挑战在于，Int 类型并不是 T，也不是 T 的子类型。之所以能够通过类型检查，完全是因为编译器注意到对 IntLit 样例而言，T 只能是 Int 类型，不可能是其他类型。其他可选分支也是同理的。不仅如此，这个更具体的类型还会一直传导回调用方。参考下面的例子：

```
valueOfLiteral(BooleanLit(true))      // true: Boolean
valueOfLiteral(IntLit(42))            // 42: Int
```

19.4　为什么说 ADT 是代数数据类型

ADT 被称为代数的（*algebraic*），是因为它代表了代数理论在类型系统中的应用。一种观察它与数学的关联关系的方式是将每个类型都映射为它的基数（*cardinality*），也就是该类型的*居民*（*inhabitant*）数量。如果你把类型想象为对成组的值的表达，则类型的基数是相对应的那一组值的集的基数（元素数量）。

> **快速通道**
>
> 本节将对你能用 enum 定义的数据类型的数学属性进行深入探讨。如果你更想直接了解关于 Scala 集合的内容，则可以安心地跳到下一章。

举例来说，`Boolean` 类型有两个可能的取值，即 `true` 和 `false`。这两个值就是 `Boolean` 类型的居民，因此 `Boolean` 类型的基数是 2。`Unit` 类型只有一个可能的取值，即单元值`()`，因此它的基数是 1。`Nothing` 类型没有可能的取值，因此它没有居民（取值），其基数为 0。

你还可以找到或定义其他基数为 0、1、2 的类型，不过 `Nothing`、`Unit` 和 `Boolean` 类型已经足以说明这背后的*代数理论*（*algebra*）了。那么，有没有基数为 3 的类型呢？如果你暂时想不到标准类库中的候选，则可以很容易地使用 EDT 做一个：

```
enum TrafficLight:
  case Red, Yellow, Green
```

这里的 `TrafficLight` 类型有 3 个可能的取值：`Red`、`Yellow` 和 `Green`。这 3 个值构成了 `TrafficLight` 类型的 3 个居民，因此它的基数为 3。

类型基数也可以很大。`Byte` 类型有 256（即 2^8）个可能的取值，即 `Byte.MinValue` 到 `Byte.MaxValue` 的闭区间。这些 8 bit 的整数值就是 `Byte` 类型的居民，因此它的基数是 256。`Int` 类型有 2^{32} 个居民，因此它的基数为 2^{32}，也就是 42 946 972 962。对很多类型（如 `String`）而言，其可能的取值不可穷举。这些类型的基数无穷大。代数理论对无穷大的基数也有效，但为了更好地展示和说明，我们将重点考虑那些相对较小的、有穷基数的类型。

我们可以将现有类型组装成新的、复合的类型，其基数会遵循代数加法的法则。这样的复合类型被称为*和类型*（*sum type*）。在 Scala 中，定义和类型最精简的方式是 enum。例如：

```
enum Hope[+T]:
  case Glad(o: T)
  case Sad
```

这里的 Hope 类型允许你期待最好的结果，但是也会为最坏的结果做好准备。Hope 类型与 Scala 的 Option 类型很像，不过 Some 被换成了 Glad，None 被换成了 Sad。那么，Hope[T]有多少居民呢？由于 Hope[T]是一个和类型，因此它的基数等于它的可选类型（Glad[T]和 Sad）的基数之“和”。

每一个 Glad[T]的实例都包装了一个类型为 T 的实例，因此 Glad[T]的基数等于 T 的基数。举例来说，由于 Boolean 的基数为 2，因此 Glad[Boolean]的基数也为 2，它的两个居民为 Glad(true)和 Glad(false)。而 Sad 是一个单例，与 Unit 类型一样，其基数为 1。因此，Hope[Boolean]的基数是 2（Glad[Boolean]的基数）加 1（Sad 的基数）的和，也就是 3。它的 3 个可能的实例为 Glad(true)、Glad(false)和 Sad。更多例子参考表 19.1 所示。

表 19.1　Hope 类型的基数

类型	总数	居民（取值）
Hope[Nothing]	0 + 1 = 1	Sad
Hope[Unit]	1 + 1 = 2	Glad(()), Sad
Hope[Boolean]	2 + 1 = 3	Glad(true), Glad(false), Sad
Hope[TrafficLight]	3 + 1 = 4	Glad(Red), Glad(Yellow), Glad(Green), Sad
Hope[Byte]	256 + 1 = 257	Glad(Byte.MinValue), ... Glad(Byte.MaxValue), Sad

既然已经看过加法，那么乘法是什么样的呢？与加法类似，我们可以将类型组装成其基数遵循乘法法则的新类型。这样的组合类型被称为*积类型*（*product type*）。在 Scala 中，定义积类型的最精简方式是样例类。参考下面的例子：

```
case class Both[A, B](a: A, b: B)
```

这里的 Both 类型允许你像 Scala 的 Tuple2 类型那样将类型 A 和 B 的两个值组装在一起。那么，Both[A, B]有多少居民呢？由于 Both[A, B]是一个积类型，因此它的基数等于它的构成类型（A 和 B）的基数之“积”。

要枚举出 Both[A, B]的所有居民，必须将类型 A 的每一个居民和类型 B 的每一个居民组对。举例来说，由于 TrafficLight 的基数为 3，而 Boolean 的基数为 2，Both[TrafficLight, Boolean]的基数为 3 × 2，也就是 6。它的 6 个可能的实例，以及其他例子，参考表 19.2 所示。

表 19.2 Both 类型的基数

类型	总数	居民（取值）
Both[Nothing, Nothing]	0 * 0 = 0	无
Both[Unit, Nothing]	1 * 0 = 0	无
Both[Unit, Unit]	1 * 1 = 1	Both((), ())
Both[Boolean, Nothing]	2 * 0 = 0	无
Both[Boolean, Unit]	2 * 1 = 2	Both(false, ()), Both(true, ())
Both[Boolean, Boolean]	2 * 2 = 4	Both(false, false), Both(false, true), Both(true, false), Both(true, true)
Both[TrafficLight, Nothing]	3 * 0 = 0	无
Both[TrafficLight, Unit]	3 * 1 = 3	Both(Red, ()), Both(Yellow, ()), Both(Green, ())
Both[TrafficLight, Boolean]	3 * 2 = 6	Both(Red, false), Both(Red, true), Both(Yellow, false), Both(Yellow, true), Both(Green, false), Both(Green, true)

续表

类型	总数	居民（取值）
Both[TrafficLight, TrafficLight]	3 * 3 = 9	Both(Red, Red), Both(Red, Yellow), Both(Red, Green), Both(Yellow, Red), Both(Yellow, Yellow), Both(Yellow, Green), Both(Green, Red), Both(Green, Yellow), Both(Green, Green)

通常来说，代数数据类型可以用来表示*积的和*（*sums of products*），其中的样例构成了和类型的可选值，而每一个样例又可以代表一个由 0 或多个类型构成的积类型。EDT 是 ADT 的一个特例，其中的每个积类型都是单例。

理解数据结构的代数属性的一个好处是可以基于相关的数学法则来证明代码的属性。例如，你可以证明某种重构不会改变你的程序的含义。ADT 的基数遵循加法和乘法的基本定律，如同一律、交换律、结合律和分配律等。总体而言，函数式编程经常能够让你从数学的不同分支中获取对代码的理解。

19.5　结语

在本章中，你了解了 Scala 的 enum——一种定义构成枚举数据类型和代数数据类型的密封样例类继承关系的精简方式。你了解了在 Scala 中 EDT 和 ADT 被当作同一个光谱的两极，看到了代数数据类型背后的代数法则。Scala 的 enum 提供了让函数式的数据建模更为精简的通用写法，这也反映出 EDT 和 ADT 是重要的模式。

第 20 章
抽象成员

如果类或特质的某个成员在当前类中没有完整的定义，它就是抽象（*abstract*）的。抽象成员的本意是为了让声明该成员的类的子类来实现。在很多面向对象的语言中都能找到这个理念。例如，Java 允许声明抽象方法，Scala 也允许声明这样的方法，像 10.2 节中介绍的那样。不过 Scala 走得更远，将这个概念完全泛化了：除了抽象方法，Scala 也允许声明抽象字段甚至抽象类型作为类和特质的成员。

本章将描述所有 4 种抽象成员：抽象类型、抽象方法、抽象的 `val` 和抽象的 `var`。在这个过程中，我们还将探讨特质参数化字段、惰性的 `val` 及路径依赖类型等。

20.1 抽象成员概览

下面这个特质声明了 4 种抽象成员，即一个抽象类型（T）、一个抽象方法（transform）、一个抽象的 `val`（initial）和一个抽象的 `var`（current）：

```
trait Abstract:
  type T
  def transform(x: T): T
```

```
  val initial: T
  var current: T
```

Abstract 特质的具体实现需要填充每个抽象成员的定义。下面是一个提供了这些定义的例子：

```
class Concrete extends Abstract:
  type T = String
  def transform(x: String) = x + x
  val initial = "hi"
  var current = initial
```

这个实现通过定义 T 为 String 类型的别名的方式给出了类型名 T 的具体含义。transform 操作将给定的字符串与自己拼接，而 initial 和 current 的值都被设置为"hi"。

这个例子应该能让你了解一个粗略的关于 Scala 里都有什么样的抽象成员的概念。本章剩余的部分将呈现细节并解释这些新的抽象成员的形式，以及一般意义上的类型成员都有哪些好处。

20.2　类型成员

从上一节的例子中不难看出，Scala 的*抽象类型*（*abstract type*）指的是用 type 关键字声明为某个类或特质的成员（但并不给出定义）的类型。类本身可以是抽象的，而特质本来从定义上讲就是抽象的，不过类和特质在 Scala 中都不是抽象类型。Scala 的抽象类型永远都是某个类或特质的成员，如 Abstract 特质中的 T。

你可以把非抽象（或者说“具体”）的类型成员，如 Concrete 类中的类型 T，当作一种给某个类型定义新的名称，或者说*别名*（*alias*）的方式。以 Concrete 类为例，我们给类型 String 设置了一个别名 T。这样一来，在 Concrete 类中任何地方出现 T 时，它的含义都是 String。这包括了

transform 的参数和结果类型、initial 和 current 等，它们都在超特质 Abstract 的声明中提到了 T。因此，当 Concrete 类实现这些方法时，这些 T 都被解读为 String。

使用类型成员的原因之一是给真名冗长或含义不明显的类型定义一个短小且描述性强的别名。这样的类型成员有助于澄清类或特质的代码。类型成员的另一个主要用途是声明子类必须定义的抽象类型。上一节展示的就是后一种用途，我们将在本章稍后部分做详细讲解。

20.3 抽象的 val

抽象的 val 声明形式如下：

```
val initial: String
```

该声明给出了 val 的名称和类型，但没有给出值。这个值必须由子类中具体的 val 定义提供。例如，Concrete 类用下面代码实现了这个 val：

```
val initial = "hi"
```

我们可以在不知道某个变量正确的值，但是明确地知道在当前类的每个实例中该变量都会有一个不可变更的值时，使用这样的抽象的 val 声明。

抽象的 val 声明看上去很像一个抽象的无参方法声明：

```
def initial: String
```

使用方代码可以用完全相同的方式（也就是 obj.initial）来引用 val 和方法。不过，如果 initial 是一个抽象的 val，则使用方可以得到如下的保证：每次对 obj.initial 的引用都会交出相同的值。如果 initial 是一个抽象方法，则这个保证无法成立，因为这样一来，initial 就可以被某个具体的每次都返回不同值的方法实现。

换句话说，抽象的 val 限制了它的合法实现：任何实现都必须是一个 val 定义，而不能是一个 var 或 def 定义。从另一方面讲，抽象方法声明可以用具体的方法定义或具体的 val 定义实现。假设有示例 20.1 的抽象类 Fruit，则 Apple 是一个合法的子类实现，而 BadApple 则不是。

```
abstract class Fruit:
  val v: String      // v 表示值
  def m: String      // m 表示方法

abstract class Apple extends Fruit:
  val v: String
  val m: String      // 用 val 重写（覆盖）def 是可行的

abstract class BadApple extends Fruit:
  def v: String      // 错误：不能用 def 重写（覆盖）val
  def m: String
```

示例 20.1　重写抽象 val 和无参方法

20.4　抽象的 var

与抽象的 val 类似，抽象的 var 也只声明了名称和类型，并不给出初始值。例如，示例 20.2 的 AbstractTime 特质声明了两个抽象的 var，即 hour 和 minute：

```
trait AbstractTime:
  var hour: Int
  var minute: Int
```

示例 20.2　声明抽象的 var

像 hour 和 minute 这样的抽象的 var 的含义是什么？我们在 16.2 节看到过，被声明为类成员的 var 默认都带上了 getter 和 setter 方法。这一点对抽象的 var 而言同样成立。举例来说，如果我们声明了名称为 hour 的抽象的

var，则实际上也隐式地定义了一个抽象的 getter 方法 hour 和一个抽象的 setter 方法 hour_=。这里并不需要定义一个可被重新赋值的字段，这个字段会自然地出现在定义这个抽象的 var 的具体实现的子类中。举例来说，示例 20.2 中的 AbstractTime 特质与示例 20.3 中的是完全等效的。

```
trait AbstractTime:
  def hour: Int                    // hour 的 getter 方法
  def hour_=(x: Int): Unit         // hour 的 setter 方法
  def minute: Int                  // minute 的 getter 方法
  def minute_=(x: Int): Unit       // minute 的 setter 方法
```

示例 20.3 抽象的 var 是如何被展开成 getter 和 setter 方法的

20.5 初始化抽象的 val

抽象的 val 有时会承担超类参数的职能：它们允许我们在子类中提供那些在超类中缺失的细节。这对特质而言尤其重要，因为特质并没有让我们传入参数的构造方法。因此，通常来说对于特质的参数化是通过在子类中实现抽象的 val 来完成的。

作为例子，我们接下来对第 6 章的 Rational 类（示例 6.5，112 页）做一些重构，改成特质：

```
trait RationalTrait:
  val numerArg: Int
  val denomArg: Int
```

第 6 章的 Rational 类有两个参数：表示有理数分子的 n 和表示有理数分母的 d。这里的 RationalTrait 特质则定义了两个抽象的 val：numerArg 和 denomArg。要实例化一个该特质的具体实例，需要实现抽象的 val 定义。例如：

```
new RationalTrait:
  val numerArg = 1
  val denomArg = 2
```

这里的 new 关键字出现在特质名称 RationalTrait 之前，然后是冒号和缩进的类定义体。这个表达式交出的是一个混入了特质并由定义体定义的匿名类（*anonymous class*）的实例。这个特定匿名类的实例化的作用与 new Rational(1, 2)创建实例的作用相似。

不过这种相似性并不完美。表达式初始化的顺序有一些细微的差异。当我们写下：

```
new Rational(expr1, expr2)
```

expr1 和 expr2 这两个表达式会在 Rational 类初始化之前被求值，这样 expr1 和 expr2 的值对于 Rational 类的初始化过程可见。

对特质而言，情况正好相反。当我们写下：

```
new RationalTrait:
  val numerArg = expr1
  val denomArg = expr2
```

expr1 和 expr2 这两个表达式是作为匿名类初始化过程的一部分被求值的，但是匿名类是在 RationalTrait 特质之后被初始化的。因此，在 RationalTrait 特质的初始化过程中，numerArg 和 denomArg 的值并不可用（更确切地说，对两个值中任何一个的选用都会交出类型为 Int 的默认值，0）。对于前面给出的 RationalTrait 特质来说，这并不是一个问题，因为特质的初始化过程并不会用到 numerArg 和 denomArg 这两个值。不过，在示例 20.4 的 RationalTrait 变种中，定义了正规化的分子和分母，这就成了问题。

如果用简单字面量之外的表达式作为分子和分母来实例化这个特质，将得到一个异常：

```
scala> val x = 2
val x: Int = 2

scala> new RationalTrait:
         val numerArg = 1 * x
         val denomArg = 2 * x
java.lang.IllegalArgumentException: requirement failed
  at scala.Predef$.require(Predef.scala:280)
  at RationalTrait.$init$(<console>:4)
  ... 28 elided
```

```
trait RationalTrait:
  val numerArg: Int
  val denomArg: Int
  require(denomArg != 0)
  private val g = gcd(numerArg, denomArg)
  val numer = numerArg / g
  val denom = denomArg / g
  private def gcd(a: Int, b: Int): Int =
    if (b == 0) a else gcd(b, a % b)
  override def toString = s"$numer/$denom"
```

示例 20.4 使用抽象的 val 的特质

本例抛出异常是因为 denomArg 在 RationalTrait 特质初始化的时候还是默认值 0，这让 require 的调用失败了。

这个例子展示类参数和抽象字段的初始化顺序并不相同。类参数在传入类构造方法之前被求值（传名参数除外）。而在子类中实现的 val 定义则是在超类初始化之后被求值的。

既然你已经理解了为何抽象的 val 与参数行为不同，那么最好也知道一下如何应对这个问题。有没有可能定义一个能被健壮地初始化的 RationalTrait 特质，而不用担心未初始化字段带来的错误呢？事实上，Scala 提供了两种可选方案来应对这个问题：特质参数化字段（*trait parametric field*）和惰性（*lazy*）的 val。

特质参数化字段

第一种方案为特质参数化字段，让我们在特质自身被初始化之前计算字段的值。只需要将字段定义为参数化字段即可，也就是给特质参数加上 val，参考示例 20.5。

```
trait RationalTrait(val numerArg: Int, val denomArg: Int):
  require(denomArg != 0)
  private val g = gcd(numerArg, denomArg)
  val numer = numerArg / g
  val denom = denomArg / g
  private def gcd(a: Int, b: Int): Int =
    if (b == 0) a else gcd(b, a % b)
  override def toString = s"$numer/$denom"
```

示例 20.5　接收参数化字段的特质

可以像示例 20.6 这样来创建特质参数化字段：

```
scala> new RationalTrait(1 * x, 2 * x) {}
val res1: RationalTrait = 1/2
```

示例 20.6　匿名类表达式中的特质参数化字段

特质参数化字段并不局限于匿名类，它们也可以被用在对象或带名称的子类上，参考示例 20.7 和示例 20.8。示例 20.8 给出的 RationalClass 类展示了类参数如何在其超特质初始化过程中可见的通常做法。

```
object TwoThirds extends RationalTrait(2, 3)
```

示例 20.7　对象定义中的特质参数化字段

```
class RationalClass(n: Int, d: Int) extends RationalTrait(n, d):
  def + (that: RationalClass) = new RationalClass(
    numer * that.denom + that.numer * denom,
    denom * that.denom
  )
```

示例 20.8 类定义中的特质参数化字段

惰性的 val

我们可以用特质参数化字段来精确模拟类构造方法入参的初始化行为。不过有时候我们可能更希望系统自己就能确定应有的初始化顺序。可以通过将 val 定义做成惰性的来实现。如果我们在 val 定义之前加上 lazy 修饰符，则右侧的初始化表达式只会在 val 第一次被使用时求值。

例如，可以像下面这样用 val 定义一个 Demo 对象：

```
object Demo:
  val x = { println("initializing x"); "done" }
```

先引用 Demo，再引用 Demo.x：

```
scala> Demo
initializing x
val res0: Demo.type = Demo$@3002e397

scala> Demo.x
val res1: String = done
```

正如你所看到的，一旦引用 Demo，其 x 字段就被初始化了。对 x 的初始化是 Demo 初始化的一部分。不过，如果我们将 x 定义为惰性的，情况就不同了：

```
object Demo:
  lazy val x = { println("initializing x"); "done" }
```

```
scala> Demo
val res2: Demo.type = Demo$@24e5389c

scala> Demo.x
initializing x
val res3: String = done
```

现在，Demo 的初始化并不涉及对 x 的初始化。对 x 的初始化被延迟到第一次访问 x 的时候。这与对 x 用 def 定义成无参方法的情况类似。不过，不同于 def，惰性的 val 永远不会被求值多次。事实上，在对惰性的 val 首次求值之后，其结果会被保存起来，并且在后续的使用中，都会复用这个相同的 val。

从这个例子看，像 Demo 这样的对象本身的行为也似乎与惰性的 val 类似，也是在第一次被使用时按需初始化的。这是对的。事实上，对象定义可以被看作惰性的 val 的一种简写，即用匿名类来描述对象内容。

通过使用惰性的 val，我们可以重新编写 RationalTrait 特质，如示例 20.9 所示。在这个新的特质定义中，所有具体字段都被定义为惰性的。与示例 20.4 中的 RationalTrait 特质定义相比还有一个不同，就是 require 子句从特质的定义体中移到了私有字段 g 的初始化代码中，而这个字段计算的是 numerArg 和 denomArg 的最大公约数。有了这些改动，在 LazyRationalTrait 特质被初始化的时候，已经没有什么需要做的了，所有的初始化代码现在都已经是惰性的 val 的右侧的一部分了。因此，在类定义之后初始化 LazyRationalTrait 特质的抽象字段是安全的。

参考下面这个例子：

```
scala> val x = 2
val x: Int = 2

scala> new LazyRationalTrait:
         val numerArg = 1 * x
```

```
        val denomArg = 2 * x

val res4: LazyRationalTrait = 1/2
```

```
trait LazyRationalTrait:

  val numerArg: Int
  val denomArg: Int

  lazy val numer = numerArg / g
  lazy val denom = denomArg / g

  override def toString = s"$numer/$denom"

  private lazy val g =
    require(denomArg != 0)
    gcd(numerArg, denomArg)

  private def gcd(a: Int, b: Int): Int =
    if b == 0 then a else gcd(b, a % b)
```

示例 20.9 初始化带有惰性的 val 的特质

我们并不需要预初始化任何内容，但是有必要跟踪一下上述代码最终输出 1/2 这个字符串的初始化过程。

1. LazyRationalTrait 特质的一个全新示例被创建，LazyRationalTrait 特质的初始化代码被执行。这段初始化代码是空的，这时 LazyRationalTrait 特质还没有任何字段被初始化。

2. 由 new 表达式定义的匿名子类的主构造方法被执行。这包括用 2 初始化 numerArg，以及用 4 初始化 denomArg。

3. 编译器调用了被构造对象的 toString 方法，以便打印出结果值。

4. 在 LazyRationalTrait 特质的 toString 方法中，numer 被首次访问，因此，其初始化代码被执行。

5. numer 的初始化代码访问了私有字段 g，因此 g 随之被求值。求值过程中会访问 numerArg 和 denomArg，这两个变量已经在第 2 步被定义。

6. toString 方法访问 denom 的值，这将引发 denom 的求值。对 denom 的求值会访问 denomArg 和 g 的值。g 的初始化代码并不会被重新求值，因为它已经在第 5 步完成了求值。

7. 结果字符串"1/2"被构造并打印出来。

注意，g 的定义在 LazyRationalTrait 特质中出现在 numer 和 denom 的定义之后。尽管如此，由于所有 3 个值都是惰性的，g 将在 numer 和 denom 的初始化完成之前被初始化。

这显示出惰性的 val 的一个重要属性：它的定义在代码中的文本顺序并不重要，因为它的值会按需初始化。因此，惰性的 val 可以让程序员从如何组织 val 定义来确保所有内容都在需要时被定义的思考中解脱出来。

不过，这个优势仅在惰性的 val 的初始化既不产生副作用也不依赖副作用的时候有效。在有副作用参与时，初始化顺序就开始变得重要了。在这种情况下，要跟踪初始化代码运行的顺序，可能会变得非常困难，就像前一例所展示的那样。因此，惰性的 val 是对函数式对象的完美补充。对函数式对象而言，初始化顺序并不重要，只要最终所有内容都被正常初始化即可。而对那些以指令式风格为主的代码而言，惰性的 val 就没那么适用了。

惰性函数式编程语言

Scala 并不是首个利用惰性定义和函数式代码的完美结合的编程语言。事实上，存在这样整个类目的“惰性函数式编程语言”，其中所有的值和参数都是被惰性初始化的。这一类编程语言中最有名的是 Haskell [SPJ02]。

20.6 抽象类型

在本章的最开始，你看到了“type T”这个抽象类型的声明。本章剩余的部分将讨论这样的抽象类型声明的含义及它的用途。与所有其他抽象声明一样，抽象类型声明是某种将会在子类中具体定义的内容的占位符。在本例中，这是一个将会在类继承关系下游中被定义的类型。因此上面的 T 指的是一个在声明时还未知的类型。不同的子类可以提供不同的 T 的实现。

参考这样一个例子，其中抽象类是很自然地出现的。假设你被指派了一个对动物饮食习惯建模的任务。你可能会从一个 Food 类和一个带有 eat 方法的 Animal 类开始：

```
class Food
abstract class Animal:
  def eat(food: Food): Unit
```

接下来你可能会试着将这两个类具体化，做出一个吃 Grass（草）的 Cow（牛）类：

```
class Grass extends Food
class Cow extends Animal:
  override def eat(food: Grass) = {}  // 这段代码不能编译
```

不过，如果你去编译这两个新类，就会得到如下的编译错误：

```
2 |  class Cow extends Animal:
  |        ^
  |class Cow needs to be abstract, since
  |def eat(food: Food): Unit is not defined (Note that Food
  |does not match Grass: class Grass is a subclass of class
  |Food, but method parameter types must match exactly.)
3 |    override def eat(food: Grass) = {}     // 这段代码不能编译
  |                 ^
```

```
|     method eat has a different signature than the
|     overridden declaration
```

发生了什么？Cow 类的 eat 方法并没有重写 Animal 类的 eat 方法，因为它们的参数类型不同：Cow 类的参数类型是 Grass，而 Animal 类的参数类型是 Food。

有人会认为，类型系统在拒绝这些类这一点上有些不必要的严格了。他们认为，在子类中对方法参数做特殊化处理是可行的。然而，如果我们真的允许这样的写法，则很快就会处于不安全的境地。

举例来说，如下脚本可能就会通过类型检查：

```
class Food
abstract class Animal:
  def eat(food: Food): Unit

class Grass extends Food
class Cow extends Animal
  override def eat(food: Grass) = {}  // 这段代码不能编译
                                   .  // 如果可以编译……
  class Fish extends Food
  val bessy: Animal = new Cow
  bessy.eat(new Fish)    // ……你就能喂鱼给牛吃了
```

如果取消前面的限制，则这段程序能够正常编译，因为牛是动物，而 Animal 类的确有一个可以接收任何食物（包括鱼）的 eat 方法。不过显然让牛吃鱼是不合理的。

你需要做的是采用某种更精确的建模方式。动物的确吃食物，但每种动物吃哪种食物取决于其本身。这个意思可以很清晰地通过抽象类型表达，如示例 20.10 所示。

有了这个新的类定义，某种动物只能吃那些适合它吃的食物。至于什么食物是合适的，并不能在 Animal 类这个层次确定。这就是 SuitableFood 被建模成一个抽象类型的原因。这个类型有一个上界，即 Food，以“<: Food”子句表示。这意味着 Animal 子类中任何对 SuitableFood 的具体实例化都必须是 Food 类的子类。举例来说，你并不能用 IOException 类来实例化 SuitableFood。

```
class Food
abstract class Animal:
  type SuitableFood <: Food
  def eat(food: SuitableFood): Unit
```

示例 20.10 用抽象类型对合适的食物建模

有了 Animal 类的定义，就可以继续定义 Cow 类了，如示例 20.11 所示。Cow 类将其 SuitableFood 固定在 Grass 上，并且定义了一个具体的 eat 方法来处理这一类食物。

```
class Grass extends Food
class Cow extends Animal:
  type SuitableFood = Grass
  override def eat(food: Grass) = {}
```

示例 20.11 在子类中实现抽象类型

这些新的类定义能够被正确编译。如果你试着对新的类定义运行“牛吃鱼”的例子，将得到如下的编译错误：

```
class Fish extends Food
val bessy: Animal = new Cow
scala> bessy.eat(new Fish)
1 |bessy.eat(new Fish)
  |          ^^^^^^^^
  |          Found:    Fish
  |          Required: bessy.SuitableFood
```

20.7　路径依赖类型

再看看最后的这段错误消息。注意，eat 方法要求的类型为 bessy.SuitableFood。这个类型包含了对象引用 bessy 和这个对象的类型字段 SuitableFood。bessy.SuitableFood 的含义是“作为 bessy 这个对象的成员的 SuitableFood 类型”，或者说，适用于 bessy 的食物类型。

像 bessy.SuitableFood 这样的类型被称为**路径依赖类型**（*path-dependent type*）。这里的“路径”指的是对对象的引用。它可以是一个简单名称，如 bessy，也可以是更长的访问路径，如 farm.barn.bessy，其中 farm、barn 和 bessy 都是指向对象的变量（或单例对象名称）。

正如“路径依赖类型”这个表述所隐含的，对于这样的类型依赖路径，一般不同的路径会催生出不同的类型。例如，可以像这样定义 DogFood 和 Dog 类：

```
class DogFood extends Food
class Dog extends Animal:
  type SuitableFood = DogFood
  override def eat(food: DogFood) = {}
```

当我们尝试用适合牛的食物来喂狗的时候，代码将不能通过编译：

```
val bessy = new Cow
val lassie = new Dog

scala> lassie.eat(new bessy.SuitableFood)
1 |lassie.eat(new bessy.SuitableFood)
  |           ^^^^^^^^^^^^^^^^^^^^^^
  |           Found:    Grass
  |           Required: DogFood
```

这里的问题在于传入 eat 方法的 SuitableFood 对象——bessy.SuitableFood 的类型与 eat 方法的参数类型 lassie.SuitableFood 不兼容。

对两个 Dog 实例而言情况就不同了。因为 Dog 实例的 SuitableFood 类型被定义为 DogFood 类的别名，因此两个 Dog 实例的 SuitableFood 类型事实上是相同的。这样一来，名称为 lassie 的 Dog 实例实际上可以吃（eat）另一个不同 Dog 实例（我们叫它 bootsie）的食物：

```
val bootsie = new Dog
lassie.eat(new bootsie.SuitableFood)
```

路径依赖类型的语法与 Java 的内部类类型相似，不过有一个重要的区别：路径依赖类型用的是外部“对象”的名称，而内部类用的是外部“类”的名称。Scala 同样可以表达 Java 风格的内部类，不过写法是不同的。参考如下的两个类——Outer 和 Inner：

```
class Outer:
  class Inner
```

在 Scala 中，内部类的寻址是通过 Outer#Inner 这样的表达式而不是 Java 的 Outer.Inner 实现的。“.”这个语法只为对象保留。例如，假设我们有两个类型为 Outer 的对象：

```
val o1 = new Outer
val o2 = new Outer
```

这里的 o1.Inner 和 o2.Inner 是两个路径依赖的类型（它们是不同的类型）。这两个类型都符合更一般的类型 Outer#Inner（是它的子类型），这个一般类型的含义是任意类型为 Outer 的外部对象。对比而言，类型 o1.Inner 指的是特定外部对象（即 o1 引用的那个对象）的 Inner 类。同理，类型 o2.Inner 指的是另一个特定外部对象（即 o2 引用的那个对象）的 Inner 类。

像 Java 一样，Scala 的内部类实例会保存一个到外部类实例的引用。这允许内部类访问其外部类的成员。因此，我们在实例化内部类的时候必须以某种方式给出外部类实例。一种方式是在外部类的定义体中实例化内部类。在这种情况下，会使用当前这个外部类实例（用 this 引用的那一个）。

另一种方式是使用路径依赖类型。例如，o1.Inner 这个类型是一个特定外部对象，我们可以将其实例化：

```
new o1.Inner
```

得到的内部对象将会包含一个指向其外部对象的引用，即由 o1 引用的对象。与之相对应，由于 Outer#Inner 类型并没有指明 Outer 的特定实例，因此我们并不能创建它的实例：

```
scala> new Outer#Inner
1 |new Outer#Inner
  |    ^^^^^^^^^^^
  |    Outer is not a valid class prefix, since it is
  |    not an immutable path
```

20.8　改良类型

当一个类从另一个类继承时，我们将前者称为后者的*名义*（*nominal*）子类型。之所以是名义子类型，是因为每个类型都有一个*名称*，而这些名称被显式地声明为存在子类型关系。除此之外，Scala 还额外支持*结构*（*structural*）子类型，即只要两个类型有兼容的成员，我们就可以说它们之间存在子类型关系。Scala 实现结构子类型的方式是*改良类型*（*refinement type*）。

名义子类型通常更方便，因此，我们应该在任何新的设计中优先尝试名义子类型。名称是单个简短的标识符，因此比显式地列出成员类型更精简。不仅如此，结构子类型通常在灵活度方面超出了我们想要的程度。一个控件可以使用 draw()，一个西部牛仔也可以使用 draw()[1]，不过这两者并不互为替代。当你（不小心）用牛仔替换了控件时，通常应该更希望得到一个编译错误。

尽管如此，结构子类型也有其自身的优势。有时候某个类型除其成员之外并没有更多的信息了。例如，假设我们想定义一个可以包含食草动物的 Pasture 类，一种选择是定义一个 AnimalThatEatsGrass 特质并在适用的类上混入。不过这样的代码很啰唆。Cow 类已经声明了牛是动物，并且食草，现在还需要声明牛是一个“食草的动物”。

除了定义 AnimalThatEatsGrass 特质，我们还可以使用改良类型。只需要写下基类型 Animal，然后加上一系列用花括号括起来的成员即可。花括号中的成员进一步指定（或者也可以说是改良）了基类中的成员类型。

下面是如何编写这个“食草动物”的类型的例子：

```
Animal { type SuitableFood = Grass }
```

有了这个类型声明，就可以像这样来编写 Pasture 类了：

```
class Pasture:
  var animals: List[Animal { type SuitableFood = Grass }] = Nil
  // ...
```

20.9 案例分析：货币

本章剩下的篇幅将介绍一个案例，这个案例很好地解释了 Scala 中抽象类型的应用。我们的任务是设计一个货币（Currency）类。一个典型的 Currency 实例可以用来代表以美元、欧元、日元或其他货币表示的金额。它应该支持对货币金额的计算。例如，我们应该能将相同货币额度的两笔金额相加，或者用表示利率的因子对某笔货币金额做乘法。

1 译者注：指的是拔枪。

这些想法引出了我们对 Currency 类的第一版设计：

```
// Currency 类的首个（有问题的）设计
abstract class Currency:
  val amount: Long
  def designation: String
  override def toString = s"$amount $designation"
  def + (that: Currency): Currency = ...
  def * (x: Double): Currency = ...
```

货币的 amount 指的是它表示的货币单元的数量。这个字段的类型为 Long，因此代表一大笔钱，如 Google 或 Apple 的市值。这里的 amount 字段是抽象的，等待子类的具体金额定义。货币的 designation 是一个用来标识货币的字符串。Currency 类的 toString 方法返回的是货币金额和货币标识，交出的结果如下：

```
79 USD
11000 Yen
99 Euro
```

最后，我们还设计了用于货币金额相加的+方法和用于将货币金额与一个浮点数相乘的*方法。可以通过提供具体的 amount 和 designation 的值来创建具体的货币值，例如：

```
new Currency:
  val amount = 79L
  def designation = "USD"
```

如果我们只是对单个币种（比如，只有美元或只有欧元）建模，则这个设计是可行的。不过当我们需要处理多个币种时，这个模型就不可行了。假设我们将美元和欧元建模成 Currency 类的子类：

```
abstract class Dollar extends Currency:
  def designation = "USD"
```

```
abstract class Euro extends Currency:
  def designation = "Euro"
```

乍看上去这挺合理的，不过它允许我们将美元和欧元做加法，这样的加法运算得到的结果类型为 Currency。不过这个 Currency 类很奇怪，因为它的货币金额中既有欧元也有美元。我们希望得到更特制化的+方法。在 Dollar 类中实现时，需要接收 Dollar 的入参并交出 Dollar 的结果；在 Euro 类中实现时，需要接收 Euro 的入参并交出 Euro 的结果。因此，+方法的类型需要根据当前的类做改变。尽管如此，我们还是希望能只写一次+方法，而不是每定义一个新的货币就要重新实现一次。

Scala 对这类情况提供了简单的解决方案。如果在定义类时某些信息未知，则可以在类中声明这些信息为抽象的。这对于值和类型都同样适用。在货币这个案例中，+方法的入参和结果的确切类型未知，因此很适合使用抽象类型来表示。

这就引出了 AbstractCurrency 类的草稿：

```
// Currency 类的第二个（仍不完美的）设计
abstract class AbstractCurrency:
  type Currency <: AbstractCurrency
  val amount: Long
  def designation: String
  override def toString = s"$amount $designation"
  def + (that: Currency): Currency = ...
  def * (x: Double): Currency = ...
```

与前面那个版本唯一的区别在于，类名被改成了 AbstractCurrency，同时包含了一个表示真正货币的抽象类型 Currency。AbstractCurrency 类的每个具体的子类都需要确定 Currency 类型，并指向具体子类自己，这样来“打上结”。

举例来说，下面是 Dollar 类的新版本，继承自 AbstractCurrency 类：

```
abstract class Dollar extends AbstractCurrency:
  type Currency = Dollar
  def designation = "USD"
```

虽然这个设计可行，但是仍然不是完美的。有一个问题被 AbstractCurrency 类缺失的+和*方法定义（代码示例中省略号的部分）掩盖了。具体来说，这个类的+方法应该如何实现呢？使用 this.amount + that.amount 来计算新值的正确金额的确足够简单，不过如何将金额转换成正确的货币类型呢？

你可能会做类似这样的尝试：

```
def + (that: Currency): Currency =
  new Currency:
    val amount = this.amount + that.amount
```

不过，这段代码并不能通过编译：

```
7 |    new Currency:
  |        ^^^^^^^^
  |        AbstractCurrency.this.Currency is not a class type
8 |      val amount = this.amount + that.amount
  |                   ^
  |                   Recursive value amount needs type
```

Scala 对抽象类型的处理的一个限制是，既不能创建一个抽象类型的实例，也不能将抽象类型作为另一个类的超类型。因此，编译器会拒绝这里的尝试实例化 Currency 类型的实例代码。

不过，可以用工厂方法来绕过这个限制。为了避免直接创建抽象类型的实例，可以声明一个抽象方法来完成这项工作。这样一来，只要抽象类型被固化成某个具体的类型，我们就需要给出这个工厂方法的具体实现。对 AbstractCurrency 类而言，这个实现看上去可能是这样的：

```
abstract class AbstractCurrency:
```

```
  type Currency <: AbstractCurrency       // 抽象类型
  def make(amount: Long): Currency        // 工厂方法
  ...                                     // 类的剩余部分
```

像这样的设计也许可行，不过看上去非常令人生疑。为什么要把工厂方法放在 AbstractCurrency 类内部呢？至少有两个原因让这个做法看上去很可疑。首先，如果你有一些货币（比方说 1 美元），则可以通过如下代码创造出相同币种的更多金额：

```
myDollar.make(100)      // 这里还有100
```

不过，可以说这并不是一件好事情。这段代码的第二个问题在于，如果我们持有对某个 Currency 对象的引用，就可以创造更多 Currency 对象，不过如何获取指定 Currency 的首个对象呢？这需要另一个创建方法，它本质上做的事情与 make 方法一样。但是这样就会面临代码重复的问题，这毫无疑问是一件坏事情。

当然，解决方案是将抽象类型和工厂方法移出 AbstractCurrency 类。这需要创建另一个包含 AbstractCurrency 类、Currency 类型和 make 工厂方法的类。

我们将这个类称作 CurrencyZone：

```
abstract class CurrencyZone:
  type Currency <: AbstractCurrency
  def make(x: Long): Currency
  abstract class AbstractCurrency:
    val amount: Long
    def designation: String
    override def toString = s"$amount $designation"
    def + (that: Currency): Currency =
      make(this.amount + that.amount)
    def * (x: Double): Currency =
      make((this.amount * x).toLong)
```

US 类是一个具体的 CurrencyZone 实例，可以这样来定义：

```
object US extends CurrencyZone:
  abstract class Dollar extends AbstractCurrency:
    def designation = "USD"

  type Currency = Dollar
  def make(x: Long) = new Dollar { val amount = x }
```

这里的 US 类是一个扩展自 CurrencyZone 类的对象。它定义了一个 Dollar 类，这个类是 AbstractCurrency 类的子类。因此，在这个货币区的钱的类型是 US.Dollar。US 对象还将 Currency 类型固化为 Dollar 的别名，并给出了返回美元金额的 make 方法实现。

这是一个可行的设计，只剩下少量改良点需要被添加。首个改良点与子单位（subunit）相关。到目前为止，每种货币都是以单个单位来衡量的，如美元、欧元或日元。然而，大多数货币都有子单位，举例来说，美国货币有美元和美分。要对美分建模，最直截了当的方式是让 US.Currency 的 amount 字段用美分表示而不是用美元表示。要转换回美元，有必要对 CurrencyZone 类引入一个 CurrencyUnit 字段，这个 CurrencyZone 类包含了对应币种按某个标准单位计算的金额：

```
abstract class CurrencyZone:
  ...
  val CurrencyUnit: Currency
```

如示例 20.12 所示，US 对象可以定义 Cent、Dollar 和 CurrencyUnit 这些计量单位。这个定义与前面 US 对象的定义一样，只是增加了 3 个新的字段。Cent 字段表示 1 个单位的 US.Currency，它相当于 1 美分的硬币。Dollar 字段表示 100 个单位的 US.Currency。因此 US 对象以两种方式定义了 Dollar 这个名称。Dollar 类型（名称为 Dollar 的抽象内部类）表示 US 货币区合法的 Currency 类型的通用名称。而 Dollar 值（从名称为 Dollar

的 val 字段引用）表示 1 美元，相当于 1 美元的纸币。第三个新字段 CurrencyUnit 指定了 US 货币区的标准货币单位是 Dollar（也就是从字段引用的 Dollar 值，而不是 Dollar 类型）。

```
object US extends CurrencyZone:
  abstract class Dollar extends AbstractCurrency:
    def designation = "USD"
  type Currency = Dollar
  def make(cents: Long) =
    new Dollar:
      val amount = cents
  val Cent = make(1)
  val Dollar = make(100)
  val CurrencyUnit = Dollar
```

示例 20.12　美国货币区

Currency 类的 toString 方法也需要做相应调整以适配子单位。举例来说，10 美元 23 美分应该打印成十进制的 10.23 USD。要做到这一点，可以这样实现 Currency 类的 toString 方法：

```
override def toString =
  ((amount.toDouble / CurrencyUnit.amount.toDouble)
    .formatted(s"%.${decimals(CurrencyUnit.amount)}f")
    + " " + designation)
```

这里的 formatted 是 Scala 在若干类（包括 Double）上提供的一个方法。[1] formatted 方法返回按方法右操作元传入的格式化字符串对调用对象的原始字符串做格式化之后的结果。传入 formatted 方法的格式化字符串的语法与 Java 的 String.format 方法相同。

举例来说，%.2f 这个格式化字符串将数字格式化成小数点后保留两位的

1 Scala 使用富包装类（详见 5.10 节）来实现 formatted 方法。

形式。前面给出的 toString 方法使用的格式化字符串是通过调用 CurrencyUnit.amount 的 decimals 方法来组装的。这个方法返回十进制数小数点后的位数，计算方法是 10 的幂次减 1，比如，decimals(10)得 1，decimals(100)得 2，以此类推。decimals 方法是用一个简单的递归实现的：

```
private def decimals(n: Long): Int =
  if n == 1 then 0 else 1 + decimals(n / 10)
```

示例 20.13 展示了其他的一些货币区。作为另一个改良点，我们可以给模型添加一个货币转换的功能。首先，可以编写一个包含不同货币之间可用的汇率的 Converter 对象，如示例 20.14 所示。

```
object Europe extends CurrencyZone:
  abstract class Euro extends AbstractCurrency:
    def designation = "EUR"

  type Currency = Euro
  def make(cents: Long) =
    new Euro:
      val amount = cents

  val Cent = make(1)
  val Euro = make(100)
  val CurrencyUnit = Euro

object Japan extends CurrencyZone:
  abstract class Yen extends AbstractCurrency:
    def designation = "JPY"

  type Currency = Yen
  def make(yen: Long) =
    new Yen:
      val amount = yen

  val Yen = make(1)
  val CurrencyUnit = Yen
```

示例 20.13　欧洲和日本货币区

```
object Converter:
  var exchangeRate =
    Map(
      "USD" -> Map("USD" -> 1.0, "EUR" -> 0.8498,
                   "JPY" -> 1.047, "CHF" -> 0.9149),
      "EUR" -> Map("USD" -> 1.177, "EUR" -> 1.0,
                   "JPY" -> 1.232, "CHF" -> 1.0765),
      "JPY" -> Map("USD" -> 0.9554, "EUR" -> 0.8121,
                   "JPY" -> 1.0, "CHF" -> 0.8742),
      "CHF" -> Map("USD" -> 1.093, "EUR" -> 0.9289,
                   "JPY" -> 1.144, "CHF" -> 1.0)
    )
```

示例 20.14 带有兑换汇率映射的转换器对象

然后，可以给 Currency 类添加一个转换方法 from，将给定的源货币转换成当前的 Currency 对象：

```
def from(other: CurrencyZone#AbstractCurrency): Currency =
  make(math.round(
    other.amount.toDouble * Converter.exchangeRate
      (other.designation)(this.designation)))
```

from 方法接收任意的货币作为入参，其参数类型为 CurrencyZone#AbstractCurrency，表示以 other 传入的入参必须是某种任意而未知的 CurrencyZone 的 AbstractCurrency 类型。它将通过其他货币的金额乘以该币种和当前币种之间的汇率算出结果。[1]

最终版的 CurrencyZone 类参见示例 20.15。我们可以在 Scala 命令行测试这个类。假设 CurrencyZone 类和所有具体的 CurrencyZone 对象都被定义在名称为 org.stairwaybook.currencies 的包中。首先要做的是在命令行引入“org.stairwaybook.currencies._”，然后可以做一些货币转换：

1 也许你觉得这里的日元兑换亏了，但我们的汇率是基于货币的 CurrencyZone 金额来兑换的。也就是说，1.211 是美分和日元之间的汇率。

```
scala> val yen = Japan.Yen.from(US.Dollar * 100)
val yen: Japan.Currency = 10470 JPY

scala> val euros = Europe.Euro.from(yen)
val euros: Europe.Currency = 85.03 EUR

scala> val dollars = US.Dollar.from(euros)
val dollars: US.Currency = 100.08 USD
```

经过 3 次兑换，得到了几乎差不多的金额，说明得到的汇率很不错。也可以将相同货币的值加起来：

```
scala> US.Dollar * 100 + dollars
res3: US.Currency = 200.08 USD
```

不过，并不能对不同币种的金额做加法：

```
scala> US.Dollar + Europe.Euro
1 |US.Dollar + Europe.Euro
  |            ^^^^^^^^^^^
  |Found:    (Europe.Euro : Europe.Currency)
  |Required: US.Currency(2)
  |where:    Currency  is a type in object Europe which
  |          is an alias of Europe.Euro
  |          Currency(2) is a type in object US which is
  |          an alias of US.Dollar
```

通过阻止不同单位的两个值相加（在本例中是货币），抽象类型完成了它的本职工作，有效地防止了那些有问题的计算被执行。不能在不同的单位之间做正确转换可能听上去是很微不足道的 bug，不过这些问题曾引发过许多严重的系统错误。例如，1999 年 9 月 23 日火星气候探索者号（Mars Climate Orbiter）飞行器的那次坠毁，原因就是一个工程师团队使用了公制单位而另一个团队使用了英制单位。如果与单位相关的编码能像本章处理货币一样，这个错误就可以通过简单的编译被发现。然而，这个错误使得探测器在将近 10 个月的飞行之后最终坠毁了。

```
abstract class CurrencyZone:

  type Currency <: AbstractCurrency
  def make(x: Long): Currency

  abstract class AbstractCurrency:

    val amount: Long
    def designation: String

    def + (that: Currency): Currency =
      make(this.amount + that.amount)
    def * (x: Double): Currency =
      make((this.amount * x).toLong)
    def - (that: Currency): Currency =
      make(this.amount - that.amount)
    def / (that: Double) =
      make((this.amount / that).toLong)
    def / (that: Currency) =
      this.amount.toDouble / that.amount

    def from(other: CurrencyZone#AbstractCurrency): Currency =
      make(math.round(
        other.amount.toDouble * Converter.exchangeRate
          (other.designation)(this.designation)))

    private def decimals(n: Long): Int =
      if (n == 1) 0 else 1 + decimals(n / 10)

    override def toString =
      ((amount.toDouble / CurrencyUnit.amount.toDouble)
        .formatted(s"%.${decimals(CurrencyUnit.amount)}f")
        + " " + designation)

  end AbstractCurrency

  val CurrencyUnit: Currency

end CurrencyZone
```

示例 20.15 CurrencyZone 类的完整代码

20.10　结语

Scala 提供了系统化的、非常通用的对面向对象抽象的支持。它让我们不仅能对方法抽象，也能对值、变量和类型做抽象。本章展示了如何利用抽象成员。抽象成员支持一种简单但有效的系统构建原则：在设计类时，将任何暂时未知的信息都抽象为类的成员。基于此，类型系统会驱使我们开发出合适的模型，正如你从本章的货币案例分析中看到的那样。无论这个未知的信息是类型、方法、变量还是值，都没有关系。在 Scala 中，所有这些都可以被声明为抽象的。

第 21 章 上下文参数

函数的行为通常需要根据被调用的上下文来决定。举例来说，函数的行为可能取决于上下文数据，如系统属性、安全权限、经过认证的用户、数据库事务、配置的超时等。函数的行为还有可能取决于上下文的行为（*behavior*），也就是在函数被调用的地方能讲得通的算法。例如，排序函数可能会依赖一个比较大小的算法来决定如何对元素进行排序。不同的上下文可能会要求不同的比较大小的算法。

让函数获得上下文信息和行为有很多技巧，不过函数式编程的传统是：把所有内容都当作参数传递。虽然这个方案可行，但是它有一个弊端：你越是使用数据和算法来参数化某个函数，这个函数就变得越来越泛化和通用，但是这个通用性要求在函数的每一次调用时都必须给出更多的参数。不幸的是，把所有内容都当作参数传递很快就会让我们得到大量重复的样板代码。

本章介绍上下文参数（*context parameter*），通常被简单地称为“`given`”。这个特性允许我们在调用函数时省去特定的入参，由编译器根据类型为每个上下文填充合适的值。

21.1 上下文参数的工作原理

编译器有时会把 someCall(a)替换成 someCall(a)(b)，或者把 new SomeClass(a)替换成 new SomeClass(a)(b)，从而通过添加一个或多个缺失的参数来完成一次函数调用。这时，整个柯里化的参数列表都被提供出来，而不是单个的参数。举例来说，如果 someCall 缺失的参数列表需要 3 个参数，则编译器可以把 someCall(a)替换成 someCall(a)(b, c, d)。为了支持这样的用法，被插入的标识符，如(b, c, d)中的 b、c 和 d，必须在定义时被标记为 given，并且 someCall 或 SomeClass 自身的定义中的参数列表也必须由 using 开头。

下面来看一个例子，假设有很多方法接收一个当前用户偏好的命令行提示符参数（如$或>）。那么，你可以通过将这个命令行提示符标记为上下文参数的方式来减少样板代码。首先，把用户偏好的命令行提示符用一个特殊类型封装起来：

```
class PreferredPrompt(val preference: String)
```

然后，重构每一个接收命令行提示符的方法，并将这个参数放到一个单独的由 using 标记的参数列表中。例如，下面的这个 Greeter 对象有一个接收 PreferredPrompt 作为上下文参数的 greet 方法：

```
object Greeter:
  def greet(name: String)(using prompt: PreferredPrompt) =
    println(s"Welcome, $name. The system is ready.")
    println(prompt.preference)
```

要想让编译器隐式地提供这个上下文参数，必须用 given 关键字定义一个满足预期类型要求（对应到本例中就是 PreferredPrompt）的上下文参数实例。例如，可以像下面这样在一个表示用户偏好的对象中定义这个上下文参数：

```
object JillsPrefs:
  given prompt: PreferredPrompt =
    PreferredPrompt("Your wish> ")
```

如此一来，编译器就能够隐式地提供这个 PreferredPrompt 了，前提是它必须在作用域内，参考下面的例子：

```
scala> Greeter.greet("Jill")
1 |Greeter.greet("Jill")
  |                    ^
  |no implicit argument of type PreferredPrompt was found
  |for parameter prompt of method greet in object Greeter
```

一旦你通过 import 把 PreferredPrompt 引入，编译器就会用它来填充缺失的参数列表：

```
scala> import JillsPrefs.prompt

scala> Greeter.greet("Jill")
Welcome, Jill. The system is ready.
Your wish>
```

由于 prompt 被声明为上下文参数，因此如果你尝试以常规的方式传参，则程序是无法通过编译的：

```
scala> Greeter.greet("Jill")(JillsPrefs.prompt)
1 |Greeter.greet("Jill")(JillsPrefs.prompt)
  |^^^^^^^^^^^^^^^^^^^^^
  |method greet in object Greeter does not take more
  |parameters
```

你必须在调用点用 using 关键字显式地表示你要填充的是上下文参数，就像这样：

```
scala> Greeter.greet("Jill")(using JillsPrefs.prompt)
Welcome, Jill. The system is ready.
```

```
Your wish>
```

需要注意的是，using 关键字针对的是整个参数列表，而不是单个的参数。示例 21.1 给出了这样一个例子，Greeter 对象的 greet 方法的第二个参数列表（被标记为 using 的那一个）有两个参数：prompt（类型为 PreferredPrompt）和 drink（类型为 PreferredDrink）。

```
class PreferredPrompt(val preference: String)
class PreferredDrink(val preference: String)

object Greeter:
  def greet(name: String)(using prompt: PreferredPrompt,
      drink: PreferredDrink) =

    println(s"Welcome, $name. The system is ready.")
    print("But while you work, ")
    println(s"why not enjoy a cup of ${drink.preference}?")
    println(prompt.preference)

object JoesPrefs:
  given prompt: PreferredPrompt =
    PreferredPrompt("relax> ")
  given drink: PreferredDrink =
    PreferredDrink("tea")
```

示例 21.1　带有多个参数的隐式参数列表

JoesPrefs 单例对象声明了两个上下文参数实例：类型为 PreferredPrompt 的 prompt 和类型为 PreferredDrink 的 drink。不过，就像我们在前面看到的那样，只要这些定义不（以单个标识符的形式）出现在作用域内，编译器就不会用它们来填充 greet 方法缺失的参数列表：

```
scala> Greeter.greet("Joe")
1 |Greeter.greet("Joe")
  |                  ^
  |no implicit argument of type PreferredPrompt was found
  |for parameter prompt of method greet in object Greeter
```

可以用引入的方式将这两个上下文参数带入作用域中：

```
scala> import JoesPrefs.{prompt, drink}
```

由于 prompt 和 drink 现在是以单个标识符的形式出现在作用域内的，因此可以显式地用它们来填充最后的参数列表，就像这样：

```
scala> Greeter.greet("Joe")(using prompt, drink)
Welcome, Joe. The system is ready.
But while you work, why not enjoy a cup of tea?
relax>
```

而且，由于现在所有关于上下文参数的条件都被满足了，因此也可以选择让 Scala 编译器帮助你给出 prompt 和 drink，只需把整个参数列表去掉即可：

```
scala> Greeter.greet("Joe")
Welcome, Joe. The system is ready.
But while you work, why not enjoy a cup of tea?
relax>
```

关于前面这些例子，有一点需要注意，我们并没有用 String 作为 prompt 和 drink 的类型，尽管它其实就是通过 preference 字段给出的 String。由于编译器是通过匹配参数的类型和上下文参数实例的类型来选择上下文参数的，因此上下文参数的类型应该是足够“少见”或“特殊”的，从而避免意外的匹配。举例来说，示例 21.1 中的 PreferredPrompt 类型和 PreferredDrink 类型存在的唯一目的就是提供上下文参数。这样做的结果就是，如果这些类型的实例本意不是被用作类似 greet 这样的方法的上下文参数，它们就不太可能存在。

21.2　参数化的上下文参数类型

上下文参数最常见的用途可能是提供关于早前参数列表中被显式地提到的类型的信息，就像 Haskell 的类型族那样。这是用 Scala 编写函数时实现特定目的多态（*ad hoc polymorphism*）的重要方式：你的函数可以被应用于那些类型讲得通的值，而对于其他类型的值则无法通过编译。参考示例 14.1（288 页）中的两行插入排序代码。isort 的定义只针对整数列表。为了对其他类型的列表排序，需要让 isort 的参数类型更加通用。要做到这一点，首先需要引入类型参数 T，将 List 参数类型中的 Int 替换为 T，就像这样：

```
// 不能编译
def isort[T](xs: List[T]): List[T] =
  if xs.isEmpty then Nil
  else insert(xs.head, isort(xs.tail))

def insert[T](x: T, xs: List[T]): List[T] =
  if xs.isEmpty || x <= xs.head then x :: xs
  else xs.head :: insert(x, xs.tail)
```

在完成上述变更之后，如果你尝试编译 isort，则会得到如下的编译器信息：

```
6 |  if xs.isEmpty || x <= xs.head then x :: xs
  |                     ^^^^
  |                     value <= is not a member of T, ...
```

虽然 Int 类型定义了<=方法用来判定某个整数是否小于或等于另一个整数，但是其他类型可能需要不同的比较大小的方法，或者根本不能比较大小。如果想让 isort 对 Int 之外的其他类型的元素列表进行排序操作，则需要更多的信息来决定如何比较给定的两个元素。

为了解决这个问题，可以向 isort 提供适用于 List（元素）类型的“小于或等于”函数。这个“小于或等于”函数必须消费两个类型 T 的实例并返回表示第一个 T 实例是否小于或等于第二个 T 实例的 Boolean 值：

```
def isort[T](xs: List[T])(lteq: (T, T) => Boolean): List[T] =
  if xs.isEmpty then Nil
  else insert(xs.head, isort(xs.tail)(lteq))(lteq)

def insert[T](x: T, xs: List[T])
    (lteq: (T, T) => Boolean): List[T] =
  if xs.isEmpty || lteq(x, xs.head) then x :: xs
  else xs.head :: insert(x, xs.tail)(lteq)
```

不同于<=方法，这里的 insert 助手方法在排序过程中使用 lteq 参数对元素进行两两比较。允许向 isort 传入比较函数使得对任意类型 T 的列表进行排序成为可能，只要你能给出对 T 适用的比较函数。例如，你可以用这个版本的 isort 对 Int、String 和示例 6.5（112 页）中的 Rational 类的列表进行排序，就像这样：

```
isort(List(4, -10, 10))((x: Int, y: Int) => x <= y)
// List(-10, 4, 10)

isort(List("cherry", "blackberry", "apple", "pear"))
    ((x: String, y: String) => x.compareTo(y) <= 0)
// List(apple, blackberry, cherry, pear)

isort(List(Rational(7, 8), Rational(5, 6), Rational(1, 2)))
    ((x: Rational, y: Rational) =>
        x.numer * y.denom <= x.denom * y.numer)
// List(1/2, 5/6, 7/8)
```

14.10 节曾提到，Scala 编译器对参数列表中的参数从左向右逐一推断参数类型。因此，编译器能够基于在第一个参数列表中传入的 List[T]的元素类型 T 推断出在第二个参数列表中给出的 x 和 y 的类型：

```
isort(List(4, -10, 10))((x, y) => x <= y)
```

```
// List(-10, 4, 10)

isort(List("cherry", "blackberry", "apple", "pear"))
   ((x, y) => x.compareTo(y) < 1)
// List(apple, blackberry, cherry, pear)

isort(List(Rational(7, 8), Rational(5, 6), Rational(1, 2)))
   ((x, y) => x.numer * y.denom <= x.denom * y.numer)
// List(1/2, 5/6, 7/8)
```

经过这样的改动，isort 更加通用了，但这个通用的代价是代码变得更啰唆：每次调用时都需要给出比较函数，而且 isort 的定义必须把这个比较函数透传给每一次递归调用的 isort，以及 insert 助手函数。这个版本的 isort 已不再是曾经那个简单的排序表达。

如果把 isort 的比较函数做成上下文参数，则可以同时减少 isort 的实现和 isort 调用点的代码。虽然也可以把(Int, Int) => Boolean 做成上下文参数，但是这并不是最优的，因为类型要求过于笼统了。比如，你的程序可能包含了很多接收两个整数并返回一个布尔值的函数，但这些函数可能与对这两个整数进行排序没有任何关系。由于（编译器）对上下文参数的查找是基于类型的，因此应该尽量确保你的上下文参数的类型正确反映了它的真实意图。

针对某个特定的目的（如排序）定义类型通常是好的做法，不过，正如之前提到的，在使用上下文参数时，使用特定类型尤为重要。经过仔细定义的类型不仅能保证你使用正确的上下文参数，还能帮助你更清晰地表达意图。另外，它还可以让你渐进式地培育程序，在通过提供更多功能来丰富类型的同时，不打破类型之间已有的契约。你可以像这样来定义一个目的在于判定两个元素的次序的类型：

```
trait Ord[T]:
  def compare(x: T, y: T): Int
  def lteq(x: T, y: T): Boolean = compare(x, y) < 1
```

该特质利用更通用的抽象方法 compare 来实现“小于或等于”函数。这个 compare 方法的契约是：在两个参数相等时返回 0；在第一个参数大于第二个参数时返回正整数；在第一个参数小于第二个参数时返回负整数。有了这个定义，就可以接收 Ord[T]作为上下文参数来给出针对 T 的比较大小的方法，参考示例 21.2。

```
def isort[T](xs: List[T])(using ord: Ord[T]): List[T] =
  if xs.isEmpty then Nil
  else insert(xs.head, isort(xs.tail))

def insert[T](x: T, xs: List[T])
    (using ord: Ord[T]): List[T] =
  if xs.isEmpty || ord.lteq(x, xs.head) then x :: xs
  else xs.head :: insert(x, xs.tail)
```

示例 21.2 用 using 传入的上下文参数

就像之前提到的，你可以通过在参数前加上 using 来表示该参数支持隐式传入。有了这个，你就不再需要在调用该函数时显式地提供这些参数：如果当前作用域存在需要的（满足类型要求的）上下文参数，编译器就会将这个值传递给你的函数。你可以用 given 关键字声明它。

与对应上下文相关的类型的伴生对象是存放那些“自然”的上下文参数（即针对某个类型的某个操作的一种自然方式）的一个不错的选择。例如，存放 Ord[Int]类型的自然上下文参数实例的比较好的选择是放在 Ord 或 Int 这两个与 Ord[Int]类型相关的类型的伴生对象中。如果编译器在语法规定的作用域内找不到满足条件的 Ord[Int]，就会立即在这两个伴生对象中继续查找。由于你无法修改 Int 的伴生对象，因此 Ord 伴生对象就成了最佳选择：

```
object Ord:
  // (这还不够地道)
  given intOrd: Ord[Int] =
    new Ord[Int]:
      def compare(x: Int, y: Int) =
```

```
if x == y then 0 else if x > y then 1 else -1
```

到目前为止，本章展示的声明上下文参数的例子都可以被称为别名上下文参数（*alias given*）。等号（=）左侧的名称是等号右侧值的别名。虽然在等号右侧声明别名上下文参数时定义某个特质或类的匿名实例是很常见的做法，但是 Scala 提供了一个更精简的语法，即用 with 关键字替换等号和“new 类名”。[1] 示例 21.3 给出了使用这个更精简的语法的 intOrd 定义。

```
object Ord:
  // 这样写是地道的
  given intOrd: Ord[Int] with
    def compare(x: Int, y: Int) =
      if x == y then 0 else if x > y then 1 else -1
```

示例 21.3　在伴生对象中声明自然的上下文参数

有了 Ord 对象中的 Ord[Int]上下文参数定义，通过 isort 执行排序的代码就再次变得精简：

```
isort(List(10, 2, -10))
// List(-10, 2, 10)
```

当省去 isort 的第二个参数列表时，编译器会基于参数类型查找合适的上下文参数值来作为第二个参数列表传入。对于要排序 Int 的场合，参数类型是 Ord[Int]。编译器首先会在当前的语法作用域内查找给定的 Ord[Int]，如果找不到，就会在 Ord 和 Int 这两个相关类型的伴生对象中继续查找。由于示例 21.3 给出的 intOrd 上下文参数值恰好具备正确的类型，因此编译器将使用它来填充缺失的参数列表。

而要对字符串排序，只需要提供一个针对字符串比较的上下文参数值即可：

1 这里的 with 不同于第 11 章混入特质的用法。

```
// 添加到Ord对象上
given stringOrd: Ord[String] with
  def compare(s: String, t: String) = s.compareTo(t)
```

有了 Ord 对象中的 Ord[String]上下文参数声明，就可以用 isort 对字符串的列表进行排序：

```
isort(List("mango", "jackfruit", "durian"))
// List(durian, jackfruit, mango)
```

如果上下文参数不接收额外的值参数，则这个上下文参数会在它首次被访问时初始化，就像惰性的 val 那样。这个初始化的过程是线程安全的。如果上下文参数接收值参数，则每次访问都会创建新的上下文参数实例，这与 def 的行为很像。Scala 编译器的确会将上下文参数值转换成惰性的 val 或 def，并额外将它标记为在参数前加上 using 时可用。[1]

21.3　匿名上下文参数

虽然你可以把上下文参数的声明想象成惰性的 val 或 def 的特殊写法，但是上下文参数与这两个概念还是有一个重要的区别。举例来说，在声明 val 的时候，通常给出的是指向该 val 的值的名称：

```
val age = 42
```

在这个表达式中，编译器必须推断出 age 的类型。由于 age 被初始化成

1 译者注：在声明上下文参数时，可以通过 using 关键字要求参与其构建的参数也通过上下文获取，而不是在当下就确定。上下文参数本质上是由编译器自动帮我们生成的可被隐式调取的对象。如果在创建时所有相关信息已知不会随着上下文改变，则编译器只会创建单个对象并复用；而如果在创建时有部分参数依赖上下文，则编译器会正确地帮我们实现成每次都从上下文重新获取这些参数后动态创建。

42，而编译器知道 42 是 Int 类型的，因此推断出 age 的类型为 Int。实际的效果就是你提供了一个名称（term）age，而编译器推断出它的类型为 Int。

对上下文参数而言，这个过程是倒过来的：你给出一个类型，然后编译器基于可用的上下文参数，帮你合成一个用于表示该类型的名称，以便在需要这个类型的地方隐式地使用这个名称来表示。我们将这个过程称为**名称推断**（*term inference*），以便与类型推断区分开。

由于编译器是通过类型来查找上下文参数的，通常完全不需要用某个名称来指代这个上下文参数，因此可以以匿名的方式来声明上下文参数值。你可以不这样写：

```
given revIntOrd: Ord[Int] with
  def compare(x: Int, y: Int) =
    if x == y then 0 else if x > y then -1 else 1

given revStringOrd: Ord[String] with
  def compare(s: String, t: String) = -s.compareTo(t)
```

而是这样写：

```
given Ord[Int] with
  def compare(x: Int, y: Int) =
    if x == y then 0 else if x > y then -1 else 1

given Ord[String] with
  def compare(s: String, t: String) = -s.compareTo(t)
```

对这些匿名的上下文参数而言，编译器会自动帮助你合成相应的名称。在 isort 中，第二个参数可以用这个合成的值来填充，这个值在函数内就变得可见。如果你只关心你的上下文参数能否在需要时被隐式地提供，则完全不需要为它声明一个名称。

21.4　作为类型族的参数化上下文参数

你可以对任何想要排序的类型 T 提供 Ord[T]上下文参数。比如，你可以通过定义一个 Ord[Rational]上下文参数来允许对示例 6.5 中展示的 Rational 类的列表进行排序。由于这是一种对有理数排序的自然的方式，因此把这个上下文参数实例放在 Rational 类的伴生对象中很合适：

```
object Rational:
  given rationalOrd: Ord[Rational] with
    def compare(x: Rational, y: Rational) =
      if x.numer * y.denom < x.denom * y.numer then -1
      else if x.numer * y.denom > x.denom * y.numer then 1
      else 0
```

然后，就可以对 Rational 类的列表进行排序了：

```
isort(List(Rational(4, 5), Rational(1, 2), Rational(2, 3)))
// List(1/2, 2/3, 4/5)
```

根据里氏替换原则，对象可以被替换成它的子类型而不改变程序的预期正确性。这一点是面向对象编程中子类型/超类型关系的核心。在示例 21.2 给出的最新版本的 isort 中，看上去你可以把 String 的列表替换成 Int 或 Rational 的列表，而 isort 仍然能够如预期一般工作。这似乎在暗示 Int、Rational 和 String 可能具有某个公共的超类型，比如，某种“可排序”类型。[1] 然而它们并没有这样的公共超类型。不仅如此，想要定义这样一种针对 Int 或 String 类型的超类型也是不可能的，因为它们是 Java 和 Scala 标准库的一部分。

为特定的类型 T 提供 Ord[T]的上下文参数实例相当于给 T 颁发了一张“可排序的类型”俱乐部的会员卡，尽管实际上这些类型并没有任何公共的可

1 11.2 节和 18.7 节描述的 Ordered 特质就是这样的可排序类型。

排序的超类型。这样一组类型被称为*类型族*（*typeclass*）。[1] 举例来说，到现在为止，Ord 类型族包括 3 个类型：Int、String 和 Rational。这一组类型（如果用 T 来表示）都存在对应的 Ord[T]的上下文参数实例。第 23 章将给出更多的类型族的示例。由于示例 21.2 给出的 isort 实现接收类型为 Ord[T] 的上下文参数，因此它可以被归类为一种特定目的多态：isort 能对特定的类型 T 的列表排序（条件是存在 Ord[T]的上下文参数实例），但不能对其他类型的列表排序（无法通过编译）。用类型族实现特定目的的多态是合乎范式的 Scala 编程中的一项重要的、常用的技巧。

Scala 的标准类库提供了针对不同目的的现成可用的类型族，比如，定义相等性或者在排序时指定元素次序。本章中使用的 Ord 类型族是 Scala 的 math.Ordering 类型族的不完整的重新实现。Scala 类库定义了常见类型，如 Int 和 String 的 Ordering 类型族实例。

示例 21.4 给出了使用 Scala 的 Ordering 类型族的 isort 版本。注意这个版本的 isort 的上下文参数并没有参数名，只是使用了 using 关键字加上参数类型 Ordering[T]的写法。这种写法被称为*匿名参数*（*anonymous parameter*）。由于这个参数只是隐式地在函数中被使用（被隐式地传入 insert 和 isort），因此 Scala 并不要求我们给它起名。

```
def isort[T](xs: List[T])(using Ordering[T]): List[T] =
  if xs.isEmpty then Nil
  else insert(xs.head, isort(xs.tail))

def insert[T](x: T, xs: List[T])
    (using ord: Ordering[T]): List[T] =
  if xs.isEmpty || ord.lteq(x, xs.head) then x :: xs
  else xs.head :: insert(x, xs.tail)
```

示例 21.4　使用 Ordering 的插入排序函数

1 在“类型族”（typeclass）这个名称中的英文单词“class”并不是指面向对象中的类。它指的是满足特定条件的类型的集合（或日常英语中的 class），具体的条件是存在针对这些（面向对象的）类或特质的上下文参数实例。

作为另一个说明什么是特定目的多态的例子，我们可以回顾一下示例 18.11（406 页）中的 orderedMergeSort 方法。这个排序方法可以对任何（类型自身为）Ordered[T]的子类型 T 的列表进行排序。这种写法被称为子类型多态（*subtyping polymorphism*），如我们在 18.7 节讲解的，Ordered[T]这个类型上界意味着你不能对 Int 或 String 的列表使用 orderedMergeSort 方法。示例 21.5 给出的 msort 则不同，你可以用它来对 Int 和 String 的列表排序，因为它要求的 Ordering[T]是不同于 T 的单独的（*separate*）一组类型关系。虽然你无法通过更改 Int 来让它扩展 Ordered[Int]，但是可以定义并提供一个 Ordering[Int]上下文参数实例。

```
def msort[T](xs: List[T])(using ord: Ordering[T]): List[T] =
  def merge(xs: List[T], ys: List[T]): List[T] =
    (xs, ys) match
      case (Nil, _) => ys
      case (_, Nil) => xs
      case (x :: xs1, y :: ys1) =>
        if ord.lt(x, y) then x :: merge(xs1, ys)
        else y :: merge(xs, ys1)

  val n = xs.length / 2
  if n == 0 then xs
  else
    val (ys, zs) = xs.splitAt(n)
    merge(msort(ys), msort(zs))
```

示例 21.5　使用 Ordering 的归并排序函数

示例 21.4 给出的 isort 和示例 21.5 给出的 msort 都是使用上下文参数提供关于某个在更早的参数列表中被显式地给出的类型的更多信息的例子。具体而言，类型为 Ordering[T]的上下文参数提供了关于类型 T 的更多信息，对应到本例中就是如何对 T 排序。类型 T 在 xs 参数的类型 List[T]中被提到，而该参数出现在更早的参数列表中。由于在任何对 isort 和 msort 的调用中都必须显式地提供 xs，因此编译器在编译期就能确切地知道 T，从而能够判定是否存在可用的类型为 Ordering[T]的上下文参数实例。如果存在，则编译器将隐式地传入第二个参数列表。

21.5　上下文参数的引入

在类的伴生对象中提供上下文参数值意味着这些上下文参数将对编译器的查找操作可见。这是对上下文参数合乎常理的默认行为的良好实践，因为使用者很可能总是需要这样的实现，比如，对某个类型提供自然的排序规则。除此之外，如果不希望上下文参数被自动找到，而是要求使用者在需要时通过引入（即 import）主动查找，则把它放在（单独的）单例对象中也是一种良好实践。为了更易于辨别上下文参数来自哪里，Scala 针对上下文参数提供了特殊的引入语法。

假设你像示例 21.6 一样定义了一个对象。

```
object TomsPrefs:
  val favoriteColor = "blue"
  def favoriteFood = "steak"
  given prompt: PreferredPrompt =
    PreferredPrompt("enjoy> ")
  given drink: PreferredDrink =
    PreferredDrink("red wine")
  given prefPromptOrd: Ordering[PreferredPrompt] with
    def compare(x: PreferredPrompt, y: PreferredPrompt) =
      x.preference.compareTo(y.preference)
  given prefDrinkOrd: Ordering[PreferredDrink] with
    def compare(x: PreferredDrink, y: PreferredDrink) =
      x.preference.compareTo(y.preference)
```

示例 21.6　用户偏好对象

在第 12 章中，你曾看到如何用通配的引入语句来引入 val 和 def。不过常规的通配引入语法并不会引入上下文参数：

```
// 仅引入 favoriteColor 和 favoriteFood
import TomsPrefs.*
```

上述语句将引入除上下文参数之外的 TomsPrefs 的所有成员。要引入上下文参数，一种（可行的）选择是显式地引入它的名称：

```
import TomsPrefs.prompt // 引入 prompt
```

如果你想引入所有上下文参数，则可以使用特殊的通配上下文参数引入（*wildcard given import*）语法：

```
// 引入 prompt、drink、prefPromptOrd 和 prefDrinkOrd
import TomsPrefs.given
```

由于上下文参数的名称通常并不会在你的代码中被显式地用到，而只是用到了它的类型，同时上下文参数的引入机制也允许你通过类型来引入：[1]

```
// 引入 drink，因为它是一个类型为 PreferredDrink 的上下文参数
import TomsPrefs.{given PreferredDrink}
```

如果你想以类型的方式同时引入 prefPromptOrd 和 prefDrinkOrd，则可以显式地给出它们的类型，并在类型之前加上 given：

```
// 引入 prefPromptOrd 和 prefDrinkOrd
import TomsPrefs.{given Ordering[PreferredPrompt],
  given Ordering[PreferredDrink]}
```

或者，你也可以用一个问号（?）作为类型参数来一起引入，就像这样：

```
// 引入 prefPromptOrd 和 prefDrinkOrd
import TomsPrefs.{given Ordering[?]}
```

1 由于 21.3 节描述的匿名上下文参数并没有名字，因此只能通过类型或通配上下文引入的方式引入它。

21.6　上下文参数的规则

上下文参数是那些用 using 子句定义的参数。编译器可以选择通过插入上下文参数的方式来解决因缺少参数列表产生的任何错误。例如，如果 someCall(a)不能通过类型检查，则编译器可能会把它变更为 someCall(a)(b)，前提是缺失的参数列表被标记为 using 且 b 是一个上下文参数。[1] 这个变更可能可以修正某个程序，让它能够通过类型检查并正确地运行。如果显式地传入 b 会形成样板代码，则从源码中省去这个传入能让代码更清晰。

上下文参数受如下的一般规则管控。

标记规则：只有被标记为 given 的定义可用。given 关键字用来标记那些编译器会被用作上下文参数的声明。这里有一个上下文参数定义的例子：

```
given amysPrompt: PreferredPrompt = PreferredPrompt("hi> ")
```

编译器只有在 amysPrompt 被标记为 given 时才将 greet("Amy")变更为 greet("Amy")(amysPrompt)。这样一来，就避免了编译器随机地挑选某个碰巧出现在作用域内的值，并且隐式地将它插入代码中所引发的困惑。编译器只会在被显式地标记为 given 的那些定义中选取（上下文参数）。

可见性规则：被插入的上下文参数实例必须以单个标识符的形式出现在作用域内，或者与参数类型的相关类型关联。Scala 编译器只会考虑那些可见的上下文参数。因此，要让某个上下文参数可见，必须以某种方式让它可见。不仅如此，除了一个例外情况，上下文参数必须以单个标识符的形式出现在语法作用域内。编译器并不会插入以 prefslib.AmysPrefs.amysPrompt 形式存在的上下文参数。举例来说，编译器不会将 greet("Amy")改写为 greet("Amy")(prefslib.AmysPrefs.amysPrompt)。如果你想让

1 当编译器内部执行这个重写动作时，并不需要对显式传入的参数加上 using。

prefslib.AmysPrefs. amysPrompt 作为上下文参数可见，则需要引入这个上下文参数，这样就会让它以单个标识符的形式可见。一旦引入了这个上下文参数，编译器就可以选择使用单个标识符的形式来应用它，即 greet("Amy")(amysPrompt)。事实上，对类库而言，提供一个包含了若干个有用的上下文参数的 Preamble 对象是很常见的做法。这样一来，使用类库的代码就可以用一行代码“import Preamble.given”来访问这个类库的上下文参数了。[1]

上述单个标识符规则有一个例外。如果编译器在当前的语法作用域内找不到可用的上下文参数时，就会立即在与上下文参数类型相关的类型的伴生对象中继续查找。举例来说，如果你尝试在不显式地给出类型为 Ordering[Rational]的上下文参数的情况下调用某个（需要 Ordering [Rational]的）方法时，则编译器将会在 Ordering 和 Rational 伴生对象，以及它们的超类型的伴生对象中查找。因此，你可以在 Ordering 或 Rational 伴生对象中任选一个，将上下文参数打包在其相应的伴生对象中。由于 Ordering 伴生对象是标准类库的一部分，因此 Rational 伴生对象就是最好的选择：

```
object Rational:
  given rationalOrdering: Ordering[Rational] with
    def compare(x: Rational, y: Rational) =
      if x.numer * y.denom < x.denom * y.numer then -1
      else if x.numer * y.denom > x.denom * y.numer then 1
      else 0
```

对于本例中的 rationalOrdering 上下文参数，我们可以说它与 Rational 类型有关联（*associated*）。每当编译器需要合成类型为 Ordering[Rational]的上下文参数时，它都能找到这个有关联的上下文参数。因此，我们并不需要在程序中单独引入这个上下文参数。

1 对 Preamble.given 的引入同时会将那些在 Preamble 对象中声明的匿名上下文参数的合成名称以单个标识符的形式带入语法作用域内。

可见性规则有助于对代码进行模块化的推理。当你阅读某个文件中的代码时，唯一需要参考其他文件的地方是那些要么被引入，要么通过完整的名称被显式引用的标识。对上下文参数而言，这个好处至少与显式编写的代码一样重要。如果上下文参数在整个系统范围内生效，则为了理解某个文件，就必须知道程序中任意位置的所有上下文参数。

显式优先规则：只要代码能够按原始状态通过类型检查，编译器就不会尝试使用上下文参数。编译器不会改写已经工作的代码。对这个原则稍加推演，就总是可以通过使用 using 显式地给出上下文参数来替换那些被隐式提供的上下文参数，从而在代码变长的同时减少明显的歧义。你可以根据不同场景的实际情况在这些选择中取舍。每当你看到那些看起来重复而冗长的代码时，上下文参数都有机会帮助你减少这些烦人的冗余；而每当你发现代码很干甚至晦涩难懂时，也可以显式地用 using 传入上下文参数（来减少歧义）。留多少上下文参数给编译器帮你插入，说到底是一个（代码）风格问题。

给上下文参数起名

我们可以给上下文参数起任何名字。上下文参数的名字只在两种情况下是重要的：当你想要显式地用 using 关键字传参时，以及判断在程序中的任意位置有哪些上下文参数可用时。为了更好地理解第二种情况，假设你想要使用示例 21.6 的 TomsPrefs 单例对象中的 prefPromptOrd 上下文参数，但又不想使用 prefDrinkOrd 上下文参数，则可以通过只引入一个上下文参数而不引入另一个上下文参数来达成：

```
import TomsPrefs.prefPromptOrd
```

在本例中，带名字的上下文参数是很有用的，因为这样一来，你就可以用名字来有选择地引入其中一个而不是另一个。

21.7　当有多个上下文参数可选时

可能会存在这样一种情况：作用域内有多个上下文参数，且每一个上下文参数都能工作。在大多数时候，Scala 会在这样的情况下拒绝使用任何上下文参数。上下文参数在那些被省去的参数列表完全显而易见且纯粹是样板代码时效果最好。毕竟，在有多个上下文参数可选时，应该选哪一个并不是那么明显。我们来看示例 21.7。

```
class PreferredPrompt(val preference: String)

object Greeter:
 def greet(name: String)(using prompt: PreferredPrompt) =
   println(s"Welcome, $name. The system is ready.")
   println(prompt.preference)

object JillsPrefs:
  given jillsPrompt: PreferredPrompt =
    PreferredPrompt("Your wish> ")

object JoesPrefs:
  given joesPrompt: PreferredPrompt =
    PreferredPrompt("relax> ")
```

示例 21.7　多个上下文参数

示例 21.7 的 `JillsPrefs` 和 `JoesPrefs` 两个对象都提供了 `PreferredPrompt` 上下文参数。如果把这两个上下文参数都引入，则在当前的语法作用域内会同时出现两个不同的标识符，即 `jillsPrompt` 和 `joesPrompt`：

```
scala> import JillsPrefs.jillsPrompt

scala> import JoesPrefs.joesPrompt
```

如果这时再次尝试调用 `Greeter.greet`，则编译器会拒绝在这两个可用的上下文参数中做选择。

```
scala> Greeter.greet("Who's there?")
1 |Greeter.greet("Who's there?")
  |                            ^
  |ambiguous implicit arguments: both given instance
  |joesPrompt in object JoesPrefs and given instance
  |jillsPrompt in object JillsPrefs match type
  |PreferredPrompt of parameter prompt of method
  |greet in object Greeter
```

这里的歧义很真实。Jill 偏好的命令行提示符与 Joe 偏好的完全不同。在这种情况下，程序员应该显式地给出想要哪一个。只要有多个上下文参数可选，编译器就会拒绝做出选择，除非其中一个上下文参数比其他上下文参数更具体。这种情况与方法重载是一样的。当你调用 foo(null)而代码中有两个不同的重载 foo 方法都接收 null 时，编译器就会拒绝这样的代码，它认为这个方法调用的目标是有歧义的。

而当可选的上下文参数中有一个上下文参数比其他上下文参数严格来说更具体时，编译器会选择这个更具体的上下文参数。这背后的理念是，只要有理由相信程序员总是会选择某一个上下文参数，那就不要要求程序员显式地写出来。毕竟，方法重载也有相同的（宽松）处理机制。继续前面的例子，如果可选的 foo 方法中有一个接收 String 而另一个接收 Any，就选择接收 String 的版本，因为它显然更具体。

更准确地说，当满足如下条件中的任意一条时，某个上下文参数就比另一个上下文参数更具体：

- 前者的类型是后者的子类型。
- 前者的包含类扩展自后者的包含类。

如果你有两个可能存在歧义的上下文参数，又有明显的首选和次选之分，则可以把后者放在“LowPriority”（低优先）特质中而把前者放在这个特质的子类或子对象中。这样一来，即使上下文参数可能会带来歧义，编译器也会选择首选的那个上下文参数，只要它可用即可。当高优先的上下文参数不可用而低优先的可用时，编译器会选择低优先的那一个。

21.8 调试上下文参数

上下文参数是 Scala 的一个很强大的特性，不过有时很难正确使用它。本节包含一些用于调试上下文参数的小技巧。

有时你可能会觉得奇怪，编译器为什么没有找到那个你认为它应该能找到的上下文参数。在这种情况下，用 `using` 显式地传入上下文参数是有帮助的。如果在这样做以后编译器依然报错，你就知道编译器为什么不采纳你的上下文参数了。另一方面，显式地插入上下文参数也有可能让编译器不再报错。如果是这种情况，你就知道是因为其他规则（如可见性规则）阻止了对这个上下文参数的使用。

当你在调试程序时，有时候能看到编译器插入了什么上下文参数也是很有用的。我们可以给编译器加上`-Xprint:typer` 选项。如果你以这个选项运行 `scalac`，则编译器会向你展示类型检查器添加了所有上下文参数之后的代码效果。示例 21.8 和示例 21.9 给出了这样一个例子。如果你查看这两份代码清单的最后一行，则会看到 `enjoy` 的第二个参数列表（在示例 21.8 中被省去）被编译器插入了（见示例 21.9）：

```
Mocha.enjoy("reader")(Mocha.pref)
```

如果你足够勇敢，则可以试着用 `scala -Xprint:typer` 启动交互式命令行，从而打印出其内部使用的经过类型检查的源码。如果你这样做了，就准备看到在你的核心代码基础上生成的体量庞大的样板代码吧！[1]

---

1 诸如 IntelliJ 和 Metals 这样的 IDE 包含展示插入的上下文参数的选项。

```
object Mocha:

  class PreferredDrink(val preference: String)

  given pref: PreferredDrink = new PreferredDrink("mocha")

  def enjoy(name: String)(using drink: PreferredDrink): Unit =
    print(s"Welcome, $name")
    print(". Enjoy a ")
    print(drink.preference)
    println("!")

  def callEnjoy: Unit = enjoy("reader")
```

示例 21.8　使用上下文参数的示例代码

```
$ scalac -Xprint:typer Mocha.scala
package <empty> {
  final lazy module val Mocha: Mocha$ = new Mocha$()
    def callEnjoy: Unit = Mocha.enjoy("reader")(Mocha.pref)
  final module class Mocha$() extends Object() {
        this: Mocha.type =>
     // ...
    final lazy given val pref: Mocha.PreferredDrink =
      new Mocha.PreferredDrink("mocha")
    def enjoy(name: String)(using drink:
          Mocha.PreferredDrink): Unit = {
      print(
        _root_.scala.StringContext.apply(["Welcome, 
            ","" : String]:String*).s([name : Any]:Any*)
      )
      print(". Enjoy a ")
      print(drink.preference)
      println("!")
    }
    def callEnjoy: Unit = Mocha.enjoy("reader")(Mocha.pref)
  }
}
```

示例 21.9　完成类型检查和上下文参数插入的示例代码

21.9 结语

上下文参数可以让函数签名更容易阅读：代码阅读者可以将注意力集中在函数的真实意图上，而不是与大量的函数参数样板代码做斗争上，这些样板代码的参数可以交给函数的上下文来提供。对上下文参数的查询发生在编译期，因此可以确保这些参数值在运行期也可见。

本章描述了上下文参数机制。该机制可以隐式地向函数传递参数，这有助于减少样板代码，同时可以让函数消费和操作所有需要的参数。正如你看到的那样，对上下文参数的查询是基于函数参数的类型进行的：只要有合适的参数类型的值可以用于隐式传参，编译器就会采用这个值并将它传递给目标函数。你还看到了使用这个机制来完成特定目的多态的例子，如 `Ordering` 类型族。在下一章，你将了解到扩展方法如何使用类型族，而在第 23 章，你还将看到更多类型族使用上下文参数的例子。

第 22 章
扩展方法

如果你正在编写一个主要操作某一类对象的函数，则可能会倾向于将这个函数定义为这个类的成员。在面向对象的编程语言（如 Scala）中，这种方式可能会让那些调用你的函数的程序员们感觉最自然。尽管如此，有时候你也无法修改这个类。而其他的时候，你可能需要在一个专门用于该类的上下文参数类型族实例中定义这个功能。针对这些场景，Scala 提供了一种机制，让函数“看起来”就像某个类定义的成员一样，而实际上，函数是定义在这个类之外的。

Scala 3 引入了这样一个新的机制——*扩展方法*（*extension methods*），这个机制取代了 Scala 2 的隐式类（implicit class）。本章将向你展示如何创建自己的扩展方法，以及如何使用由他人提供的扩展方法。

22.1 扩展方法的基础

想象这样的场景：你需要比较字符串是否相等，并在比较的过程中对字符串中的空白做两项特殊处理。首先，你需要忽略字符串前后两端的空白；其次，你需要要求字符串内部（即去除两端空白后）的空白区域在出现的位置上互相呼应，同时允许这些互相呼应的空白区域存在（长度上的）差别。

要实现这个逻辑，可以去掉（参加比较的）两个字符串前后两端的空白，将字符串内部任何连续的空白字符替换成单个空格，然后判断得到的字符串是否相等。这里有一个执行上述变换操作的函数：

```
def singleSpace(s: String): String =
  s.trim.split("\\s+").mkString(" ")
```

这里的 singleSpace 函数接收一个字符串，然后将它变换成可以用==来比较的形式。首先，用 trim 去除字符串两端的空白。然后，调用 split 方法将进行 trim 操作后的字符串以连续空白为界切分开，得到一个数组。最后，用 mkString 方法把这些不带空白的字符串重新拼接起来，并以单个空格隔开。这里有一些例子：

```
singleSpace("A  Tale\tof Two   Cities")
// "A Tale of Two Cities"（双城记）
singleSpace("  It was  the\t\tbest\nof times. ")
// "It was the best of times."（这是最好的时代。）
```

可以用 singleSpace 函数来比较两个字符串是否相等，并且忽略它们在空白上的差异，就像这样：

```
val s = "One  Fish, Two\tFish "
val t = " One Fish,  Two Fish"
singleSpace(s) == singleSpace(t)     // true
```

这个设计非常合理。我们可以把 singleSpace 函数放在某个合适的单例对象中，然后开始下一个任务。不过，从人机交互界面的视角来看，你可能会觉得你的用户可能会倾向于能够直接在 String 上调用这个函数，就像这样：

```
s.singleSpace == t.singleSpace        // 要真能这样就好了
```

这样的写法会让这个函数使用起来感觉更面向对象。由于 String 是标准类库的一部分，因此为你的用户实现这个写法的最简单的方式是将

singleSpace 函数定义为扩展方法。[1] 参考示例 22.1。

```
extension (s: String)
  def singleSpace: String =
    s.trim.split("\\s+").mkString(" ")
```

示例 22.1　针对 String 的扩展方法

extension 关键字能够制造这样一种*假象*（*illusion*）：在不修改类本身的前提下对这个类添加了成员函数。在 extension 之后的圆括号内，你可以放置一个你想“添加”方法的（目标）类型的变量。这个变量指向的对象被称为扩展方法的*接收者*（*receiver*）。在本例中，“(s: String)”表示你想对 String 添加这个方法。在这个“开场白”之后，你就可以像编写其他方法那样编写这个方法，区别是你可以在方法体内使用接收者，即本例中的 s。

对扩展方法的使用被称为*应用*（*application*）。这里有一个例子，扩展方法 singleSpace 被引用了两次来比较两个字符串（是否相等）：

```
s.singleSpace == t.singleSpace // 是真的相等
```

虽然扩展方法的定义看起来有些像一个接收接收者作为构造方法参数的匿名类的定义（这样一来，接收者对象就对匿名类的所有方法可见），但是实际上并不是这样。扩展方法的定义会*当场*（*in place*）被改写为直接接收接收者作为参数的方法。举例来说，编译器会将示例 22.1 中的扩展方法定义改写为示例 22.2 所示的形式。

```
// 带有内部扩展标记
def singleSpace(s: String): String =
  s.trim.split("\\s+").mkString(" ")
```

示例 22.2　由编译器改写的扩展方法

1 其他更有挑战的方式是通过 Java Community Process 或 Scala Improvement Process 来将 singleSpace 添加到 String。

对于被改写的方法，唯一特殊的点在于编译器会给它一个内部标记，将它标记为扩展方法。让这个扩展方法可见的最简单的方式是把被重写的方法名引入当前的语法作用域内。下面是用 REPL 展示的例子：

```
scala> extension (s: String)
         def singleSpace: String =
           s.trim.split("\\s+").mkString(" ")
def singleSpace(s: String): String
```

在这个 REPL 会话中，由于 singleSpace 在语法作用域内，且内部标记为扩展方法，因此它可以被正常地应用：

```
scala> s.singleSpace == t.singleSpace
val res0: Boolean = true
```

由于 Scala 是当场改写扩展方法，在扩展方法被应用时，不会有额外的、不必要的装箱动作。而对 Scala 2 中采用的隐式类而言，却并不总是这样。因此，扩展方法带给你的是“没有遗憾的语法糖”。在接收者中调用扩展方法，如 s.singleSpace，总是能带给你等同于将接收者传递给相应的非扩展方法，如 singleSpace(s)的性能表现。

22.2 泛化的扩展方法

你可以定义泛化的扩展方法。作为示例，我们来看看 List 类的 head 方法。这个方法用于返回列表中的首个元素，不过，当列表为空时会抛出异常：[1]

```
List(1, 2, 3).head   // 1
List.empty.head      // 抛出 NoSuchElementException
```

1 List 的 head 方法在 14.4 节有介绍。

如果你不确定列表是不是非空的，则可以使用 headOption 方法。这个方法在列表非空时返回由 Some 包装起来的首个元素，否则返回 None：

```
List(1, 2, 3).headOption    // Some(1)
List.empty.headOption       // None
```

List 还提供了一个 tail 方法，用于返回除首个元素之外的所有元素。与 head 方法一样，当列表为空时，tail 方法也会抛出异常：

```
List(1, 2, 3).tail          // List(2, 3)
List.empty.tail             // 抛出 NoSuchElementException
```

不过，List 类并没有提供一个返回用 Option 包装起来的除首个元素之外的所有元素的安全的备选方法。如果你想要这样一个方法，则可以以**泛化的扩展**（*generic extension*）的形式提供。要想让一个扩展方法成为泛化的扩展方法，需要在 extension 关键字之后，在包含接收者的圆括号之前，添加用方括号括起来的一个或多个类型参数，如示例 22.3 所示。

```
extension [T](xs: List[T])
  def tailOption: Option[List[T]] =
    if xs.nonEmpty then Some(xs.tail) else None
```

示例 22.3　一个泛化的扩展方法

这里的扩展方法 tailOption 只针对一个类型 T 做了泛化。这里有一些使用 tailOption 方法的例子，其中，T 被实例化成 Int 或 String：

```
List(1, 2, 3).tailOption          // Some(List(2, 3))
List.empty[Int].tailOption        // None
List("A", "B", "C").tailOption    // Some(List(B, C))
List.empty[String].tailOption     // None
```

虽然你通常会让这样的类型参数被（编译器自动）推断出来，就像前面的例子那样，但是你也可以显式地给出类型参数。为了做到这一点，必须直接调用这个方法，也就是说，不使用扩展方法的形式：

```
tailOption[Int](List(1, 2, 3)) // Some(List(2, 3))
```

22.3 成组的扩展方法

当你想要对同一个类型添加多个方法时，可以用**成组的扩展**（*collective extension*）来一起定义。举例来说，由于 Int 类的很多操作都会溢出，因此你可能会想要定义一些能够检测到溢出的扩展方法。

针对 Int 值的二进制补码计算过程是反转所有位然后加 1。这样的表现形式允许减法被实现为一个二进制补码后面紧跟着一个加法。这个表现形式可以只用一个零值，而不是一个正零值和一个负零值。[1] 另一方面，由于没有负零值，因此会多出来一个槽位可以用来表示其他值。这个多出来的值会被放到负整数的远端。这就是最小的可被表达的负整数比最大的可被表达的正整数的负值小 1 的原因。

```
Int.MaxValue     // 2147483647
Int.MinValue     // -2147483648
```

Int 类的某些方法正是因为最大值和最小值不对称才会溢出。以 Int 类的 abs 方法为例，这个方法用于计算整数的绝对值。Int 值的最小值的绝对值是 2147483648，不过这个值无法用 Int 值来表达。这是因为 Int 值的最大值 2147483647 比它小 1，对 Int.MinValue 调用 abs 方法会溢出，从而得到的是最初的 MinValue：

```
Int.MinValue.abs // -2147483648 (溢出)
```

1 整数 1 的补码表现形式同时支持正零值和负零值，Float 和 Double 值使用的 IEEE 754 浮点数格式也是这样。

如果你想要一个返回 Int 值的绝对值且能检测到溢出的方法，则可以像这样定义扩展方法：

```
extension (n: Int)
  def absOption: Option[Int] =
    if n != Int.MinValue then Some(n.abs) else None
```

对 Int.MinValue 调用 abs 方法会溢出，但对其调用 absOption 方法会返回 None。而在其他情况下，absOption 方法会返回用 Some 包装起来的调用 abs 方法的结果。这里有一些使用 absOption 方法的例子：

```
42.absOption              // Some(42)
-42.absOption             // Some(42)
Int.MaxValue.absOption    // Some(2147483647)
Int.MinValue.absOption    // None
```

另一个可能在 Int 值的最小值的位置上溢出的操作是取反（negation）。在 MinValue 的位置上，Int 类的 unary_-方法会再次返回 MinValue：[1]

```
-Int.MinValue    // -2147483648 (overflow)
```

如果你也想要一个 unary_-的安全版本，则可以与 absOption 方法一起定义成组的扩展，如示例 22.4 所示。这个扩展方法将 absOption 和 negateOption 方法都添加到 Int 类中。这里有一些使用 negateOption 方法的例子：

```
-42.negateOption              // Some(42)
42.negateOption               // Some(-42)
Int.MaxValue.negateOption     // Some(-2147483647)
Int.MinValue.negateOption     // None
```

在成组的扩展方法中一起定义的方法被称为*兄弟方法*（*sibling method*）。

---

1 如 5.4 节所介绍的，Scala 会把-Int.MinValue 改写为对 Int.MinValue 的 unary_-方法的调用，即 Int.MinValue.unary_-。

在成组的扩展方法中的某一个方法中，你可以像调用同一个类的成员方法那样调用兄弟方法。举例来说，如果你决定同时给 Int 类添加一个 isMinValue 扩展方法，则可以在另外两个方法，也就是 absOption 和 negateOption 方法中直接调用这个方法，如示例 22.5 所示。

```
extension (n: Int)
  def absOption: Option[Int] =
    if n != Int.MinValue then Some(n.abs) else None
  def negateOption: Option[Int] =
    if n != Int.MinValue then Some(-n) else None
```

示例 22.4 成组的扩展方法

```
extension (n: Int)
  def isMinValue: Boolean = n == Int.MinValue
  def absOption: Option[Int] =
    if !isMinValue then Some(n.abs) else None
  def negateOption: Option[Int] =
    if !isMinValue then Some(-n) else None
```

示例 22.5 调用兄弟扩展方法

在示例 22.5 给出的成组的扩展方法中，absOption 和 negateOption 方法都调用了 isMinValue 这个兄弟方法。在这些场景下，编译器会把调用改写为对接收者的调用。以示例 22.5 的扩展方法为例，编译器会把 isMinValue 调用改写为 n.isMinValue，如示例 22.6 所示。

```
// 都带有内部扩展标记
def isMinValue(n: Int): Boolean = n == Int.MinValue
def absOption(n: Int): Option[Int] =
  if !n.isMinValue then Some(n.abs) else None
def negateOption(n: Int): Option[Int] =
  if !n.isMinValue then Some(-n) else None
```

示例 22.6 由编译器改写的成组的扩展方法

22.4 使用类型族

求绝对值和取反操作时的溢出检测不仅对 Int 类型有用，对其他类型也有用。任何基于二进制补码的整数运算操作都面临同样的溢出问题，例如：

```
Long.MinValue.abs          // -9223372036854775808 (溢出)
-Long.MinValue             // -9223372036854775808 (溢出)
Short.MinValue.abs         // -32768 (溢出)
-Short.MinValue            // -32768 (溢出)
Byte.MinValue.abs          // -128 (溢出)
-Byte.MinValue             // -128 (溢出)
```

如果你想对所有这些类型都提供安全的 abs 和 unary_-方法，则可以针对每一个类型都定义单独的成组的扩展方法，但最终的实现可能一样。为了避免这里的重复代码，可以定义由类型族支持的扩展。这样一个*特定目的的扩展*（*ad hoc extension*）对任何该类型族的上下文参数实例类型都适用。

我们可以先看看标准类库中是否已经存在合适的类型族。Numeric 特质过于笼统，因为这个类型族对不是基于二进制补码的类型（如 Double 和 Float 类型）也提供了上下文参数实例。Integral 特质也过于笼统，虽然它没有对 Double 和 Float 类型提供上下文参数实例，但是它对 BigInt 类型提供了上下文参数实例，而 BigInt 类型不会溢出。因此，你的最佳选择是自己定义一个专门用于二进制补码的整数类型的新类型族，如示例 22.7 给出的 TwosComplement 特质。

接下来，你可以对那些你想要提供扩展方法的二进制补码类型定义上下文参数实例。伴生对象是一个不错的用于存放那些你预期用户总是会用到的上下文参数实例的地方。[1] 在示例 22.7 中，我们为 Byte、Short、Int 和 Long 类型定义了 TwosComplement 特质的上下文参数实例。

---

1 我们在 21.5 节给出了关于在哪里定义上下文参数的建议。

```
trait TwosComplement[N]:

  def equalsMinValue(n: N): Boolean
  def absOf(n: N): N
  def negationOf(n: N): N

object TwosComplement:

  given tcOfByte: TwosComplement[Byte] with
    def equalsMinValue(n: Byte) = n == Byte.MinValue
    def absOf(n: Byte) = n.abs
    def negationOf(n: Byte) = (-n).toByte

  given tcOfShort: TwosComplement[Short] with
    def equalsMinValue(n: Short) = n == Short.MinValue
    def absOf(n: Short) = n.abs
    def negationOf(n: Short) = (-n).toShort

  given tcOfInt: TwosComplement[Int] with
    def equalsMinValue(n: Int) = n == Int.MinValue
    def absOf(n: Int) = n.abs
    def negationOf(n: Int) = -n

  given tcOfLong: TwosComplement[Long] with
    def equalsMinValue(n: Long) = n == Long.MinValue
    def absOf(n: Long) = n.abs
    def negationOf(n: Long) = -n
```

示例 22.7　针对二进制补码的整数类型的类型族

有了这些定义，就可以定义示例 22.8 所示的泛化的扩展方法了。这样一来，也就能对那些合理的类型使用 absOption 和 negateOption 方法了。这里有一些例子：

```
Byte.MaxValue.negateOption      // Some(-127)
Byte.MinValue.negateOption      // None
Long.MaxValue.negateOption      // -9223372036854775807
Long.MinValue.negateOption      // None
```

```
extension [N](n: N)(using tc: TwosComplement[N])
  def isMinValue: Boolean = tc.equalsMinValue(n)
  def absOption: Option[N] =
    if !isMinValue then Some(tc.absOf(n)) else None
  def negateOption: Option[N] =
    if !isMinValue then Some(tc.negationOf(n)) else None
```

示例 22.8 在扩展方法中使用类型族

另一方面，在对那些不合理的类型使用这些扩展方法时，编译都会失败：

```
BigInt(42).negateOption
1 |BigInt(42).negateOption
  |^^^^^^^^^^^^^^^^^^^^^^^
  |value negateOption is not a member of BigInt.
  |An extension method was tried, but could not be
  |fully constructed:
  |
  |    negateOption[BigInt](BigInt.apply(42))(
  |      /* missing */summon[TwosComplement[BigInt]]
  |    )
```

正如我们在 21.4 节讨论到的，类型族提供的是特定目的多态：相关功能对特定的具体类型（即存在类型族上下文参数实例的类型）适用，但对其他类型会给出编译错误。就扩展方法而言，你可以通过类型族来允许在特定的具体类型上使用扩展方法的语法糖。除此之外，对其他任何类型使用该扩展方法的尝试都将无法通过编译。

22.5 针对上下文参数的扩展方法

在前一节，TwosComplement 特质的用意是实现对具体的一组类型开启扩展方法的设计目标。由于我们的首要目标是为用户提供扩展方法，因此用户应该可以很容易地决定何时以及是否启用它。在这样的设计场景下，放置扩展方法的最好的选择是单例对象。基于这个单例对象，用户可以采用引入的方式将扩展方法带入语法作用域内，让它可用。举例来说，你可以将用于溢出检测的成组的扩展方法放置在名称为 TwosComplementOps 的对象中，如示例 22.9 所示。

```
object TwosComplementOps:
  extension [N](n: N)(using tc: TwosComplement[N])
    def isMinValue: Boolean = tc.equalsMinValue(n)
    def absOption: Option[N] =
      if !isMinValue then Some(tc.absOf(n)) else None
    def negateOption: Option[N] =
      if !isMinValue then Some(tc.negationOf(n)) else None
```

示例 22.9　在单例对象中放置扩展方法

这样一来，你的用户就可以采用如下方式将这些语法糖邀请到代码中：

```
import TwosComplementOps.*
```

有了这个引入，这些扩展方法就可以被应用了：

```
-42.absOption    // Some(42)
```

就 TwosComplementOps 对象而言，其主要的设计目标是扩展方法，而类型族扮演了支持角色。不过通常是反过来的：类型族是主要目标，而扩展方法扮演了让类型族更易于使用的支持角色。在这些场合下，放置扩展方法的最佳选择是类型族特质本身。

例如，在第 21 章，我们定义了 Ord 类型族，目的是让 isort 这个插入排序方法更为通用。虽然在第 21 章展示的解决方案中达成了这个目的（isort 可以被用于任何存在可见的 Ord[T]上下文参数实例的类型 T 中），但是如果我们能添加若干个扩展方法，则 Ord 类型族用起来会更舒服。

每个类型族特质都接收一个类型参数，这是因为类型族实例知道如何对那个类型的对象执行某项操作。举例来说，Ord[T]知道如何对两个类型 T 的实例做比较以判定其中一个实例是否大于、小于或等于另一个实例。由于针对 T 的类型族实例独立于它要操作的 T 的实例，因此使用类型族的语法可能会显得有些凌乱。例如，在示例 21.2 中，插入方法接收一个 Ord[T]的上下文参数实例并用它来判定 T 的实例是否小于或等于一个已排好序的列表的头部元素。下面是从示例 21.2 摘抄的 insert 方法：

```
def insert[T](x: T, xs: List[T])(using ord: Ord[T]): List[T] =
  if xs.isEmpty || ord.lteq(x, xs.head) then x :: xs
  else xs.head :: insert(x, xs.tail)
```

虽然这里的“ord.lteq(x, xs.head)”没有什么错误，但是很显然，更加自然的方式可以是这样的：

```
x <= xs.head      // 啊！多么清晰
```

可以用成组的扩展方法来启用这样的<=语法糖（还有<、>和>=）。在这个迭代版本中，扩展方法被放置在单例对象 OrdOps 中，如示例 22.10 所示。

```
// (还不是最好的设计)
object OrdOps:
  extension [T](lhs: T)(using ord: Ord[T])
    def < (rhs: T): Boolean = ord.lt(lhs, rhs)
    def <= (rhs: T): Boolean = ord.lteq(lhs, rhs)
    def > (rhs: T): Boolean = ord.gt(lhs, rhs)
    def >= (rhs: T): Boolean = ord.gteq(lhs, rhs)
```

示例 22.10　在单例对象中放置 Ord 的扩展方法

有了示例 22.10 所示的 OrdOps 对象的定义，用户就可以通过引入来邀请这些语法糖，就像这样：

```
def insert[T](x: T, xs: List[T])(using Ord[T]): List[T] =
```

```
import OrdOps.*
if xs.isEmpty || x <= xs.head then x :: xs
else xs.head :: insert(x, xs.tail)
```

可以直接写“x <= xs.head”，而不是“ord.leqt(x, xs.head)”。除此之外，我们实际上并不需要对这个 Ord 实例命名，因为之后不再（直接）使用它了。因此，“(using ord: Ord[T])”可以被简化为“(using Ord[T])”。

这个方案是可行的，如果任何存在 Ord 实例的场合都有这个语法糖就好了。由于通常情况下都是这样的——Scala 会帮助我们查找可以应用的上下文参数实例，因此放置这些扩展方法的最佳位置不是 OrdOps 这样的单例对象，而是 Ord 类型族特质本身。这样能够确保这些扩展方法在该类型族实例已经存在于作用域内时都可以被应用。可以写成如示例 22.11 所示的样子：

```
trait Ord[T]:

  def compare(x: T, y: T): Int
  def lt(x: T, y: T): Boolean = compare(x, y) < 0
  def lteq(x: T, y: T): Boolean = compare(x, y) <= 0
  def gt(x: T, y: T): Boolean = compare(x, y) > 0
  def gteq(x: T, y: T): Boolean = compare(x, y) >= 0

  //（这是最好的设计）
  extension (lhs: T)
    def < (rhs: T): Boolean = lt(lhs, rhs)
    def <= (rhs: T): Boolean = lteq(lhs, rhs)
    def > (rhs: T): Boolean = gt(lhs, rhs)
    def >= (rhs: T): Boolean = gteq(lhs, rhs)
```

示例 22.11　在类型族特质中放置扩展方法

在将这些扩展方法写在类型族特质本身之后，这些扩展方法就可以在任何使用该类型族的上下文参数实例的地方可见。以 insert 方法为例，这些扩展方法可以“正确工作”，而不需要被显式引入，如示例 22.12 所示。

```
def insert[T](x: T, xs: List[T])(using Ord[T]): List[T] =
  if xs.isEmpty || x <= xs.head then x :: xs
  else xs.head :: insert(x, xs.tail)
```

示例 22.12 使用类型族特质中定义的扩展方法

由于不再需要引入“OrdOps.*”，因此示例 22.12 给出的这个版本的 insert 方法比前一个版本更精简。不仅如此，扩展方法本身也变得更简单了。我们可以比较一下示例 22.10 和示例 22.11 的版本。由于扩展方法是类型族特质自身的一部分，它已经有一个指向类型族实例的引用，也就是 this，因此你不再需要传递名称为 ord 的 Ord[Int]实例，也就不能用这个实例来调用类型族的方法，如 lt 和 lteq。但是你可以在 this 引用上调用这些方法，因此“ord.lt(lhs, rhs)”就变成了“lt(lhs, rhs)”。

由于 Scala 会当场改写扩展方法，因此这些方法将变成类型族特质自己的成员，如示例 22.13 所示。

```
trait Ord[T]:

  def compare(x: T, y: T): Int
  def lt(x: T, y: T): Boolean = compare(x, y) < 0
  def lteq(x: T, y: T): Boolean = compare(x, y) <= 0
  def gt(x: T, y: T): Boolean = compare(x, y) > 0
  def gteq(x: T, y: T): Boolean = compare(x, y) >= 0

  // With internal extension markers:
  def < (lhs: T)(rhs: T): Boolean = lt(lhs, rhs)
  def <= (lhs: T)(rhs: T): Boolean = lteq(lhs, rhs)
  def > (lhs: T)(rhs: T): Boolean = gt(lhs, rhs)
  def >= (lhs: T)(rhs: T): Boolean = gteq(lhs, rhs)
```

示例 22.13 由编译器改写的类型族扩展方法

在查找可以解决某个类型错误的扩展方法时，Scala 会检查 Ord[T]上下文参数实例的内部。而且，Scala 用来查找扩展方法的算法有些复杂。接下来将介绍这些细节。

22.6 Scala 如何查找扩展方法

当编译器看到你在尝试对一个对象引用调用一个方法时，它首先会检查这个方法是不是在该对象的类本身有定义。如果有定义，就直接选中这个方法，不再继续查找扩展方法。[1] 如果没有定义，这个方法调用就是一个候选的编译错误。不过，在报告编译错误之前，编译器会查找能解决这个候选的编译错误的扩展方法或隐式转换。[2] 只有当未找到可以用来解决这个候选的编译错误的扩展方法或隐式转换时，编译器才会将编译错误报告出来。

Scala 将扩展方法的查找分为两个阶段。在第一个阶段，编译器会在语法作用域内查找。在第二个阶段，它会搜索 3 个地方：那些在作用域内的上下文参数的成员，接收者的类、超类、超特质的伴生对象，以及这些伴生对象中的上下文参数的成员。作为第二个阶段的一部分，编译器还会尝试对接收者的类型进行类型转换。

如果编译器在任一阶段找到多个可被应用的扩展方法，则它将选中更具体的那一个，就像编译器在多个可选的重载方法中挑选最具体的那一个一样。如果它找到的最具体的可选扩展方法不止一个，它就会给出一个编译器报错，这个报错会包含那些存在歧义的扩展方法的清单。

一个定义可以以 3 种方式出现在语法作用域内：它可以被直接定义、被引入或者被继承。举例来说，下面对 88 调用 `absOption` 方法的例子之所以能通过编译，是因为在使用前，`absOption` 这个扩展方法就已经以单个标识符的形式被引入了：

1 这是一条通用规则：如果任何代码片段能够按照原样通过编译，则 Scala 编译器不会将它改写成其他模样。

2 我们将在第 23 章介绍隐式转换。

```
import TwosComplementOps.absOption
88.absOption     // Some(88)
```

因此，对 `absOption` 这个扩展方法的查找在第一个阶段就完成了。而示例 22.12 中由`<=`触发的（扩展方法）查找是在第二个阶段完成的。被应用的扩展方法是示例 22.11 中给出的`<=`。它在通过 `using` 参数传入的 `Ord[T]`上下文参数实例中被调用。

22.7　结语

扩展方法是对代码播撒语法糖的一种方式：它能让某个对象调用看起来就像是在那个对象的类中定义的函数一样，但实际上是将这个对象传入函数的（而不是反过来）。本章介绍了如何定义扩展方法，以及如何使用其他人定义的扩展方法。我们还看到了扩展方法和类型族是如何相互补充的，以及如何更好地一起使用它们。在下一章，我们将更深入地介绍类型族。

第 23 章
类型族

假设你需要编写一个实现对某些类型适用而对其他类型不适用的行为的函数，而 Scala 提供了几个选项。其中，一个选项是定义重载的方法；第二个选项是要求所有传入这个函数的实例的类都混入某个特定的特质；而第三个（同时也是更灵活的）选项是定义一个类型族，然后以按照传入的类型能够找到该类型族的上下文参数实例为前提来编写你的函数。

本章将会比较和对比这些不同的方式，然后深入介绍类型族。我们将介绍用于类型族的上下文界定语法并从标准类库中给出若干个类型族的示例，包括数值字面量、跨界相等性、隐式转换和主方法等。作为最后的收尾，本章还会给出一个用类型族实现 JSON 序列化的例子。

23.1 为什么要用类型族

在 Scala 的上下文中，"类型族"（typeclass）这个词可能不太好懂，因为虽然这个词里的*类型*（*type*）指的是 Scala 的类型（type），但是*族*（*class*）并不是 Scala 的类（class）。`typeclass` 这个词里的 `class` 是常规英语中的含义，用来表示一组事物或事物的合集。因此，类型族指的就是一组类型或类型的合集。

21.4 节曾经提到过，类型族支持特定目的多态，意思是函数可以用于特定的可被枚举的一组类型。任何将这个函数用于这组可被枚举的类型之外的类型的尝试都无法通过编译。举例来说，特定目的多态这个概念最早在很多编程语言中被用来描述诸如+或-的操作符能够被用于特定的类型而不能被用于其他类型。[1] 在 Scala 中，我们是通过重载方法来实现的。例如，scala.Int 的接口包含了 7 个名称为减（-）的重载的抽象方法：

```
def -(x: Double): Double
def -(x: Float): Float
def -(x: Long): Long
def -(x: Int): Int
def -(x: Char): Int
def -(x: Short): Int
def -(x: Byte): Int
```

因此，你可以向 Int 类的减方法传入这 7 种特定类型的实例，也可以把这 7 种类型看作减方法接收的一组（或常规英语中的 class）类型。参考图 23.1。

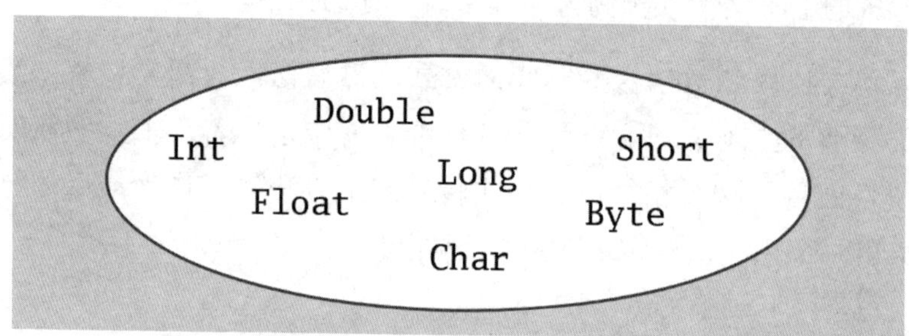

图 23.1 Int 类的减（-）方法接收的类型

在 Scala 中实现多态的另一种方式是类继承关系。这里有一个使用密封特质来定义一组颜色的例子：

```
sealed trait RainbowColor
class Red extends RainbowColor
```

1 Strachey，《编程语言的基本概念》[Str001]

```
class Orange extends RainbowColor
class Yellow extends RainbowColor
class Green extends RainbowColor
class Blue extends RainbowColor
class Indigo extends RainbowColor
class Violet extends RainbowColor
```

有了这样的类继承关系，就可以定义一个接收 RainbowColor 特质作为入参的方法：

```
def paint(rc: RainbowColor): Unit
```

由于 RainbowColor 特质是密封的，因此 paint 方法只能被传入如图 23.2 所示的 7 种类型的入参。传入任何其他类型的入参都无法通过编译。虽然这种方式可以被看作特定目的多态，但是我们将其称为子类型多态，这是为了强调一个重要的区别：所有被传入 paint 方法中的实例的类都必须混入 RainbowColor 特质，并且满足由此接口带来的任何约束。对比而言，图 23.1 中的 Int 类的减（-）方法所接收的参数类型并不需要满足除 Scala 的顶层类型 Any 之外的任何公共接口的约束。简言之，子类型多态针对的是**相关的**（*related*）类型，而特定目的多态（比如重载和类型族）针对的是**不相关的**（*unrelated*）类型。

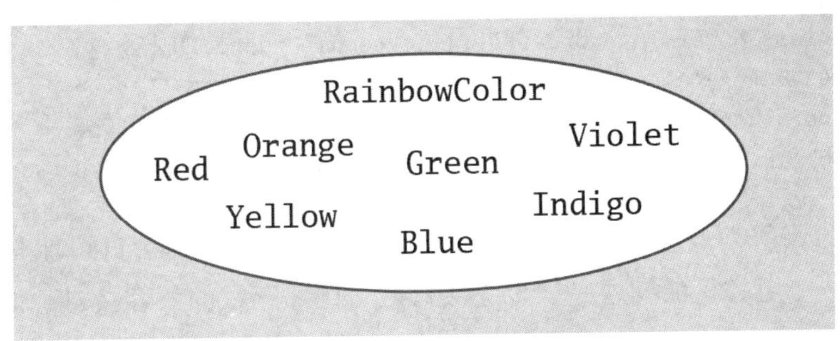

图 23.2　paint 方法接收的类型

由于接口的约束，子类型多态在类继承关系能够围绕单个概念定义一小组类型时最适用。密封类继承关系和枚举都是很好的例子。在这些自包含的成组类型中，确保接口的兼容性是直截了当的。子类型多态也能用于对那些更大的、非密封的，但聚焦在单个概念上的类继承关系建模。Scala 的集合类库就是这样的例子。不过，如果要针对某个应用广泛的特定行为（但除此行为之外毫不相关）的类型进行建模（如序列化或排序），则子类型多态的方案就显得有些麻烦了。

以 Scala 的 Ordered 特质为例，这是一个用子类型对次序建模的特质。如 11.2 节和 18.7 节所示，如果你将 Ordered 特质混入某个类并实现 compare 方法，就继承了<、>、<=和>=方法。另外，你还可以用 Ordered 特质作为上界来定义排序方法，如示例 18.11（406 页）中的 orderedMergeSort 方法。

这种方案的局限在于，任何你想要传给 orderedMergeSort 方法的参数类型 T 都必须混入 Ordered[T]并满足 Ordered[T]的接口约束。因此，一个潜在的问题是，你打算混入 Ordered 特质的类已经定义了重名的方法，或者在接口契约上与 Ordered 特质相冲突。另一个潜在的问题是型变冲突。假设你想要对 19.4 节的 Hope 类型混入 Ordered 特质，那么你可能会希望通过将 Sad 对象排序为最小的 Hope 值，然后将 Glad 对象的次序定义为基于它包含的对象排序的方式来实现 compare 方法。不幸的是，编译器会拒绝你的这个方案，因为 Hope 类型在类型参数上是协变的，而 Ordered 特质是不变的：

```
class Hope[+T <: Ordered[T]] extends Ordered[Hope[T]]
1 |class Hope[+T <: Ordered[T]] extends Ordered[Hope[T]]
  |^^^^^^^^^^^^^^^^^^^^^^^^^^^^^^^^^^^^^^^^^^^^^^^^^^^^^
  |covariant type T occurs in invariant position in type
  |Object with Ordered[Hope[T]] {...} of class Hope
```

因此，子类型多态的一个潜在的问题是已经存在的接口可能是不兼容的。另一个更常见的问题是“你无法修改”已经存在的兼容接口。例如，你无法使用示例 18.11 的 orderedMergeSort 方法对 List[Int]排序，因为 Int 并非扩展自 Ordered[Int]，而你无法改变这个事实。在实践中，用子类型来完成那些应用在很多本不相关的类型上的通用概念的主要困难，来自那些类型通常都被定义在你无法修改的类库里。

类型族通过定义一个聚焦在这个通用概念上的**单独的**（*separate*）类型关系来解决这个问题，并使用类型参数来给出某个服务接收的类型（提供服务的目标对象）。由于这个单独的类型关系仅聚焦在一个概念上，如序列化或排序，因此确保接口兼容就变得十分直截了当。由于类型族实例用类型参数来表示其提供服务的目标类型，因此你不需要改变某个类型来向它提供这项服务。[1] 这样一来，你就可以很容易地针对那些位于你无法修改的类库中的类型定义类型族上下文参数实例了。

一个不错的例子是 Scala 的 Ordering 类型族，它定义了一组专门用于排序的类型关系。而这组 Ordering 类型关系是与要排序的类型关系独立开的。这样一来，即使你不能将 Ordered 特质混入 Hope 类型，也可以为 Hope 类型定义一个 Ordering 上下文参数实例。虽然 Hope 类型归属于一个你无法修改的类库，并且 Hope 类型和 Ordering 上下文参数实例在型变上有所不同，前者是协变的而后者是不变的，但是你仍然可以这样做。示例 23.1 给出了这样一个实现。

```
import org.stairwaybook.enums_and_adts.hope.Hope

object HopeUtils:

  given hopeOrdering[T](using
      ord: Ordering[T]): Ordering[Hope[T]] with

    def compare(lh: Hope[T], rh: Hope[T]): Int =
      import Hope.{Glad, Sad}
      (lh, rh) match
        case (Sad, Sad) => 0
        case (Sad, _) => -1
        case (_, Sad) => +1
        case (Glad(lhv), Glad(rhv)) =>
          ord.compare(lhv, rhv)
```

示例 23.1 针对 Hope[T]的 hopeOrdering 上下文参数实例

1 以这种方式使用类型参数被称为全类型多态（universal polymorphism）。

Ordering 类型族是包括了所有定义了 Ordering[T]的上下文参数实例的类型 T 的集合。标准类库为很多类型，如 Int 或 String，都提供了 Ordering 上下文参数实例，并将这些类型归类为 Ordering 类型族的标准成员。示例 23.1 给出的 hopeOrdering 上下文参数实例将形式为 Hope[T]（针对所有类型 T）的类型族成员也添加到 Ordering 类型族中。组成 Ordering 类型族的类型集合如图 23.3 所示。

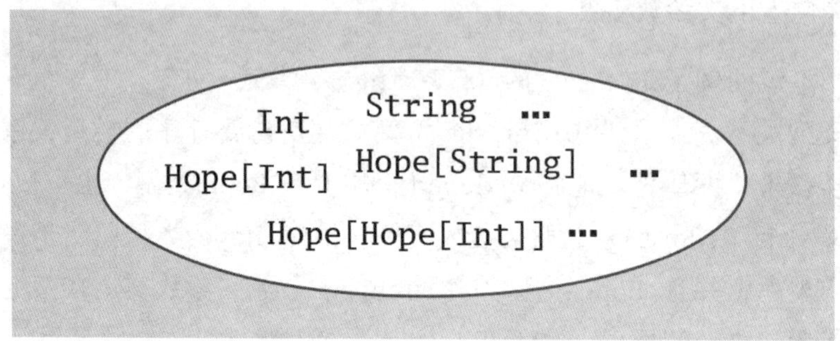

图 23.3　组成 Ordering 类型族的类型集合

类型族支持特定目的多态，因为你可以编写只能被用于那些存在特定类型族的上下文参数实例的类型的函数。任何想把这个函数用于不具备所要求的类型族上下文参数实例的类型的尝试都将不能通过编译。举例来说，你可以对示例 21.5（465 页）的 msort 传入任何 List[T]，只要针对类型 T 定义了 Ordering[T]的上下文参数实例即可。由于标准类库提供了 Ordering[Int]和 Ordering[String]的上下文参数实例，因此你可以向 msort 传入 List[Int]和 List[String]。不仅如此，如果你引入示例 23.1 给出的 hopeOrdering 上下文参数实例，则还可以向 msort 传入 List[Hope[Int]]、List[Hope[String]]或 List[Hope[Hope[Int]]]等。另一方面，任何向 msort 传入未定义 Ordering 上下文参数实例的元素类型的列表的尝试都将不能通过编译。

总体来说，类型族解决的是那些很难、不方便或不可能把某一类服务打包到该类型的某种类继承关系中的问题。在实践中，并不是所有你想要提供某种通用服务的类型都能够通过实现某个接口来将它带入某个公共的类继承关系中的。类型族的方案允许你用独立的另一组类型关系来专门提供这个通用服务。

23.2 上下文界定

由于类型族是 Scala 中的一个重要模式，因此 Scala 为它提供了一个名称为上下文界定（*context bound*）的简写语法。以示例 23.2 所示的 maxList 函数为例，这是一个返回传入列表中最大元素的函数。这个 maxList 函数接收一个 List[T]作为它的首个入参，并在接下来的参数列表中接收一个额外的类型为 Ordering[T]的 using 入参。在 maxList 函数体中，传入的次序（ordering）在两个地方被用到：对 maxList 函数的递归调用中，以及检查列表头部元素是否比列表剩余部分的最大元素更大的 if 表达式中。

```
def maxList[T](elements: List[T])
    (using ordering: Ordering[T]): T =

  elements match
    case List() =>
      throw new IllegalArgumentException("empty list!")
    case List(x) => x
    case x :: rest =>
      val maxRest = maxList(rest)(using ordering)
      if ordering.gt(x, maxRest) then x
      else maxRest
```

示例 23.2　带有 using 参数的函数

这个 maxList 函数是使用 using 参数提供更多关于某个在更早的参数列表中被显式提到的类型的更多信息的一个例子。具体而言，ordering 这个类型为 Ordering[T]的 using 参数提供了更多关于类型 T 的信息，就本例而言，即如何对 T 排序。类型 T 是在 List[T]中被提到的，这是 elements 参数的类型，出现在更早的参数列表中。由于 elements 在任何对 maxList 函数的调用中都必须被显式地给出，因此编译器在编译期就可以知道 T 并确定是否有可用的类型为 Ordering[T]的上下文参数定义。如果有，编译器就能（隐式地）传入第二个参数列表。

在示例 23.2 给出的 maxList 函数实现中，我们用 using 显式地传入了 ordering，不过并不需要这样做。当你对参数标记上 using 时，编译器不仅会尝试提供（*supply*）对应上下文参数值的参数，还会在方法体中定义（*define*）这个参数，并将其当作一个可用的上下文参数。因此，在方法体中，第一次对 ordering 参数的使用可以被省去，参考示例 23.3。

```
def maxList[T](elements: List[T])
    (using ordering: Ordering[T]): T =

  elements match
    case List() =>
      throw new IllegalArgumentException("empty list!")
    case List(x) => x
    case x :: rest =>
      val maxRest = maxList(rest)          // 使用上下文参数
      if ordering.gt(x, maxRest) then x    // 这里的ordering
      else maxRest                         // 仍是显式给出的
```

示例 23.3　在内部使用 using 参数的函数

当编译器检查示例 23.3 的代码时，它将看到相关类型并不匹配。表达式 maxList(rest)只提供了一个参数列表，而 maxList 函数要求传入两个参数列表。由于第二个参数列表被标记为 using，因此编译器并不会马上放弃类型检查，而是会查找合适类型的上下文参数，即 Ordering[T]。就本例而言，它会找到这样一个上下文参数并把这个函数调用改写为 maxList(rest)(using ordering)。这样一来，代码的类型检查也就得以通过。

还有一种方式可以避免对 ordering 参数的第二次使用。这种方式涉及如下被定义在标准类库中的方法：

```
def summon[T](using t: T) = t
```

调用 summon[Foo]的效果是，编译器会查找一个类型为 Foo 的上下文参数定义，然后会用一个对象来调用 summon 方法，而该方法会直接返回这个对象。如此一来，你就可以在任何需要在当前作用域内找到类型为 Foo 的上下文参数实例的地方写上 summon[Foo]。示例 23.4 给出了使用 summon[Ordering[T]]，并以类型获取 ordering 参数的例子。

```
def maxList[T](elements: List[T])
    (using ordering: Ordering[T]): T =

  elements match
    case List() =>
      throw new IllegalArgumentException("empty list!")
    case List(x) => x
    case x :: rest =>
      val maxRest = maxList(rest)
      if summon[Ordering[T]].gt(x, maxRest) then x
      else maxRest
```

示例 23.4 使用 summon 方法的函数

仔细看最后这个版本的 maxList 函数。在方法的代码文本中，没有一次提到 ordering 参数，且第二个参数完全可以被命名为 comparator：

```
def maxList[T](elements: List[T])
    (using comparator: Ordering[T]): T =    // 相同的代码体……
```

从这个意义上讲，如下版本也是可行的：

```
def maxList[T](elements: List[T])
    (using iceCream: Ordering[T]): T = ???   // 相同的代码体……
```

由于这个模式很常见，因此 Scala 允许你省去这个参数的名字，用上下文界定来简化方法头部。通过使用上下文界定，你可以像示例 23.5 一样来编写 maxList 函数的签名。[T: Ordering]这个语法表示上下文界定，它会做两件事：首先，它会像往常一样引入类型参数 T；其次，它会添加一个类型为 Ordering[T]的 using 参数。在前一个版本的 maxList 函数中，这个参数是 ordering，但是当使用上下文界定时，你并不知道参数的名称是什么。就像前面所展示的，你通常也不需要知道参数名称是什么。

```
def maxList[T : Ordering](elements: List[T]): T =
  elements match
    case List() =>
      throw new IllegalArgumentException("empty list!")
    case List(x) => x
    case x :: rest =>
      val maxRest = maxList(rest)
      if summon[Ordering[T]].gt(x, maxRest) then x
      else maxRest
```

示例 23.5　带有上下文界定的函数

直观地讲，你可以把上下文界定看作关于类型参数的某种描述。当你写下[T <: Ordered[T]]时，你表达的意思是 T 是一个 Ordered[T]。对比而言，当你写下[T: Ordering]时，你表达的意思并非 T 是什么，而是对 T 关联了某种形式的先后次序。

上下文界定从本质上讲是类型族的语法糖。Scala 提供了这样的简写方式的事实也印证了在 Scala 编程中类型族是多么的有用。

23.3　主方法

在第 2 章的第 2 步中，我们曾提到可以用@main 注解来定义 Scala 的主方法。这里有一个例子：

```
// 位于echoargs.scala文件中
@main def echo(args: String*) =
  println(args.mkString(" "))
```

如第 2 章所示，可以通过运行 scala 命令并给出源文件的名称（echoargs. scala）来执行这个脚本：

```
$ scala echoargs.scala Running as a script
Running as a script
```

或者，也可以通过编译这个源文件并再次运行 scala 命令来将它作为应用程序执行，不过这次给出主方法的名称：

```
$ scalac echoargs.scala

$ scala echo Running as an application
Running as an application
```

虽然到目前为止展示的所有方法都接收一个 String*的重复参数，但是这并不是必需的。在 Scala 中，主方法可以接收任意数量和类型的参数。例如，如下的主方法接收一个字符串和一个整数：

```
// 位于repeat.scala文件中
@main def repeat(word: String, count: Int) =

  val msg =
    if count > 0 then
      val words = List.fill(count)(word)
      words.mkString(" ")
    else
      "Please enter a word and a positive integer count."

  println(msg)
```

有了这个主方法声明，当运行 repeat 主方法时，就必须在命令行中给出一个字符串和一个整数：

```
$ scalac repeat.scala

$ scala repeat hello 3
hello hello hello
```

Scala 是如何知道要将命令行中的字符串"3"转换成 Int 3 的呢？它使用的是名称为 FromString 的类型族，这是 scala.util.CommandLineParser 的成员，其定义如示例 23.6 所示。

```
trait FromString[T]:
  def fromString(s: String): T
```

示例 23.6　FromString 类型族

Scala 标准类库针对常见类型（包括 String 和 Int）都定义了 FromString 上下文参数实例。这些上下文参数实例定义在 FromString 的伴生对象中。如果你想要编写一个接收自定义类型的主方法，则可以通过为这个自定义类型声明一个 FromString 上下文参数实例来实现。

例如，假设你想用第三个代表“情绪”的命令行参数来增强 repeat 主方法，其可选值是惊讶（surprised）、愤怒（angry）和中立（neutral）中的一个。那么，你可能倾向于定义一个代表情绪的 Mood 枚举，如示例 23.7 所示。

```
// 位于 moody.scala 文件中
enum Mood:
  case Surprised, Angry, Neutral
```

示例 23.7　Mood 枚举

有了这个枚举定义，就可以把 repeat 增强为接收 Mood 枚举作为第三个参数的主方法，如示例 23.8 所示。

唯一还剩下的一步是，通过定义 Mood 枚举的 FromString 上下文参数实例来告诉编译器如何将命令行参数字符串转换成 Mood 枚举。放置这个实例的一个不错的选择是 Mood 伴生对象，因为编译器会在查找 FromString[Mood]

时自动检索这个位置。示例 23.9 给出了一个可能的实现。

```
// 位于 moody.scala 文件中
val errmsg =
  "Please enter a word, a positive integer count, and\n" +
  "a mood (one of 'angry', 'surprised', or 'neutral')"

@main def repeat(word: String, count: Int, mood: Mood) =
  val msg =
    if count > 0 then
      val words = List.fill(count)(word.trim)
      val punc =
        mood match
          case Mood.Angry => "!"
          case Mood.Surprised => "?"
          case Mood.Neutral => ""
      val sep = punc + " "
      words.mkString(sep) + punc
    else errmsg

  println(msg)
```

示例 23.8 接收定制类型的主方法

```
// 位于 moody.scala 文件中
object Mood:

  import scala.util.CommandLineParser.FromString

  given moodFromString: FromString[Mood] with
    def fromString(s: String): Mood =
      s.trim.toLowerCase match
        case "angry" => Mood.Angry
        case "surprised" => Mood.Surprised
        case "neutral" => Mood.Neutral
        case _ => throw new IllegalArgumentException(errmsg)
```

示例 23.9 针对 Mood 伴生对象的 FromString 上下文参数实例

有了这个 FromString[Mood]定义，就可以运行这个带情绪的 repeat 主方法了：

```
$ scalac moody.scala

$ scala repeat hello 3 neutral
hello hello hello

$ scala repeat hello 3 surprised
hello? hello? hello?

$ scala repeat hello 3 angry
hello! hello! hello!
```

基于类型族的实现是为主方法解析命令行参数的不错的选择，因为该服务仅对特定的类型有用，除这个用途之外，它们之间并不存在任何关联。除了 Sting 和 Int，FromString 伴生对象还定义了针对 Byte、Short、Long、Boolean、Float 和 Double 的 FromString 上下文参数实例。再加上示例 23.9 的针对 Mood 伴生对象的 FromString 上下文参数实例，组成 FromString 类型族的类型集合如图 23.4 所示。

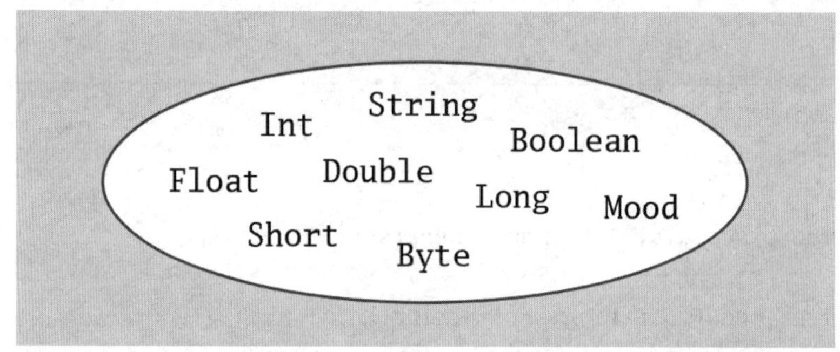

图 23.4　组成 FromString 类型族的类型集合

23.4　跨界相等性

Scala 2 实现了通用相等性（*universal equality*），允许对任意两个对象用

==和!=方法比较相等性。这个方案对使用者而言很容易理解，与 Java 的 equals 方法也能很好地搭配，因为 equals 方法允许任何 Object 与任何其他 Object 做比较。这个方案也让 Scala 2 支持协作相等性（*cooperative equality*），即不同的类型可以与其他协作的类型比较相等性。举例来说，协作相等性允许 Scala 2 继续像 Java 那样执行 Int 和 Long 之间的相等性比较，而不需要显式地从 Int 转换成 Long。

尽管如此，通用相等性有一个明显的弊端：它会掩盖 bug。例如，在 Scala 2 中，你可以对一个字符串和一个可选值做比较。这里有一个例子：

```
scala> "hello" == Option("hello")     // (在 Scala 2 中)
val res0: Boolean = false
```

虽然 Scala 2 在运行期给出的答案是正确的，字符串"hello"的确不等于 Option("hello")，但是不可能有任何字符串等于任何可选值。这类比较的结果将永远是 false。因此任何对字符串和可选值的比较都极有可能意味着存在 Scala 2 编译器没有捕获到的 bug。这类 bug 很容易通过重构引入：当你把一个变量的类型从 String 改成 Option[String]时，你并没有注意到在其他地方实际上已经对 String 和 Option[String]做比较了。

与此不同的是，在 Scala 3 中尝试同样的比较时会在编译期报错：

```
scala> "hello" == Option("hello")     // (在 Scala 3 中)
1 |"hello" == Option("hello")
  |^^^^^^^^^^^^^^^^^^^^^^^^^^^
  |Values of types String and Option[String] cannot be
  |  compared with == or !=
```

Scala 3 通过一个被称为跨界相等性（*multiversal equality*）的新特性完成了这个安全性方面的改进。跨界相等性是 Scala 3 针对 Scala 2 的编译器为==和!=方法所做的特殊处理的增强。示例 23.10 给出的==和!=方法定义在 Scala 3 和 Scala 2 中是一样的。在 Scala 3 中，只有编译器对==和!=方法的处理有所改变，即从通用相等性转换成了跨界相等性。

```
// 对 Any 类:
final def ==(that: Any): Boolean
final def !=(that: Any): Boolean
```

示例 23.10　在 Scala 2 和 Scala 3 中都有的==和!=方法

为了理解 Scala 3 的跨界相等性，我们需要先弄明白 Scala 2 实现通用相等性的细节。在 JVM 平台上是这样工作的：当 Scala 2 编译器遇到对==或!=方法的调用时，它首先会检查参与比较的操作元类型是否为基本类型。如果参与比较的操作元类型都是基本类型，则编译器会生成特殊的 Java 字节码来实现高效的对这些基本类型的相等性比较。而如果参与比较的操作元类型中一方是基本类型而另一方不是，则编译器会对基本类型的那个值做装箱处理。这样一来，参与比较的两个操作元类型就都是引用类型了。接下来，编译器生成首先检查左操作元是否为 null 的代码。如果左操作元为 null，则编译器生成的代码会检查右操作元是否为 null 以给出 Boolean 结果，从而确保对==和!=方法的调用永远不会抛出 NullPointerException。如果右操作元不是 null，则生成的代码会在左操作元（现已知为非 null）上调用 equals 方法，并传入右操作元。

Scala 3 编译器会执行与 Scala 2 一模一样的步骤，但是是在通过查找一个名称为 CanEqual 的类型族上下文参数实例来确定这个比较操作是被允许的之后。CanEqual 的定义如下：

```
sealed trait CanEqual[-L, -R]
```

这个 CanEqual 特质接收两个类型参数，即 L 和 R，[1] L 是相等性比较的左操作元的类型；而 R 是右操作元的类型。CanEqual 并不提供任何实际上对

1 虽然“类型族”通常指的是一组存在可用的接收“单个”类型参数的特质的上下文参数实例的类型，但是你可以把 CanEqual 特质当作定义了一组由“成对的”类型构成的类型。举例来说，String 和 Option[String]之间的相等性比较之所以在 Scala 3 中不能通过编译，是因为(String, Option[String])这个（成对的）类型并不在组成 CanEqual 类型族的集合中。

L 和 R 类型的对象进行相等性比较的方法，因为这些比较在 Scala 3 中仍然是通过==和!=方法来完成的。简言之，CanEqual 并不会像你通常预期一个类型族那样提供针对 L 和 R 类型的相等性比较服务，它只是允许（*give permission*）L 和 R 类型使用==和!=方法来进行相等性比较。

如 18.6 节所述，类型参数旁边的减号意味着 CanEqual 同时对 L 和 R 类型逆变。由于这个逆变的存在，CanEqual[Any, Any]类型是任何 CanEqual[L, R]类型的子类型，无论 L 和 R 类型是什么。如此一来，CanEqual[Any, Any]的实例可以被用来允许对任意两个类型做相等性比较。举例来说，当我们需要一个 CanEqual[Int, Int]来允许两个 Int 类型进行相等性比较时，只需要一个 CanEqual[Any, Any]的上下文参数实例就可以满足了，因为 CanEqual[Any, Any]是 CanEqual[Int, Int]的子类型。正因为如此，CanEqual 被定义为只有一个实例的密封特质，这个实例拥有通用的类型签名 CanEqual[Any, Any]。这个对象被命名为 derived，被声明在 CanEqual 伴生对象中：

```
object CanEqual:
  object derived extends CanEqual[Any, Any]
```

因此，要提供 CanEqual[L, R]的上下文参数实例，无论 L 和 R 类型具体是什么，都必须使用 CanEqual 有且仅有的实例 CanEqual.derived。

由于向后兼容的需要，即使不存在满足要求的 CanEqual 上下文参数实例，Scala 3 也会默认允许某些相等性比较。对于任何两个 L 和 R 类型之间的相等性比较，如果编译器没有找到类型为 CanEqual[L, R]的上下文参数实例，则当如下条件中的任意一条为真时，编译器仍然会允许这个比较操作：

1. L 和 R 是相同的类型。

2. 在被抬升（*lift*）[1] 之后，L 是 R 的子类型，或者 R 是 L 的子类型。

1 如果要抬升一个类型，则编译器会把类型协变点上的抽象类型替换成其上界，把类型逆变点上的改良类型替换成其父类型。

3. 不存在针对 L 或 R 类型的自反（*reflexive*）CanEqual 实例。所谓自反实例，指的是允许与自己比较类型的实例，如 CanEqual[L, L]。

第三条规则可以确保，一旦你提供了一个允许与自己比较类型的自反的 CanEqual 上下文参数实例，这个类型就不能与其他类型比较，除非存在一个允许该比较的 CanEqual 上下文参数实例。从本质上讲，Scala 3 为了向后兼容，对那些没有定义自反的 CanEqual 实例的类型做比较时，会默认回归到通用相等性的逻辑。

Scala 3 为若干个标准类库的类型提供了上下文参数实例，包括对字符串的自反实例。这就是对 String 和 Option[String]的比较默认不被允许的原因。这个由标准类库提供的 CanEqual[String, String]实例足够让 Scala 3 编译器默认不允许对 String 和 Option[String]进行相等性比较。

这个默认行为让我们可以从 Scala 2 平稳升级到 Scala 3，因为那些从 Scala 2 移植的用户代码不会有针对它们的类型的 CanEqual 实例。举例来说，假设你的 Scala 2 工程包含一个 Apple 类，定义如下：

```
case class Apple(size: Int)
```

而在代码的某处有对两个苹果的比较，就像这样：

```
val appleTwo = Apple(2)
val appleTwoToo = Apple(2)
appleTwo == appleTwoToo // true
```

这个比较操作在 Scala 3 中默认会继续编译、继续正常工作，因为左右两侧是相同的类型。然而，由于 Scala 3 仍然会默认允许那些不存在自反 CanEqual 上下文参数实例的类型做比较，因此下面这样不太好的相等性比较仍然会通过编译：

```
case class Orange(size: Int)
val orangeTwo = Orange(2)
appleTwo == orangeTwo   // false
```

这个比较很可能是一个 bug，因为对任何 Apple 和 Orange 的比较总会返回 false。为了得到 Scala 3 对相等性比较的完整的健全检查，即使对于涉及的类型没有定义自反实例，也可以启用“严格相等性”。你可以对编译器给出命令行参数-language:strictEquality，或者在代码源文件中包含下列引入：

```
import scala.language.strictEquality
```

在启用严格相等性之后，你就会在比较苹果和橙子时得到“想要的”编译器报错：

```
scala> appleTwo == orangeTwo
1 |appleTwo == orangeTwo
  |^^^^^^^^^^^^^^^^^^^^^
  |Values of types Apple and Orange cannot be
  | compared with == or !=
```

不幸的是，现在对苹果和苹果做比较时，也会得到这样的编译器报错，这大概是你“不想要的”：

```
scala> appleTwo == appleTwoToo
1 |appleTwo == appleTwoToo
  |^^^^^^^^^^^^^^^^^^^^^^^
  |Values of types Apple and Apple cannot be
  | compared with == or !=
```

要在严格相等性的情况下允许这个比较，可以提供一个 CanEqual 实例来允许苹果和苹果进行相等性比较。你可以在 Apple 伴生对象中提供一个显式的上下文参数实例，如示例 23.11 所示，尽管这不是 Scala 的惯用写法。

```
case class Apple(size: Int)
object Apple:
  given canEq: CanEqual[Apple, Apple] = CanEqual.derived
```

示例 23.11　显式的上下文参数实例（不推荐这样写）

更好的方式是标记一个你想要的针对你的 Apple 实例的*派生的*（*derived*）CanEqual 实例，如示例 23.12 所示。

```
case class Apple(size: Int) derives CanEqual // 符合Scala惯用写法
```

示例 23.12　通过 derives 子句提供 CanEqual 实例

这个符合 Scala 惯用写法的方案利用了*类型族派生*（*typeclass derivation*），这是一个允许将类型族实例的定义交给该类型族的伴生对象中名称为 derived 的成员来代为实现的特性。这个派生子句会让编译器在示例 23.11 所示的 Apple 伴生对象中插入一个上下文参数的提供者。

关于 derives 还有很多可以讲的内容，因为大多数派生的方法都使用编译期的元编程来生成类型族实例。这些更为通用的类型族派生技巧将在《Scala 高级编程》中详细探讨。

既然你已经通过 derives 子句定义了 CanEqual[Apple, Apple]上下文参数实例，那么编译器将允许你在严格相等性的情况下对苹果进行比较：

```
appleTwo == appleTwoToo // 也是true
```

23.5　隐式转换

隐式转换是 Scala 的首个隐式构件。它的用途是通过移除样板式的类型转换来让代码变得更加清晰和精简。例如，Scala 的标准类库定义了从 Int 类型到 Long 类型的隐式转换。如果你向某个预期为 Long 值的方法传入 Int 值，则编译器会自动将 Int 类型适配成 Long 类型，而不需要你显式地调用某个类型转换函数，如 toLong。由于任何 Int 类型都可以被安全地转换成 Long 类型，而这两种类型都表示二进制补码的整数，因此这个隐式转换可以通过移除样板代码来让代码更易于理解。

不过，随着时间的推移，隐式转换逐渐不再被推崇，因为除了通过移除样板代码来让代码更清晰，也有可能因为不再显式可见而让代码变得更加难以理解。同时，其他构件被陆续加入 Scala，它们提供了比隐式转换更好的方式，如扩展方法和上下文参数。就 Scala 3 而言，隐式转换只适用于少量使用场景。虽然它仍然被支持，但是你必须引入一个特性标志，以在不触发编译器告警的情况下使用它。

隐式转换的工作机制如下：如果 Scala 编译器判定某个类型不满足该位置所预期的类型，则它将查找能够解决类型错误的候选隐式转换。换句话说，每当编译器看到 X 但它需要 Y 时，它就会查找能将 X 转换成 Y 的隐式转换。举例来说，假设你有一个用来表示某个地址中的街道片段的细微类型[1]，比如：

```
case class Street(value: String)
```

而且你有这个细微类型的一个实例，比如：

```
val street = Street("123 Main St")
```

那么，你不能用 Street 初始化一个字符串类型的变量：

```
scala> val streetStr: String = street
1 |val streetStr: String = street
  |                        ^^^^^^
  |                        Found:    (street : Street)
  |                        Required: String
```

你需要调用 street.value 并显式地将 Street 转换成 String：

```
val streetStr: String = street.value  // 123 Main St
```

这个代码很清晰，不过你可能会觉得对 Street 调用 value 来将它转换

1 我们在 17.4 节讨论过细微类型。

成 String 并不会添加多少信息的样板代码。由于将 Street 转换成其底层的 String 总是安全的，因此你可能会决定提供一个从 Street 到 String 的隐式转换。在 Scala 3 中，你可以定义类型为 Conversion[Street, String]的上下文参数实例。[1] 这是函数类型 Street => String 的一个子类型，其定义如下：

```
abstract class Conversion[-T, +U] extends (T => U):
  def apply(x: T): U
```

由于 Conversion 特质只有一个抽象方法，因此通常可以用 SAM 函数字面量来定义它的实例。[2] 你可以像这样来定义从 Street 到 String 的隐式转换：

```
given streetToString: Conversion[Street, String] = _.value
```

为了在不触发编译器告警的情况下使用隐式转换，必须启用隐式转换，且要么通过-language:implicitConversions 全局开启，要么通过下面的引入局部开启：

```
import scala.language.implicitConversions
```

在启用隐式转换之后，假设 streetToString 这个上下文参数实例是以单个标识符的形式存在于当前作用域的，你就可以编写如下代码：

```
val streetStr: String = street
```

这里发生的是，编译器在一个要求 String 的上下文中看到了一个 Street。到目前为止，编译器所看到的只是一个普通的类型错误。在它放弃编译之前，还会查找一个从 Street 到 String 的隐式转换。就本例而言，它

1 在 Scala 3 中，还可以用 implicit def 来定义隐式转换，这是为了与 Scala 2 兼容。这种方式可能会在未来的版本中被废除。

2 我们在 8.9 节介绍了 SAM。

会找到 streetToString。于是编译器会自动地插入一个对 streetToString 的应用。在幕后，代码就变成了：

```
val streetStr: String = streetToString(street)
```

从字面意思上讲，这就是一个隐式的（*implicit*）转换。你并没有显式地要求转换，而是通过将 streetToString 当作一个上下文参数实例添加到作用域中的方式把 streetToString 标记为可用的隐式转换。然后，编译器会在它需要把 Street 转换成 String 的时候使用这个隐式转换。

当你定义隐式转换时，应当确保这个转换永远是合适的。举例来说，将 Double 类型隐式地转换成 Int 类型会引起其他人的不满，因为让某个可能损失精度的事情以不可见的方式发生是很可疑的。因此，这并不是一个我们真的会推荐的隐式转换。而另一个方向则更为合理，也就是从某种更受限的类型转换到某种更通用的类型。例如，Int 类型可以在不损失精度的情况下转换成 Double 类型，因此从 Int 类型到 Double 类型的隐式转换是合理的。事实上，这是实际发生的。在 scala.Predef 这个会被隐式地引入每个 Scala 程序的对象中定义了将“较小的”数值类型转换成“较大的”数值类型的隐式转换，包括从 Int 类型到 Double 类型的转换。

这就是 Scala 的 Int 值可以被存放在类型为 Double 的变量中的原因。类型系统中并没有针对这个的特殊规则，只是应用了一个隐式转换。[1]

23.6 类型族案例分析：JSON 序列化

在 23.1 节提到，序列化是一种能被广泛应用于其他不相关类型的行为，因此适用于类型族。作为本章最后一个示例，我们准备展示一个通过使用类型族来实现 JSON 序列化的例子。为了让例子尽量简单，我们只考虑序列化，

1 不过，Scala 编译器后端会对这个隐式转换特殊对待，并将它翻译成特殊的“i2d”字节码。因此，编译出来的映像与 Java 是一致的。

不考虑反序列化，尽管这两种操作通常可以由同一个类库来处理。

JSON 是 JavaScript 客户端和后端服务器之间常用的数据交换格式。[1] 它定义了表示字符串、数字、布尔值、数组和对象的格式。任何你想要序列化成 JSON 的内容都必须以上述 5 种数据类型之一来表达。JSON 的字符串看上去就像 Scala 的字符串字面量，如"tennis"。JSON 中表示整数的数字看上去就像 Scala 的 Int 字面量，如 10。JSON 的布尔值要么是 true 要么是 false。JSON 对象是一个由花括号括起来的、以逗号分隔的键/值对集合，其中的键是用字符串表示的名称。JSON 数组是一个由方括号括起来的、以逗号分隔的 JSON 数据类型的列表。最后，JSON 还定义了一个 null 值。这里有一个包含除对象外的其他 4 种类型各一个成员的 JSON 对象，外加一个 null 值：

```
{
  "style": "tennis",
  "size": 10,
  "inStock": true,
  "colors": ["beige", "white", "blue"],
  "humor": null
}
```

在这个案例分析中，我们将 Scala 的 String 序列化成 JSON 字符串，将 Int 和 Long 序列化成 JSON 数字，将 Boolean 序列化成 JSON 布尔值，将 List 序列化成 JSON 数组，将其他一些类型序列化成 JSON 对象。我们需要将 Scala 标准类库中的类型（如 Int）序列化的事实凸显了想要通过混入某个特质到每一个想要序列化的类的难度。你可能可以定义一个名称为 JsonSerializable 的特质。该特质可以提供一个针对该对象的 JSON 文本的 toJson 方法。虽然你可以将 JsonSerializable 特质混入自己的类并实现相应的 toJson 方法，但是你不能对 String、Int、Long、Boolean 或 List 混入这个特质，因为你无法修改那些类型。

1 JSON 的全称是“JavaScript Object Notation”（JavaScript 对象表示法）。

基于类型族的方案可以避免上述问题：你可以定义一个完全聚焦于如何将某个抽象的类型 T 的对象序列化成 JSON 的类型关系，并且不需要对那些需要序列化的类扩展某个公共超特质。你可以对每个需要序列化成 JSON 的类型定义一个类型族特质的上下文参数实例。示例 23.13 给出了这样一个名称为 JsonSerializer 的类型族特质。该特质接收一个类型参数 T，提供一个接收类型参数 T 并将它转换成 JSON 字符串的 serialize 方法。

```
trait JsonSerializer[T]:
  def serialize(o: T): String
```

示例 23.13 JsonSerializer 类型族特质

为了让用户能对可序列化的类调用 toJson 方法，可以定义一个扩展方法。正如我们在 22.5 节探讨的，一个提供这样的扩展方法的不错的地方是类型族特质本身。通过这种方式，你就能确保只要作用域内存在 JsonSerializer[T]，类型 T 就有可用的 toJson 方法。带有这个扩展方法的 JsonSerializer 特质如示例 23.14 所示。

```
trait JsonSerializer[T]:
  def serialize(o: T): String

  extension (a: T)
    def toJson: String = serialize(a)
```

示例 23.14 带有扩展方法的 JsonSerializer 类型族特质

合理的下一步是定义针对 String、Int、Long 和 Boolean 的类型族上下文参数实例。这些上下文参数实例最好被放在 JsonSerializer 伴生对象中，因为编译器在无法从当前作用域找到所需的上下文参数实例时会查找这个位置，正如我们在 21.2 节介绍的那样。这些上下文参数实例可以像示例 23.15 所示的那样被定义。

```
object JsonSerializer:
  given stringSerializer: JsonSerializer[String] with
    def serialize(s: String) = s"\"$s\""

  given intSerializer: JsonSerializer[Int] with
    def serialize(n: Int) = n.toString

  given longSerializer: JsonSerializer[Long] with
    def serialize(n: Long) = n.toString

  given booleanSerializer: JsonSerializer[Boolean] with
    def serialize(b: Boolean) = b.toString
```

示例 23.15　带有上下文参数的 JsonSerializer 伴生对象

引入扩展方法

引入扩展方法对任何具备可用 JsonSerializer[T]的类型 T 添加 toJson 方法是很有用的。示例 23.14 中定义的扩展方法没有做到这一点，是因为它只对作用域内存在 JsonSerializer[T]的类型 T 提供可用的 toJson 方法。如果作用域内没有 JsonSerializer[T]，就不可行，即使类型 T 的伴生对象中存在 JsonSerializer[T]也不行。你可以在单例对象中放置如示例 23.16 所示的扩展方法，让它易于引入。这个扩展方法包含了一个 using 子句，用于要求应用该扩展方法的类型 T 必须有一个可用的 JsonSerializer[T]。

```
object ToJsonMethods:
  extension [T](a: T)(using jser: JsonSerializer[T])
    def toJson: String = jser.serialize(a)
```

示例 23.16　为了引入方便的扩展方法

在这里的 ToJsonMethods 对象准备就绪后，就可以在 REPL 中尝试这些序列化器。下面是使用它们的一些例子：

```
import ToJsonMethods.*
"tennis".toJson     // "tennis"
10.toJson           // 10
true.toJson         // true
```

对比示例 23.16 的 ToJsonMethods 对象中的扩展方法和示例 23.14 的 JsonSerializer 特质中的扩展方法会给我们一些启发。ToJsonMethods 对象中的扩展方法接收一个 JsonSerializer[T] 作为 using 参数，但 JsonSerializer 特质中的扩展方法没有这样做，因为按照定义，这已经是 JsonSerializer[T]的“成员”了。因此，ToJsonMethods 对象的 toJson 方法对传入的名称为 jser 的 JsonSerializer 引用调用 serialize 方法，而 JsonSerializer 特质的 toJson 方法调用的是 this 的 serialize 方法。

序列化领域对象

接下来，假设你需要从领域模型中将某些特定的类序列化成 JSON 格式，包括示例 23.17 给出的用于表示地址簿的样例类。该地址簿包含一个联系人列表，且每个联系人都可以有零个或更多地址，以及零个或更多电话号码。[1]

用于表示地址簿的 JSON 字符串由其嵌套对象的 JSON 字符串组成。因此，生成用于表示地址簿的 JSON 字符串要求其每一个嵌套对象都能被变换成 JSON 格式。例如，contacts 字段中的每一个联系人（Contact）都必须被变换成表示相应联系人的 JSON 格式。联系人的每一个地址（Address）都必须被变换成表示相应地址的 JSON 格式。因此，若要序列化地址簿（AddressBook），则我们需要将这个地址簿的所有构成对象都序列化成 JSON 格式。于是，为所有的领域对象定义 JSON 序列化器就是合理的。

---

1 更好的做法是对这些类的属性定义细微类型，如 17.4 节描述的那样。但为了让这个示例更简单，我们会直接使用 String 和 Int 类型。

```
case class Address(
  street: String,
  city: String,
  state: String,
  zip: Int
)

case class Phone(
  countryCode: Int,
  phoneNumber: Long
)

case class Contact(
  name: String,
  addresses: List[Address],
  phones: List[Phone]
)

case class AddressBook(contacts: List[Contact])
```

示例 23.17　用于表示地址簿的样例类

为领域对象定义 JsonSerializer 上下文参数实例，一个不错的选择是将它定义在伴生对象中。示例 23.18 给出了你可能会为 Address 和 Phone 对象定义 JSON 序列化器的方式。在这些 serialize 方法中，我们引入并使用了来自示例 23.16 中的 ToJsonMethods 对象的 toJson 扩展方法，但将其重命名为 asJson。这个重命名是必要的，这是为了避免与继承自示例 23.14 的 JsonSerializer 特质的同样名称的 toJson 扩展方法产生冲突。

```
object Address:
  given addressSerializer: JsonSerializer[Address] with
    def serialize(a: Address) =
      import ToJsonMethods.{toJson as asJson}
      s"""|{
          |  "street": ${a.street.asJson},
          |  "city": ${a.city.asJson},
          |  "state": ${a.state.asJson},
          |  "zip": ${a.zip.asJson}
          |}""".stripMargin

object Phone:
  given phoneSerializer: JsonSerializer[Phone] with
    def serialize(p: Phone) =
      import ToJsonMethods.{toJson as asJson}
      s"""|{
          |  "countryCode": ${p.countryCode.asJson},
          |  "phoneNumber": ${p.phoneNumber.asJson}
          |}""".stripMargin
```

示例 23.18 针对 Address 和 Phone 对象的 JSON 序列化器

序列化列表

领域模型中的另外两个对象——Contact 和 AddressBook 都包含列表。因此，为了序列化这些类型，拥有某种通用的将 Scala 的 List 序列化成 JSON 数组的方式就很有帮助。由于 JSON 数组是以方括号括起来的、以逗号分隔的 JSON 数据类型列表，因此对于任何类型 T，只要存在 JsonSerializer[T]，我们就能序列化 List[T]。示例 23.19 给出了针对列表的 JsonSerializer，只要存在对应列表元素类型的 JsonSerializer，就会生成这个列表形式的 JSON 数组。

为了表示对列表元素类型的序列化器的依赖，这里的 listSerializer

上下文参数接收一个可以生成该元素类型的 JSON 序列化器作为 using 参数。举例来说，要将一个 List[Address]序列化成 JSON 数组，就必须有一个可用的针对 Address 对象自身的上下文参数序列化器。如果找不到 Address 对象的序列化器，程序就无法编译。例如，由于 JsonSerializer 伴生对象中存在一个 JsonSerializer[Int]上下文参数实例，因此将 List[Int]序列化成 JSON 格式是可行的。这里有一个例子：

```
import ToJsonMethods.*
List(1, 2, 3).toJson    // [1, 2, 3]
```

```
object JsonSerializer:
  // 针对字符串、整数和布尔值的上下文参数……
  given listSerializer[T](using
      JsonSerializer[T]): JsonSerializer[List[T]] with
    def serialize(ts: List[T]) =
      s"[${ts.map(t => t.toJson).mkString(", ")}]"
```

示例 23.19 针对列表的 JsonSerializer

另一方面，由于我们还没有定义 JsonSerializer[Double]，因此尝试将 List[Double]序列化成 JSON 格式会产生编译器错误：

```
scala> List(1.0, 2.0, 3.0).toJson
1 |List(1.0, 2.0, 3.0).toJson
  |^^^^^^^^^^^^^^^^^^^^^^^^^^
  |value toJson is not a member of List[Double].
  |An extension method was tried, but could not be fully
  |constructed:
  |
  | ToJsonMethods.toJson[List[Double]](
  |   List.apply[Double]([1.0d,2.0d,3.0d : Double]*)
  | )(JsonSerializer.listSerializer[T](
  |     /* missing */summon[JsonSerializer[Double]]))
  | failed with
```

```
|
|   no implicit argument of type JsonSerializer[List[Double]]
|   was found for parameter json of method toJson in
|   object ToJsonMethods.
|   I found:
|
|     JsonSerializer.listSerializer[T](
|         /* missing */summon[JsonSerializer[Double]])
|
|   But no implicit values were found that match type
|   JsonSerializer[Double].
```

这个例子展示了使用类型族将 Scala 对象序列化成 JSON 格式的重大好处：类型族让编译器能够确保所有构成 AddressBook 对象的类都能被序列化成 JSON 格式。如果你未能提供比如 Address 对象的上下文参数实例，则你的程序将无法通过编译。而如果在 Java 中某个嵌套很深的对象没有实现 Serializable，则你会在运行期得到异常。在这两种情况下，我们都有可能犯相同的错，但就 Java 序列化而言，我们得到的是运行期错误，而使用 Scala 类型族会让我们在编译期得到这个错误提示。

最后还需要注意的一点是，toJson 方法可以在传入 map 的函数体中被调用（即 t => t.toJson 的“toJson”）的原因是作用域内存在一个 JsonSerializer[T]的上下文参数实例。因此，本例中使用的扩展方法是声明在示例 23.14 的 JsonSerializer 特质自身中的那一个。

把这些都放在一起

既然有了序列化列表的方式，就可以在 Contact 和 AddressBook 对象的序列化器中使用它。参考示例 23.20。与之前一样，在引入时，我们需要将 toJson 重命名为 asJson，以避免名称冲突。

```
object Contact:
  given contactSerializer: JsonSerializer[Contact] with
    def serialize(c: Contact) =
      import ToJsonMethods.{toJson as asJson}
      s"""|{
          |  "name": ${c.name.asJson},
          |  "addresses": ${c.addresses.asJson},
          |  "phones": ${c.phones.asJson}
          |}""".stripMargin

object AddressBook:
  given addressBookSerializer: JsonSerializer[AddressBook] with
    def serialize(a: AddressBook) =
      import ToJsonMethods.{toJson as asJson}
      s"""|{
          |  "contacts": ${a.contacts.asJson}
          |}""".stripMargin
```

示例 23.20　针对 Contact 和 AddressBook 对象的 JSON 序列化器

现在我们已经完成了将地址簿序列化成 JSON 格式的所有准备工作。作为例子，考虑示例 23.21 中给出的 AddressBook 实例。只要从 ToJsonMethods 对象中引入了 toJson 扩展方法，就可以用如下代码序列化这个地址簿：

```
addressBook.toJson
```

得到的 JSON 格式如示例 23.22。

当然，真实世界的 JSON 类库远比你在这里看到的复杂。可能你最想要做的一件事是利用 Scala 的元编程来通过类型族派生自动生成 JsonSerializer 类型族实例。我们将在《Scala 高级编程》中涵盖这个主题。

```
val addressBook =
  AddressBook(
    List(
      Contact(
        "Bob Smith",
        List(
          Address(
            "12345 Main Street",
            "San Francisco",
            "CA",
            94105
          ),
          Address(
            "500 State Street",
            "Los Angeles",
            "CA",
            90007
          )
        ),
        List(
          Phone(
            1,
            5558881234
          ),
          Phone(
            49,
            5558413323
            )
        )
      )
    )
  )
```

示例 23.21　AddressBook 实例

```
{
  "contacts": [{
    "name": "Bob Smith",
    "addresses": [{
      "street": "12345 Main Street",
      "city": "San Francisco",
      "state": "CA",
      "zip": 94105
    }, {
      "street": "500 State Street",
      "city": "Los Angeles",
      "state": "CA",
      "zip": 90007
    }],
    "phones": [{
      "countryCode": 1,
      "phoneNumber": 5558881234
    }, {
      "countryCode": 49,
      "phoneNumber": 5558413323
    }]
  }]
}
```


示例 23.22 地址簿的 JSON 格式

23.7 结语

通过本章，你了解了类型族的概念并且看到了若干个示例。类型族是 Scala 中实现特定目的多态的一种基础方式。Scala 针对类型族的语法糖、上下文界定，都体现了类型族作为 Scala 设计方案的重要性。你还看到了若干个类型族的实际应用：主方法、安全的相等性比较、隐式转换和 JSON 序列化。希望这些示例能够带给你适合使用类型族作为设计选择的那些用例场景的直观感受。在下一章，我们将更细致地介绍 Scala 的集合类库。

第 24 章
深入集合类

Scala 自带了一个优雅而强大的集合类库。虽然这些集合 API 初看上去没什么，但是它们对编程风格的影响可谓巨大。这就好比你把整个集合而不是集合中的元素当作构建单元来组织上层逻辑。这种新的编程风格需要我们慢慢适应，不过幸好 Scala 集合有一些不错的属性，可以帮助我们。Scala 集合易用、精简、安全、快速，而且通行。

易用：一组由 20 ~ 50 个方法组成的词汇已经足以用少量操作解决大部分集合问题。我们并不需要理解复杂的循环或递归结构。持久化的集合加上无副作用的操作意味着我们不需要担心会意外地用新数据污染了已有的集合。迭代器和集合更新之间的相互影响也没有了。

精简：可以用一个词来完成之前需要一个或多个循环才能完成的操作。我们可以用轻量的语法表达函数式操作，并且毫不费力地组合这些操作，就像处理的是某种定制的代数规则一样。

安全：这一点需要在实际使用过程中感受。Scala 集合的静态类型和函数式本质意味着我们可能会犯的绝大部分错误都能在编译期被发现。原因在于：（1）集合操作本身很常用，因此测得很充分；（2）集合操作将输入和输出显式地做成函数参数和结果；（3）这些被显式给出的输入和输出会被静态类型检查。最起码，大部分误用都会呈现为类型错误。长达几百行的程序在首次编写后便能执行的情况并不少见。

快速：类库对集合操作做了调整和优化。通常来说，使用集合都很高效。你可能可以通过仔细调整的数据结构和操作做得好一些，但也完全可能因为过程中某些不够优化的实现而做得更差。不仅如此，Scala 的集合对于多核并行执行也做了适配。并行集合与串行集合一样支持相同的操作，因此不需要学习新的操作，也不需要编写新的代码。你可以简单地通过调用 `par` 方法将一个串行集合转换成一个并行集合。

通行：集合对任何类型都可以提供相同的操作，只要这个操作对该类型而言是讲得通的。因此，我们可以用很少的一组操作来实现很多功能。举例来说，字符串从概念上讲是一个由字符组成的序列，因此，在 Scala 集合中，字符串支持所有的序列操作。数组也是同理的。

本章将从用户视角深入介绍 Scala 集合类的 API。第 15 章已经快速介绍过集合类库，本章将带你了解更多细节，囊括使用 Scala 集合需要知道的基础知识。在《Scala 高级编程》中，我们会对类库的架构和扩展性方面进行讲解，供需要实现新的集合类型的人士参考。

24.1　可变和不可变集合

现在你应该已经知道，Scala 集合系统化地对可变和不可变集合进行了区分。可变集合可以被当场更新或扩展，这意味着你可以以副作用的形式修改、添加或移除集合中的元素。而不可变集合永远都不会变。虽然你仍然可以模拟添加、移除或更新集合中的元素，但这些操作每次都返回新的集合，从而保持老的集合不变。

所有的集合类都可以在 `scala.collection` 包或它的子包 `mutable`、`immutable` 和 `generic` 中找到。大多数使用方需要用到的集合类都有 3 个变种，分别对应不同的可变性特征。这 3 个变种分别位于 `scala.collection`

包、scala.collection.immutable 包和 scala.collection.mutable 包中。

scala.collection.immutable 包中的集合对所有人都是不可变的。这样的集合在创建后就不会改变。因此，你可以放心地在不同的地方反复地访问同一个集合值，它都会交出相同元素的集合。

scala.collection.mutable 包中的集合有一些操作可以当场修改集合。这些操作允许你自己编写改变集合的代码。不过，你必须很小心，要理解并防止代码中其他部分对集合的修改。

而 scala.collection 包中的集合既可以是可变的，也可以是不可变的。举例来说，scala.collection.IndexedSeq[T]是 scala.collection.immutable.IndexedSeq[T]和 scala.collection.mutable.IndexedSeq[T]的超类型。一般而言，scala.collection 包中的根（root）集合支持那些会影响整个集合的操作，如 map 和 filter。位于 scala.collection.immutable 包的不可变集合通常会加上用于添加和移除单个值的操作，而位于 scala.collection.mutable 包的可变集合通常会在根集合的基础上添加一些有副作用的修改操作。

根集合与不可变集合的另一个区别在于，不可变集合的使用方可以确定没有人能修改这个集合，而根集合的使用方只知道他们自己不能修改这个集合。虽然这样的集合的静态类型没有提供修改集合的操作，但是它的运行时类型仍然有可能是一个可变集合，能够被使用方修改。

Scala 默认选择不可变集合。例如，如果你只写 Set，不带任何前缀也没有引入任何类，则得到的是一个不可变的 Set；而如果你只写 Iterable，则得到的是一个不可变的 Iterable，因为这些是 scala 包引入的默认绑定。要想获取可变的版本，需要显式地写出 scala.collection.mutable.Set 或 scala.collection.mutable.Iterable。

集合类继承关系中最后一个包是 scala.collection.generic。这个包包含了那些用于实现集合的构建单元。集合类通常会选择将部分操作交给

scala.collection.generic 包中的类的实现来完成。集合框架的日常使用并不需要引用 scala.collection.generic 包中的类，极端情况下除外。

24.2 集合的一致性

图 24.1 给出了一些重要的集合类。这些类拥有相当多的共性。例如，每一种集合都可以用相同的一致语法来创建，先写下类名，再给出元素：

```
Iterable("x", "y", "z")
Map("x" -> 24, "y" -> 25, "z" -> 26)
Set(Color.Red, Color.Green, Color.Blue)
SortedSet("hello", "world")
Buffer(x, y, z)
IndexedSeq(1.0, 2.0)
LinearSeq(a, b, c)
```

同样的原则也适用于特定的集合实现：

```
List(1, 2, 3)
HashMap("x" -> 24, "y" -> 25, "z" -> 26)
```

所有集合的 toString 方法也会生成上述格式的输出，即类型名称加上用圆括号括起来的元素。所有的集合都支持由 Iterable 提供的 API，不过它们的方法都返回自己的类型而不是根类型 Iterable。例如，List 的 map 方法的返回类型为 List，而 Set 的 map 方法的返回类型为 Set。这样一来，这些方法的静态返回类型就比较精确：

```
List(1, 2, 3).map(_ + 1)       // List(2, 3, 4): List[Int]
Set(1, 2, 3).map(_ * 2)        // Set(2, 4, 6): Set[Int]
```

相等性对所有集合类而言也是一致的，这在 24.12 节会展开讨论。

图 24.1 中的大部分类都有 3 个版本：根、可变的和不可变的版本。唯一

例外的是 Buffer 特质，它只作为可变集合出现。

```
Iterable
   Seq
      IndexedSeq
         ArraySeq
         Vector
         ArrayDeque (mutable)
         Queue (mutable)
         Stack (mutable)
         Range
         NumericRange
      LinearSeq
         List
         LazyList
         Queue (immutable)
      Buffer
         ListBuffer
         ArrayBuffer
   Set
      SortedSet
         TreeSet
      HashSet (mutable)
      LinkedHashSet
      HashSet (immutable)
      BitSet
      EmptySet, Set1, Set2, Set3, Set4
   Map
      SortedMap
         TreeMap
      HashMap (mutable)
      LinkedHashMap (mutable)
      HashMap (immutable)
      VectorMap (immutable)
      EmptyMap, Map1, Map2, Map3, Map4
```

图 24.1　集合类继承关系

下面将对这些类逐一进行讲解。

24.3　Iterable 特质

在集合类继承关系顶端的是 Iterable[A]特质，其中，A 表示集合元素的类型。该特质的所有方法都是通过一个名称为 iterator 的抽象方法来定义的，该方法会逐一交出集合的元素：

```
def iterator: Iterator[A]
```

实现 Iterable 特质的集合类只需要定义这个方法即可。其他方法都可以从 Iterable 特质中继承。

Iterable 特质还定义了很多具体的方法，其包含的操作如表 24.1 所示。

表 24.1　Iterable 特质包含的操作

操作	这个操作做什么
抽象方法：	
xs.iterator	返回交出 xs 中每个元素的迭代器
迭代：	
xs.foreach(f)	对 xs 的每个元素执行 f 函数。对 f 函数的调用仅仅是为了副作用。实际上，foreach 会丢弃 f 函数的任何结果
xs.grouped(size)	返回按固定长度分段交出元素的迭代器
xs.sliding(size)	返回按固定长度滑动交出元素的迭代器
添加：	
xs ++ ys （或 xs.concat(ys)）	包含了 xs 和 ys 所有元素的集合。其中 ys 是一个 IterableOnce 集合，也就是说，它既可以是 Iterable 也可以是 Iterator
映射：	
xs.map(f)	通过对 xs 的每个元素应用 f 函数得到的集合
xs.flatMap(f)	通过对 xs 的每个元素应用返回集合的 f 函数并将结果拼接起来得到的集合
xs.collect(f)	通过对 xs 的每个元素应用 f 函数并将有定义的结果收集起来得到的集合
转换：	
xs.toArray	将集合转换成数组

续表

操作	这个操作做什么
xs.toList	将集合转换成列表
xs.toIterable	将集合转换成 Iterable
xs.toSeq	将集合转换成序列
xs.toIndexedSeq	将集合转换成带下标的序列
xs.toSet	将集合转换成集
xs.toMap	将键/值对的集合转换成映射
xs.to(SortedSet)	接收一个集合工厂作为参数的泛化转换操作
复制：	
xs copyToArray(arr, s, len)	将 xs 中最多 len 个元素复制到 arr，从下标 s 开始。后两个入参是可选的
大小信息：	
xs.isEmpty	测试集合是否为空
xs.nonEmpty	测试集合是否包含元素
xs.size	集合中元素的数量
xs.knownSize	如果元素数量可在常量时间内计算，则返回元素数量，否则返回-1
xs.sizeCompare(ys)	如果 xs 比 ys 短，则返回负值；如果 xs 比 ys 长，则返回正值；如果它们大小相同，则返回 0。在集合为无限的时候也可以使用
xs.sizeIs < 42 xs.sizeIs != 42	在尽可能少地遍历元素的前提下将集合大小与给定值做比较
元素获取：	
xs.head	获取集合的首个元素（或者某个元素，如果没有定义顺序的话）
xs.headOption	获取以可选值表示的 xs 的首个元素，当 xs 为空时，返回 None
xs.last	获取集合的最后一个元素（或者某个元素，如果没有定义顺序的话）
xs.lastOption	获取以可选值表示的 xs 的最后一个元素，当 xs 为空时，返回 None
xs.find(p)	获取以可选值表示的 xs 中满足前提条件 p 的首个元素，当 xs 为空时，返回 None
子集合获取：	
xs.tail	获取集合除 xs.head 的部分
xs.init	获取集合除 xs.last 的部分
xs.slice(from, to)	获取包含 xs 某个下标区间元素的集合（下标从 from 开始到 to 结束且不包含 to）
xs.take(n)	获取包含 xs 的前 n 个元素的集合（或者任意的 n 个元素，如果没有定义顺序的话）

续表

操作	这个操作做什么
xs.drop(n)	获取集合除 xs take n 的部分
xs.takeWhile(p)	获取集合中满足前提条件 p 的最长元素前缀
xs.dropWhile(p)	获取集合除满足前提条件 p 的最长元素前缀之外的部分
xs.filter(p)	获取包含 xs 中所有满足前提条件 p 的元素的集合
xs.withFilter(p)	获取对该集合的非严格过滤器。所有对结果过滤器的操作都只会应用于前提条件 p 为 true 的元素
xs.filterNot(p)	获取包含 xs 中所有不满足前提条件 p 的元素的集合
拉链：	
xs.zip(ys)	按对应位置从 xs 和 ys 取出成对元素的可迭代集合
xs.lazyZip(ys)	按元素处理 xs 和 ys 的值提供方法。参考 14.9 节
xs.zipAll(ys, x, y)	按对应位置从 xs 和 ys 取出成对元素的可迭代集合，其中较短的序列将被自动追加 x 或 y 元素来匹配较长的序列
xs.zipWithIndex	从 xs 中依次取出元素并与下标组成对偶的可迭代集合
细分：	
xs.splitAt(n)	在指定位置切分 xs，给出一对集合：(xs.take(n), xs.drop(n))
xs.span(p)	根据前提条件 p 切分 xs，给出一对集合：(xs.takeWhile(p), xs.dropWhile(p))
xs.partition(p)	将 xs 切分成一对集合，其中一个集合包含了满足前提条件 p 的元素，另一个集合包含了不满足前提条件 p 的元素，给出一对集合：(xs.filter(p), xs.filterNot(p))
xs.partitionMap(f)	将 xs 的每个元素转换成 Either[X, Y]值，并将它们切分成一对集合，其中一个集合的元素包含了所有 Left 值，而另一个集合的元素包含了所有 Right 值
xs.groupBy(f)	根据 f 函数将 xs 分区成集合的映射
xs.groupMap(f)(g)	根据 f 函数将 xs 分区成集合的映射，并对每个集合的每个元素应用 g 函数
xs.groupMapReduce(f)(g)(h)	根据 f 函数将 xs 分区成集合的映射，并对每个集合的每个元素应用 g 函数，将每个集合通过使用 h 函数组合其元素的方式简化为单值
元素测试：	
xs.forall(p)	测试是否 xs 所有元素都满足前提条件 p 的布尔值
xs.exists(p)	测试是否 xs 中有元素满足前提条件 p 的布尔值
xs.count(p)	测试 xs 中满足前提条件 p 的元素数量

续表

操作	这个操作做什么
折叠：	
xs.foldLeft(z)(op)	以 z 开始自左向右依次对 xs 中连续元素应用二元操作 op
xs.foldRight(z)(op)	以 z 开始自右向左依次对 xs 中连续元素应用二元操作 op
xs.reduceLeft(op)	自左向右依次对非空集合 xs 的连续元素应用二元操作 op
xs.reduceRight(op)	自右向左依次对非空集合 xs 的连续元素应用二元操作 op
特殊折叠：	
xs.sum	获取集合 xs 中数值元素值的和
xs.product	获取集合 xs 中数值元素值的积
xs.min	获取集合 xs 中有序元素值的最小值
xs.max	获取集合 xs 中有序元素值的最大值
字符串：	
xs.addString(b, start, sep, end)	将一个显示了 xs 所有元素的字符串添加到 StringBuilder b 中。元素以 sep 分隔并包含在 start 和 end 中。start、sep 和 end 均为可选的
xs.mkString(start, sep, end)	将集合转换成一个显示了 xs 所有元素的字符串。元素以 sep 分隔并包含在 start 和 end 中。start、sep 和 end 均为可选的
xs.stringPrefix	获取 xs.toString 方法返回的字符串最开始的集合名称
视图：	
xs.view	产生一个对 xs 的视图

这些方法可以归类如下。

迭代操作

foreach、grouped、sliding 方法会按照迭代器（iterator）定义的次序迭代地交出集合的元素。grouped 和 sliding 方法返回的是特殊的迭代器。这些迭代器不返回单个元素而是返回原始集合的子序列。这些子序列的大小要求可以通过这些方法的入参给出。grouped 方法会将元素分段成递进的区块，而 sliding 方法交出的是对元素的滑动窗口展示。这两者的区别可以通过如下代码清晰体现：

```
val xs = List(1, 2, 3, 4, 5)

val git = xs.grouped(3)    // an Iterator[List[Int]]
git.next()                 // List(1, 2, 3)
git.next()                 // List(4, 5)

val sit = xs.sliding(3)    // an Iterator[List[Int]]
sit.next()                 // List(1, 2, 3)
sit.next()                 // List(2, 3, 4)
sit.next()                 // List(3, 4, 5)
```

添加操作

++（别名 concat）方法可以将两个集合追加到一起，或者将某个迭代器（iterator）的所有元素添加到集合中。

映射操作

map、flatMap 和 collect 方法通过对集合元素应用某个函数来产生一个新的集合。

转换操作

toIndexedSeq、toIterable、toList、toMap、toSeq、toSet 和 toVector 方法可以将一个 Iterable 集合转换成不可变集合。对于所有这些转换，如果原集合已经匹配了需要的集合类型，就会直接返回原集合。例如，对列表应用 toList 方法会交出列表本身。toArray 和 toBuffer 方法将返回新的可变集合，即使接收该调用的集合对象已经匹配了需要的集合类型，也会返回新的可变集合。to 方法可以被用来转换到任何其他集合。

复制操作

copyToArray 方法，正如它的名称所暗示的，它会将集合元素复制到数组中。

大小信息操作

isEmpty、nonEmpty、size、knownSize、sizeCompare 和 sizeIs 方法都与集合大小相关。在某些情况下，计算某个集合的元素数量时可能需要遍历这个集合，如 List。在另一些情况下，集合可能有无限多的元素，如 LazyList.from(0)。knownSize、sizeCompare 和 sizeIs 方法会尽量少地遍历集合元素，并给出关于集合元素数量的信息。

元素获取操作

head、last、headOption、lastOption 和 find 方法会选中集合中的首个或最后一个元素，或者首个满足前提条件的元素。不过需要注意的是，并非所有集合都有被定义得很清晰、完整的“首个”和“最后一个”的含义。举例来说，一个哈希集可能会根据元素的哈希键来存储元素，但这个值可能会变。在这种情况下，哈希集的“首个”元素可能也不同。如果某个集合总是以相同的顺序交出元素，它就是*有序*（*ordered*）的。大多数集合都是有序的，不过有一些（如哈希集）并不是（放弃顺序能带来额外的一些性能优势）。顺序通常对可重复执行的测试而言很重要，这也是 Scala 集合提供了所有集合类型的有序版本的原因。比如，HashSet 的有序版本是 ListedHashSet。

子集合获取操作

takeWhile、tail、init、slice、take、drop、filter、dropWhile、filterNot 和 withFilter 方法都可以返回满足某个下标区间或前提条件的子集合。

细分操作

groupBy、groupMap、groupMapReduce、splitAt、span、partition 和 partitionMap 方法可以将集合元素切分成若干个子集合。

元素测试

exists、forall 和 count 方法可以用给定的前提条件对集合元素进行测试。

折叠操作

foldLeft、foldRight、reduceLeft、reduceRight 方法可以对连续的元素应用某个二元操作。

特殊折叠操作

sum、product、min 和 max 方法用于操作特定类型的集合（数值型或可比较类型）。

字符串操作

mkString 和 addString 方法提供了不同的方式来将集合转换成字符串。

视图操作

视图是一个惰性求值的集合。你将在 24.13 节了解到更多关于视图的内容。

Iterable 特质的子类目

在类继承关系中，Iterable 特质之下有 3 个特质：Seq、Set 和 Map。这些特质的一个共同点是它们都实现了 PartialFunction 特质[1]，定义了相应的 apply 和 isDefinedAt 方法。不过，每个特质实现 PartialFunction 特质的方式各不相同。

对序列而言，apply 方法用于获取位置下标，而元素下标总是从 0 开始的。也就是说，Seq(1, 2, 3)(1) == 2。对集而言，apply 方法用于进行成

1 关于偏函数的细节请参考 13.7 节。

员测试。例如，Set('a', 'b', 'c')('b') == true 而 Set()('b') == false。而对映射而言，apply 方法用于进行选择。例如，Map('a' -> 1, 'b' -> 10, 'c' -> 100)('b') == 10。

在接下来的 3 节中，将分别介绍这 3 种集合的细节。

24.4 序列型特质 Seq、IndexedSeq 和 LinearSeq

Seq 特质代表序列。序列是一种有长度（length）且元素都有固定的从 0 开始的下标位置的 Iterable 特质。

Seq 特质包含的操作如表 24.2 所示。

表 24.2 Seq 特质包含的操作

操作	这个操作做什么
下标和长度：	
xs(i)	（或者展开写的 xs.apply(i)）获取 xs 中下标为 i 的元素
xs isDefinedAt i	测试 i 是否包含在 xs.indices 中
xs.length	获取序列的长度（同 size）
xs.lengthCompare(ys)	如果 xs 比 ys 短，则返回-1；如果 xs 比 ys 长，则返回+1；如果长度相同，则返回 0。对于其中一个序列的长度无限时仍有效
xs.indices	获取 xs 的下标区间，从 0 到 xs.length - 1
下标检索：	
xs.indexOf(x)	获取 xs 中首个等于 x 的元素下标（允许多个存在）
xs.lastIndexOf(x)	获取 xs 中最后一个等于 x 的元素下标（允许多个存在）
xs.indexOfSlice(ys)	获取 xs 中首个满足自该元素起的连续元素能够构成 ys 序列的下标
xs.lastIndexOfSlice(ys)	获取 xs 中最后一个满足自该元素起的连续元素能够构成 ys 序列的下标
xs.indexWhere(p)	获取 xs 中首个满足前提条件 p 的元素下标（允许多个存在）
xs.segmentLength(p, i)	获取 xs 中自 xs(i)开始最长的连续满足前提条件 p 的片段的长度
添加：	
x +: xs （或 xs.prepended(x)）	将 x 追加到 xs 头部后得到的新序列
ys ++: xs （或 xs.prependedAll(ys)）	将 ys 所有元素追加到 xs 头部后得到的新序列

续表

操作	这个操作做什么
xs :+ x （或 xs.appended(x)）	将 x 追加到 xs 尾部后得到的新序列
xs :++ ys （或 xs.appendedAll(ys)）	将 ys 所有元素追加到 xs 尾部后得到的新序列
xs padTo (len, x)	将 x 追加到 xs 直到长度达到 len 后得到的序列
更新：	
xs.patch(i, ys, r)	将 xs 中从下标 i 开始的 r 个元素替换成 ys 后得到的序列
xs.updated(i, x)	下标 i 的元素被替换成 x 的对 xs 的复制
xs(i) = x	（或者展开写的 xs.update(i, x)，但仅对 mutable.Seq 有效）将 xs 中下标 i 的元素更新为 y
排序：	
xs.sorted	用 xs 元素类型标准顺序对 xs 排序后得到的新序列
xs.sortWith(lessThan)	以 lessThan 为比较方法对 xs 排序后得到的新序列
xs.sortBy(f)	对 xs 元素排序后得到的新序列。两个元素间的比较是通过对它们同时应用 f 函数，然后比较其结果实现的
反转：	
xs.reverse	获取与 xs 顺序颠倒的序列
xs.reverseIterator	以颠倒的顺序交出 xs 所有元素的迭代器
比较：	
xs.sameElements(ys)	测试 xs 和 ys 是否包含相同次序的相同元素
xs.startsWith(ys)	测试 xs 是否以 ys 开始（允许多个存在）
xs.endsWith(ys)	测试 xs 是否以 ys 结尾（允许多个存在）
xs.contains(x)	测试 xs 是否包含等于 x 的元素
xs.search(x)	测试排序后的 xs 序列是否包含等于 x 的元素，且以一种可能比 xs.containts(x)更高效的方式
xs.containsSlice(ys)	测试 xs 是否包含与 ys 相等的连续子序列
xs.corresponds(ys)(p)	测试 xs 和 ys 对应元素是否满足二元前提条件 p
多重集：	
xs.intersect(ys)	序列 xs 和 ys 的交集，保持 xs 中的顺序
xs.diff(ys)	序列 xs 和 ys 的差集，保持 xs 中的顺序
xs.distinct	不包含重复元素的 xs 子序列
xs.distinctBy(f)	应用 f 函数后不包含重复元素的 xs 子序列

各操作归类如下。

下标和长度操作

apply、isDefinedAt、length、indices、lengthCompare 和 lengthIs 方法。对 Seq 而言，apply 方法用于获取下标，类型为 Seq[T]的序列是一个接收 Int 入参（下标）并交出类型为 T 的序列元素的偏函数。换言之，Seq[T]扩展自 PartialFunction[Int, T]。序列的元素被从 0 开始索引（下标），直到序列的长度减 1。序列的 length 方法是通用集合的 size 方法的别名。lengthCompare 方法允许我们对两个序列的长度进行比较，哪怕其中一个序列的长度是无限的。lengthIs 方法是 sizeIs 方法的别名。

下标检索操作

indexOf、lastIndexOf、indexOfSlice、lastIndexOfSlice、indexWhere、lastIndexWhere、segmentLength 和 prefixLength 方法可以返回与给定值相等或满足某个前提条件的元素的下标。

添加操作

+:（别名 prepended）、++:（别名 prependedAll）、:+（别名 appended）、:++（别名 appendedAll）和 padTo 方法可以返回通过在序列头部或尾部添加元素得到的新序列。

更新操作

updated 和 patch 方法可以返回通过替换原始序列中某些元素后得到的新序列。

排序操作

sorted、sortWith 和 sortBy 方法可以根据不同的条件对序列元素进行排序。

反转操作

reverse 和 reverseIterator 方法可以按倒序（从后往前）交出或处理序列元素。

比较操作

startsWith、endsWith、contains、corresponds、containsSlice 和 search 方法可以判断两个序列之间的关系或在序列中查找某个元素。

多重集操作

intersect、diff、distinct 和 distinctBy 方法可以对两个序列的元素执行集类操作或移除重复项。

如果序列是可变的，则它会提供额外的带有副作用的 update 方法，允许序列元素被更新。回想一下第 3 章，类似 seq(idx) = elem 这样的方法只不过是 seq.update(idx, elem)的简写。需要注意 update 和 updated 方法的区别。update 方法可以当场修改某个序列元素的值，且仅能用于可变序列。而 updated 方法对所有序列都可用，且总是会返回新的序列，而不是修改后的原序列。

每个 Seq 特质都有两个子特质——LinearSeq 和 IndexedSeq，且它们各自拥有不同的性能特征。线性的序列拥有高效的 head 和 tail 方法，而经过下标索引的序列拥有高效的 apply、length 和（如果是可变的）update 方法。List 是一种常用的线性序列，LazyList 也是。而 Array 和 ArrayBuffer 是两种常用的经过下标索引的序列。Vector 提供了介于索引和线性访问的有趣的妥协。从效果上讲，它既拥有常量时间的索引开销，也拥有时间线性的访问开销。由于这个特点，向量（*vector*）是混用两种访问模式（索引的和线性的）的一个好的基础。我们将在 24.7 节详细介绍向量。

可变的 IndexedSeq 特质添加了一些用于当场变换其元素的操作。这些操作（见表 24.3）并不像 Seq 上可用的 map 和 sort 那样返回新的集合实例。

表 24.3 mutable.IndexedSeq 特质包含的操作

操作	这个操作做什么
变换：	
xs.mapInPlace(f)	通过对每个元素应用 f 函数来变换所有元素
xs.sortInPlace()	当场对 xs 的元素进行排序
xs.sortInPlaceBy(f)	当场根据对元素应用 f 函数的结果定义的次序对 xs 的元素进行排序
xs.sortInPlaceWith(c)	当场根据比较函数 c 对 xs 的元素进行排序

缓冲

可变序列的一个重要子类目是缓冲。缓冲不仅允许对已有元素进行更新，还允许元素插入、移除和在缓冲末尾高效地添加新元素。缓冲支持的主要的新方法有：用于在尾部添加元素的+=（别名 append）和++=（别名 appendAll）方法，用于在头部添加元素的+=:（别名 prepend）和++=:（别名 prependAll）方法，用于插入元素的 insert 和 insertAll 方法，以及用于移除元素的 remove、-=（别名 substractOne）和 --=（别名 substractAll）方法等，如表 24.4 所示。

表 24.4 Buffer 特质包含的操作

操作	这个操作做什么
添加：	
buf += x （或 buf.append(x)）	将 x 追加到缓冲中，并返回缓冲本身
buf ++= xs （或 buf.appendAll(xs)）	将 xs 中的所有元素追加到缓冲中
x +=: buf （或 buf.prepend(x)）	将 x 向前追加到缓冲头部中
xs ++=: buf （或 buf.prependAll(xs)）	将 xs 中的所有元素向前追加到缓冲头部中
buf.insert(i, x)	将 x 插入缓冲中下标 i 的位置
buf.insertAll(i, xs)	将 xs 中的所有元素插入缓冲中下标 i 的位置

续表

操作	这个操作做什么
buf.padToInPlace(n, x)	对缓冲追加 x 直到它有 n 个元素为止
移除：	
buf -= x	移除缓冲中的 x
（或 buf.substractOne(x)）	
buf --= xs	移除缓冲中的 xs
（或 buf.substractAll(xs)）	
buf.remove(i)	移除缓冲中下标为 i 的元素
buf.remove(i, n)	移除缓冲中从下标 i 开始的 n 个元素
buf.trimStart(n)	移除缓冲中的前 n 个元素
buf.trimEnd(n)	移除缓冲中的后 n 个元素
buf.clear()	移除缓冲中的所有元素
替换：	
buf.patchInPlace(i, xs, n)	从下标 i 开始用 xs 的元素替换（最多）n 个缓冲中的元素
克隆：	
buf.clone	与 buf 拥有相同元素的新缓冲

两个常用的 Buffer 实现是 ListBuffer 和 ArrayBuffer。正如它们的名称所暗示的，ListBuffer 的背后是列表，支持高效地转换为列表，而 ArrayBuffer 的背后是数组，支持快速地转换成数组。你曾在 15.1 节中看到过一部分 ListBuffer 的实现。

24.5　集

Set 是没有重复元素的 Iterable 特质。对集的操作汇总在表 24.5（一般的集）、表 24.6（不可变集）和表 24.7（可变集）中。

表 24.5　Set 特质包含的操作

操作	这个操作做什么
测试：	
xs.contains(x)	测试 x 是否为 xs 的元素
xs(x)	同 xs.contains(x)
xs.subsetOf(ys)	测试 xs 是否为 ys 的子集

续表

操作	这个操作做什么
移除：	
xs.empty	与 xs 相同类的空集
二元操作：	
xs & ys （或 xs.intersect(ys)）	xs 和 ys 的交集
xs | ys （或 xs.union(ys)）	xs 和 ys 的并集
xs &~ ys （或 xs.diff(ys)）	xs 和 ys 的差集

不可变集提供了通过返回新的集来添加或移除元素的方法（见表 24.6）。

表 24.6　immutable.Set 特质包含的操作

操作	这个操作做什么
添加：	
xs + x （或 xs.incl(x)）	包含 xs 所有元素及 x 的集
xs ++ ys （或 xs.concat(ys)）	包含 xs 所有元素及 ys 所有元素的集
移除：	
xs - x （或 xs.excl(x)）	包含除 x 外的 xs 所有元素的集
xs -- ys （或 xs.removedAll(ys)）	包含除 ys 外的 xs 所有元素的集

可变集拥有添加、移除或更新元素的方法（见表 24.7）。

表 24.7　mutable.Set 特质包含的操作

操作	这个操作做什么
添加：	
xs += x （或 xs.addOne(x)）	以副作用将 x 添加到 xs 中并返回 xs 本身
xs ++= ys （或 xs.addAll(ys)）	以副作用将 ys 所有元素添加到 xs 中并返回 xs 本身

续表

操作	这个操作做什么
xs.add(x)	将 x 添加到 xs 中，如果 x 在此之前没有包含在集中，则返回 true；如果 x 在此之前已经包含在集中，则返回 false
移除：	
xs -= x（或 xs.substractOne(x)）	以副作用将 x 从 xs 中移除并返回 xs 本身
xs --= ys（或 xs.substractAll(ys)）	以副作用将 ys 所有元素从 xs 中移除并返回 xs 本身
xs.remove(x)	将 x 从 xs 中移除，如果 x 在此之前包含在集中，则返回 true；如果 x 在此之前没有包含在集中，则返回 false
xs.filterInPlace(p)	仅保留 xs 中那些满足前提条件 p 的元素
xs.clear()	从 xs 中移除所有元素
更新：	
xs(x) = b	（或者展开写的 xs.update(x, b)）如果布尔值入参 b 为 true，则将添加 x 到 xs 中，否则将 x 从 xs 中移除
克隆：	
xs.clone()	与 xs 拥有相同元素的新的可变集

这些操作归类如下。

测试

contains、apply 和 subsetOf 方法。contains 方法表示当前集是否包含某个给定的元素。集的 apply 方法等同于 contains 方法，因此 set(elem)相当于 set.contains(elem)。这意味着集可以被用作测试函数，并对那些它包含的元素返回 true。例如：

```
val fruit = Set("apple", "orange", "peach", "banana")
fruit("peach")   // true
fruit("potato")  // false
```

添加

+（别名 incl）和++（别名 concat）方法可以将一个或多个元素添加到集，并交出新的集。

移除

-（别名 excl）和--（别名 removedAll）方法可以从集中移除一个或多个元素，并交出新的集。

集操作

交集、并集和差集。这些集操作有两种形式：字母的和符号的。字母的版本有 intersect、union 和 diff，而符号的版本有&、|和&~。Set 从 Iterable 特质继承的++方法可以被看作 union 或|方法的另一个别名，只不过++方法接收 Iterable 特质作为入参，而 union 和|方法的入参是集。

s += elem 这个操作以副作用的方式将 elem 添加到集 s 中，并返回变更后的集。除+=和-=方法外，还有批量操作方法++=和--=，这些操作方法将添加或移除 Iterable、Iterator 给出的所有元素。

+=和-=这样的方法名意味着我们可以对可变集和不可变集使用非常相似的代码来处理。参考下面这段用到不可变集 s 的编译器会话：

```
var s = Set(1, 2, 3)
s += 4
s -= 2
s  // Set(1, 3, 4)
```

在这个例子中，我们对一个类型为 immutable.Set 的 var 使用了+=和-=方法。第 3 章的第 10 步曾经介绍过，形如 s += 4 的语句是 s = s + 4 的简写形式。因此这段代码会调用集 s 的+方法，然后将结果重新赋值给变量 s。接下来再看看对可变集的类似交互：

```
val s = collection.mutable.Set(1, 2, 3)
s += 4    // Set(1, 2, 3, 4)
s -= 2    // Set(1, 3, 4)
s         // Set(1, 3, 4)
```

最终的效果与前一次交互非常相似：从 `Set(1, 2, 3)`开始，最后得到一个 `Set(1, 3, 4)`。不过，虽然语句与之前的语句看上去一样，但是它们做的事情并不相同。这次的 `s += 4` 调用的是可变集 s 的+=方法，当场修改了集的内容。同理，这次的 `s -= 2` 调用的是同一个集的-=方法。

通过比较这两次交互，我们可以看到一个重要的原则：通常可以用一个被保存为 `var` 的不可变集合替换一个被保存为 `val` 的可变集合，或者反过来。只要没有指向这些集合的别名让你可以观测到它到底是当场修改的还是返回了新的集合，这样做就是可行的。

可变集还提供了 `add` 和 `remove` 方法作为+=及-=方法的变种。区别在于，`add` 和 `remove` 方法返回的是表示该操作是否让集发生了改变的布尔值结果。

目前，可变集的默认实现使用了哈希表来保存集的元素。不可变集的默认实现使用了一种可以与集的元素数量相适配的底层表示。空集被表示为单个对象。而 4 个元素以内的集由单个以字段保存所有元素的对象表示。超出 4 个元素的不可变集实现为经过压缩的哈希数组映射的前缀树（*compressed hash-array mapped prefix-tree*）。[1]

上述实现选择带来的影响就是，对 4 个元素以内的小型集而言，不可变集比可变集更加紧凑，也更加高效。因此，如果你预期用到的集比较小，则尽量用不可变集。

24.6　映射

映射是由键/值对组成的 `Iterable` 特质（也被称为映射关系或关联）。Scala 的 `Predef` 类提供了一个隐式转换，让我们可以用 `key -> value` 这样的写法来表示`(key, value)`这个对偶。因此，`Map("x" -> 24, "y" -> 25, "z" -> 26)`与 `Map(("x", 24), ("y", 25), ("z", 26))`的含义完全相同，

1 24.7 节会详细介绍经过压缩的哈希数组映射的前缀树。

但更易读。

映射的基本操作（参考表 24.8）与集的操作类似。不可变映射支持额外的通过返回新的映射来添加和移除关联的操作（参考表 24.9）。可变映射提供更多额外的操作支持（参考表 24.10）。

表 24.8 Map 特质包含的操作

操作	这个操作做什么
查找：	
ms.get(k)	以可选值表示的映射 ms 中与键 k 关联的值，若无关联，则返回 None
ms(k)	（或者展开写的 ms.apply(k)）映射 ms 中与键 k 关联的值，若无关联，则抛出异常
ms.getOrElse(k, d)	映射 ms 中与键 k 关联的值，若无关联，则返回默认值 d
ms.contains(k)	测试 ms 中是否包含键 k 的映射关系
ms.isDefinedAt(k)	同 contains 方法
子集合：	
ms.keys	包含映射 ms 中每个键的可迭代集合
ms.keySet	包含映射 ms 中每个键的集
ms.keysIterator	交出映射 ms 中每个键的迭代器
ms.values	包含映射 ms 中每个与键有关联的值的可迭代集合
ms.valuesIterator	交出映射 ms 中每个与键有关联的值的迭代器
变换：	
ms.view.filterKeys(p)	只包含映射 ms 中那些键满足前提条件 p 的映射关系的映射视图
ms.view.mapValues(f)	通过对映射 ms 中每个与键有关联的值应用 f 函数得到的映射视图

表 24.9 immutable.Map 特质包含的操作

操作	这个操作做什么
添加和更新：	
ms + (k -> v) （或 ms.updated(k, v)）	包含映射 ms 所有映射关系，以及从键 k 到值 v 的映射关系的映射
ms ++ kvs （或 ms.concat(kvs)）	包含映射 ms 所有映射关系，以及 kvs 表示的所有映射关系的映射
ms.updatedWith(k)(f)	添加、更新或移除键 k 绑定的映射。其中，k 函数接收一个当前与键 k 关联的值（或 None），返回一个新值（或 None，表示移除绑定）

续表

操作	这个操作做什么
移除：	
ms - k （或 ms.removed(k)）	包含 ms 除键 k 外所有映射关系的映射
ms -- ks （或 ms.removedAll(ks)）	包含 ms 除 ks 所有键外所有映射关系的映射

表 24.10　mutable.Map 特质包含的操作

操作	这个操作做什么
添加和更新：	
ms(k) = v	（或者展开写的 ms.update(k, v)）以副作用将键 k 到值 v 的映射关系添加到映射 ms，覆盖之前的 k 映射关系
ms += (k -> v)	以副作用将键 k 到值 v 的映射关系添加到映射 ms 并返回映射 ms 本身
ms ++= kvs	以副作用将 kvs 中的映射关系添加到映射 ms 并返回映射 ms 本身
ms.put(k, v)	将键 k 到值 v 的映射关系添加到映射 ms 并以可选值的形式返回之前与 k 关联的值
ms.getOrElseUpdate(k, d)	如果键 k 在映射 ms 中有定义，则返回关联的值；否则，用映射关系 k -> d 更新 ms 并返回 d
ms.updateWith(k)(f)	对键 k 添加、更新或移除绑定后的映射。k 函数接收一个当前与键 k 关联的值（或 None），返回一个新值（或 None，表示移除绑定）
移除：	
ms -= k	以副作用从映射 ms 中移除键 k 的映射关系并返回映射 ms 本身
ms --= ks	以副作用从映射 ms 中移除 ks 中所有键的映射关系并返回映射 ms 本身
ms.remove(k)	从映射 ms 中移除键 k 的映射关系并以可选值的形式返回键 k 之前的关联值
ms.filterInPlace(p)	仅保留映射 ms 中那些键满足前提条件 p 的映射关系
ms.clear()	从映射 ms 移除所有映射关系
变换和克隆：	
ms.mapValuesInPlace(f)	用 f 函数变换映射 ms 中所有关联的值
ms.clone()	返回与映射 ms 包含相同映射关系的新的可变映射

映射操作归类如下。

查找操作

apply、get、getOrElse、contains 和 isDefinedAt 方法。这些方法将映射转换成从键到值的偏函数。映射基本的查找操作如下：

```
def get(key): Option[Value]
```

“m.get(key)”这个操作首先测试该映射是否包含了指定键的关联，如果是，则以 Some 的形式返回关联的值；而如果在映射中并没有定义这个键，则返回 None。映射还定义了一个直接返回指定键关联的值（不包含在 Option 中）的 apply 方法。如果指定键在映射中没有定义，则会抛出异常。

添加和更新操作

+（别名 updated）、++（别名 concat）、updateWith 和 updatedWith 方法用于对映射添加新的绑定或改变已有的绑定。

移除操作

-（别名 removed）和--（别名 removedAll）方法用于从映射移除绑定。

产生子集合操作

keys、keySet、keysIterator、valuesIterator 和 values 方法以不同的形式分别返回映射的键和值。

变换操作

filterKeys 和 mapValues 方法通过过滤或变换已有映射的绑定来产生新的映射。

映射的添加和移除操作与集的对应操作很相似。使用诸如+、-和 updated 方法可以对不可变映射进行变换。而使用 m(key) = value 或 m += (key -> value)这两种不同的操作，一个可变集 m 通常会被当场更新。

还有另一种操作是 m.put(key, value)，这个操作会返回一个包含了之前与这个 key 关联的值的 Option，而如果映射之前并不存在该 key，则返回 None。

getOrElseUpdate 方法适用于对用作缓存的映射进行访问。假设你有一个因调用 f 函数触发的开销巨大的计算：

```
def f(x: String) =
  println("taking my time.")
  Thread.sleep(100)
  x.reverse
```

如果 f 函数没有副作用，也就是说，用相同的入参再次调用它总是会返回相同的结果，那么在这种情况下，你可以通过将之前计算过的 f 函数的入参和结果的绑定保存在映射中来节约时间，只有在找不到某个入参对应的值的时候才会触发对 f 结果的计算。你可以说，这个映射是对 f 函数计算的缓存（cache）。

```
val cache = collection.mutable.Map[String, String]()
```

接下来，就可以创建一个 f 函数的更高效的缓存版本：

```
scala> def cachedF(s: String) = cache.getOrElseUpdate(s, f(s))
def cachedF(s: String): String

scala> cachedF("abc")
taking my time.
val res16: String = cba

scala> cachedF("abc")
val res17: String = cba
```

注意，getOrElseUpdate 方法的第二个参数是“传名”（by-name）的，因此只有当 getOrElseUpdate 方法需要第二个参数的值时，f("abc")的计算才会被执行，也就是首个入参没有出现在 cache 映射中的时候。你也可以用基本的映射操作来直接实现 cachedF 方法，不过需要写更多的代码：

```
def cachedF(arg: String) =
  cache.get(arg) match
    case Some(result) => result
    case None =>
      val result = f(arg)
      cache(arg) = result
      result
```

24.7 具体的不可变集合类

Scala 提供了许多具体的不可变集合类供我们选择。它们实现的特质各不相同（映射、集、序列），可以是无限的也可以是有限的，且不同的操作有不同的性能表现。我们将从最常见的不可变集合类型开始讲。

列表

列表是有限的不可变序列。它提供常量时间的对首个元素和余下元素的访问，以及常量时间的在列表头部添加新元素的操作。其他的许多操作都是线性时间的。关于列表的详细讨论请参考第 14 章。

惰性列表

惰性列表是元素进行惰性求值获得的列表。只有被请求的元素会被计算。因此，惰性列表可以是无限长的。除此之外，惰性列表的特征与列表一样。

列表通过::操作符来构造，而惰性列表则是通过看上去有些相似的#::操作符来构造的。这里有一个包含整数 1、2 和 3 的惰性列表的示例：

```
scala> val str = 1 #:: 2 #:: 3 #:: LazyList.empty
val str: scala.collection.immutable.LazyList[Int] =
```

```
  LazyList(<not computed>)
```

这个流的头部是 1，尾部包括 2 和 3。这里并没有打印出任何元素的值，因为它们都还没有被计算出来。惰性列表的要求是惰性计算，因此它的 toString 方法并不会强制任何额外的求值计算。

下面是一个更复杂的例子。这个惰性列表包含一个从给定的两个数字开始的 Fibonacci 序列。Fibonacci 序列的定义是每个元素都是序列中其前面两个元素之和：

```
scala> def fibFrom(a: Int, b: Int): LazyList[Int] =
     |   a #:: fibFrom(b, a + b)
def fibFrom: (a: Int, b: Int)LazyList[Int]
```

这个函数看上去实在是简单到可疑。序列的首个元素很显然是 a，而序列余下的部分是从 b 和 a+b 开始的 Fibonacci 序列。最关键的部分是在计算序列的同时不引发无限递归。如果该函数使用了::操作符而不是#::操作符，则每次对该函数的调用都会引发另一个调用，这样就会造成无限递归。不过由于它用的是#::操作符，因此表达式的右侧只有在被请求时才会被求值。

下面是从两个 1 开始的 Fibonacci 序列的头几个元素：

```
scala> val fibs = fibFrom(1, 1).take(7)
val fibs: scala.collection.immutable.LazyList[Int] =
  LazyList(<not computed>)

scala> fibs.toList
val res23: List[Int] = List(1, 1, 2, 3, 5, 8, 13)
```

不可变数组序列

如果你使用的算法只对列表头部进行处理，则列表是非常高效的（数据结构）。访问、添加和移除列表的头部（元素）只需要常量时间。不过，如果要对列表中更深的元素进行访问或修改，则所需要的时间与元素在列表中的深度线性相关。因此，对那些不仅仅处理序列头部元素的算法而言，列表可能并不是最佳选择。

不可变数组序列是一个不可变的序列类型，其背后由一个私有的数组支持，以解决列表随机访问效率不高的问题。不可变数组序列允许以常量时间访问集合中的任何元素。这样一来，你就不需要担心是不是只能访问不可变数组序列的头部这个问题了。由于可以以常量时间访问任意位置的元素，因此对某些算法而言，不可变数组序列可以更高效。

另一方面，由于不可变数组序列背后是一个数组，因此向其头部追加元素需要线性时间，而不是像列表那样的常量时间。不仅如此，任何对不可变数组序列添加或更新单个元素的都需要线性时间，因为整个底层数组都需要被复制。

向量

列表和不可变数组序列对某些场景而言是很高效的数据结构，而对另一些场景而言则不是。例如，对列表添加头部元素只需要常量时间，而对数组序列添加头部元素需要线性时间。反过来，对数组序列的下标访问需要常量时间，而对列表的下标访问则需要线性时间。

向量对所有操作都提供了良好的性能。对向量的任何元素的访问都消耗“从实效上讲的常量时间”，稍后会有详细定义。这个常量时间比访问列表头部或从数组序列中读取某个元素的常量时间要长，不过即便如此，它也是一个常量。这样一来，使用向量的算法不需要对尽量只访问序列头部这一点格外小心。它可以访问和修改任意位置的元素，因此编写起来要方便得多。

向量的构建和修改与其他序列并没有什么不同：

```
val vec = scala.collection.immutable.Vector.empty
val vec2 = vec :+ 1 :+ 2      // Vector(1, 2)
val vec3 = 100 +: vec2        // Vector(100, 1, 2)
vec3(0)                       // 100
```

向量的内部结构是宽而浅的树。树的每个节点包含多达 32 个元素或 32 个其他树节点。小于或等于 32 个元素的向量可以用单个节点表示。小于或等于 32 × 32 = 1024 个元素的向量可以通过单次额外的间接性（indirection）来做到 [1]。如果我们允许从树的根部到最终的元素节点有两跳（hop），就可以表示多达 2^{15} 个元素的向量；如果允许有 3 跳，就可以表示多达 2^{20} 个元素的向量；如果允许有 4 跳，就可以表示多达 2^{25} 个元素的向量；如果允许有 5 跳，就可以表示多达 2^{30} 个元素的向量。因此，对于所有正常大小的向量，选择一个元素只需要最多 5 次基本的数组操作。这就是我们所说的元素访问消耗"从实效上讲的常量时间"。

由于向量是不可变的，因此你不能当场修改向量元素的值。不过，使用 updated 方法可以创建一个与给定向量在单个元素上有差别的新向量：

```
val vec = Vector(1, 2, 3)
vec.updated(2, 4)          // Vector(1, 2, 4)
vec                        // Vector(1, 2, 3)
```

如最后一行所示，对 updated 方法的调用并不会对原始的向量 vec 有任何作用。与选择操作一样，函数式向量的更新也是消耗"从实效上讲的常量时间"。更新向量中的某个元素可以通过复制包含该元素的节点，以及从根部开始所有指向该节点的节点来完成。这意味着一次函数式的更新只会创建出 1 ~ 5 个节点，其中每个节点包含 32 个元素或子树。当然，这与一次可变数组的当场更新相比开销要大得多，但比起复制整个向量来说，开销还是要小得多。

由于向量在快速的任意位置的选择和快速的任意位置的函数式更新之间达到了较好的平衡，因此它目前是不可变的带下标索引的序列的默认实现：

```
collection.immutable.IndexedSeq(1, 2, 3)     // Vector(1, 2, 3)
```

1 译者注：也就是比 32 个元素的向量多一层。

不可变队列

队列是一个先进先出的序列。在第 18 章中，我们探讨了一个不可变队列的简化实现。下面是演示如何创建一个空的不可变队列的例子：

```
val empty = scala.collection.immutable.Queue[Int]()
```

可以用 enqueue 方法来为不可变队列追加一个元素：

```
val has1 = empty.enqueue(1)    // Queue(1)
```

要追加多个元素，可以用一个集合作为入参来调用 enqueueAll 方法：

```
val has123 = has1.enqueueAll(List(2, 3))     // Queue(1, 2, 3)
```

要从列表头部移除元素，可以用 dequeue 方法：

```
scala> val (element, has23) = has123.dequeue
val element: Int = 1
has23: scala.collection.immutable.Queue[Int] = Queue(2, 3)
```

注意，dequeue 方法返回的是一组包含被移除的元素及队列剩余部分的对偶。

区间

区间是一个有序的整数序列，整数之间有相同的间隔。举例来说，“1，2，3”是区间，“5，8，11，14”也是区间。用 Scala 创建区间的方式是使用预定义的方法 to 和 by。这里有一些例子：

```
1 to 3              // Range(1, 2, 3)
5 to 14 by 3        // Range(5, 8, 11, 14)
```

如果你要创建的区间不包含上限，则可以用 until 方法而不是 to 方法：

```
1 until 3 // Range(1, 2)
```

区间的内部表示占据常量的空间，因为它可以用 3 个数表示：起始值、终值和步长。因此，大多数区间操作都非常快。

经过压缩的哈希数组映射的前缀树

哈希字典树（*hash trie*）[1] 是实现高效的不可变集和不可变映射的标准方式。而经过压缩的哈希数组映射的前缀树（*compressed hash-array mapped prefix-tree*）[2] 是哈希字典树在 JVM 上的一种设计，提升了局部性，并且能够确保其树状结构保持规整而紧凑。它的内部表现形式与向量类似，也是每个节点有 32 个元素或 32 棵子树的树，不过元素选择是基于哈希码的。举例来说，要找到映射中给定的键，首先用键的哈希码的最低 5 位找到第一棵子树，然后用接下来的 5 位找到第二棵子树，以此类推。当某个节点的所有元素的哈希码（已用到的部分）各不相同时，这个选择过程就停止了。因此我们并不是必须用到哈希码的所有位的。

哈希字典树在比较快的查找和比较高效的函数式插入（+）及删除（-）之间找到了一个不错的平衡。这也是为什么说它们是 Scala 对不可变映射和不可变集的默认实现基础。事实上，Scala 对于包含元素少于 5 个的不可变集和不可变映射还有更进一步的优化方法。带有 1～4 个元素的集和映射都被存放在只是通过字段包含这些元素（对映射而言是键/值对）的单个对象中。空的不可变集和空的不可变映射也分别都是单例对象（我们并不需要对空集或空映射进行重复存储，因为空的不可变集或映射永远都是空的）。

红黑树

红黑树（*red-black tree*）是一种平衡的二叉树，其中某些节点被标记为

---

1 "trie" 这个名称来自 "retrieval" 这个单词，读作 "tree" 或 "try"。

2 Steindorfer 等，《优化哈希数组映射的字典树以实现快速而紧凑的不可变 JVM 集合》。

“红”的而其他节点被标记为“黑”的。与其他平衡二叉树一样，对它的操作可以可靠地在与树规模相关的对数时间内完成。

Scala 提供了内部使用红黑树的集和映射的实现。你可以用 TreeSet 和 TreeMap 来访问它们：

```
val set = collection.immutable.TreeSet.empty[Int]
set + 1 + 3 + 3  // TreeSet(1, 3)
```

红黑树也是 Scala 中 SortedSet 的标准实现，因为它提供了按顺序返回集的所有元素的一个高效的迭代器。

不可变位组

位组（*bit set*）是用来表示某个更大整数的位的小整数的集合。例如，包含 3、2 和 0 的位组可以用二进制的整数 1101 表示，转换成十进制就是 13。

从内部来讲，位组使用的是一个 64 位 Long（长整数）的数组，数组中第一个 Long 表示 0 ~ 63 的整数，第二个 Long 表示 64 ~ 127 的整数，以此类推。因此，只要位组中最大的整数小于百这个规模，位组就会非常紧凑。

对位组的操作非常快。测试某个位组是否包含某个值只需要常量时间。向位组添加条目需要的时间与位组的 Long 数组长度成正比，这通常是一个很小的值。下面是一些使用位组的简单例子：

```
val bits = scala.collection.immutable.BitSet.empty
val moreBits = bits + 3 + 4 + 4       // BitSet(3, 4)
moreBits(3)                           // true
moreBits(0)                           // false
```

向量映射

向量映射是一个同时使用 Vector（表示键）和 HashMap 的映射。它提供了一个可以按照插入顺序返回所有条目的迭代器。

```
import scala.collection.immutable.VectorMap
val vm = VectorMap.empty[Int, String]
val vm1 = vm + (1 -> "one")          // VectorMap(1 -> one)
val vm2 = vm1 + (2 -> "two")         // VectorMap(1 -> one, 2 -> two)
vm2 == Map(2 -> "two", 1 -> "one")  // true
```

从上述代码的开头几行可以看出，VectorMap 的内容保持了插入的顺序，而从最后一行可以看出，VectorMap 能与其他映射做比较，且这样的比较并不会受到元素次序的影响。

列表映射

列表映射将映射表示为一个由键/值对组成的链表。一般而言，对列表映射的操作需要遍历整个列表，因此，对列表映射的操作耗时与映射的规模成正比。事实上，Scala 对于列表映射用得很少，因为标准的不可变映射几乎总是比列表映射更快。唯一可能有区别[1]的场景是当映射因为某种原因需要经常访问列表中的首个元素时，其频率远高于访问其他元素的频率。

```
val map = collection.immutable.ListMap(1 -> "one", 2 -> "two")
map(2)    // "two"
```

24.8 具体的可变集合类

现在你已经了解了 Scala 在标准类库中提供的常用的不可变集合类，下面我们来看看那些可变的集合类。

数组缓冲

我们在 15.1 节已经介绍过数组缓冲。数组缓冲包括一个数组和一个大小。

1 译者注：意思是列表映射比标准的不可变映射更快。

对数组缓冲的大部分操作都与对数组的操作速度一样，因为这些操作只是简单地访问和修改底层的数组。数组缓冲可以在尾部高效地添加数据。对数组缓冲追加元素需要的时间为平摊的常量时间。因此，数组缓冲对那些通过向尾部追加新元素来高效构建大集合的场景而言非常有用。下面是一些例子：

```
val buf = collection.mutable.ArrayBuffer.empty[Int]
buf += 1          // ArrayBuffer(1)
buf += 10         // ArrayBuffer(1, 10)
buf.toArray       // Array(1, 10)
```

列表缓冲

我们在 15.1 节也已经介绍过列表缓冲。列表缓冲与数组缓冲很像，只不过它内部使用的是链表而不是数组。如果你打算在构建完成后将缓冲转换成列表，就可以直接用列表缓冲。参考下面的例子：[1]

```
val buf = collection.mutable.ListBuffer.empty[Int]
buf += 1          // ListBuffer(1)
buf += 10         // ListBuffer(1, 10)
buf.toList        // List(1, 10)
```

字符串构建器

正如数组缓冲有助于构建数组，列表缓冲有助于构建列表一样，字符串构造器也有助于构建字符串。由于字符串构建器十分常用，它已经被引入默认的命名空间中。我们只需要简单地用 new StringBuilder 来创建即可，就像这样：

```
val buf = new StringBuilder
buf += 'a'          // a
```

1 本例和本节其他示例的解释器响应中出现的“buf.type”是一个单例类型（singleton type）。buf.type 意味着该变量持有的就是那个由 buf 引用的对象。

```
buf ++= "bcdef"  // abcdef
buf.toString     // abcdef
```

数组双向队列

数组双向队列是一个可变序列，支持在头部和尾部高效地添加元素。其内部使用的是一个可以重新调整大小的数组。如果你需要对缓冲做头部追加和尾部追加，就应当使用 ArrayDeque 而不是 ArrayBuffer。

可变队列

除了不可变队列，Scala 还提供了可变队列。你可以像使用不可变队列那样使用可变队列，不过在追加元素的时候需要使用+=和++=操作符而不是 enqueue 方法。并且，对可变队列而言，dequeue 方法只会简单地移除队列头部元素并返回。这里有一个例子：

```
val queue = new scala.collection.mutable.Queue[String]
queue += "a"                    // Queue(a)
queue ++= List("b", "c")        // Queue(a, b, c)
queue                           // Queue(a, b, c)
queue.dequeue                   // a
queue                           // Queue(b, c)
```

栈

Scala 提供了可变的栈（stack）。这里有一个例子：

```
val stack = new scala.collection.mutable.Stack[Int]
stack.push(1)       // Stack(1)
stack               // Stack(1)
stack.push(2)       // Stack(2, 1)
stack               // Stack(2, 1)
stack.top           // 2
```

```
stack                // Stack(2, 1)
stack.pop            // 2
stack                // Stack(1)
```

注意，Scala 并没有不可变的栈，因为列表提供了同样的功能。对不可变的栈执行压栈（*push*）操作与对列表执行`::`操作是一样的。而出栈（*pop*）操作相当于对列表同时调用 `head` 和 `tail` 方法。

可变数组序列

可变数组序列是固定大小的可变序列，其内部使用 `Array[AnyRef]`来存放元素，在 Scala 中的实现是 `ArraySeq` 类。

如果你想要使用数组的性能特征，但又不想创建泛型的序列实例（你不知道元素的类型，也没有一个可以在运行时提供类型信息的 `ClassTag`），则可以选用可变数组序列。我们会在 24.9 节讲到数组的这些问题。

哈希表

哈希表（*hash table*）底层用数组存放其元素，并且元素的存放位置取决于该元素的哈希码。向哈希表添加元素只需要常量时间，只要数组中没有其他元素拥有相同的哈希码即可。因此，只要哈希表中的对象能够按哈希码分布得足够均匀，哈希表的操作就非常快。正因为如此，Scala 中默认的可变映射和可变集的实现都基于哈希表。

哈希集和哈希映射用起来与其他集或映射一样。参考下面这些简单的例子：

```
val map = collection.mutable.HashMap.empty[Int,String]
map += (1 -> "make a web site")
                          // Map(1 -> make a web site)
map += (3 -> "profit!")
                          // Map(1 -> make a web site, 3 -> profit!)
```

```
map(1)              // make a web site
map.contains(2)     // false
```

对哈希表进行迭代时并不能保证按照某个特定的顺序。迭代只不过是简单地依次处理底层数组的元素，底层数组的顺序是什么样的就是什么样的。如果你需要采用某种有保证的迭代顺序，则可以使用链式的哈希映射或哈希集，而不是常规的哈希映射或哈希集。链式的哈希映射或哈希集与常规的哈希映射或哈希集的区别在于，它还包含了一个按照元素添加顺序保存的元素链表。对这样的集合的遍历总是按照元素添加的顺序来进行的。

弱哈希映射

弱哈希映射（*weak hash map*）是一种特殊的哈希映射。对于这种哈希映射，垃圾收集器并不会跟踪映射到其中的键的链接。这意味着如果没有其他引用指向某个键，则该键到它的关联值会从映射中消失。弱哈希映射对类似缓存这样的任务而言十分有用，即那些你想要重用某个计算耗时的函数结果的场景。如果这些代表入参的键和函数结果被保存在常规的哈希映射中，则这个映射会无限增长，所有的键都不会被当作垃圾处理。使用弱哈希映射可以避免这个问题。一旦某个键对象不再可及，该条目就从会弱哈希映射中移除。Scala 中弱哈希映射的实现是对底层 Java 实现 `java.util.WeakHashMap` 的包装。

并发映射

并发映射（*concurrent map*）可以被多个线程同时访问。除了常见的映射操作，`concurrent.Map` 特质还提供了一些操作，如表 24.11 所示。

表 24.11　concurrent.Map 特质包含的操作

操作	这个操作做什么
`m.putIfAbsent(k, v)`	除非 k 已经在 m 中定义，否则添加 k -> v 的键/值绑定
`m.remove(k, v)`	如果 k 当前映射到 v，则移除该条目

续表

操作	这个操作做什么
m.replace(k, old, new)	如果 k 原先就绑定到 old，则将 k 关联的值替换为 new
m.replace(k, v)	如果 k 原先绑定到某个值，则将 k 关联的值替换为 v

concurrent.Map 特质定义了用于允许并发访问的映射的接口。标准类库提供了该特质的两个实现。第一个实现是 Java 的 java.util.concurrent.ConcurrentMap，通过标准的 Java/Scala 集合转换，可以自动转换成 Scala 映射（我们将在 24.16 节介绍这类转换）。第二个实现是 TrieMap，这是一个哈希数组映射的字典树的无锁（lock-free）实现。

可变位组

可变位组与不可变位组一样，只不过它可以被当场修改。可变位组在更新方面比不可变位组要稍微高效一些，因为它不需要将那些没有改变的 Long 值反复复制。这里有一个例子：

```
val bits = scala.collection.mutable.BitSet.empty
bits += 1 // BitSet(1)
bits += 3 // BitSet(1, 3)
bits      // BitSet(1, 3)
```

24.9 数组

数组在 Scala 中是一种特殊的集合。一方面，Scala 的数组与 Java 的数组一一对应。也就是说，Scala 的数组 Array[Int]用 Java 的 int[]表示，Array[Double]用 Java 的 double[]表示，而 Array[String]用 Java 的 String[]表示。不过，另一方面，Scala 的数组与其 Java 版本相比提供了更多的功能。首先，Scala 的数组支持泛型（*generic*）。也就是说，你可以拥有 Array[T]，其中 T 是类型参数或抽象类型。其次，Scala 的数组与 Scala 的序列兼容（你可以在要求 Seq[T]的地方传入 Array[T]）。最后，Scala 的数组还支持所有的序列操作。参考下面的例子：

```
val a1 = Array(1, 2, 3)
val a2 = a1.map(_ * 3)               // Array(3, 6, 9)
val a3 = a2.filter(_ % 2 != 0)       // Array(3, 9)
a3.reverse                           // Array(9, 3)
```

既然 Scala 的数组是用 Java 的数组来表示的，那么，Scala 是如何支持这些额外功能的呢？

答案是对隐式转换的系统化使用。数组并不能“假装自己是”序列，因为原生数组的数据类型表示并不是 Seq 的子类型。每当数组被用作序列时，它都会被隐式地包装成 Seq 的子类。这个子类的名称是 scala.collection. mutable. ArraySeq。参考下面的例子：

```
val seq: collection.Seq[Int] = a1     // ArraySeq(1, 2, 3)
val a4: Array[Int] = seq.toArray      // Array(1, 2, 3)
a1 eq a4                              // false
```

从上述交互中可以看到，数组与序列是兼容的，因为有一个从 Array 到 ArraySeq 的隐式转换。如果要反过来，从 ArraySeq 转换成 Array，则可以用 Iterable 特质中定义的 toArray 方法。上述编译器交互程序中最后一行显示，先包装再通过 toArray 方法解包，可以得到与一开始相同的数组。

可以被应用到数组的还有另一个隐式转换。这个转换只是简单地将所有的序列方法“添加”到数组中，但并不会将数组本身变成序列。“添加”意味着数组被包装成另一个类型为 ArrayOps 的对象，这个对象支持所有的序列方法。通常，这个 ArrayOps 对象的生命周期很短：它通常在调用完序列方法之后就不再被访问了，因此其存储空间可以被回收。目前的 VM 会完全避免创建这个对象。

这两种隐式转换的区别可以通过下面的例子展示出来：

```
val seq: collection.Seq[Int] = a1         // ArraySeq(1, 2, 3)
seq.reverse                               // ArraySeq(3, 2, 1)
val ops: collection.ArrayOps[Int] = a1    // Array(1, 2, 3)
ops.reverse                               // Array(3, 2, 1)
```

你可以看到，对 seq 这个 ArraySeq 调用 reverse 方法会再次给出 ArraySeq。这合乎逻辑，因为被包装的数组是 Seq，而对任何 Seq 调用 reverse 方法都会返回 Seq。但是，对 ArrayOps 类的 ops 调用 reverse 方法，则返回的是 Array 而不是 Seq。

上述 ArrayOps 的例子非常人性化，其目的仅仅是展示与 ArraySeq 的区别。在通常情况下，你不需要定义一个 ArrayOps 类的值，只需要对数组调用一个 Seq 的方法即可：

```
a1.reverse        // Array(3, 2, 1)
```

隐式转换会自动插入 ArrayOps 对象。因此，上面这一行代码与下面这一行的代码是等效的，其中，intArrayOps 就是那个被自动插入的隐式转换：

```
intArrayOps(a1).reverse // Array(3, 2, 1)
```

这就带来一个问题：编译器是如何选中 intArrayOps 而不是另一个到 ArraySeq 的隐式转换的呢？毕竟，这两个隐式转换都可以将数组映射成一个支持 reverse 方法的类型（编译器中的输入要求使用这个 reverse 方法）。这个问题的答案是：这两个隐式转换之间存在优先级。ArrayOps 转换的优先级高于 ArraySeq 转换的优先级。前者定义在 Predef 对象中，而后者定义在 scala.LowPriorityImplicits 类中，这个类是 Predef 的超类。由于子类和子对象中的隐式转换比基类的隐式转换优先级更高，因此如果两个隐式转换同时可用，则编译器会选择 Predef 中的那一个。我们在 21.7 节还讲到了另一个类似的机制，是关于字符串的。

现在你已经知道了数组与序列是兼容的，它们支持所有的序列操作。不过泛型呢？在 Java 中，你无法写出 T[]，其中的 T 是类型参数。那么，Scala

的 Array[T]又是如何表示的呢？事实上，像 Array[T]这样的泛型数组在运行时可以是任何 Java 支持的 8 种基本类型的数组——byte[]、short[]、char[]、int[]、long[]、float[]、double[]、boolean[]，也可以是对象的数组。唯一能横跨所有这些类型的公共运行时类型是 AnyRef（或者与其等同的 java.lang.Object），因此这就是 Scala 将 Array[T]映射到的类型。在运行时，当类型为 Array[T]的数组的元素被访问或更新时，首先由一系列的类型检查来决定实际的数组类型，然后才会进行对 Java 数组的正确操作。这些类型检查在一定程度上减缓了数组操作。你可以预期对泛型数组的访问速度约为对基本类型或对象数组的访问速度的 25%～33%。这意味着如果你需要最大限度的性能，则应该考虑具体的类型确定的数组，而不是泛型数组。

仅仅能够表示泛型的数组类型是不够的，我们还需要通过某种方式来"创建"泛型数组。这个问题解决起来更加困难，需要你的帮助。为了说明问题，考虑下面这个尝试创建泛型数组的方法：

```
// 这是错误的
def evenElems[T](xs: Vector[T]): Array[T] =
  val arr = new Array[T]((xs.length + 1) / 2)
  for i <- 0 until xs.length by 2 do
    arr(i / 2) = xs(i)
  arr
```

evenElems 方法返回一个新的由入参向量 xs 的所有在向量中偶数位置的元素组成的数组。evenElems 方法体的第一行创建了结果数组，其元素类型与入参一样。基于类型参数 T 的实际类型，这可能是 Array[Int]，可能是 Array[Boolean]，可能是某种 Java 其他基本类型的数组，也可能是某种引用类型的数组。不过这些类型在运行时的表现形式各不相同，那么，Scala 运行时应该如何选取正确的那一个呢？事实上，基于给出的信息，Scala 运行时做不到，因为与类型参数 T 相对应的实际类型信息在运行时被擦除了。这就是如果你尝试编译上面的代码，会得到如下错误提示的原因：

```
2 |   val arr = new Array[T]((xs.length + 1) / 2)
  |                                           ^
  |                         No ClassTag available for T
```

编译器在这里需要你的帮助——帮忙提供关于 evenElems 方法实际的类型参数是什么的运行时线索。这个线索的表现形式是类型为 scala.reflect.ClassTag 的**类标签**（*class tag*）。类标签描述的是给定类型的**运行期类**（*runtime class*），这也是构造该类型的数组所需要的全部信息。

在许多情况下，编译器都可以自行生成类标签。对于具体类型 Int 或 String 就是如此。对于某些泛型类型，如 List[T]也是如此。如果有足够多的信息已知，就可以预测运行期类。在本例中，这个运行期类就是 List。

对于完全泛化的场景，通常的做法是用上下文界定传入类型标签，就像我们在 23.2 节探讨的那样。我们可以像下面这样用上下文界定来修改前面的定义：

```
// 这样可行
import scala.reflect.ClassTag
def evenElems[T: ClassTag](xs: Vector[T]): Array[T] =
  val arr = new Array[T]((xs.length + 1) / 2)
  for i <- 0 until xs.length by 2 do
    arr(i / 2) = xs(i)
  arr
```

在新的定义中，当 Array[T]被创建时，编译器会查找类型参数 T 的类标签，也就是说，它会查找一个类型为 ClassTag[T]的隐式值。如果找到这样的值，类标签就被用于构造正确类型的数组。不然，你就会看到前面那样的错误提示。

下面是使用 evenElems 方法的编译器交互程序：

```
evenElems(Vector(1, 2, 3, 4, 5))       // Array(1, 3, 5)
evenElems(Vector("this", "is", "a", "test", "run"))
  // Array(this, a, run)
```

在两种情况下，Scala 编译器都会自动地为元素类型构建类标签（首先是 Int，然后是 String）并将它传入 evenElems 方法的隐式参数中。对于所有具体类型，编译器都可以帮助我们完成，但是，如果入参本身是另一个类型参数且不带类标签，它就无能为力了。比如，下面这段代码就不可行：

```
 scala> def wrap[U](xs: Vector[U]) = evenElems(xs)
1 |def wrap[U](xs: Vector[U]) = evenElems(xs)
  |                                      ^
  |                          No ClassTag available for U
```

为什么会这样？原因是 evenElems 方法要求类型参数 U 的类标签，但没有找到。当然，这种情况的解决方案是要求另一个针对 U 的隐式类标签。因此，下面这段代码是可行的：

```
def wrap[U: ClassTag](xs: Vector[U]) = evenElems(xs)
```

这个例子同时告诉我们：U 定义中的上下文界定只不过是此处名称为 evidence$1、类型为 ClassTag[U]的隐式参数的简写而已。

24.10　字符串

与数组一样，字符串也并不直接是序列，但是它可以被转换成序列，从而支持所有序列操作。下面是一些可以在字符串上执行的操作示例：

```
val str = "hello"
str.reverse                // olleh
str.map(_.toUpper)         // HELLO
str.drop(3)                // lo
str.slice(1, 4)            // ell
val s: Seq[Char] = str     // hello
```

这些操作由两个隐式转换支持，我们在 23.5 节曾经介绍过。第一个优先级较低的转换将 String 映射成 WrappedString 类，这个类是 immutable.IndexedSeq 的子类。这个转换在前一个例子中的最后一行得以应用，将字符串转换成了 Seq。另一个较高优先级的转换将字符串映射成 StringOps 对象，这个对象给字符串添加了所有不可变序列的方法。这个转换在前面示例中的 reverse、map、drop 和 slice 等处被隐式插入。

24.11 性能特征

如前面的内容所示，不同的集合类型有不同的性能特征。这通常是选择某个集合类型而不是另一个集合类型的主要原因。你可以从表 24.12 和表 24.13 中看到某些通用的操作在不同集合上的性能特征的总结。

表 24.12 序列类型的性能特征

	头部（head）	尾部（tail）	应用（apply）	更新（update）	向前追加（prepend）	向后追加（append）	插入（insert）
不可变序列							
List	C	C	L	L	C	L	-
LazyList	C	C	L	L	C	L	-
ArraySeq	C	L	C	L	L	L	
Vector	eC	eC	eC	eC	eC	eC	-
Queue	aC	aC	L	L	L	C	-
Range	C	C	C	-	-	-	-
String	C	L	C	L	L	L	-
可变序列							
ArrayBuffer	C	L	C	C	L	aC	L
ListBuffer	C	L	L	L	C	C	L
StringBuilder	C	L	C	C	L	aC	L
Queue	C	L	L	L	C	C	L
ArraySeq	C	L	C	C	-	-	-
Stack	C	L	L	L	C	L	L
Array	C	L	C	C	-	-	-
ArrayDeque	C	L	C	C	aC	aC	L

表 24.13　集和映射类型的性能特征

	查找（lookup）	添加（add）	移除（remove）	最小（min）
不可变的集或映射				
HashSet/HashMap	eC	eC	eC	L
TreeSet/TreeMap	Log	Log	Log	Log
BitSet	C	L	L	eC[a]
VectorMap	eC	eC	aC	L
ListMap	L	L	L	L
可变的集或映射				
HashSet/HashMap	eC	eC	eC	L
WeakHashMap	eC	eC	eC	L
BitSet	C	aC	C	eC[a]

[a] 假设这里的位（bit）是紧凑地压在一起的。

这两个表格中的条目取值解释如下。

- C：该操作消耗（快速的）常量时间。
- eC：该操作消耗从实效上讲的常量时间，不过这可能取决于某些前提条件，如向量的最大长度或哈希键的分布情况。
- aC：该操作消耗平摊的常量时间。该操作的某些调用可能耗时长一些，不过大量操作平均只消耗常量时间。
- Log：该操作消耗与集合规模的对数成正比的时间。
- L：该操作是线性的，即消耗与集合规模成正比的时间。
- -：对应的集合类型不支持该操作。

表 24.12 将不可变和可变序列类型对应到如下操作。

- head（头部）：选择序列的首个元素。
- tail（尾部）：生成一个包含除首个元素外所有元素的新序列。
- apply（应用）：下标索引。
- update（更新）：对不可变序列的函数式更新（用 updated）；对可变序列的带副作用的更新（用 update）。
- prepend（向前追加）：将元素添加到序列之前。对不可变序列而言，该操作会生成一个新的序列。对可变序列而言，该操作会修改已有的序列。

- append（向后追加）：将元素添加到序列之后。对不可变序列而言，该操作会生成一个新的序列。对可变序列而言，该操作会修改已有的序列。
- insert（插入）：将元素插入序列中的任意位置。该操作只对可变序列有效。

表 24.13 将可变和不可变的集和映射对应到如下操作。

- lookup（查找）：测试某个元素是否被包含在集内，或者选择与某个键关联的值。
- add（添加）：添加新元素到集中，或者添加新的键/值对到映射中。
- remove（移除）：从集中移除元素，或者从映射中移除键。
- min（最小值）：集的最小元素，或者映射的最小键。

24.12 相等性

集合类库对相等性和哈希的处理方式是一致的。一方面，它将集合分为集、映射和序列等不同类目。不同类目下的集合永远不相等。例如，Set(1, 2, 3)不等于 List(1, 2, 3)，尽管它们包含相同的元素。另一方面，在相同的类目下，当且仅当集合拥有相同的元素时才相等（对序列而言，不仅要求元素相同，还要求顺序相同）。例如，List(1, 2, 3) == Vector(1, 2, 3)，而 HashSet(1, 2) == TreeSet(1, 2)。

至于集合是不可变的还是可变的并不会影响相等性检查。对可变集合而言，相等性的判断仅取决于执行相等性判断时的元素。这意味着，随着元素的添加和移除，可变集合可能会在不同的时间点与不同的集合相等。当我们用可变集合作为哈希映射的键时，这是个潜在的“坑”。例如：

```
import collection.mutable.{HashMap, ArrayBuffer}
val buf = ArrayBuffer(1, 2, 3)
val map = HashMap(buf -> 3)      // Map((ArrayBuffer(1, 2, 3),3))
map(buf)                         // 3
buf(0) += 1
map(buf)
  // java.util.NoSuchElementException: key not found:
  //   ArrayBuffer(2, 2, 3)
```

在本例中，最后一行的选择操作很可能会失败，因为数组 buf 的哈希码在倒数第二行被改变了。因此，基于哈希码的查找操作会指向不同于 xs（buf）的存储位置。

24.13　视图

集合有相当多的方法用来构造新的集合，如 map、filter 和++。我们将这些方法称作变换器（*transformer*），因为它们以接收者对象的形式接收至少一个集合入参并生成另一个集合作为结果。

变换器可以通过两种主要的方式实现：严格的和非严格的（或称为惰性的）。严格的变换器会构造出带有所有元素的新集合。而非严格的（或称为惰性的）变换器只是构造出结果集合的一个代理，其元素会按需被构造出来。

作为非严格的变换器的示例，考虑下面这个惰性映射操作的实现：

```
def lazyMap[T, U](col: Iterable[T], f: T => U) =
  new Iterable[U]:
    def iterator = col.iterator.map(f)
```

注意，lazyMap 在构造新的 Iterable 时并不会遍历给定集合 coll 的所有元素。给出的 f 函数只会在新集合的 iterator 元素被需要时才会被应用。

Scala 集合默认在其所有变换器操作中都是严格的，除了 LazyList，

LazyList 将所有变换器方法实现成了惰性求值的版本。不过，有一种系统化的方式可以将每个集合转换成惰性的版本，或者反过来，这种方式的基础是集合视图。视图（*view*）是一种特殊的集合，它代表了某个基础集合，但是是采用惰性的方式实现所有变换器的。

要从集合得到它的视图，你可以对集合使用 view 方法。如果 xs 是一个集合，xs.view 就是同一个集合，但是所有变换器都是按惰性的方式实现的。而要从视图得到严格版本的集合，你可以调用 to 方法，传入一个严格的集合工厂方法作为参数即可。

假设你有一个 Int 的向量，并且想对这个向量连续映射两个函数：

```
val v = Vector((1 to 10)*)
  // Vector(1, 2, 3, 4, 5, 6, 7, 8, 9, 10)
v.map(_ + 1).map(_ * 2)
  // Vector(4, 6, 8, 10, 12, 14, 16, 18, 20, 22)
```

在最后这条语句中，表达式 v map (_ + 1)首先构造出一个新的向量，然后通过第二次的 map (_ * 2)调用变换成第三个向量。在很多情况下，首次 map 调用构造出来的中间结果有些浪费。在一个假想的示例中，将两个函数(_ + 1)和(_ * 2)组合在一起执行一次 map 操作会更快。如果你能同时访问这两个函数，则可以手动实现。不过，在通常情况下，对某个数据结构的连续变换发生在不同的程序模块中。将这些变换融合在一起会打破模块化的设计。避免中间结果的更一般的方式是首先将向量转换成一个视图，然后对视图应用所有的变换，最后将视图强制转换为向量：

```
(v.view.map(_ + 1).map(_ * 2)).toVector
  // Vector(4, 6, 8, 10, 12, 14, 16, 18, 20, 22)
```

我们将再一次逐个完成这一系列的操作：

```
scala> val vv = v.view
val vv: scala.collection.IndexedSeqView[Int] =
```

```
  IndexedSeqView(<not computed>)
```

通过 v.view 调用，你将得到一个 IndexedSeqView，即一个惰性求值的 IndexedSeq。与 LazyList 一样，对视图调用 toString 方法并不会强行计算视图的元素。这就是 vv 的元素被显示为 not computed 的原因。

对视图应用首个 map，将得到：

```
scala> vv.map(_ + 1)
val res13: scala.collection.IndexedSeqView[Int] =
  IndexedSeqView(<not computed>)
```

这次 map 的结果是另一个 IndexedSeqView[Int]值。从本质上讲，这个值记录了这样一个事实：我们需要对向量 v 应用一个函数(_ + 1)。在视图被强制转换之前，这个函数映射并不会被应用。接下来将对上面的结果应用第二个 map。

```
scala> res13.map(_ * 2)
val res14: scala.collection.IndexedSeqView[Int] =
  IndexedSeqView(<not computed>)
```

最后，对上面的结果进行强制转换，会给出：

```
scala> res14.toVector
val res15: Seq[Int] =
      Vector(4, 6, 8, 10, 12, 14, 16, 18, 20, 22)
```

作为 to 操作的一部分，两个被保存的函数——(_+1)和(_*1)得以被应用，新的向量被构造出来。通过这种方式，我们并不需要中间的数据结构。

对视图应用变换操作并不会构建出新的数据结构，只会返回一个 Iterable，其迭代器是将变换操作应用到底层集合后的那个迭代器。

考虑采用视图的主要原因是性能。你已经看到，将集合切换成视图可以避免中间结果的产生。这样节约下来的开销可能非常重要。我们再来看一个例子，从一个单词列表中找到第一个**回文**（*palindrome*）。所谓的回文，指的是正读和反读都一样的单词。回文必要的定义如下：

```
def isPalindrome(x: String) = x == x.reverse
def findPalindrome(s: Iterable[String]) = s.find(isPalindrome)
```

接下来，假设你有一个非常长的序列 `words`，而你想从该序列的前 100 万个单词中找到一个回文。你能重用 `findPalindrome` 方法的定义吗？当然，你可以这样写：

```
findPalindrome(words.take(1000000))
```

这很好地分离了获取序列中前 100 万个单词和找到其中的回文这两件事。不过这种做法的缺点是，它总是会构造出一个中间的、由 100 万个单词组成的序列，哪怕这个序列的首个单词就已经是回文了。因此，可能有 999 999 个单词被复制到中间结果中，但在这之后又完全不会被用到。许多程序员在这一步可能就放弃了，转而编写他们自己的、特殊化的、从某个给定的入参序列的前缀中查找回文的版本。不过，如果你使用视图，则并不需要费那么大的劲，只需要简单地写：

```
findPalindrome(words.view.take(1000000))
```

这个写法有着相同的对不同问题的分离属性，不过它并不会构造 100 万个元素的序列，而是会构造一个轻量的视图对象。这样一来，你并不需要在性能和模块化之间做取舍。

了解这么多视图的使用方法后，你可能会好奇，（既然视图那么好）为什么还要有严格求值的集合呢？原因之一是，性能的比较结果并非总是偏向惰性求值的集合。对小型的集合而言，组织视图和应用闭包的额外开销通常大于免去中间数据结构的收益。或许更重要的一个原因是，如果延迟的操作有副作用，则对视图的求值可能会变得非常令人困惑。

这里有一个例子，可能让 Scala 2.8 之前版本的一些用户吃到了一些“苦头”。在之前的版本中，Range 类型是惰性的，因此其行为从效果上讲与视图很像。人们试着像这样创建 actor[1]：

```
val actors = for i <- 1 to 10 yield actor { ??? }
```

让他们倍感意外的是，在这之后并没有 actor 被执行，尽管 actor 应该从后面花括号中的代码创建并启动。那么，为什么没有 actor 被执行呢？回顾一下，for 表达式等效于 map 方法的应用：

```
val actors = (1 to 10).map(i => actor { ??? })
```

由于在之前版本中，(1 to 10)产生的区间从行为上类似于视图，因此 map 的结果依然是视图。也就是说，并没有元素被计算出来，因此也就没有 actor 被创建。如果我们对整个表达式的区间做一次强制转换，actor 应该就能被创建出来，不过这个要求相当不直观。

为了避免类似的“惊喜”，Scala 类库从 2.8 版本开始采纳了更常规的规则。除流之外的所有集合都是严格求值的。从严格求值的集合到惰性求值的集合的唯一方式是使用 view 方法。反向的唯一方式是使用 to 方法。因此在 Scala 2.8 中，上述代码中的 actors 定义的行为会按照预期的那样创建并启动 10 个 actor。如果你想重新得到之前那个令人意外的行为，则可以显式地添加一个 view 方法的调用来模拟：

```
val actors = for i <- (1 to 10).view yield actor { ??? }
```

总的来说，视图是一个用于调和效率与模块化之间的矛盾的强大工具。不过，为了避免被延迟求值的各种细节纠缠，你应该将视图的使用局限在两种场景。要么在集合变换没有副作用的纯函数式的代码中应用视图，要么对所有修改都是显式执行的可变集合使用视图。最好避免在既创建新的集合又有副作用的场景下混用视图和各种集合操作。

1 Scala 的 actor 类库被废弃了，不过这个经典的例子依然值得参考。

24.14 迭代器

迭代器并不是集合，而是逐个访问集合元素的一种方式。迭代器 it 的两个基本方法是 next 和 hasNext。对 next 方法的调用会返回迭代器的下一个元素并将迭代器的状态向前推进一步。对同一个迭代器再次调用 next 方法会交出在前一个返回元素的基础上更进一步的元素。如果没有更多的元素可以返回，则对 next 方法的调用会抛出 NoSuchElemenException。你可以用迭代器的 hasNext 方法来获知是否还有更多的元素可以返回。

“遍历”迭代器的所有元素的最直接的方式是通过 while 循环：

```
while it.hasNext do
  println(it.next())
```

Scala 的迭代器还提供了 Iterable 和 Seq 特质中的大部分方法。例如，它提供了 foreach 方法，用来对迭代器返回的每个元素执行给定的过程。通过 foreach 方法，上述的循环可以被简写为：

```
it.foreach(println)
```

像往常一样，我们也可以用 for 表达式来表达涉及 foreach、map、filter 和 flatMap 方法的表达式，因此打印迭代器返回的所有元素还有一种方式：

```
for elem <- it do println(elem)
```

迭代器的 foreach 方法和可迭代集合的同名方法有一个重要的区别：对迭代器调用 foreach 方法，该方法在执行完之后会将迭代器留在末端。因此对相同的迭代器再次调用 next 方法会抛出 NoSuchElementException。而对集合调用 foreach 方法，该方法会保持集合中的元素数量不变（除非传入的函数会添加或移除元素，不过并不鼓励这样做，因为这样做可能会带来令人意外的结果）。

迭代器的其他与可迭代集合相同的操作也有这个属性：在执行完成后会将迭代器留在末端。例如，迭代器提供了 map 方法，用于返回一个新的迭代器：

```
val it = Iterator("a", "number", "of", "words")
val lit = it.map(_.length)
it.hasNext                // true
lit.foreach(println)      // prints 1, 6, 2, 5
it.hasNext                // false
```

正如你所看到的，在 map 方法调用完成后，it 迭代器被推进到了末端。

另一个例子是 dropWhile 方法，可以用来查找迭代器中首个满足某种条件的元素。例如，为了找到前面那个迭代器中至少有两个字符的单词，可以这样写：

```
val it = Iterator("a", "number", "of", "words")
val dit = it.dropWhile(_.length < 2)
dit.next()                // number
it.next()                 // of
```

再次注意，it 迭代器在 dropWhile 方法的调用中被修改了：现在指向的是列表中的第二个单词“number”。事实上，it 迭代器和 dropWhile 方法返回的结果 res4 会返回完全相同的元素序列。

只有一个标准操作 duplicate 允许你重用同一个迭代器：

```
val (it1, it2) = it.duplicate
```

对 duplicate 的调用会涉及两个迭代器，每一个都会返回与 it 迭代器完全相同的元素。这两个迭代器相互独立：推进其中一个迭代器并不会影响另一个迭代器。而原始的 it 迭代器在 duplicate 调用后被推进到了末端，因此不再可用了。

总的来说，如果你在调用了迭代器的方法后就不再访问它的话，迭代器的行为与集合很像。Scala 集合类库将这个属性显式地表示为一个名称为 IterableOnce 的抽象对象，这是 Iterable 和 Iterator 的公共超特质。正如其名称所示，IterableOnce 对象可以用 foreach 方法来遍历，不过在遍历后并没有规定该对象的状态。如果 IterableOnce 对象事实上是一个迭代器，则在遍历完成后，它将位于末端，而如果它是可迭代集合，则在遍历完成后，它将保持原样。IterableOnce 的一个常见用例是作为既可以接收迭代器也可以接收可遍历集合的方法的入参类型声明。比如，Iterable 特质的++方法。它接收一个 IterableOnce 参数，因此可以追加来自迭代器或者可遍历集合的元素。

Iterator 特质的所有操作汇总在表 24.14 中。

表 24.14 Iterator 特质包含的操作

操作	这个操作做什么
抽象方法：	
it.next()	返回迭代器中的下一个元素并推进 it 迭代器到下一步
it.hasNext	如果 it 迭代器能返回另一个元素，则返回 true
变种：	
it.buffered	返回 it 迭代器中所有元素的带缓冲的迭代器
it.grouped(size)	以固定大小的"段"交出 it 迭代器的元素的迭代器
it.sliding(size)	以固定大小的滑动窗口交出 it 迭代器的元素的迭代器
拷贝：	
it.copyToArray(arr, s, l)	将 it 迭代器返回的最多 l 个元素复制到数组 arr 中，从下标 s 开始。后两个入参为可选的
复制：	
it.duplicate	一对迭代器，每个迭代器都独立地返回 it 迭代器的所有元素
添加：	
it ++ jt	返回 it 迭代器所有元素，以及 jt 迭代器所有元素的迭代器
it.padTo(len, x)	返回 it 迭代器所有元素，以及 x 的副本直到返回元素的总长度达到 len

续表

操作	这个操作做什么
映射：	
it.map(f)	通过对 it 迭代器返回的每个元素应用 f 函数得到的迭代器
it.flatMap(f)	通过对 it 迭代器返回的每个元素应用结果值为迭代器的 f 函数并追加结果得到的迭代器
it.collect(f)	通过对 it 迭代器返回的每个元素应用 f 函数并将有定义的结果收集起来得到的迭代器
转换：	
it.toArray	将 it 迭代器返回的元素收集到数组中
it.toList	将 it 迭代器返回的元素收集到列表中
it.toIterable	将 it 迭代器返回的元素收集到 Iterable 中
it.toSeq	将 it 迭代器返回的元素收集到序列中
it.toIndexSeq	将 it 迭代器返回的元素收集到带下标的序列中
it.toSet	将 it 迭代器返回的元素收集到集中
it.toMap	将 it 迭代器返回的键/值对收集到映射中
it to SortedSet	接受集合工厂作为参数的泛化转换操作中
大小信息：	
it.isEmpty	测试迭代器是否为空（与 hasNext 方法相反）
it.nonEmpty	测试集合是否包含元素（同 hasNext 方法）
it.size	it 迭代器返回的元素数量。注意：在执行该操作后，it 迭代器将位于末端
it.length	同 it.size
it.knownSize	如果元素数量已知，则在不改变迭代器状态的情况下返回这个结果，否则返回-1
元素获取和下标检索：	
it.find(p)	以可选值返回 it 迭代器中首个满足前提条件 p 的元素，如果没有元素满足要求，则返回 None。注意：迭代器会推进到刚刚好跳过首个满足前提条件 p 的元素的位置，或者末端（如果没有找到符合要求的元素的话）
it.indexOf(x)	it 迭代器中首个等于 x 的元素的下标。注意：迭代器会推进到刚刚好跳过首个等于 x 的元素的位置
it.indexWhere(p)	it 迭代器中首个满足前提条件 p 的元素的下标。注意：迭代器会推进到刚刚好跳过该元素的位置
子迭代器：	
it.take(n)	返回 it 迭代器的前 n 个元素的迭代器。注意：it 迭代器将会推进到第 n 个元素之后的位置，或者如果少于 n 个元素，则推进到末端

续表

操作	这个操作做什么
it.drop(n)	返回从 it 迭代器的第 n + 1 个元素开始的迭代器。注意：it 迭代器会推进到相同的位置
it.slice(m, n)	返回从 it 迭代器的第 m 个元素开始到第 n 个元素之前为止的元素的迭代器
it.takeWhile(p)	返回 it 迭代器中连续满足前提条件 p 的元素的迭代器
it.dropWhile(p)	返回跳过 it 迭代器中连续满足前提条件 p 的元素的迭代器
it.filter(p)	返回 it 迭代器中所有满足条件 p 的元素的迭代器
it.withFilter(p)	同 it.filter (p)。为了支持 for 表达式语法
it.filterNot(p)	返回 it 迭代器中所有不满足条件 p 的元素的迭代器
it.distinct	返回 it 迭代器中不重复的元素的迭代器
细分：	
it.partition(p)	将 it 迭代器切分为两个迭代器：其中一个返回 it 迭代器中所有满足条件 p 的元素，另一个返回 it 迭代器中所有不满足条件 p 的元素
元素条件：	
it.forall(p)	表示 it 迭代器中是否所有元素都满足前提条件 p 的布尔值
it.exists(p)	表示 it 迭代器中是否有元素满足前提条件 p 的布尔值
it.count(p)	it 迭代器中满足前提条件 p 的元素数量
折叠：	
it.foldLeft(z)(op)	以 z 开始自左向右依次对 it 迭代器中连续元素应用二元操作 op
it.foldRight(z)(op)	以 z 开始自右向左依次对 it 迭代器中连续元素应用二元操作 op
it.reduceLeft(op)	自左向右依次对非空迭代器 it 的连续元素应用二元操作 op
it.reduceRight(op)	自右向左依次对非空迭代器 it 的连续元素应用二元操作 op
特殊折叠：	
it.sum	it 迭代器中数值元素值的和
it.product	it 迭代器中数值元素值的积
it.min	it 迭代器中有序元素值的最小值
it.max	it 迭代器中有序元素值的最大值
拉链：	
it zip jt	由 it 和 jt 迭代器对应元素的对偶组成的迭代器
it.zipAll(jt, x, y)	由 it 和 jt 迭代器对应元素的对偶组成的迭代器，其中较短的序列用 x 或 y 的元素值延展成相同的长度
it.zipWithIndex	由 it 迭代器中的元素及其下标的对偶组成的迭代器
更新：	
it.patch(i, jt, r)	将 it 迭代器中从位置 i 开始的 r 个元素替换成 jt 迭代器的元素得到的迭代器

续表

操作	这个操作做什么
比较：	
it.sameElements(jt)	测试 it 和 jt 迭代器是否包含相同顺序的相同元素。注意：在这个操作之后，it 和 jt 迭代器都应该被丢弃
字符串：	
it.addString(b, start, sep, end)	将一个显示了 it 迭代器所有元素的字符串添加到 StringBuilder b 中，元素以 sep 分隔并包含在 start 和 end 中。start、sep 和 end 均为可选的
it.mkString(start, seq, end)	将迭代器转替换成一个显示了 it 迭代器所有元素的字符串，元素以 sep 分隔并包含在 start 和 end 中。start、sep 和 end 均为可选的

带缓冲的迭代器

有时候，你想要一个可以“向前看”的迭代器，这样就可以检查下一个要返回的元素但并不向前推进。例如，考虑这样一个场景，你需要从一个返回字符串序列的迭代器中跳过前面的空字符串。可能会尝试这样来实现：

```
// 这并不可行
def skipEmptyWordsNOT(it: Iterator[String]) =
  while it.next().isEmpty do {}
```

不过更仔细地看这段代码，它的逻辑是有问题的：它的确会跳过前面的空字符串，不过同时也跳过了第一个非空的字符串。

这个问题的解决方案是使用带缓冲的迭代器，即 BufferedIterator 特质的实例。BufferedIterator 特质是 Iterator 特质的子特质，提供了一个额外的 head 方法。对一个带缓冲的迭代器调用 head 方法将返回它的第一个元素，不过并不会推进迭代器到下一步。使用带缓冲的迭代器，跳过空字符串的逻辑可以这样写：

```
def skipEmptyWords(it: BufferedIterator[String]) =
  while it.head.isEmpty do it.next()
```

每个迭代器都可以被转换成带缓冲的迭代器，方法是调用其 buffered 方法。参考下面的例子：

```
val it = Iterator(1, 2, 3, 4)
val bit = it.buffered
bit.head          // 1
bit.next()        // 1
bit.next()        // 2
```

注意，这里调用带缓冲的迭代器 bit 的 head 方法并不会将它推进到下一步。因此，后续的 bit.next()调用会再次返回与 bit.head 相同的值。

24.15 从头创建集合

你已经见过这样的语法：List(1, 2, 3)，用于创建由 3 个整数组成的列表；Map('A' -> 1, 'C' -> 2)，用于创建带有两个绑定的映射。这实际上是 Scala 集合的一个通行的功能。你可以选择任何一个集合名，然后用圆括号给出元素的列表，结果就是带有给定元素的新集合。参考下面的例子：

```
Iterable()                 // 空集合
List()                     // 空列表
List(1.0, 2.0)             // 带有元素 1.0 和 2.0 的列表
Vector(1.0, 2.0)           // 带有元素 1.0 和 2.0 的向量
Iterator(1, 2, 3)          // 返回 3 个整数的迭代器
Set(dog, cat, bird)        // 由 3 个动物组成的集
HashSet(dog, cat, bird)    // 同样的动物组成的哈希集
Map('a' -> 7, 'b' -> 0)    // 从字符到整数的映射
```

这些代码“在背后”都是调用了某个对象的 apply 方法。例如，上述代码的第三行展开以后就是：

```
List.apply(1.0, 2.0)
```

因此这是一个对 List 类的伴生对象的 apply 方法的调用。该方法接收任意数量的入参并基于这些入参构造出列表。Scala 类库中的每一个集合类都有一个带有这样的 apply 方法的伴生对象。至于集合类代表具体的实现，如 List、LazyList、Vector 等，还是特质，如 Seq、Set 或 Iterable，并不重要。对后者而言，调用 apply 方法将会生成该特质的某种默认实现。参考下面的例子：

```
scala> List(1, 2, 3)
val res17: List[Int] = List(1, 2, 3)

scala> Iterable(1, 2, 3)
val res18: Iterable[Int] = List(1, 2, 3)

scala> mutable.Iterable(1, 2, 3)
val res19: scala.collection.mutable.Iterable[Int] =
  ArrayBuffer(1, 2, 3)
```

除了 apply 方法，每个集合的伴生对象还定义了另一个成员方法 empty，用于返回一个空的集合。因此除了写 List()，也可以写 List.empty，除了写 Map()，也可以写 Map.empty，等等。

Seq 特质的后代还通过伴生对象提供了其他工厂方法，如表 24.15 所示。概括下来，包括如下这些。

- concat：将任意数量的可遍历集合拼接在一起。
- fill 和 tabulate：生成指定大小的单维或多维的集合，并用某种表达式或制表函数初始化。
- range：用某个常量步长生成整数的集合。
- iterate 和 unfold：通过对某个起始元素或状态反复应用某个函数来生成集合。

表 24.15　Seq 和 Set 的工厂方法

工厂方法	这个工厂方法做什么
C.empty	空的集合
C(x, y, z)	由元素 x、y 和 z 组成的集合

续表

工厂方法	这个工厂方法做什么
C.concat(xs, ys, zs)	通过拼接 xs、ys 和 zs 的元素得到的集合
C.fill(n)(e)	长度为 n 的集合，其中每个元素由表达式 e 计算
C.fill(m, n)(e)	大小为 m × n 的集合的集合，其中每个元素由表达式 e 计算（还有更高维度的版本）
C.tabulate(n)(f)	长度为 n 的集合，其中下标 i 对应的元素由 f(i)计算得出
C.tabulate(m, n)(f)	大小为 m × n 的集合的集合，其中每组下标(i, j)的元素由 f(i, j)计算得出（还有更高维度的版本）
C.range(start, end)	整数集合 start ... end -1
C.range(start, end, step)	从 start 开始，以 step 为步长，直到（不包括）end 值为止的整数集合
C.iterate(x, n)(f)	长度为 n 的集合，元素值为 x、f(x)、f(f(x))……
C.unfold(init)(f)	从 init 状态开始，用 f 函数计算下一个元素和状态的集合

24.16 Java 和 Scala 集合互转

像 Scala 一样，Java 也有丰富的集合类库。这两者之间有很多相似之处。比如，两个集合类库都有迭代器、iterable、集、映射和序列。不过它们之间也有一些重大的区别。特别是 Scala 的类库更加强调不可变集合，并提供了更多将集合转换成新集合的操作。

有时候，你可能需要从其中一个集合框架转换到另一个集合框架。例如，你可能想要访问某个已有的 Java 集合，并把它当作 Scala 集合那样。又或者，你想要将某个 Scala 集合传递给某个预期 Java 集合的方法。这些都很容易做到，因为 Scala 在 JavaConversions 对象中提供了所有主要的集合类型之间的隐式转换。具体来说，你会找到如下类型之间的双向转换：

```
Iterator          ⇔    java.util.Iterator
Iterator          ⇔    java.util.Enumeration
Iterable          ⇔    java.lang.Iterable
Iterable          ⇔    java.util.Collection
mutable.Buffer    ⇔    java.util.List
```

```
mutable.Set     ⇔   java.util.Set
mutable.Map     ⇔   java.util.Map
```

要允许这些转换，只需要像这样做一次引入：

```
scala> import jdk.CollectionConverters.*
```

现在你就拥有了在 Scala 集合和对应的 Java 集合之间自动互转的能力。

```
scala> import collection.mutable.*

scala> val jul: java.util.List[Int] = ArrayBuffer(1, 2, 3).asJava
val jul: java.util.List[Int] = [1, 2, 3]

scala> val buf: Seq[Int] = jul.asScala
val buf: scala.collection.mutable.Seq[Int] = ArrayBuffer(1, 2, 3)

scala> val m: java.util.Map[String, Int] =
         HashMap("abc" -> 1, "hello" -> 2).asJava
m: java.util.Map[String,Int] = {hello=2, abc=1}
```

在内部，这些转换是通过设置一个“包装”对象并将所有操作转发到底层集合对象来实现的。因此，集合在 Java 和 Scala 之间转换时，并不会进行复制操作。一个有趣的属性是，如果你完成一次双向的转换，比如，将 Java 类型转换成对应的 Scala 类型后再转换回原先的 Java 类型，则得到的还是最开始的那个集合对象。

还有其他的一些常用的 Scala 集合可以被转换成 Java 类型，不过并没有另一个方向的转换与之对应。这些转换有：

```
Seq            ⇒  java.util.List
mutable.Seq    ⇒  java.util.List
Set            ⇒  java.util.Set
Map            ⇒  java.util.Map
```

由于 Java 并不在类型上区分可变集合和不可变集合，因此在将 collection.immutable.List 转换成 java.util.List 后，如果尝试对它进行变更操作，将会抛出 UnsupportedOperationException。参考下面的例子：

```
scala> val jul: java.util.List[Int] = List(1, 2, 3)
val jul: java.util.List[Int] = [1, 2, 3]

scala> jul.add(7)
java.lang.UnsupportedOperationException
      at java.util.AbstractList.add(AbstractList.java:131)
```

24.17 结语

现在你已经看到了使用 Scala 集合的大量细节。Scala 集合采取的策略是为你提供功能强大的构建单元，而不是很随意的工具方法。将两三个这样的构建单元组合在一起，就可以表达出大量非常实用的计算逻辑。这种类库设计风格之所以有效，应当归功于 Scala 对函数字面量的轻量语法支持，以及它提供了许多持久的不可变的集合类型。在下一章也就是最后一章，我们将把注意力转向断言和测试。

第 25 章
断言和测试

断言和测试是我们用来检查软件行为是否符合预期的两种重要手段。本章将向你展示用 Scala 编写与运行断言和测试的若干个选择。

25.1 断言

在 Scala 中，断言的写法是对预定义方法 assert 的调用。[1] 如果 condition 没有被满足，则表达式 assert(condition)将抛出 AssertionError。assert 方法还有另一个版本，即 assert(condition, explanation)。它首先会检查是否满足 condition，如果不满足，就抛出包含给定 explanation 的 AssertionError。explanation 的类型为 Any，因此可以被传入任何对象中。assert 方法将调用 explanation 的 toString 方法来获取一个字符串的解释并将其放入 AssertionError 中。例如，在示例 10.13（204 页）的 Element 类中名称为“above”的方法中，你可以在对 widen 方法的调用之后加入一行断言来确保被加宽的（两个）元素具有相同的宽度。参考示例 25.1。

1 assert 方法被定义在 Predef 单例对象中，每个 Scala 源文件都会自动引入该单例对象的成员。

```
def above(that: Element): Element =
  val this1 = this widen that.width
  val that1 = that widen this.width
  assert(this1.width == that1.width)
  elem(this1.contents ++ that1.contents)
```

示例 25.1 使用断言

另一种实现方式可能是在 widen 方法的末尾，以及返回结果之前，检查两个宽度值是否相等。具体做法是将结果存放在一个 val 中，并对结果进行断言，然后在最后写上这个 val。这样一来，如果断言成功，结果就会被正常返回。不过，你也可以用更精简的代码来完成，即 Predef 的 ensuring 方法，如示例 25.2 所示。

```
private def widen(w: Int): Element =
  if w <= width then
    this
  else {
    val left = elem(' ', (w - width) / 2, height)
    var right = elem(' ', w - width - left.width, height)
    left beside this beside right
  } ensuring (w <= _.width)
```

示例 25.2 用 ensuring 方法来断言函数的结果

ensuring 方法可以被用于任何结果类型，这得益于一个隐式转换。虽然这段代码看上去调用的是 widen 结果的 ensuring 方法，但是实际上调用的是某个可以从 Element 隐式转换得到的类型的 ensuring 方法。该方法接收一个参数，这是一个接收结果类型参数并返回 Boolean 的前提条件函数。ensuring 方法所做的就是，把计算结果传递给这个前提条件函数。如果前提条件函数返回 true，则 ensuring 方法将正常返回结果；如果前提条件函数返回 false，则 ensuring 方法将抛出 AssertionError。

在本例中，前提条件函数是“w <= _.width”。这里的下画线是传入该

函数的入参的占位符，即调用 widen 方法的结果：一个 Element。如果作为 w 传入 widen 方法的宽度小于或等于结果 Element 的宽度，则这个前提条件函数将得到 true 的结果。这样一来，ensuring 方法就会返回被调用的那个 Element 结果。由于这是 widen 方法的最后一个表达式，因此 widen 方法本身的结果也就是这个 Element 了。

断言可以通过 JVM 的命令行参数-ea 和-da 来分别打开或关闭。在打开时，断言就像一个个小测试，用的是运行时得到的真实数据。在本章剩余的部分，我们将把精力集中在如何编写外部测试上，这些测试会自己提供测试数据，并且独立于应用程序执行。

25.2　用 Scala 写测试

要用 Scala 写测试，有很多选择，从已被广泛认可的 Java 工具，如 JUnit 和 TestNG，到用 Scala 编写的工具，如 ScalaTest、specs2 和 ScalaCheck。在本章剩余部分，我们将带你快速了解这些工具。下面从 ScalaTest 开始。

ScalaTest 是最灵活的 Scala 测试框架：可以很容易地定制它，以解决不同的问题。ScalaTest 的灵活性意味着团队可以使用任何最能满足他们需求的测试风格。例如，对于熟悉 JUnit 的团队，AnyFunSuite 风格是最舒适和熟悉的。参考示例 25.3。

ScalaTest 的核心概念是套件（*suite*），即测试的集合。所谓的测试（*test*）可以是任何带有名称的，可以被启动的，并且要么成功、要么失败、要么被暂停、要么被取消的代码。在 ScalaTest 中，Suite 特质是核心组合单元。Suite 声明了一组生命周期方法，定义了运行测试的默认方式。我们也可以重写这些方法来对测试的编写和运行进行定制。

ScalaTest 提供了风格特质（*style trait*），这些特质扩展了 Suite 并重写了生命周期方法来支持不同的测试风格。它还提供了混入特质（mixin trait），这些特质重写了生命周期方法来满足特定的测试需要。你可以通过组合 Suite 的风格和混入特质来定义测试类，以及通过编写 Suite 实例来定义测试套件。

```
import org.scalatest.funsuite.AnyFunSuite
import Element.elem

class ElementSuite extends AnyFunSuite:

  test("elem result should have passed width") {
    val ele = elem('x', 2, 3)
    assert(ele.width == 2)
  }
```

示例 25.3 用 AnyFunSuite 编写测试

示例 25.3 中的测试类扩展自 AnyFunSuite，这就是风格特质的一个例子。AnyFunSuite 中的“Fun”指的是函数；而“test”是定义在 AnyFunSuite 中的一个方法，该方法被 ElementSuite 的主构造方法调用。你可以在圆括号中用字符串给出测试的名称，并在花括号中给出具体的测试代码。测试代码是一个以传名参数传入 test 的函数，而 test 会将这个函数登记下来，稍后执行。

ScalaTest 已经被集成到常见的构建工具（如 sbt 和 Maven）和 IDE（如 IntelliJ IDEA 和 Eclipse）中。你也可以通过 ScalaTest 的 Runner 应用程序直接运行 Suite，或者在 Scala 编译器中简单地调用它的 execute 方法。比如：

```
scala> (new ElementSuite).execute()
ElementSuite:
- elem result should have passed width
```

ScalaTest 的所有风格，包括 AnyFunSuite 在内，都被设计为鼓励编写专注的、带有描述性名称的测试。不仅如此，所有的风格都会生成像规格说明书一样的输出，以便在相关人员之间交流。你所选择的测试风格只规定了编写测试代码的格式，而无论你选择什么样的测试风格，ScalaTest 的运行机制都始终保持一致。[1]

25.3　翔实的失败报告

示例 25.3 中的测试尝试创建一个宽度为 2 的元素，并断言生成的元素的宽度的确为 2。如果这个断言失败了，失败报告就会包括文件名和该断言所在的行号，以及一条翔实的错误消息。例如：

```
scala> val width = 3
width: Int = 3

scala> assert(width == 2)
org.scalatest.exceptions.TestFailedException:
   3 did not equal 2
```

为了在断言失败时提供描述性的错误消息，ScalaTest 会在编译时分析每次传入 assert 方法中的表达式。如果你想要看到更详细的关于断言失败的信息，则可以使用 ScalaTest 的 Diagrams，其错误消息会显示传入 assert 方法中的表达式的一张示意图：

```
scala> assert(List(1, 2, 3).contains(4))
org.scalatest.exceptions.TestFailedException:

  assert(List(1, 2, 3).contains(4))
         |    |  |  |  |        |
         |    1  2  3  false    4
         List(1, 2, 3)
```

ScalaTest 的 assert 方法并不在错误消息中区分实际和预期的结果，它

1 关于 ScalaTest 的更多内容请查阅网址列表条目[4]。

们仅用于提示我们左侧的操作元与右侧的操作元不相等，或者在示意图中显示出表达式的值。如果你想要强调实际和预期的结果的差别，则可以使用 ScalaTest 的 assertResult 方法，就像这样：

```
assertResult(2) {
  ele.width
}
```

这个表达式表明，你预期花括号中的代码执行结果是 2。如果花括号中的代码执行结果是 3，那么你将会在失败报告中看到"Expected 2, but got 3"这样的消息。

如果你想要检查某个方法是否抛出某个预期的异常，则可以用 ScalaTest 的 assertThrows 方法，就像这样：

```
assertThrows[IllegalArgumentException] {
  elem('x', -2, 3)
}
```

如果花括号中的代码抛出了不同于预期的异常，或者并没有抛出异常，则 assertThrows 方法将以抛出 TestFailedException 终止。你将在失败报告中得到一个对排查问题有帮助的错误消息，比如：

```
Expected IllegalArgumentException to be thrown,
  but NegativeArraySizeException was thrown.
```

而如果代码以传入的异常类的实例异常终止 [1]，则 assertThrows 方法将正常返回。如果你想要进一步检查预期的异常，则可以使用 intercept 方法而不是 assertThrows 方法。intercept 方法与 assertThrows 方法的运行机制相同，不过当异常被抛出时，intercept 方法将返回这个异常：

```
val caught =
  intercept[ArithmeticException] {
    1 / 0
```

1 译者注：即代码抛出了预期的异常。

```
  }
  assert(caught.getMessage == "/ by zero")
```

简言之，ScalaTest 的断言会尽量提供有助于我们诊断和修复代码问题的失败消息。

25.4 作为规格说明的测试

行为驱动开发（BDD）测试风格的重点是编写人类可读的关于代码预期行为的规格说明，同时给出验证代码具备指定行为的测试。ScalaTest 包含了若干个特质来支持这种风格的测试。示例 25.4 给出了这样的一个特质 AnyFlatSpec 的例子。

```
import org.scalatest.flatspec.AnyFlatSpec
import org.scalatest.matchers.should.Matchers
import Element.elem

class ElementSpec extends AnyFlatSpec, Matchers:

  "A UniformElement" should
      "have a width equal to the passed value" in {
    val ele = elem('x', 2, 3)
    ele.width should be (2)
  }

  it should "have a height equal to the passed value" in {
    val ele = elem('x', 2, 3)
    ele.height should be (3)
  }

  it should "throw an IAE if passed a negative width" in {
    an [IllegalArgumentException] should be thrownBy {
      elem('x', -2, 3)
    }
  }
```

示例 25.4　用 ScalaTest 的 AnyFlatSpec 描述并测试代码行为

在 AnyFlatSpec 中，我们以规格子句（*specifier clause*）的形式编写测试。首先写下以字符串表示的要测试的主体（*subject*）（即示例 25.4 中的"A UniformElement"），然后是 should（或 must，或 can），接下来是一个描述该主体需要具备的某种行为的字符串，最后是 in。在 in 后面的花括号中，编写用于测试指定行为的代码。在后续的子句中，可以用 it 来指代最近给出的主体。当一个 AnyFlatSpec 被执行时，它将每个规格子句作为 ScalaTest 测试运行。AnyFlatSpec（以及 ScalaTest 的其他规格说明特质）在运行后将生成读起来像规格说明书一样的输出。例如，以下就是在编译器中运行示例 25.4 中的 ElementSpec 时输出的样子：

```
scala> (new ElementSpec).execute()
A UniformElement
- should have a width equal to the passed value
- should have a height equal to the passed value
- should throw an IAE if passed a negative width
```

示例 25.4 还展示了 ScalaTest 的匹配器（*matcher*）领域特定语言（DSL）。通过混入 Matchers 特质，你可以编写读上去更像自然语言的断言。ScalaTest 在其 DSL 中提供了许多匹配器，并允许用定制的失败消息定义新的 matcher。示例 25.4 中的匹配器包括“should be”和“an [...] should be thrownBy {...}”这样的语法。如果与 should 相比，你更喜欢 must，也可以选择混入 MustMatchers。例如，混入 MustMatchers 将允许你编写这样的表达式：

```
result must be >= 0
map must contain key 'c'
```

如果最后的断言失败了，你将看到类似于下面这样的错误消息：

```
Map('a' -> 1, 'b' -> 2) did not contain key 'c'
```

specs2 测试框架是 Eric Torreborre 用 Scala 编写的开源工具，也支持

BDD 风格的测试，不过语法不太一样。你可以用 specs2 来编写同样的测试，如示例 25.5 所示。

```
import org.specs2.*
import Element.elem

object ElementSpecification extends Specification:
  "A UniformElement" should {
    "have a width equal to the passed value" in {
      val ele = elem('x', 2, 3)
      ele.width must be_==(2)
    }
    "have a height equal to the passed value" in {
      val ele = elem('x', 2, 3)
      ele.height must be_==(3)
    }
    "throw an IAE if passed a negative width" in {
      elem('x', -2, 3) must
        throwA[IllegalArgumentException]
    }
  }
```

示例 25.5　用 specs2 框架描述并测试代码行为

像 ScalaTest 一样，specs2 也提供了匹配器 DSL。在示例 25.5 中，你能看到一些 specs2 匹配器的实际用例，即那些包含了“must be_==”和“must throwA”的行。[1] 你可以单独使用 specs2，不过它也被集成在 ScalaTest 和 JUnit 中，因此也可以用这些工具来运行 specs2 测试。

BDD 的一个重要思想是，测试可以在那些决定软件系统应该做什么的人、实现软件的人和判定软件是否完成并正常工作的人之间架起一座沟通的桥梁。虽然 ScalaTest 和 specs2 的任何一种风格都可以这样使用，但是 ScalaTest 的 AnyFeatureSpec 是专门为此设计的。参考示例 25.6 所示。

1 可以从网址列表条目[5]下载 specs2。

```
import org.scalatest.*
import org.scalatest.featurespec.AnyFeatureSpec

class TVSetSpec extends AnyFeatureSpec, GivenWhenThen:

  Feature("TV power button") {
    Scenario("User presses power button when TV is off") {
      Given("a TV set that is switched off")
      When("the power button is pressed")
      Then("the TV should switch on")
      pending
    }
  }
```

示例 25.6 用测试在相关人员之间进行沟通

AnyFeatureSpec 的设计目的是引导关于软件需求的对话：必须指明具体的*功能*（*feature*），然后用*场景*（*scenario*）来描述这些功能。Given、When、Then 方法（由 GivenWhenThen 特质提供）能够帮助我们将对话聚焦在每个独立场景的具体细节上。最后的 pending 调用表明测试和实际的行为都还没有实现——这里只是规格说明。一旦所有的测试和给定的行为都实现了，这些测试就会通过，我们就可以说需求已经被满足。

25.5 基于属性的测试

Scala 的另一个有用的测试工具是 ScalaCheck，这是由 Rickard Nilsson 编写的开源框架。ScalaCheck 让你能够指定被测试的代码必须满足的属性。对于每个属性，ScalaCheck 都会生成数据并执行断言，检查代码是否满足该属性。示例 25.7 给出了一个混入了 ScalaCheckPropertyChecks 特质的 AnyWordSpec 在 ScalaTest 中使用 ScalaCheck 的例子。

```
import org.scalatest.wordspec.AnyWordSpec
import org.scalatestplus.scalacheck.ScalaCheckPropertyChecks
import org.scalatest.matchers.must.Matchers.*
import Element.elem

class ElementSpec extends AnyWordSpec,
      ScalaCheckPropertyChecks:
  "elem result" must {
    "have passed width" in {
      forAll { (w: Int) =>
        whenever (w > 0) {
          elem('x', w % 100, 3).width must equal (w % 100)
        }
      }
    }
  }
```

示例 25.7　使用 ScalaCheck 编写基于属性的测试

AnyWordSpec 是一个 ScalaTest 的样式类。ScalaCheckPropertyChecks 特质提供了若干个 forAll 方法，让你可以将基于属性的测试与传统的基于断言或基于匹配器的测试混合在一起。在本例中，我们检查了一个 elem 工厂方法必须满足的属性。ScalaCheck 的属性在代码中表现为以参数形式接收属性断言所需数据的函数值。这些数据将由 ScalaCheck 代替生成。在示例 25.7 所示的属性中，数据是名称为 w 的整数，代表宽度。在这个函数的函数体中，你看到这段代码：

```
whenever (w > 0) {
  elem('x', w % 100, 3).width must equal (w % 100)
}
```

whenever 子句表达的意思是，只要左侧的表达式结果为 true，右侧的表达式结果就必须为 true。因此在本例中，只要 w 大于 0，代码块中的表达式就必须为 true。当传递给 elem 工厂方法的宽度与工厂方法返回的 Element

的宽度一致时，本例右侧的表达式就会交出 true。

只需要这样一小段代码，ScalaCheck 就会帮助我们生成数百个 w 可能的取值并对每一个值执行测试，以尝试找出不满足该属性的值。如果对于 ScalaCheck 尝试的每个值，该属性都能够被满足，测试就通过了。否则，测试将以抛出 TestFailedException 终止，这个异常会包含关于造成该测试失败的值的信息。

25.6 组织和运行测试

本章提到的每一个测试框架都提供了某种组织和运行测试的机制。本节将快速地介绍 ScalaTest 采用的方式。当然，如果想全面了解这些测试框架，则需要查看它们的文档。

在 ScalaTest 中，我们通过将 Suite 嵌套在其他的 Suite 中来组织大型的测试套件。当 Suite 被执行时，它将执行嵌套的 Suite 及其他测试。而这些被嵌套的 Suite 也会相应地执行它们内部嵌套的 Suite，如此往复。因此，我们可以把一个大型的测试套件看作 Suite 对象组成的树形结构。当你执行这棵数的根节点时，树中所有的 Suite 都会被执行。

我们可以手动或自动嵌套测试套件。手动的方式是在 Suite 中重写 nestedSuite 方法，或者将想要嵌套的 Suite 作为参数传递给 Suites 类的构造方法，这个构造方法是 ScalaTest 专门为此提供的。自动的方式是将包名提供给 ScalaTest 的 Runner，它会自动发现 Suite 套件，将它嵌套在一个根 Suite 里，并执行这个根 Suite。

我们可以从命令行调用 ScalaTest 的 Runner 应用程序，也可以通过构建工具，如 sbt 或 maven 来调用。运行 ScalaTest 最常见的方式可能是使用 sbt。[1] 这个应用程序预期一个完整的测试类名。要用 sbt 执行示例 25.6 中的

1 要安装 sbt，可访问网址列表条目[6]。

测试类，需要创建一个新目录，将测试类放在 src/test/scala 子目录中名称为 TVSetSepc.scala 的文件中，然后在这个新目录中添加如下 build.sbt 文件：

```
name := "ThankYouReader!"

scalaVersion := "3.0.0"

libraryDependencies += "org.scalatest" %% "scalatest" %
   "3.2.9" % "test"
```

接下来在命令行中输入 sbt，进入 sbt 交互终端：

```
$ sbt
[info] welcome to sbt 1.5.2 (AdoptOpenJDK Java 1.8.0_262)
...
sbt:ThankYouReader!>
```

你会看到给出了工程名称的命令行提示，即本例的 ThankYouReader!。如果输入 test，它将编译并运行你的测试类，执行结果如图 25.1 所示。

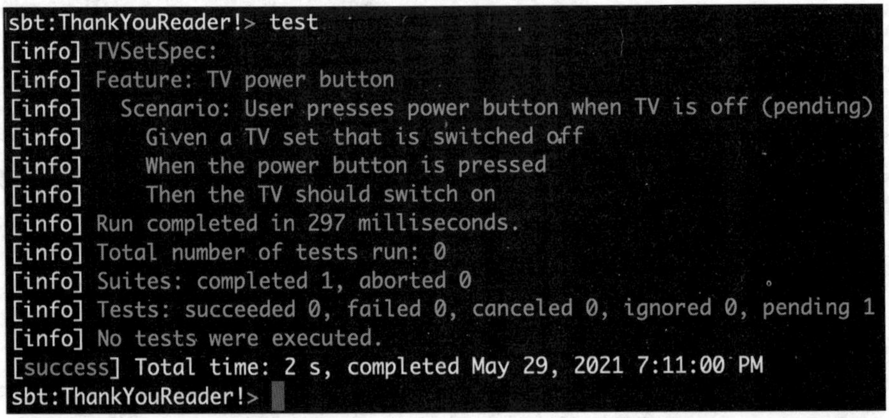

```
sbt:ThankYouReader!> test
[info] TVSetSpec:
[info] Feature: TV power button
[info]   Scenario: User presses power button when TV is off (pending)
[info]     Given a TV set that is switched off
[info]     When the power button is pressed
[info]     Then the TV should switch on
[info] Run completed in 297 milliseconds.
[info] Total number of tests run: 0
[info] Suites: completed 1, aborted 0
[info] Tests: succeeded 0, failed 0, canceled 0, ignored 0, pending 1
[info] No tests were executed.
[success] Total time: 2 s, completed May 29, 2021 7:11:00 PM
sbt:ThankYouReader!>
```

图 25.1　org.scalatest.run 的输出

25.7 结语

在本章，你看到了将断言直接混在生产代码内的例子，以及以外部测试的形式编写的例子。作为 Scala 程序员，你可以利用 Java 社区倍受欢迎的测试工具，如 JUnit，以及更新的、专门为 Scala 设计的工具，如 ScalaTest、ScalaCheck 和 specs2。无论是代码中的断言还是外部测试都能够帮助你实现软件质量目标。

术语表

代数数据类型（algebraic data type）

*代数数据类型*是由若干个拥有各自构造方法的可替代值定义的类型，通常支持通过模式匹配来进行分解。该概念常见于规格描述语言和函数式编程语言中。代数数据类型可以用 Scala 的样例类来模拟。

可选值（alternative）

*可选值*是 `match` 表达式的一个分支，其形式为“`case 模式 => 表达式`”。可选值的另一种叫法是*样例*（*case*）。

注解（annotation）

*注解*出现在源码中，附属于语法的某个单元。注解可以被计算机处理，因此可以用来为 Scala 添加扩展。

匿名类（anonymous class）

*匿名类*是由 Scala 编译器根据 `new` 表达式生成的合成子类，其形式是在类或特质名称后面写花括号，在花括号中包含匿名（子）类的定义，并且定义可以是空的。不过，如果 `new` 后面的特质或类包含了抽象成员，则位于花括号内的匿名（子）类的定义必须实现这些抽象成员。

匿名函数（anonymous function）

匿名函数是函数字面量（*function literal*）的另一种叫法。

应用（apply）

可以将方法、函数或闭包应用到实参（*argument*）上，也就是用实参来调用它。

实参（argument）

当函数被调用时，对于该函数的每一个形参（*parameter*）都会有对应的实参被传入。形参是指向实参的变量；实参是调用时被传入的对象。除此之外，应用程序还可以（从命令行）获取实参。这些实参会以 `Array[String]` 的形式被传入单例对象的 `main` 方法中。

赋值（assign）

可以将某个对象赋值给一个变量。然后，该变量将指向这个对象。

辅助构造方法（auxiliary constructor）

辅助构造方法是类定义的花括号中定义的额外的构造方法，其形式为以 `this` 命名但并不给出返回类型的方法定义。

代码块（block）

代码块指的是由花括号括起来的一个或多个表达式和声明。当代码块被求值时，它包含的表达式会依次被处理，而最后一个表达式的值将作为整个代码块的值返回。代码块通常被用于函数体、`for` 表达式、`while` 循环，以及其他任何你想把一组语句组装起来的地方。更正式地说，代码块是这样一个用于封装的结构体：对于该结构体，你能从外部观测到的只有副作用和最终的结果。因此，虽然我们在定义类或对象时也会使用花括号，但那些结构体并不能被称为代码块，因为类定义或对象定义中的字段和方法是可以从外部观测到的。这样的结构体被称为模板（*template*）。

绑定变量（bound variable）

在表达式中被用到且在表达式内部被定义的变量，被称为绑定变量。举例来说，在函数 `(x: Int) => (x, y)` 中，`x` 和 `y` 这两个变量都被用到了，但只有 `x` 是绑定变量，因为在这个表达式里，`x` 被定义成一个 `Int`，是该函数唯一的入参。

传名参数（by-name parameter）

传名参数是在参数类型声明前标记了`=>`的参数，如`(x: => Int)`。相应的入参并不会在方法被调用前求值，而是在方法体内，该参数的名称每次被提及的时候求值。除了传名参数，还有一类参数叫作传值（*by-value*）参数。

传值参数（by-value parameter）

传值参数是在参数类型声明前没有被`=>`标记的参数，如`(x: Int)`。相应的入参在方法被实际调用前就已经求值了。与传值参数相对应的是传名参数。

类（class）

我们使用 `class` 关键字来定义类。一个类要么是抽象的，要么是具体的，在初始化时，可以用类型或值来定制（或者说参数化）。以“`new Array[String](2)`”为例，被初始化的类是 `Array`，其被定制（或者说参数化）的结果是 `Array[String]`。接收类型参数的类被称为类型构造器（*type constructor*）。类型可以有它对应的类定义，比如，`Array[String]`这个类型对应的类就是`Array`。

闭包（closure）

闭包指的是捕获了自由变量的函数对象。之所以叫作“闭包”，是因为它在创建时“包”住了当时可见的变量。

伴生类（companion class）

*伴生类*是指在同一份源码文件中定义的，与单例对象同名的类。这个类就是单例对象的伴生类。

伴生对象（companion object）

*伴生对象*是指在同一份源码文件中定义的，与另一个类同名的单例对象。伴生对象和类能够互相访问私有成员。不仅如此，任何在伴生对象中定义的隐式转换也会同时在那些使用伴生类的地方可见。

逆变（contravariant）

*逆变*标注可以被应用在类或特质的类型参数上，使用方法是在类型参数前添加一个减号（-）。在添加减号之后，类或特质在衍生出子类型时，子类型与类型参数的类型继承关系是逆向的。举例来说，`Function1` 在第一个类型参数上是逆变的，因此 `Function1[Any, Any]`是 `Function1[String, Any]`的子类型。

协变（covariant）

*协变*标注可以被应用在类或特质的类型参数上，使用方法是在类型参数前添加一个加号（+）。在添加加号之后，类或特质在衍生出子类型时，子类型与类型参数的类型继承关系是正向的。举例来说，`List` 在类型参数上是协变的，因此 `List[String]`是 `List[Any]`的子类型。

柯里化（currying）

*柯里化*是支持多个参数列表的一种函数编写方式。举例来说，`def f(x: Int)(y: Int)`就是一个柯里化的函数，有两个参数列表。对于一个柯里化的函数，我们可以通过传入多组入参来应用它，如 `f(3)(4)`。不过，我们也可

以部分应用（*partial application*）一个柯里化函数，如 `f(3)`。

声明（declare）

你可以*声明*一个抽象字段、方法或类型，相当于给它*定义*（*define*）一个名称而不是具体的实现。声明和定义的核心区别在于定义会给出实现而声明不会。

定义（define）

在 Scala 中定义某个实体意味着给它定义一个名称并给出实现。可以定义类、特质、单例对象、字段、方法、局部变量等。由于定义总是会给出某种实现，因此抽象成员都是被声明而不是被定义的。

直接子类（direct subclass）

每个类都是其直接超类的*直接子类*。

直接超类（direct superclass）

某个类或特质的*直接超类*是在其继承关系中离它最近的上层类。如果 `Parent` 类出现在 `Child` 类的（可选）`extends` 子句中，`Parent` 类就是 `Child` 类的直接超类。如果某个特质出现在 `Child` 类的 `extends` 子句中，则该特质的直接超类就是 `Child` 类的直接超类。如果 `Child` 类没有 `extends` 子句，则 `Child` 类的直接超类就是 `AnyRef` 类。如果一个类的直接超类接收类型参数，如 `class Child extends Parent[String]`，则 `Child` 类的直接超类依然是 `Parent` 类，而不是 `Parent[String]`。另一方面，`Parent[String]` 则是 `Child` 类的*直接超类型*（*direct supertype*）。如果你想了解更多关于类和类型的区别，可参考*超类型*（*supertype*）条目。

相等性（equality）

在没有其他限定条件的情况下，*相等性*指的是两个值之间用“`==`”表示的关系。参见引用相等性（*reference equality*）。

表达式（expression）

表达式指的是任何可以交出结果的 Scala 代码。你可以说，对某个表达式求值得到某个结果，或者某个表达式的运算结果是某个值。

过滤器（filter）

过滤器是在 for 表达式中 if 加上布尔值表达式的部分。比如，在 for(i <- 1 to 10; if i % 2 == 0) 中，过滤器为“if i % 2 == 0”。

过滤器表达式（filter expression）

过滤器表达式是在 for 表达式中排在 if 之后的布尔值表达式。比如，在 for(i <- 1 to 10; if i % 2 == 0) 中，过滤器表达式为“i % 2 == 0”。

一等函数（first-class function）

Scala 支持一等函数，意味着可以用函数字面量语法来表示函数，即(x: Int) => x + 1。函数也可以用对象来表示，我们将其称为函数值（*function value*）。

for 推导式（for comprehension）

for 推导式是 for 表达式的另一种叫法。

自由变量（free variable）

表达式中的自由变量指的是那些在表达式中被用到但并不是在表达式中被定义的变量。举例来说，在函数字面量(x: Int) => (x, y)中，变量 x 和 y 都有被使用，但只有 y 是自由变量，因为它并不是在表达式中定义的。

函数（function）

函数可以被一组入参调用（invoke）来生成结果。函数由参数列表、函数体和返回类型组成。函数作为类、特质或单例对象的成员时，叫作方法（*method*）。在其他函数中定义的函数叫作局部函数（*local function*）。那些结果类型为 `Unit` 的函数叫作过程（*procedure*）。源码中的匿名函数叫作函数字面量。在运行时，函数字面量会被实例化成对象，这些对象叫作函数值。

函数字面量（function literal）

函数字面量指的是 Scala 代码中的匿名函数，需要以函数字面量的语法编写。例如，`(x: Int, y: Int) => x + y`。

函数值（function value）

函数值指的是那些能够像其他函数那样被调用的函数对象。函数值的类扩展自位于 `scala` 包的 `FunctionN` 特质（如 `Function0`、`Function1` 等），通常在代码中以函数字面量的语法呈现。当函数值的 `apply` 方法被调用时，我们就认为该函数值被“调用”了。那些捕获了自由变量的函数值也叫作闭包。

函数式风格（functional style）

函数式（编程）风格强调函数和求值的结果，弱化各项操作的执行次序。该风格的特征包括：将函数值传入循环方法、不可变数据，以及没有副作用的方法中。在 `Haskell` 和 `Erlang` 等语言中，函数式风格占主导地位。与之相对应的是指令式（编程）风格。

生成器（generator）

在 `for` 表达式中，生成器用于定义一个带名称的 `val` 并将一系列值赋给它。举例来说，在 `for(i <- 1 to 10)`中，“`i <- 1 to 10`”这部分就是生成器。出现在<-右边的值叫作生成器表达式（*generator expression*）。

生成器表达式（generator expression）

在 for 表达式中，生成器表达式用于生成一系列的值。举例来说，在 for(i <- 1 to 10)中，“1 to 10”这部分就是生成器表达式。

泛型类（generic class）

泛型类指的是接收类型参数的类。举例来说，scala.List 就是一个泛型类，因为它接收类型参数。

泛型特质（generic trait）

泛型特质指的是接收类型参数的特质。举例来说，scala.collection.Set 就是一个泛型特质，因为它接收类型参数。

助手函数（helper function）

助手函数指的是那些为周边其他函数提供服务的函数，通常以局部函数的方式实现。

助手方法（helper method）

助手方法指的是那些作为类成员的助手函数，通常是私有的。

不可变的（immutable）

如果某个对象的值在对象创建完成之后便不能以任何对使用方可见的方式改变，这个对象就是不可变的。对象可能是不可变的，也可能不是不可变的。

指令式风格（imperative style）

指令式（编程）风格强调对操作次序的细心安排，以便这些操作以正确的顺序被执行。该风格的特征包括：用循环的方式迭代、当场修改数据，以及带有副作用的方法。在 C、C++、C#和 Java 语言中，指令式风格占主导地位。与之对应的是函数式（编程）风格。

初始化（initialize）

在 Scala 源码中定义变量时，必须用对象来初始化它。

实例（instance）

实例，也称类实例，指的是那些只在运行时存在的对象。

实例化（instantiate）

实例化指的是在运行时从类（定义）构建出新的对象。

不变（invariant）

所谓不变，有两个含义。第一个含义，指的是某些组织优良的数据结构总是能满足的某种属性。比如，在一个已排序二叉树中，每个节点的值按顺序来说，都排在它右边的子节点之前（如果它有右边的子节点），这就是已排序二叉树的一种不变。另一个含义，也叫作 `nonvariant`，指的是某个类在类型参数上既不是协变，也不是逆变，而是不变，如 `Array`。

调用（invoke）

在以入参调用方法、函数或闭包时，它们的代码体将以给定的入参执行。

Java 虚拟机（JVM）

JVM 即 Java 虚拟机，也叫作运行时，Scala 程序的执行由它主持。

字面量（literal）

`1`、`"One"`、`(x: Int) => x + 1`，这些都是字面量。字面量是描述对象的快捷方式，直观地表示了所构建对象的结构。

局部函数（local function）

*局部函数*是在代码块里用 `def` 关键字定义的函数。那些被定义为类、特质或单例对象的成员的函数叫作方法。

局部变量（local variable）

*局部变量*是在代码块里用 `val` 或 `var` 定义的变量。尽管函数的参数与局部变量很像，但是它们并不叫局部变量，而是简单地被叫作参数或变量（没有局部二字）。

成员（member）

所谓*成员*，指的是那些类、特质或单例对象模板中出现的带名字的元素。我们可以通过成员所有者的名字、一个（英文）句点加上成员的名字来访问成员。例如，在类定义中顶层定义的字段和方法是这个类的成员；在类中定义的特质是这个类的成员；在类中用 `type` 关键字定义的类型是这个类的成员；同时类也是它所在包的成员。与成员的概念不同，局部变量或局部函数并不是包含它们的代码块的成员。

元编程（meta-programming）

所谓*元编程*软件，指的是那些输入本身可以是代码的软件。编译器和类似 `scaladoc` 这样的工具都是*元程序*（*meta-program*）。对注解的处理需要使用元编程软件。

方法（method）

方法指的是作为某个类、特质或单例对象的成员的函数。

混入（mixin）

当某个特质被用于*混入组合*（*mixin composition*）时，叫作*混入*。换句话说，在代码“trait Hat”里，Hat 仅仅是一个特质，但是在代码“new Cat extends AnyRef with Hat”里，Hat 可以被称作混入。在作为动词使用时，混入是两个单词，即 mix in。比如，你可以将特质混入类或其他特质中。

混入组合（mixin composition）

混入组合指的是将特质混入类或其他特质的过程。混入组合与传统的多重继承（*multiple inheritance*）相比，区别在于对 super 的引用在特质定义的时候并不确定，而是在特质每次被混入类或其他特质时当场决定的。

修饰符（modifier）

修饰符是以某种方式限定类、特质、字段或方法定义的关键字。举例来说，private 这个修饰符表示某个类、特质、字段或方法是私有的。

多重定义（multiple definitions）

可以用多重定义的语法将同一个表达式赋值给多个变量，如 val v1, v2, v3 = exp。

不变（nonvariant）

类或特质的类型参数默认是不变的。因此类或特质在参数类型发生变化时，类或特质衍生出的多个类型之间并不会存在继承关系。举例来说，由于 Array 在类型参数上不变，因此 Array[String]既不是 Array[Any]的子类型，也不是它的超类型。

操作（operation）

在 Scala 中，每一个操作都是方法调用。方法可以用操作符表示法（*operator notation*）调用，如 b + 2，这里的+是一个操作符（*operator*）。

形参（parameter）

函数可以接收 0 到多个形参。每个形参都有名字和类型。形参和实参的区别在于，实参指的是那些在函数调用时传入的具体对象，而形参指的是引用这些传入实参的变量。

无参函数（parameterless function）

*无参函数*指的是那些不接收参数的函数，在定义时没有任何空的圆括号，如()。调用无参函数时也不能带上括号，以便支持*统一访问原则*（*uniform access principle*）。这样一来，我们不需要修改调用方代码，就可以将 `def` 改成 `val`。

无参方法（parameterless method）

所谓*无参方法*，指的是那些以类、特质或单例对象的成员出现的无参函数。

参数字段（parametric field）

*参数字段*指的是作为类的参数定义的字段。

部分应用的函数（partially applied function）

*部分应用的函数*指的是那些出现在表达式中但缺失了部分参数的函数。举例来说，如果 `f` 函数的类型是 `Int => Int => Int`，`f(1)`就是一个部分应用的函数。

路径依赖类型（path-dependent type）

*路径依赖类型*形如 `swiss.cow.Food`，其中，`swiss.cow` 是一个路径，指向一个对象。这种类型的具体含义依赖于访问时给出的路径，比如，`swiss.cow.Food` 和 `fish.Food` 就是不同的类型。

模式（pattern）

模式是在 `match` 表达式的可选值中位于 `case` 关键字与*模式守卫*（*pattern guard*）或=>符号之间的部分。

模式守卫（pattern guard）

在 `match` 表达式的可选值描述中，可以在模式之后添加模式守卫。比如，在“`case x if x % 2 == 0 => x + 1`”中，“`if x % 2 == 0`”就是一个模式守卫。对于这种带有模式守卫的样例，只有当模式匹配并且模式守卫交出 `true` 的答案时，才会被选中。

前提（predicate）

前提是以 `Boolean` 作为返回类型的函数。

主构造方法（primary constructor）

一个类的*主构造方法*会在必要时调用超类的构造方法，将字段初始化成传入的值，并执行那些在该类的花括号中定义的所有顶层代码。只有那些不会被透传到超类构造方法里的值类参数对应的字段会被初始化，而那些在当前类定义中没有被用到的字段除外（这些字段可以被优化）。

过程（procedure）

*过程*是返回类型为 `Unit` 的函数。执行过程的唯一目的就是产生副作用。

可被重新赋值的（reassignable）

变量可以允许被重新赋值，也可以不允许被重新赋值。`var` 可被重新赋值，而 `val` 则不可以。

接收者（receiver）

方法调用的*接收者*是被调用的这个方法的变量、表达式或对象。

递归的（recursive）

所谓递归函数，指的是那些会调用到自己的函数。如果递归函数只是在末尾的表达式调用自己，则这样的函数也叫作*尾递归*（*tail recursive*）函数。

引用（reference）

*引用*是 Java 对指针的抽象，用于唯一标识 JVM 堆内存中的对象。引用类型的变量的值是对象引用，因为引用类型（`AnyRef` 的实例）是以 Java 对象的形式实现的。而值类型的变量的值，可以是对象引用（如包装类型），也可以不是（如基本类型）。笼统地说，Scala 的变量*引用*（*refers*）了对象。这里的“引用”比“保存了某个引用值”更为抽象。如果某个类型为 `scala.Int` 的对象当前的表现形式是 Java 的基本类型 `int`，则这个变量“引用”了一个 `Int` 对象，但是并没有任何（Java）引用参与其中。

引用相等性（reference equality）

*引用相等性*指的是两个（Java）引用指向同一个 Java 对象。我们可以通过调用 `AnyRef` 的 `eq` 方法来决定两个引用类型是否相等。（在 Java 程序中，使用==可以判断 Java 引用类型的相等性。）

引用类型（reference type）

*引用类型*是 `AnyRef` 的子类。引用类型的实例只会在运行时出现在 JVM 堆内存中。

指称透明（referential transparency）

指称透明（又称引用透明）是一种用于描述函数的属性：如果函数独立

于任何临时的上下文并且没有副作用，我们就说这个函数具备指称透明这个属性。当以某个特定的输入调用某个指称透明的函数时，我们可以用函数的返回值来替换函数调用，而不必担心这样的替换会影响到程序的语义。

引用（refers）

在一个运行中的 Scala 程序里，变量总是会引用到某个对象。即使变量被赋值为 `null`，从概念上讲，它也是引用了 `Null` 这个对象。在运行时，对象可以是通过 Java 对象实现的，也可以是通过基本类型实现的，不过 Scala 允许我们以更高级别的抽象来思考代码的执行逻辑。参见引用（reference）。

改良类型（refinement type）

当我们在基础类型名称后面用花括号给出一些具体的成员定义后，形成的新类型叫作*改良类型*。可以说，花括号里的成员对基础类型里的已有成员进行了“改良”。比如，“吃草的动物”对应的类型定义可以被写作 `Animal { type SuitableFood = Grass }`。

结果（result）

在 Scala 中，任何表达式都会交出*结果*。每个表达式的结果都是对象。

结果类型（result type）

方法的*结果类型*指的是调用该方法得到的值的类型。（在 Java 中，这个概念叫作返回类型。）

返回（return）

Scala 程序中的函数会*返回*值。我们把这个值叫作该函数的结果，也可以这样说，我们对函数求值得到某个值。Scala 中所有函数的求值结果都是对象。

运行时（runtime）

运行时指的是 Java 虚拟机，或者说 JVM，Scala 程序的运行由运行时主持。运行时的概念既包含了由 Java 虚拟机规范定义的虚拟机，也包含了 Java API 和 Scala API 在运行时用到的类库。“在运行时”这样的表述（注意“在”字）意思是当程序在运行的时候，区别于编译时。

运行期类型（runtime type）

运行期类型指的是对象在运行时的类型。而*静态类型*（*static type*）指的是某个表达式在编译时的类型。大多数运行时的类型都仅仅是裸的、不带类型参数的类。举例来说，`"Hi"`的运行时类型是 `String`，而`(x: Int) => x + 1` 的运行期类型是 `Function1`。我们可以用 `isInstanceOf` 来检查运行期类型。

脚本（script）

*脚本*指的是包含顶层定义和语句的文件。它可以被 `scala` 命令直接运行，而不需要被显式地编译。脚本必须以表达式结尾，以某个定义结尾是不行的。

选择器（selector）

所谓*选择器*，是指在 `match` 表达式中被用来匹配的值。例如，在代码“`s match { case _ => }`”中，选择器是 `s`。

自类型（self type）

特质的*自类型*指的是特质定义中接收器 `this` 需要满足的类型要求。任何具体的混入某个特质的类都必须是该特质的自类型。自类型最常见的用途是将一个大类拆成若干个特质，就像第 7 章描述的那样。

半结构化数据（semi-structured data）

XML 是半结构化的，与扁平的二进制文件或文本文件相比，它更结构化，但是它并不具备编程语言数据结构那样的完整结构。

序列化（serialization）

我们可以将对象*序列化*成字节流，然后保存到文件中，或者通过网络传输。接下来我们还可以*反序列化*（*deserialize*）字节流，甚至是在另一台计算机上，还原出最初被序列化的原始对象。

遮罩（shadow）

新声明的局部变量会*遮罩*住在相同作用域中之前定义的同名变量。

签名（signature）

*签名*是*类型签名*（*type signature*）的简称。

单例对象（singleton object）

用 `object` 关键字定义的对象叫作*单例对象*。

孤立对象（standalone object）

没有伴生类的单例对象叫作*孤立对象*。

语句（statement）

*语句*指的是表达式、定义或引入声明，即 Scala 源码中模板或代码块能够包含的语法单元。

静态类型（static type）

参见类型（type）。

子类（subclass）

每个类都是其所有超类和超特质的*子类*。

子特质（subtrait）

每个特质都是其所有超特质的*子特质*。

子类型（subtype）

Scala 编译器在做类型检查时，对于需要某个类型的地方，都允许该类型的*子类型*作为替代。对那些不接收类型参数的类和特质而言，子类型的关系与子类的关系是一致的。例如，如果 `Cat` 类是 `Animal` 类的子类，且两个类都不接收类型参数，`Cat` 类型就是 `Animal` 类型的子类型。同理，如果 `Apple` 特质是 `Fruit` 特质的子特质，且两个特质均不接收类型参数，`Apple` 类型就是 `Fruit` 类型的子类型。对那些接收类型参数的类和特质而言，*型变*（*variance*）的作用就体现出来了。例如，由于抽象类 `List` 声明了在它唯一的类型参数上协变（`List[+A]`），因此 `List[Cat]`是 `List[Animal]`的子类型，而 `List[Apple]`是 `List[Fruit]`的子类型。即使这些类型的类同样都是 `List`，上述子类型关系也是实际存在的。与之相反的是，由于 `Set` 并没有声明在类型参数上协变（`Set[A]`），因此 `Set[Cat]`并不是 `Set[Animal]`的子类型。子类型必须正确地实现超类型的*契约*（*contract*），满足*里氏替换原则*（*Liskov Substitution Principle*），不过编译器仅会在类型检查层面做这个校验。

超类（superclass）

某个类的*超类*包含其直接超类和其直接超类的直接超类，以此类推，直到 `Any`。

超特质（supertrait）

某个类或特质的*超特质*，如果有，则包含所有直接混入该类、特质或任何超类型的特质，加上这些混入特质的所有超特质。

超类型（supertype）

每个类型是其所有子类型的*超类型*。

合成类（synthetic class）

*合成类*是由编译器自动生成的，而不是由程序员手工编写的。

尾递归（tail recursive）

如果函数只在最后一步操作调用自己，那么我们可以说，这个函数是尾递归的。

目标类型（target typing）

*目标类型*是一种会考虑预期类型的类型推断。比如，在代码 `nums.filter（() => x > 0）`中，Scala 编译器之所以推断出 `x` 的类型是 `nums` 的元素类型，是因为 `filter` 方法会对 `nums` 的每个元素调用该函数。

模板（template）

*模板*指的是包含类、特质或单例对象定义的代码体。模板定义了类型的签名、行为，以及类、特质、对象的初始状态。

特质（trait）

以 `trait` 关键字定义的*特质*有点像不能接收任何值类参数的抽象类。特质可以通过混入组合“混入”类或其他特质。当特质混入类或特质后，它就被称作混入。特质可以用一个或多个类型做参数化，这时特质被用来构建具体的类型。举例来说，`Set` 是可以接收单个类型参数的特质，而 `Set[Int]`是一个类型。同样地，我们会将 `Set` 称作类型 `Set[Int]`的“特质”。

类型（type）

Scala 程序中的每一个变量和每一个表达式都有一个能在编译时确定的类型。类型限制了变量在运行时允许的取值，以及表达式可以生成的值。为了方便与对象的运行时类型区分，变量或表达式的类型也被称作静态类型。换句话说，“类型”本身所指的就是静态类型。类型之所以与类不同，是因为接收类型参数的类可以生成许多不同的类型。例如，`List` 是一个类，而不是类型。`List[T]`是一个带上自由类型参数的类型。`List[Int]`和 `List[String]`也都是类型（被称为 *ground type*，地板类型，因为它们没有所谓的自由类型参数）。类型可以是“类”或“特质”。例如，类型 `List[Int]`的类是 `List`，类型 `Set[String]`的特质是 `Set`。

类型约束（type constraint）

代码中的某些注解是*类型约束*，意思是它限定了，或者说约束了，类型可以包含的取值范围。举例来说，`@positive` 可以是类型 `Int` 上的类型约束，可将 32 位整数的取值范围限定在正整数内。Scala 标准编译器并不会检查类型约束，需要通过额外的工具或编译器插件来完成。

类型构造器（type constructor）

*类型构造器*指的是那些接收类型参数的类或特质。

类型参数（type parameter）

*类型参数*指的是泛型类或泛型特质在成为具体的类型之前，必须填充的参数。例如，`List` 类的定义为“`class List[T] { ...`”，对象 `Predef` 的成员方法 `identity` 的定义为“`def identity[T](x: T) = x`”，在这两种场景里，`T` 都是类型参数。

类型签名（type signature）

方法的*类型签名*包括名称，参数的数量、顺序和类型（如果有参数），以及结果类型。类、特质或单例对象的类型签名包括名称，所有成员和构造方法的类型签名，以及它声明要继承和混入的关系。

统一访问原则（uniform access principle）

统一访问原则规定，变量和无参函数必须用相同的语法访问。Scala 支持该原则的方式是不允许在调用无参函数的地方加上空的圆括号。这样，无参函数的定义可以在不影响调用方代码的前提下从函数声明（`def`）改成 `val`，或者从 `val` 改成 `def`。

不可达（unreachable）

在 Scala 这个层次上，对象可以（因为某种原因）变得*不可达*，这个时候运行时就可以回收这些对象所占据的内存空间。不可达并不一定意味着*未引用*（*unreferenced*）。引用类型（`AnyRef` 的实例）是以 JVM 堆内存的对象的方式实现的，因此当引用类型变得不可达时，的确同时变成了未引用的状态，可以被垃圾回收。而值类型（`AnyVal` 的实例）的实现方式可以是基本类型也可以是 Java 的包装类型（如 `java.lang.Integer`），后者是存在于 JVM 堆上的。在指向它们的变量的整个生命周期中，值类型可以被*装箱*（*box*）或*拆箱*（*unbox*），即从基本类型的值转换成包装对象，或者从包装对象转换成基本类型的值。如果某个值类型的实例当前是以包装对象的形式存在于 JVM 堆内存的，则当它变得不可达时，同时会变成未引用的状态，可被垃圾回收。但如果某个值类型的实例当前是以基本类型的值存在的，则当它变得不可达时，并不会成为未引用的状态，因为在那个时候，JVM 堆内存中并没有与之对应的对象存在。运行时可以回收由不可达对象占据的内存，不过，以 `Int` 为例，在运行时如果是以 Java 基本类型 `int` 存在的，占据的是某个执行中的方法的*调用栈帧*（*stack frame*），则当方法执行完成，栈帧被弹出栈时，这个 Int 对象占据的内存就被当场“回收”了。而引用类型的对象所占据的内存，如 String，则会在它变得不可达以后，由 JVM 的垃圾回收器统一回收。

未引用（unreferenced）

参见不可达（unreachable）。

值（value）

在 Scala 中，任何计算或表达式的结果都是一个值，而每个值都是对象。值这个术语本质上的含义是内存（JVM 的堆或栈）中某个对象的映像。

值类型（value type）

AnyVal 的子类都是*值类型*，如 Int、Double 或 Unit。值类型这个术语仅在 Scala 源码这个层次有意义。在运行时，值类型的实例，如果有对应的 Java 基本类型，既有可能被实现成基本类型，也有可能被实现成包装类型，如 java.lang.Integer。在值类型实例的生命周期中，运行时可能会在基本类型和包装类型之间来回转换（也就是我们常说的装箱和拆箱）。

变量（variable）

*变量*是指向某个对象的带名字的实体。变量要么是 val 要么是 var。val 和 var 都必须在定义时初始化，但只有 var 可以在后续环节被重新赋值成另一个对象。

型变（variance）

类或特质的类型参数可以加上型变的标注，如协变（+）或逆变（-）。这些型变标记用于指出某个泛型的类或特质在类型继承关系上与类型参数之间的关联关系。例如，泛型类 List 在它的类型参数上是协变的，因此 List[String]就是 List[Any]的子类型。在默认情况下，也就是在没有任何型变标注（+或-）时，我们就说这样的类型参数是不变的。

通配类型（wildcard type）

*通配类型*包含了那些未知的类型变量。例如，`Array[_]`是一个通配类型，表示一个我们完全不知道元素类型的数组。

交出（yield）

表达式可以“*交出*”结果。`yield` 关键字指出了 `for` 表达式的结果输出位置。

关于作者

Martin Odersky 是 Scala 编程语言的缔造者。他是瑞士洛桑理工学院（EPFL）的教授，同时也是 Lightbend 的创始人。他的研究方向是编程语言和系统，更具体地说，就是如何将面向对象和函数式编程风格有机地结合在一起。自 2001 年起，他的主要精力集中在设计、实现和改进 Scala 上。在此之前，他作为 Java 泛型的合作设计者参与了 Java 编程语言的开发，同时也是当前 javac 参考实现的作者。他还是 ACM 院士。

Lex Spoon 是 Semmle Ltd. 的一名软件工程师。作为博士后，他在 EPFL 围绕着 Scala 开展了大约两年的工作。他拥有 Georgia Tech 的博士学位，在那里他的主攻方向是动态编程语言的静态分析。除 Scala 外，他还帮助开发了各类编程语言，包括动态语言 Smalltalk、科学计算语言 X10，以及支撑 Semmle 的逻辑编程语言。他和他的夫人一起生活在 Atlanta，他们有两只猫和一只吉娃娃。

Bill Venners 是 Artima Inc.的总裁，Artima 开发者网站的发行人，提供 Scala 咨询、培训、书籍和工具。他著有《深入 Java 虚拟机》，这是一本面向程序员讲解 Java 平台架构和内部实现原理的书。他在 *JavaWorld* 杂志上的专栏很受欢迎，主题涵盖 Java 内部实现、面向对象的设计和 Jini。Bill 是 Scala Center 咨询委员会的社区代表，还是测试框架 ScalaTest 和针对函数式、面向对象编程类库 Scalactic 的主要开发者和设计者。

Frank Sommers 是 Autospaces Inc.的创始人和总裁，该公司为金融服务行业提供自动化的工作流解决方案。在过去的 12 年间，Frank Sommers 一直是活跃的 Scala 用户，几乎每天都在使用这门编程语言。

关于译者

高宇翔，资深软件开发工程师和系统架构师，同时也是 Scala 在国内的早期布道者和实践者，曾译有《Scala 编程》（第 1 版）、《Scala 编程》（第 3 版）、《Scala 编程》（第 4 版），以及《快学 Scala》（第 1 版）、《快学 Scala》（第 2 版）等广为人知的 Scala 语言技术名著。

关于中文版审校者

钟伦甫，Scala 爱好者和早期布道者。2012 年在淘宝中间件团队任职技术专家期间，用 Scala 编写过一款名为 HouseMD 的 JVM 诊断工具并开源。后又作为联合译者，参与了《Scala 函数式编程》一书的翻译。

黄胜涛，有 10 年以上系统运维和 8 年以上软件开发经验，曾就职于携程旅行网、LOTTE，目前在上海昱极科技有限公司从事 DevOps 方面工作。